Wissenschaftsleugnung

Wissenschaftsleugnung

Fallstudien, philosophische Analysen und Vorschläge
zur Wissenschaftskommunikation

Herausgegeben von
Alexander Christian und Ina Gawel

DE GRUYTER

Gefördert durch den Open-Access-Fonds der Heinrich-Heine-Universität Düsseldorf

ISBN 978-3-11-078830-3
e-ISBN (PDF) 978-3-11-078834-1
e-ISBN (EPUB) 978-3-11-078835-8
DOI https://doi.org/10.1515/9783110788341

Dieses Werk ist lizenziert unter einer Creative Commons Namensnennung 4.0 International Lizenz.
Weitere Informationen finden Sie unter http://creativecommons.org/licenses/by/4.0.

Library of Congress Control Number: 2024936085

Bibliografische Information der Deutschen Nationalbibliothek
Die Deutsche Nationalbibliothek verzeichnet diese Publikation in der Deutschen Nationalbibliografie; detaillierte bibliografische Daten sind im Internet über http://dnb.dnb.de abrufbar.

© 2024 bei den Autorinnen und Autoren, Zusammenstellung © 2024 Alexander Christian und Ina Gawel, publiziert von Walter de Gruyter GmbH, Berlin/Boston.
Dieses Buch ist als Open-Access-Publikation verfügbar über www.degruyter.com.

Einbandabbildung: fermate / iStock / Getty Images Plus

www.degruyter.com

Inhalt

Einleitung —— 1

Teil I: Philosophische Analysen zur Wissenschaftsleugnung

Frauke Albersmeier
Wissenschaftsleugnung unter Unsicherheit —— 13

Gerhard Schurz
Expertenwissen, Wissenschaftsleugnung und Werteabwägung in Zeiten der Pandemie —— 35

Julia Mirkin
Zur Rolle des Vertrauens in der Leugnung wissenschaftlicher Erkenntnis —— 67

Monika Betzler
Verschwörungstheorien in Zeiten der Pandemie – Zur Bedeutung ethischer Standards im Prozess politischer Meinungsbildung —— 93

Daniel Minkin
Verschwörungstheorien und Wissenschaftsleugnung
    Einige Lehren aus der Wissenschaftstheorie —— 117

Thomas A.C. Reydon
Weltbilder, Dissens und Wissenschaftsleugnung: Die Perspektive der guten akademischen Praxis —— 141

David Stöllger
Anspruch auf wissenschaftlichen Konsens – Untersuchung eines Vorwurfs wissenschaftsinterner Wissenschaftsleugnung —— 157

Axel Gelfert
Technofideismus und Wissenschaftsleugnung —— 181

Teil II: Wissenschaftskommunikation an der Schnittstelle zur Philosophie

Bettina Bussmann
Warum wissenschaftsorientiertes Philosophieren nicht nur in der Schule notwendig ist
    Eine bildungsphilosophische Legitimation und die Klärung
    von Missverständnissen —— **209**

Martin Carrier
Wissenschaft im Zwielicht der Öffentlichkeit: Kommerzialisierung, Agnotologie und populistische Wissenschaftsleugnung —— **235**

Tanja Rechnitzer
Verstehen statt Fakten vermitteln: Ein Erkenntnistheoretisches Argument für Dialogbasierte Wissenschaftskommunikation —— **257**

Ina Gawel
Wissenschaftskommunikation in der akademischen Lehre. Anregung und Reflexion —— **277**

Autorinnen und Autoren —— 303

Sachregister —— 305

Personenregister —— 309

Einleitung

Wissenschaftsleugnung: Eine Arbeitsdefinition

Der Begriff der „Wissenschaftsleugnung", der dem vorliegenden Sammelband seinen Titel verleiht, hat in den letzten zehn Jahren eine beispiellose Karriere gemacht. Dies ist insbesondere durch die erbitterten Diskussionen über den anthropogenen Treibhauseffekt und die öffentlichen Proteste gegen Maßnahmen zur Eingrenzung des Infektionsgeschehens im Rahmen der COVID-19-Pandemie bedingt. Zwar war das Phänomen der Wissenschaftsleugnung vor diesen Diskussionen nicht unbekannt, man denke an die Leugnung des Holocausts (Lipstadt, 1994; Wistrich, 2012), die Leugnung einer kausalen Relation zwischen HIV-Infektionen und anschließenden AIDS-Erkrankungen (Kalichman, 2009; Nattrass, 2013) oder die Leugnung der Evolutionstheorie (Pennock und Ruse, 2008), allerdings kam erst in jüngerer Zeit eine weitere Öffentlichkeit mit dem Phänomen der Wissenschaftsleugnung in Kontakt. Viele erlebten erstmals im privaten Umfeld oder medial vermittelt die Virulenz und fatale Attraktivität radikaler, ideologisch motivierter Ablehnung von Wissenschaft. In der Wissenschaft wird gegenwärtig von vielen Forschenden mit Sorge gesehen, dass Erkenntnisse der Medizin, Natur- und Sozialwissenschaften aus fragwürdigen Gründen und in drastischer Weise bezweifelt werden. Auch die Unterstellungen von Korruption und ideologischer Befangenheit sowie Androhungen von Gewalt gegen Forschende (Nogrady, 2021) sind Anlass zur Sorge.

Vor diesem Hintergrund ist es nachvollziehbar, dass der Begriff der „Wissenschaftsleugnung" zur Bewertung von Ansichten herangezogen wird, die dem wissenschaftlichen Konsens widersprechen. Viele Forschende sehen es gerade als Teil ihrer gesellschaftlichen Verantwortung, sich klar zu positionieren und Widerstand gegen die Verbreitung von Fehlinformationen zu leisten. Gleichzeitig sollte aber auch die vorschnelle Verwendung des Begriffs der Wissenschaftsleugnung kritisiert werden (Christian, 2020), weil die falsche Einordnung einer Äußerung als Wissenschaftsleugnung eben auch die Unterstellung von Inkompetenz oder intendierter Täuschung bedeutet und mit einem Missbrauchsrisiko einher geht. Diese Doppelfunktion des Begriffs der Wissenschaftsleugnung, der zum einen als rationaler Urteils- und Kategorisierungsbegriff für eine intellektuelle Fehlleistung, zum anderen aber auch als Stigmatisierungs- und Diskriminierungsbegriff fungiert, offenbart die Relevanz einer konzeptuellen Klärung und die Formulierung von Anwendungskriterien.

Niemand möchte als Wissenschaftsleugner_in gelten und bereits ein dahingehender Verdacht wird, bezogen auf die eigene Person, aus nachvollziehbaren

Gründen tunlichst vermieden. Genauso vermieden werden sollten deswegen Fehlanwendungen des Begriffs, weil damit eben eine epistemische Diskreditierung einhergeht, insofern jemand mit dem Etikett der Wissenschaftsleugnung versehen als nicht vertrauenswürdig eingeordnet wird. Die Sorge vor einer solchen Einordnung zeigte sich etwa darin, dass ehrliche Rückfragen im Rahmen von Diskussionen über COVID-19, Long-COVID und Maßnahmen zur Eingrenzung des Infektionsgeschehens teils mit beruhigenden Vorreden versehen wurden: „Ich leugne nicht, dass [...], aber [...]." Eine solche der Beschwichtigung dienende Phrase zeugt von der Sorge, eventuell als Leugner missverstanden zu werden. Sie macht zudem deutlich, dass eine konzeptuelle Klärung zwischen aktiver Wissenschaftsleugnung und kritischen Fragen in wissenschaftlichen Diskursen – insbesondere dem Stellen von Verständnisfragen und der Formulierung von kritischen Einwänden – dringend notwendig ist. Wer beispielsweise lautstark, aufdringlich und unbelehrbar verkündet, dass FFP-2-Masken nicht gegen die Ausbreitung von COVID-19 geholfen hätten, der leugnet Wissenschaft. Eine solche Person verkennt unwissentlich den Forschungsstand oder stellt ihn wider besseres Wissen in Abrede. Wer hingegen *ehrlich interessiert* und nicht *mit Kalkül* fragt, wie genau FFP2-Masken winzige Viren aufhalten können, die doch eigentlich durch die Poren einer Maske fliegen müssten, der bittet einfach um eine wissenschaftliche Erklärung.[1] Letzteres ist wünschenswert, verdient Lob und sollte nicht unter den Verdacht der Wissenschaftsleugnung gestellt werden. Wer jedoch mit Kalkül fragt, um etwa eine argumentativ misslungene Erklärung zur Provokation von Zweifel zu verwenden, der verdient Kritik und sollte richtigerweise dem Verdacht der Wissenschaftsleugnung ausgesetzt werden.

Die konzeptuelle Klärung des Begriffs der Wissenschaftsleugnung erfüllt also nicht nur den Zweck, dass „Wissenschaftsleugnung" als verantwortlich zu gebrauchender Urteilsbegriff für wirklich kritische Fälle erhalten bleibt, sondern führt auch dazu, dass sachlich begründete Diskussionen über wissenschaftliche Ergebnisse weiterhin als legitimer Bestandteil öffentlicher und wissenschaftlicher Diskurse möglich bleiben. Für eine der Erkenntnisfindung dienlichen Diskussionskultur über wissenschaftliche Methoden und Ergebnisse benötigen wir eine Grenzziehung zwischen ehrlicher Kritik und interessierten Fragen auf der einen Seite sowie fadenscheiniger Leugnung und manipulierenden Fragen auf der anderen Seite.

Wohlbegründete Urteile über Verdachtsfälle auf Wissenschaftsleugnung werfen zudem die Frage auf, wie von wissenschaftlicher Seite aus weiter reagiert

---

[1] Die Erklärung lautet übrigens, dass Viren in winzigen Tröpfchen gelöst sind. Diese Tröpfchen bilden Aerosole, feine Wolken aus winzigen Tröpfchen, welche recht effizient von Masken aufgefangen werden, denn die Tröpfchen weisen einen mit den Viren verglichenen beträchtlich größeren Radius auf. Das Tragen von Masken dient damit der Eingrenzung des Infektionsgeschehens.

werden sollte. Sozial verantwortliche Wissenschaft sollte sich schließlich nicht darauf beschränken, zu einer begründeten Einschätzung von Verdachtsfällen beizutragen. Vielmehr liegt es im Wesen sozialer Verantwortung, dass Wissenschaft einen vertrauensvollen Dialog mit einer breiteren Öffentlichkeit sucht (Schnurr und Mäder, 2020).

In diesem Sinne möchten wir in diesem Sammelband Ergebnisse der wissenschaftsphilosophischen und -kommunikativen Forschung über Wissenschaftsleugnung und damit assoziierte Fehlleistungen zugänglich machen. Dafür wollen wir zunächst die begrifflichen Voraussetzungen schaffen, nämlich ein zumindest vorläufiges Verständnis von Wissenschaftsleugnung skizzieren, durch das einige wichtige Merkmale benannt werden. Dadurch wird auch die Beziehung zwischen Wissenschaftsleugnung und anderen Phänomenen, etwa Pseudowissenschaft und Verschwörungstheorien transparenter werden, die von einigen Beitragenden in diesem Sammelband erwähnt werden. Ferner werden dadurch auch Motive und Methoden von Wissenschaftsleugnung offengelegt, die in besonderer Weise zur Erklärung des Entstehens und Fortbestehens der radikalen Kritik an etablierter wissenschaftlicher Erkenntnis und Wissensbeständen relevant sind.

Hinsichtlich der konzeptuellen Klärung des Begriffs der Wissenschaftsleugnung besteht eine zentrale Herausforderung darin, eine Reihe von Merkmalen zu identifizieren, die alle intuitiven Beispiele für Wissenschaftsleugnung gemeinsam haben. Doch was eint so unterschiedliche Phänomene wie die Leugnung des Holocausts, des anthropogenen Klimawandels und der Verursachung von AIDS durch HIV-Infektionen, wenn doch ganz unterschiedliche Arten von Dingen – nämlich historische, klimatologische und medizinische Tatsachen – bestritten werden? Die Antwort auf diese Frage ist in der Forschungsliteratur tatsächlich strittig. Sven Ove Hansson benennt eine Reihe von *sozialen Merkmalen*, die Wissenschaftsleugnung im Unterschied zu Pseudowissenschaft aufweist:

> Several characteristics are identified that distinguish science denialism from other forms of pseudoscience, in particular its persistent fabrication of fake controversies, the extraordinary male dominance among its activists, and its strong connection with various forms of right-wing politics. (Hansson, 2017, S. 39)

Dennis Liu betont die systematische Ablehnung von empirischer Evidenz, um die Kenntnisnahme unliebsamer Fakten oder Konsequenzen aus Fakten für das eigene Handeln zu verhindern (Liu, 2012). Dieser Hinweis legt nahe, dass Wissenschaftsleugnung mit einer gewissen Form *epistemischer Lasterhaftigkeit* (Cassam, 2019) einhergeht, d. h. mit einer tendenziösen Weise der Aufnahme, Verarbeitung und Weitergabe von Informationen. Ähnlich weist auch Adrian Bardon (Bardon, 2019), darauf hin, dass Wissenschaftsleugnung und Leugnung im Allgemeinen eine Form der Verweigerungshaltung darstellen, die sich aus dem starken Wunsch ergibt, dass die Welt auf eine bestimmte Art beschaffen sein soll:

> When sincerely articulated by someone who is sane and moderately well informed, this sort of denial of reality – just as in the case of someone who wants to disbelieve one's spouse has been unfaithful, or who wants to believe he or she has many more years to live – derives from wanting the world to be a certain way that it evidently isn't. (Bardon, 2019, S. 2–3).

Aussagen, die eine Verweigerungshaltung (ein Nicht-Wahrhaben-Wollen) zum Ausdruck bringen, lassen nach Bardon darauf schließen, dass eine ehrliche Sprecherin (i) keine guten Gründe hat, die betreffende Behauptung zu glauben, (ii) über einige Gründe verfügt, die Behauptung in Abrede zu stellen und (iii) ein emotionales Bedürfnis hat, welches ihren Widerstand gegen die Annahme der Behauptung bedingt (Bardon, 2019, S. 2–3).

Solche Versuche der Klärung von Wissenschaftsleugnung bzw. allgemeiner einer Verweigerungshaltung gegenüber unerwünschten Informationen werden im weiteren Verlauf des vorliegenden Sammelbandes wieder aufgegriffen werden. Hier dienen sie uns zunächst als sachdienliche Hinweise im Rahmen einer konzeptuellen Explikation. In einer ersten Annäherung möchten wir an dieser Stelle folgende Arbeitsdefinition vorschlagen: Wissenschaftsleugnung besteht in der *renitenten, kontra-evidentiellen Ablehnung* von *Wissenschaft im weiten Sinne*, die durch *epistemische Lasterhaftigkeit bedingt* ist.

Betrachten wird diese Merkmale genauer: (a) Wissenschaftsleugnung ist nicht zaghaft zurückhaltend, sondern praktisch immer auf eine eklatante Art *renitent*. Sie geht nämlich mit öffentlich zur Schau gestellten Akten der Ablehnung von und Aufwiegelung gegen wissenschaftliche Autoritäten einher. (b) Diese Autorität sollte in einem weiteren Sinne interpretiert werden, denn im Rahmen von Wissenschaftsleugnung wird nicht nur wissenschaftliche Erkenntnis negiert, d. h. Wissenschaft als Erkenntnissystem angegriffen, sondern auch wissenschaftliche Institutionen und Forschende diskreditiert. Letzteres geschah beispielsweise immer wieder während der COVID-Pandemie, als das Robert Koch Institut und die regelmäßig in Pressekonferenzen zur epidemiologischen Lage sprechenden Forscherinnen und Forscher angegriffen wurden. Wissenschaftsleugnung richtet sich damit gegen *Wissenschaft i. w. S.* und bezieht sich nicht nur auf wissenschaftliche Erkenntnis, sondern auf die Institution der Wissenschaft als gesellschaftliches Teilsystem und professionelle Akteure. Sie ist damit nicht nur Ausdruck des Zweifels an der sachlichen Richtigkeit bestimmter wissenschaftlicher Erkenntnisse, sondern oft begleitet von einem Zweifel an der moralischen Integrität und Fachkompetenz von Expert_innen sowie einem weitreichenden Zweifel an dem System der Wissenschaft selbst. So bezweifelt etwa ein Holocaustleugner nicht nur die historische Tatsache des Holocausts, sondern auch die Integrität der Geschichtswissenschaft als wissenschaftlicher Disziplin. Es ist dieser Doppelcharakter, der Wissenschaftsleugnung so schädlich macht: Wissenschaftsleugnung bringt nicht nur sachlich falsche Meinungen hervor und macht vermeidbare Falschheit mittel- bis langfristig salonfähig, sondern unterminiert auch das gesellschaftliche Vertrauen in diejenigen Institutionen, auf die man sich berufen sollte, wenn man sachlich gut begründete Meinungen sucht, um private oder öffentliche Entscheidungen argumentativ zu stützen. (c) Wissenschaftsleugnung ist keine gehaltvolle Sach- und Methodenkritik, sondern oftmals eine naive *konträr-evidentielle Ablehnung* der Erkenntnisse oder paradigmatischen Methoden einer Referenzdisziplin. Was geleugnet wird ist praktisch immer das gegenwärtig als etabliert angesehene Wissen aus einem Fachbereich, wider der Einschätzung der Mehrheit von Expertinnen und Experten. (d) Praktisch alle Beispiele von Wissenschaftsleugnung lassen eine Form der epistemischen Lasterhaftigkeit vermuten. Eine solche Lasterhaftigkeit, die sich auf die Aufnahme, Verarbeitung und Weitergabe von Informationen und die gemeinschaftliche Suche nach Erkenntnis negativ auswirkt, kann sich beispielsweise in Form von Überheblichkeit oder Borniertheit in Diskussionen zeigen oder der fehlenden Bereitschaft zur selbstkritischen Prüfung der eigenen Meinung.

Aufbau und Beiträge des Sammelbandes

Der vorliegende Sammelband ist thematisch zweigeteilt: Zunächst werden wissenschaftsphilosophische Perspektiven auf das Phänomen der Wissenschaftsleugnung eingenommen. Insbesondere sollen die im *ersten Teil* gesammelten Beiträge die verschiedenen Formen von Wissenschaftsleugnung offenlegen, konzeptuelle Zugänge zur Wissenschaftsleugnung und verwandten Phänomenen aufzeigen und die Differenzierung zwischen Wissenschaftsleugnung und der berechtigten Kritik an Wissenschaft ermöglichen. Der *zweite Teil* ist dann im weiteren Sinne wissenschaftskommunikativen Beiträgen gewidmet. Sie kreisen um die Frage, in welcher Weise in der schulischen und universitären Lehre sowie in öffentlichen Diskursen wissenschaftliche Erkenntnis und Methodenwissen vermittelt werden können, um im Sinne der Aufklärung zu wirken und zur Kritik von Wissenschaftsleugnung zu ermächtigen. Nur eine zumindest grundsätzlich mit wissenschaftlichen Methoden und Erkenntnissen vertraute Öffentlichkeit kann sich nämlich der verführerischen Wirkung einfacher Antworten und tendenziöser Mutmaßungen entziehen. Dieser Anspruch findet sich in den hier gesammelten Beiträgen wieder:

Frauke Albersmeier analysiert in ihrem Beitrag das Phänomen der Wissenschaftsleugnung unter besonderer Berücksichtigung der Leugnung wissenschaftlichen Dissenses. Sie weist darauf hin, dass nicht nur wissenschaftliche Erkenntnis geleugnet werden kann, über die unter den Expert_innen eines Forschungsfeldes Konsens herrscht, sondern auch wissenschaftliche Meinungsverschiedenheiten, ein Mangel an Evidenz für eine Hypothese oder das Vorhandensein von gegenläufiger Evidenz in irreführender Art und Weise verneint werden kann. Solche Leugnung unter Unsicherheit ist nach Albersmeier ein erhebliches Problem, insofern Wissenschaftler durch die Leugnung unter Bedingungen der Unsicherheit wissenschaftlichen Fortschritt und wissenschaftskommunikative Maßnahmen zur Herstellung von wissenschaftlicher Literalität unterminieren.

Gerhard Schurz untersucht in seinem Beitrag den Zusammenhang von Expertenwissen, Wissenschaftsleugnung und Werteabwägung während der COVID-Pandemie. Vor dem Hintergrund einer analytisch präzisen entwickelten Konzeption von wissenschaftlicher Wertneutralität zeigt er auf, welche bedeutende Rolle Expert_innen in Regulierungsdiskursen zwischen 2019 bis 2023 spielten. Er weist insbesondere darauf hin, dass eine objektive Faktendarstellung die Voraussetzung für eine rationale Werteabwägung im Kontext von gesundheitlichen Gefahrenbeurteilungen und Maßnahmen zur Eingrenzung des Infektionsgeschehens ist. Gleichzeitig argumentiert Schurz dafür, dass der Expertise von Wissenschaftler_innen Grenzen gesetzt sind. Sie können zwar wissenschaftliche Erkenntnis als verlässliche Partner in Regulierungsdiskurse einbringen und insbesondere Zweck-Mittel-Empfehlungen formulieren, müssen aber Prozesse der politischen Meinungsbildung über gesellschaftliche Zwecke respektieren. Darüber hinaus rekonstruiert er Motive und Mechanismen der Leugnung von wissenschaftlicher Erkenntnis und plädiert dafür, Wissenschaftsleugnern mit Sachargumenten zu kontern, die auch von Laien verstanden werden.

Julia Mirkin beschäftigt sich mit der Vertrauensdynamik zwischen Wissenschaft und Gesellschaft. Sie weist darauf hin, dass in der bisherigen Diskussion zur Wissenschaftsleugnung der Umstand vernachlässigt wurde, dass Akteure mit der Intention zur Unterminierung von wissenschaftlicher Erkenntnis und wissenschaftlichen Institutionen aktiv an der Akkreditierung der eigenen ideologisch befangenen Theorien und Institutionen arbeiten müssen. Dafür instrumentalisieren sie in gewisser Hinsicht das vorhandene gesellschaftliche Vertrauen in Wissenschaft. Mirkin zeigt in ihrem Beitrag vier agnotologische Strategien auf, die quasi parasitären Nutzen aus gesellschaftlichem Vertrauen in Wissenschaft ziehen, um pseudowissenschaftliche Thesen zu etablieren. Sie umfassen die Erweckung systematischen Zweifels an etablierten Resultaten, die Gründung von alternativen Forschungsstrukturen, personen- oder gruppenbezogene Unterstellungen und die sprachliche bzw. argumentative Manipulation von Diskursen.

Monika Betzler greift ebenso wie Schurz das Beispiel der Corona-Pandemie auf. Sie beschäftigt sich allerdings mit der Frage, inwiefern Verschwörungstheorien während der Pandemie eine politische Herausforderung darstellen. Sie zeigt präzise auf, dass Verschwörungstheorien vor allem ethisch relevante Standards in politischen Diskursen verletzen und dadurch die politische Meinungsbildung gefährden. Zudem verteidigt Betzler die These, dass die Verletzung von Diskursstandards zu einer Verfestigung des Glaubens an Verschwörungstheorien und der Stabilisierung von Misstrauen gegenüber epistemischen Autoritäten beiträgt.

Daniel Minkin beschäftigt sich mit dem Verhältnis von Verschwörungstheorien und Wissenschaftsleugnung. Er verteidigt dabei insbesondere zwei Thesen: Erstens, zwar werden Verschwörungstheorien bisweilen als Werkzeug für Wissenschaftsleugnung in Stellung gebracht, aber dies legitimiert noch keine generelle sachliche Ablehnung von Verschwörungstheorien. Manche Verschwörungstheorien können durchaus plausibel oder sogar sachlich korrekt sein. Wir sollten mit dem Begriff der Verschwörungstheorie nicht analytisch sachliche Falschheit verbinden. Zweitens, kann ein so konzipierter Begriff der Verschwörungstheorie, der eine Absprache einiger Akteure zur Schädigung meint, sogar im Rahmen der Analyse und Kritik von Wissenschaftsleugnung methodisch wertvoll sein.

Thomas Reydon untersucht in seinem Beitrag die Rolle von Weltbildern als unterschwellige Gründe für Wissenschaftsleugnung. Er zeigt dabei, dass Weltbilder – interpretiert als persönliche Glaubenssysteme bestehend aus religiösen, politischen, gesellschaftlichen, moralischen und wissenschaftlichen Elementen – in der kommunikativen Dynamik zwischen Wissenschaft und Gesellschaft eine zentrale Rolle spielen. Er schlägt vor, dass Wissenschaftler_innen mindestens zwei Strategien verfolgen sollten, um zu einem gelungenen gesellschaftlichen Umgang mit wissenschaftlichen Erkenntnissen beizutragen. Zum einen können sie durch eine transparente Kommunikation ihres eigenen Weltbildes und die daraus folgenden Konsequenzen für die Interpretation wissenschaftlicher Daten ihre epistemologische Disposition offenlegen. Zum anderen können sie den aktiven Versuch unternehmen, die Weltbilder ihrer Rezipienten nachzuvollziehen. Die zweite Strategie wird von Reydon als ein Aspekt guter akademischer Praxis aufgefasst.

David Stöllger beschäftigt sich in seiner materialreichen Fallstudie mit Vorwürfen innerwissenschaftlicher Wissenschaftsleugnung, die als Reaktion auf einen deklarierten wissenschaftlichen Konsens durch die Weltgesundheitsorganisation in den sozialen Medien folgte. Er plädiert insbesondere dafür, dass die Deklaration eines Konsens in einer Forschungsgemeinschaft ein besonderer kommunikativer Akt ist, der hohen Evidenzstandards unterliegt – man sollte dementsprechend nicht leichtfertig einen Konsens behaupten. Ferner sollte die Deklaration eines Konsens die kritische Prüfung von wissenschaftlichen Befunden nicht verhindern, sondern grundsätzlich Revisionsbemühungen gegenüber offen sein.

Axel Gelfert befasst sich in seinem Beitrag mit dem Zusammenhang zwischen übertriebener Technikgläubigkeit (Technofideismus) und der Relativierung wissenschaftlicher Fakten. Er zeigt am Beispiel des Geo-Engineerings auf, dass paradoxerweise die Leugnung wissenschaftlicher Fakten und ein übertriebener Glaube an die Wirkmächtigkeit technischer Interventionen Hand in Hand gehen können. Dies sei so, weil zur Vermeidung kognitiver Dissonanz zwischen einer weltanschaulichen Haltung – bspw. die Annahme der Unerschöpflichkeit bestimmter natürlicher Ressourcen – technologische Versprechungen auf- und wissenschaftliche Fakten abgewertet würden.

Bettina Bussmann plädiert in ihrem Beitrag für eine stärkere Berücksichtigung eines lebensweltlich-wissenschaftsorientierten Philosophieansatzes zur Konkretisierung des Bildungsauftrags im Philosophieunterricht. Zum einen wird von ihr ein solcher fachdidaktischer Ansatz entwickelt, der in der Unterrichtsplanung in erster Linie relevante Probleme der Lebenswelt sowie deren Klärung mithilfe von Philosophie und (falls nötig) empirischen Wissenschaften anstrebt. Zum anderen geht Bussmann auf die Widerstände ein, die in der philosophiedidaktischen Forschung gegen eine solche Fokussierung auf lebensweltliche Probleme, wie etwa Wissenschaftsleugnung, im gymnasialen und universitären Philosophieunterricht herrschen.

Martin Carrier beschäftigt sich in seinem Beitrag mit dem Problem der Glaubwürdigkeitskrise zwischen Wissenschaft und Gesellschaft sowie wissenschaftskommunikativen Maßnahmen zur Stärkung des gesellschaftlichen Vertrauens in Wissenschaft. Carrier geht dabei zunächst auf vier Gründe für die Glaubwürdigkeitskrise der Wissenschaft ein. Diese umfassen die Sorge vor einer zu engen Verflechtung von Wissenschaft mit politischen und wirtschaftlichen Instanzen, die Replikationskrise der Wissenschaft, die gezielte Konstruktion von Nichtwissen sowie der Aufstieg populistischer Wissenschaftsleugnung. Mit Blick auf das Ziel der Wissenschaftskommunikation plädiert Carrier für einen Dialog zwischen Wissenschaft und Gesellschaft, an dessen Ende Laien über ein besseres Verständnis für wissenschaftliche Methoden und Forschungsprozesse verfügen, und sieht dabei das gegenwärtig weithin kritisierte Defizitmodell der Wissenschaftskommunikation als durchaus berechtigt an.

Tanja Rechnitzer präsentiert in ihrem Beitrag ein erkenntnistheoretisches Argument für den Einsatz dialogbasierter Wissenschaftskommunikation. Sie schlägt vor, dass wissenschaftliche Literalität (public understanding of science) als eine Form von Verstehen konzeptualisiert werden sollte. Damit sei, so Rechnitzer, noch kein Defizitmodell der Wissenschaftskommunikation impliziert, nach dem die Wissenslücken von Laien durch einseitige wissenschaftskommunikative Maßnahmen durch Expert_innen geschlossen werden. Stattdessen führt sie aus, dass interaktive und dialogbasierte Formen der Wissenschaftskommunikation auch aus erkenntnistheoretischen Gründen zu bevorzugen sind sind. Ihre Befunde sind für die Diskussion um die Wahl adäquater wissenschaftskommunikativer Maßnahmen gegen Wissenschaftsleugnung relevant, weil sie zeigen, dass die bloße Vermittlung von wissenschaftlichen Fakten kein optimales Mittel zur wissenschaftlichen Aufklärung über Pseudowissenschaften und Wissenschaftsleugnung zu sein scheint.

Ina Gawel widmet sich in ihrem abschließenden Beitrag Wissenschaftskommunikation in der universitären Ausbildung und bespricht fünf Gründe für deren curriculare Implementierung. Welche Überlegungen in die Planung und Durchführung einer solchen Lehrveranstaltung einfließen können, und welche Rolle (Wissenschafts-)Philosophie darin spielt, präsentiert sie konkret am Beispiel eines Seminars über Wissenschaftsleugnung, in dem die Studierenden Methoden der Wissenschaftskommunikation erlernen. Ein exemplarischer Syllabus ist angefügt.

Danksagung

Wir möchten für die umfassende Unterstützung bei der Erstellung dieses Sammelbandes einer Reihe von Personen danken. Dem Verlag de Gruyter, insbesondere Anne Hiller, Jessica Bartz und Christoph Schirmer möchten wir für die fachkundige, umsichtige und sehr geduldige Betreuung des Projektes danken. Der Universitäts- und Landesbibliothek Düsseldorf (ULB) danken wir für die finanzielle Unterstützung bei der Drucklegung, wodurch die Veröffentlichung des Sammelbandes unter einer Open-Access-Lizenz ermöglicht wurde. Öffentlich finanzierte Forschung sollte öffentlich zugänglich sein, insbesondere dann, wenn die darin angesprochenen Themen von gesellschaftlicher Relevanz sind. Dank der großzügigen Finanzierung der ULB konnten wir diesem Ideal gerecht werden. Wir danken in diesem Rahmen insbesondere Friederike Allgut vom Team Publikationsdienste der ULB. Zu guter Letzt möchten wir allen Autor_innen des vorliegenden Sammelbandes danken. Sie haben sich als Advokaten der Wissenschaft dem nicht sonderlich angenehmen Sachverhalt der Wissenschaftsleugnung angenommen und mit Sorgfalt und Aufklärungswille gegen Wissenschaftsfeindlichkeit angeschrieben.

Alexander Christian
Ina Gawel

Literatur

Bardon, A. (2019). *The Truth About Denial.* Oxford University Press. https://doi.org/10.1093/oso/9780190062262.001.0001.
Cassam, Q. (2019). *Vices of the Mind.* Oxford University Press. https://doi.org/10.1093/oso/9780198826903.001.0001.

Christian, A. (2020). „Wissenschaft und Pseudowissenschaft: Zur Aktualität des Demarkationsproblems im Kontext der Leugnung medizinischen Wissens". In: M. Jungert, A. Frewer und E. Mayr (Hg.), *Wissenschaftsreflexion: Interdisziplinäre Perspektiven zwischen Philosophie und Praxis.* Mentis, S. 315–350. https://doi.org/https://doi.org/10.30965/9783957437372_014.

Falkenberg, V. (2021). *Wissenschaftskommunikation: Vom Hörsaal ins Rampenlicht – Mit Übungen und Checklisten.* UTB / Narr Francke Attempto Verlag.

Hansson, S. O. (2017). „Science denial as a form of pseudoscience." *Studies in History and Philosophy of Science Part A* 63, S. 39–47. https://doi.org/10.1016/j.shpsa.2017.05.002.

Kalichman, S. C. (2009). *Denying AIDS.* Springer New York. https://doi.org/10.1007/978-0-387-79476-1.

Liu, D.W.C. (2012). „Science Denial and the Science Classroom", *CBE—Life Sciences Education* 11 (2), S. 129–134. https://doi.org/10.1187/cbe.12-03-0029.

Lipstadt, D. (1994). *Denying the Holocaust: The Growing Assault on Truth and Memory.* Penguin.

Nattrass, N. (2013). *The AIDS Conspiracy: Science Fights Back.* Columbia University Press.

Nogrady, B. (2021). „,I hope you die': how the COVID pandemic unleashed attacks on scientists." *Nature* 598 (7880), S. 250–253. https://doi.org/10.1038/d41586-021-02741-x.

Pennock, R., und Ruse, M. (Hg.) (2008). *Is It Science? The Philosophical Question in the Creation/Evolution Controversy* (2. Auflage). Prometheus.

Schnurr, J., und Mäder, A. (Hg.) (2020). *Wissenschaft und Gesellschaft: Ein vertrauensvoller Dialog.* Springer Berlin Heidelberg. https://doi.org/10.1007/978-3-662-59466-7.

Wistrich, R. S. (Hg.) (2012). *Holocaust Denial.* De Gruyter. https://doi.org/10.1515/9783110288216.

Teil I: **Philosophische Analysen zur Wissenschaftsleugnung**

Frauke Albersmeier
Wissenschaftsleugnung unter Unsicherheit

Abstract: Science denial consists not only in the denial of scientific knowledge. It is not only directed against the robust expert consensus that a given fact is supported by overwhelming evidence. Science denial can also come in the form of negations of scientific dissent, of a lack of evidence or the existence of inconclusive evidence. Science denial can happen under uncertainty. In this capacity, it often precedes the denial of what eventually becomes knowledge. When we conceptualize science denial as the denial of a given scientific state of inquiry, we can capture these forms of denial that have as much potential to cause damage as the denial of scientific knowledge. The consideration of science denial under uncertainty puts into focus the potentially subversive roles that scientists themselves can play in undermining scientific progress and scientific literacy, especially when they are motivated not by ties to the private sector but a commitment to some scientific theory, model or method.

1 Einleitung

Wissenschaftsleugnung wird üblicherweise verstanden als das Abstreiten gesicherter wissenschaftlicher Erkenntnis. WissenschaftsleugnerInnen bestreiten vehement, was von relevanten ExpertInnen als gesichertes Wissen eingestuft wird.[1] Die meistdiskutierten Formen der Wissenschaftsleugnung – etwa die Leugnung des anthropogenen Klimawandels, der Gesundheitsschädlichkeit von Zigarettenrauch oder des kausalen Zusammenhangs zwischen dem HI-Virus und der Erkrankung an AIDS – sind von dieser Art. Das Abstreiten der genannten Zusammenhänge ist gerade auch deshalb so empörend, weil sie als nicht (mehr) vernünftigerweise bezweifelbar gelten. Es ist die Sicherheit, mit der seit einigen Jahrzehnten von der Existenz eines menschengemachten Klimawandels ausgegangen werden kann, die das fortgesetzte Bezweifeln dieses Umstands als so problematisch – so anti-rational und damit letztlich anti-sozial – erscheinen lässt. Es ist die Gewissheit über den

---

[1] Teile der Arbeit an diesem Artikel wurden während eines Aufenthalts am *Centre de recherche en éthique* (CRÉ) an der Université de Montréal, finanziert durch das CRÉ und die *Groupe de recherche en éthique environnementale et animale* (GRÉEA) durchgeführt, Teile basieren auf der Arbeit im DFG-finanzierten Projekt *Voraussetzungen der Frame-Theorie in der Geschichte der Philosophie* (Deutsche Forschungsgemeinschaft 452319975). Für hilfreiche Kommentare zu einem Entwurf dieses Artikels danke ich Alexander Christian und Ina Gawel.

∂ Open Access. © 2024 bei den Autorinnen und Autoren, publiziert von De Gruyter. Dieses Werk ist lizenziert unter einer Creative Commons Namensnennung 4.0 International Lizenz.
https://doi.org/10.1515/9783110788341-002

Zusammenhang zwischen HIV und AIDS, derentwegen seine Verneinung so absurd wie verheerend ist. Es gibt daher ein starkes pragmatisches Interesse daran, Wissenschaftsleugnung so zu definieren, dass sie sich auf die Leugnung wissenschaftlich gesicherten Wissens – erwiesener Fakten – bezieht.[2] Bei dem Versuch, Wissenschaftsleugnung von (anderen Formen von) Skepsis abzugrenzen, scheint man darauf Bezug nehmen zu müssen, dass sich „Leugnung" auf gesichertes Wissen bezieht – etwas, auf das sich epistemisch tugendhafter Zweifel nicht (mehr) richten kann:

> [denialism] is not generally responsible or epistemically-motivated skepticism, but it is skepticism nonetheless. It is properly called *denial* because (skeptical paradoxes aside) scientists *do* clearly know that ACC [anthropogenic climate change] is occurring. (Slater et al., 2020, S. 873; Herv. i. Orig.)

Der Begriffsbestandteil *Wissenschaft* im Kompositum *Wissenschaftsleugnung* hingegen weist in eine andere Richtung. Wenn unter ‚Wissenschaft' die Suche nach Erkenntnis zu verstehen ist, so ist klar, dass das Vorliegen gesicherten Wissens lediglich den Endpunkt des wissenschaftlichen Prozesses darstellt. Der Begriffsbestandteil *Wissenschaft* weist also eher von gesichertem Wissen als Objekt der Leugnung weg – denn wo gesichertes Wissen vorliegt, ist Wissenschaft im Sinne eines Forschungsprozesses bereits am Ende. Wissenschaft ist nicht Wissen, sondern das methodologisch reglementierte Streben danach. Wenn Wissenschaftsleugnung sich tatsächlich gegen Wissenschaft richtet, liegt daher nahe, dass sie sich auf andere epistemische Zustände als Wissen über Fakten bezieht. Aber auch wenn erlangtes Wissen als Produkt oder Kulminationspunkt der Wissenssuche zu ihr gehört, muss man zumindest feststellen, dass Wissenschaft mehr ist als dieser Kulminationspunkt – sie umfasst eben auch dessen Vorgeschichte. Im Wesentlichen ist Wissenschaft ein epistemischer Prozess, bei dem Phasen des Nichtwissens, der Unsicherheit über den Status von Hypothesen bzw. unterschiedlicher Evidenzlagen für bestimmte Hypothesen aufeinanderfolgen.

---

2 Obwohl auch die Endpunkte wissenschaftlicher Erkenntnissuche dabei selbst von probabilistischen Aussagen über das Bestehen von Zusammenhängen markiert werden, kann man sinnvoll zwischen gesicherter wissenschaftlicher Erkenntnis bzw. wissenschaftlichem Wissen und vorangehender Unsicherheit unterscheiden. Wissenschaft strebt nach und mündet im Erfolgsfall in gesichertem Wissen. Die Unsicherheit, die am Ende wissenschaftlicher Erkenntnissuche verbleibt, unterscheidet sich graduell, aber dennoch maßgeblich von Unsicherheit in einem normalsprachlichen Sinne. Wissen, wie es Wissenschaft etabliert, mag zwar probabilistisch ausgedrückt werden, es aber deshalb noch als im normalsprachlichen Sinne unsicher zu bezeichnen, ist gerade eine Strategie der Wissenschaftsleugnung (Jamieson, 2014, S. 86).

Selbstverständlich kann man sich entschließen, diese begriffliche Hypothek zu ignorieren, und Wissenschaftsleugnung schlicht stipulativ als die Leugnung *wissenschaftlich gesicherten Wissens* definieren. Der vorliegende Beitrag argumentiert gegen dieses Vorgehen. Das Bestreiten gesicherter Erkenntnis sollte plausiblerweise als nur eine Variante von Wissenschaftsleugnung angesehen werden. Wissenschaftsleugnung ist nicht auf das Vorliegen eines wissenschaftlichen Konsenses oder etablierter Fakten angewiesen, sondern kann auch unter Bedingungen des Nichtwissens bzw. der Unsicherheit über das Bestehen eines Sachverhaltes auftreten.

Die Sicherheit der bestrittenen Erkenntnis ist ein so naheliegendes Merkmal von Wissenschaftsleugnung, weil die Diskrepanz zwischen der Sicherheit gegebener Erkenntnis und dem fortgesetzten Zweifel daran so deutlich signalisiert, dass sich der Zweifler aus dem Spiel der Wahrheitssuche verabschiedet hat – sich in die Position des Gegners der Wissenschaft begibt, die durch einen stabilen Konsens geeint ist. Er zeigt sich in diesem Sinne vermeintlich *wissenschaftsfeindlich* und sabotiert den Vollzug der Wahrheitssuche, indem er dessen erfolgreiche Vollendung bestreitet. Wahrheitssuche lässt sich aber auch in anderen Phasen stören. Vorläufigkeit, Revisionsbedarf, Unsicherheit gegebener Erkenntnisstände – all dies sind Wesensbestandteile des Prozesses „Wissenschaft" und gleichzeitig komplizierende Faktoren für Wissenschaftsverständnis, -kommunikation und -akzeptanz. Es sind Faktoren, die sich ausbeuten lassen, will man die Anerkennung wissenschaftlicher Erkenntnis unterminieren.

Uneindeutigkeit und Unsicherheit gehören konstitutiv zur Wissenschaft. Wissenschaftsleugnung sollte als etwas anerkannt werden, das sich gerade auch auf diese Zustände beziehen kann. Wo Wissenschaft vorgefassten Glauben über die Welt erschüttert, wenn sie beispielsweise allmählich klar werden lässt, dass die beobachtbaren Bewegungen der Himmelskörper nicht zu einem geozentrischen Weltbild passen, etabliert sie gerade das Fehlen gesicherter Erkenntnis darüber, in welchem Zusammenhang ihre Beobachtungen erklärbar sind. Das spricht dafür, dass die Leugnung dessen, was wissenschaftlich etabliert ist, neben Wissen bzw. Konsens prinzipiell auch Dissens, Unsicherheit bzw. Nichtwissen betreffen kann. Wissenschaftsleugnung kann sowohl als Verneinung gesicherter als auch vorläufiger Erkenntnis oder von Unsicherheit auftreten.

Im Folgenden soll für einen erweiterten Begriff von Wissenschaftsleugnung argumentiert werden. In Abschnitt 2 werden zunächst mögliche Bestandteile des Begriffs Wissenschaftsleugnung und die mit ihm verknüpften pragmatischen Interessen diskutiert. Abschnitt 3 argumentiert dann gegen die Bedingung, dass Wissenschaftsleugnung sich gegen gesichertes Wissen richtet, und für einen erweiterten Begriff, demzufolge Wissenschaftsleugnung das ungerechtfertigte Abstreiten eines wissenschaftlichen Erkenntnisstandes (aber nicht nur von Wissen) ist. Abschnitt 4 weist auf die Gefahr und das Schadenspotential von Wissenschaftsleugnung durch WissenschaftlerInnen hin, die, gerade wenn sie durch wissenschaftsimmanente Gründe motiviert sind, die Aufrechterhaltung unbegründeter Unsicherheit herbeiführen können. Abschnitt 5 fasst die Ergebnisse knapp zusammen.

2 Wissenschaftsleugnung als Abstreiten gesicherter Erkenntnis

Außer dem trivial erscheinenden Merkmal, dass sich Wissenschaftsleugnung gegen Aussagen über den Gegenstandsbereich der Wissenschaften richtet, kommen folgende weitere Merkmale zur Charakterisierung von Wissenschaftsleugnung infrage: (1) Wissenschaftsleugnung hat die Form einer Verneinung; (2) dem, was verneint wird, wird von relevanten ExpertInnen der Status gesicherter Erkenntnis bzw. als solcher erkannter Fakten zugeschrieben; (3) der Leugner verneint den Gehalt dieser Erkenntnis wider eigenes besseres Wissen; (4) die Leugnung erfolgt aus Motiven, die letztendlich nicht nur einen epistemischen Prozess stören, sondern davon unabhängig moralisch kritikwürdig sind (z. B. aus Habgier). Den pragmatischen Hintergrund des Begriffs der Wissenschaftsleugnung prägen dabei vor allem ihr Schadenspotential und die in ihr zum Ausdruck kommende Störung des Verhältnisses zu einem an Evidenz orientierten Diskurs.

2.1 Wissenschaftsleugnung als Verneinung

Eine Leugnung ist im Kern eine negative, etwas verneinende Behauptung („HIV ist *nicht* die Ursache von AIDS"; „der Klimawandel ist *nicht* von Menschen herbeigeführt"; „Rauchen erhöht *nicht* das Risiko, an Krebs zu erkranken"). Wer leugnet, streitet ab, was Gegenstand einer gegenteiligen Behauptung über das Bestehen eines Sachverhaltes ist. Der grammatischen Form, jedoch nicht der Logik des Diskursgeschehens nach, kann die Leugnung auch als positive Behauptung vorgetragen werden:

> The word „denial" suggests disbelief rather than a positive assertion, but as a misrepresentation of reality, denial can be expressed in terms of either denying something true or affirming something false: The person denying he is an alcoholic may say „I am not an alcoholic," or, affirmatively, „I can stop drinking anytime I like." (Bardon, 2019, S. 2)

Dieses Beispiel verdeutlicht, wie sehr die Einordnung einer Behauptung *als Leugnung* von der weiteren Diskurssituation abhängig ist. Die Aussage „Ich kann jederzeit mit dem Trinken aufhören" ist deshalb als Leugnung einer Alkoholkonsumstörung erkennbar, weil die darin implizierte Verneinung („Ich leide *nicht* an einer Alkoholkonsumstörung") in der gegebenen Situation auch die relevante Implikatur darstellt. Wer den als positive Behauptung formulierten Satz äußert, will damit eben zu verstehen geben, dass der Verdacht einer Alkoholkonsumstörung unbegründet ist – er will das Vorliegen dieser Störung abstreiten. Als Leugnung bleibt dieser kommunikative Gehalt davon abhängig, dass eine positive Behauptung über das Bestehen einer Alkoholkonsumstörung im Raum steht, die mit der positiven Aussage („Ich kann jederzeit mit dem Trinken aufhören") abgestritten werden kann. Eine Leugnung selbst bleibt dabei dadurch gekennzeichnet, dass sie die innere Form einer Verneinung hat – selbst dann, wenn sie in der äußeren Form einer positiven Behauptung vorgetragen wird. Es lassen sich sogar Äußerungen als Anzeichen einer dahinterstehenden Leugnung auffassen, die nicht einmal per Implikatur etwas verneinen oder abstreiten. Sogar eine Ankündigung wie: „Heute kann es spät werden" kann, sofern ein entsprechender Verdacht im Raum steht, als *Zeichen* der Leugnung einer Alkoholkonsumstörung eingeordnet werden.

2.2 Verneinung gesicherter Erkenntnis

Nach verbreiteter Auffassung handelt es sich bei dem, was durch Wissenschaftsleugnung verneint wird, um gesichertes Wissen über den Gegenstandsbereich bestimmter wissenschaftlicher Disziplinen. Bestritten werden nicht Vermutungen oder unbestätigte Thesen, sondern gesicherte Erkenntnis, die im wissenschaftlichen Kontext durch einen stabilen, weitreichenden Konsens unter den relevanten ExpertInnen gekennzeichnet ist:

> By dismissing the *knowledge produced by scientific processes* [...], science denial misleads the public about how science works. (Rosenau, 2012, S. 567)

> 'Science denialism' is the rejection of the scientific consensus, often in favor of a radical and controversial point of view. (Scudellari, 2010, S. 248)

> [S]cience deniers publicly oppose [robust results of scientific inquiry] and spread misinformation. (Schmid und Betsch, 2019, S. 931)

> Denial involves the emotionally motivated rejection (or embrace) of a factual claim in the face of strong evidence to the contrary. (Bardon, 2019, S. 1)

In all diesen Beispielen der Bestimmung des Wesens der Wissenschaftsleugnung kommt die Vorstellung zum Tragen, dass WissenschaftsleugnerInnen sich gegen das richten, was nach wissenschaftlichen Maßstäben als Wissen um Tatsachen eingeordnet wird. Wenigstens ist von der Ablehnung von „strong evidence" die Rede, oftmals aber von der Zurückweisung von Wissen oder der Opposition gegen einen wissenschaftlichen Konsens.

Wissenschaftliche *Unsicherheit* wird hingegen im Kontext von Wissenschaftsleugnung vorrangig als Quelle von Leugnungstaktiken thematisiert. Dabei sind zwei Strategien und zwei Formen von „Unsicherheit" voneinander zu unterscheiden. Zum einen wird von WissenschaftsleugnerInnen das ausgebeutet, was auch nach wissenschaftlichen Maßstäben noch als Unsicherheit über einen Gegenstandsbereich verbleibt, um auch bereits sichere Erkenntnisse zu diskreditieren: Ein fortbestehender Dissens oder fehlende Evidenz zu einem Teil des Untersuchungsbereichs wird angeführt, um den gesamten Forschungsstand als völlig ungewiss erscheinen zu lassen. So streiten KlimaleugnerInnen etwa den anthropogenen Klimawandel als solchen unter Verweis auf prognostische Unsicherheit in Klimamodellen ab. Zum anderen wird die Verschiedenheit der Maßstäbe für die Rede „Wissen", „Beweisen" und „Fakten" im wissenschaftlichen und normalsprachlichen Diskurs – also die verschiedene Bedeutung von „Unsicherheit" in Wissenschaft und Alltag – ausgenutzt, um wissenschaftliche Erkenntnisstände zu leugnen:

> Scientists are epistemologically conservative, and speak in terms of uncertainties and probabilities. [...] However, in our everyday lives we tend to see acknowledgments of uncertainty as discrediting. For if we say that something is uncertain, we often mean that there is no fact of the matter about it, no way of knowing whether it is true, or that there is no reason to believe one thing rather than another. [...] These differences between ordinary and scientific uses of language create a niche that climate change deniers can exploit: They comb the scientific literature for uncertainties, then restate them in a dismissive way in popular for in which they have different meaning and significance. Unsophisticated audiences predictably take a scientist's acknowledgment of uncertainty as a confession that there is no reason to take her claims seriously (Jamieson, 2014, S. 86).

In dieser zweiten Variante der Instrumentalisierung von Unsicherheit geht es also nicht um die Übertragung des Status ungeklärter wissenschaftlicher Fragen auf bereits erlangte Erkenntnis, sondern darum, die Rest-Unsicherheit auch gesicherter wissenschaftlicher Erkenntnis zu übertreiben: „The inherent uncertainty of the scientific process itself is increasingly used as a vehicle to politicize scientific debates and to cast doubt on the validity of mainstream scientific findings" (van der Linden, 2019, S. 889). Ausgebeutet wird dabei ein hermeneutisches Unvermögen (Mason, 2020): das fehlende Verständnis der Bedeutung von „Unsicherheit" und der Möglichkeit, zwischen unsicheren, vorläufigen und gesicherten Erkenntnissen zu unterscheiden, obwohl auch letztere noch im Sinne von Wahrscheinlichkeiten ausgedrückt werden, die üblicherweise keine absoluten Gewissheiten ausdrücken.

In jedem Fall tritt Unsicherheit also vor allem als Mittel, nicht als Gegenstand von Wissenschaftsleugnung in den Vordergrund.

2.3 Handeln wider besseres Wissen

In den oben zitierten Charakterisierungen von Wissenschaftsleugnung ist ein Merkmal auffallend abwesend: das des subjektiv Besser-Wissens. Es ist nicht die Rede davon, dass die Leugnerin von Wissenschaft wider eigenes besseres Wissen handelt. Stattdessen steht die bloße Ablehnung des wissenschaftlichen Konsenses im Mittelpunkt. Es könnte sein, dass dieser Anschein nur oberflächlich und letztlich falsch ist, und dass bei jeder Zuschreibung von Wissenschaftsleugnung immer vorausgesetzt wird, dass die Leugnerin eigenes besseres Wissen von dem hat, was Gegenstand eines wissenschaftlichen Konsenses ist. Wovon genau die Leugnerin dann Kenntnis haben muss, hängt vom Detail der jeweiligen Wissenschaftsleugnung ab. Man kann z. B. leugnen, dass Wissenschaftler sich über die Existenz eines anthropogenen Klimawandels einig sind, man kann aber auch die Existenz dieses Konsenses anerkennen und stattdessen den anthropogenen Klimawandel selbst leugnen. Im ersten Fall wird die Tatsache geleugnet, dass es überhaupt einen wissenschaftlichen Konsens gibt. Eigenes besseres Wissen müsste dann das Wissen um ebendiesen Konsens sein. Die Leugnerin müsste aber nicht kenntnisreich in Bezug auf den Gegenstand des Konsenses (den Klimawandel) sein. Leugnet sie hingegen, im zweiten Fall, das, was dieser Konsens zum Gegenstand als gesichert geltenden Wissens macht, müsste sie, um gegen eigenes besseres Wissen zu handeln, selbst den Gegenstandsbereich der entsprechenden Wissenschaft(en) durchdringen – d. h. sie müsste eigenes Wissen um den Klimawandel haben, um ihn direkt, ohne den Umweg über das Abstreiten eines ihn betreffenden Konsenses, leugnen zu können.

Nun ist im Falle von *Wissenschafts*leugnung die Situation aber insofern besonders, als dass das Bestehen eines Konsenses unter den relevanten WissenschaftlerInnen eine Rolle dafür spielt, ob auch über diesen Konsens informierten Laien *Wissen um den Gegenstand* des Konsenses zugesprochen werden kann. Insofern WissenschaftlerInnen epistemische Autorität auf dem Gebiet ihrer wissenschaftlichen Betätigung zukommt, ist ihr Wissen möglicherweise ein hinreichender Orientierungspunkt, um Laien eben gerade die einschlägige Kenntnis zusprechen zu können, die nötig ist, um wider besseres Wissen den Gegenstand des Wissens der WissenschaftlerInnen leugnen zu können. Laien, die Kenntnis davon haben, dass WissenschaftlerInnen etwas als Wissen einstufen, haben womöglich hinreichende Gründe, den Gehalt dieses Wissens ebenfalls zu akzeptieren, sodass sie, wenn sie das von den relevanten ExpertInnen Gewusste abstreiten, nicht nur fremdes Wissen in Abrede stellen, sondern in einem ausreichenden Sinne „wider eigenes besseres Wissen" handeln, um als LeugnerInnen angesehen werden zu können. Von Wissenschaftsleugnung nur in Bezug auf das Abstreiten unter den relevanten ExpertInnen bereits als gesichert geltenden Wissens zu sprechen, mag auch deshalb naheliegend sein, weil man von diesem Kenntnisstand eher geneigt ist anzunehmen, dass er auch NichtwissenschaftlerInnen bekannt ist – zumal, wenn gesichertes Wissen bereits Gegenstand dezidierter Bildungs- und Popularisierungsbemühungen geworden ist.

Ließe man es bei besserem Wissen als Voraussetzung für Leugnung, ergäbe sich allerdings eine gewisse Schieflage im Hinblick auf die Voraussetzungen von Pseudowissenschaft, die als Gegenstück von Wissenschaftsleugnung konzipiert ist, insofern sie im Kern positive (deklarative) Aussagen macht, wo Wissenschaftsleugnung im Kern etwas negiert. Pseudowissenschaftliche Aussagen erfordern gerade kein Wissen um den Gegenstandsbereich der Wissenschaft, zu dem eine Pseudowissenschaft in Konkurrenz tritt. Wenn man nur leugnen kann, was man besser weiß, wäre dies bei Wissenschaftsleugnung anders, und sie würde ein höheres Maß an Kompetenz erfordern als Pseudowissenschaft. Nicht jeder könnte dann Wissenschaftsleugner sein, wohl aber Vertreter einer Pseudowissenschaft. Diese Kompetenz-Asymmetrie schafft nicht nur Unordnung im Bereich der Abgrenzungsbegriffe von Wissenschaft, sondern ließe auch eine breite Masse an Vorkommnissen vermeintlicher Wissenschaftsleugnung aus dem Begriffssystem herausfallen. Das Abstreiten von Wissenschaft ohne eigenes besseres Wissen – aber eben auch ohne eigenes Wissen um die Richtigkeit der eigenen (negativen) Behauptung – wäre dann nicht erfasst.

Warum sollte man diese Vorkommnisse negativer Behauptungen als Formen von Wissenschaftsleugnung (und nicht durch einen anderen Begriff) erfassen wollen? Die naheliegende Antwort lautet, dass all diese Formen durch einen anderen epistemischen Defekt zu einem einheitlichen Phänomen verbunden werden als durch das Vorliegen eigenen besseren Wissens, nämlich durch das Fehlen einer tragfähigen Rechtfertigung. Leugnen kann demzufolge nicht nur, wer etwas besser weiß, sondern auch, wer von dem, was er in Abrede stellt, gerade nicht wissen kann und nicht gerechtfertigt ist zu glauben, dass es nicht der Fall ist. Wissen muss er allenfalls, dass er es nicht weiß. Die Aussage „die Person im Dunkeln war nicht Paula" kann nicht nur dann eine Leugnung sein, wenn man Paula sehr wohl erkannt hat, sondern auch dann, wenn man weder Paula noch eine andere Person im Dunkeln hätte erkennen können. Versteht man Leugnung als im Kern durch das Fehlen einer geeigneten Rechtfertigung für eine negative Behauptung gekennzeichnet, kann auch derjenige die anthropogene globale Erwärmung leugnen, der nur ein rudimentäres Verständnis vom Erdklima hat. Ob etwas eine Leugnung oder ein berechtigter Zweifel ist, hängt dann davon ab, ob eine geeignete Rechtfertigung für die negative Behauptung vorliegt. Was für eine solche Rechtfertigung erforderlich ist, ändert sich in Anwesenheit eines wissenschaftlichen Konsenses über den Gegenstandsbereich der negativen Behauptung.

2.4 Motivation

Wissenschaftsleugnung wird oftmals als eine Erscheinungsform von „motivated reasoning" bzw. „motivated cognition" aufgefasst (z. B. Bardon, 2019, S. 4) – als eine emotional motivierte epistemisch unangemessene Reaktion auf Evidenzen. Das impliziert, dass die verantwortlichen Prozesse unbewusst ablaufen können, stellt aber vor allem darauf ab, dass bei Wissenschaftsleugnung Motive für die Ablehnung eines Glaubensinhalts relevant werden, die eigentlich im epistemischen Rechtfertigungskontext nicht wirksam werden sollten. Die paradigmatischen Beispiele für Wissenschaftsleugnung legen den Gedanken nahe, dass diese epistemisch defekten Motive außerdem typischerweise noch moralisch fragwürdig sind: die Habgier, die hinter der Bekämpfung von Evidenzen für die Gesundheitsschädlichkeit des Rauchens steht; der Stolz, den man hinter der Verneinung des kausalen Zusammenhangs zwischen einer HIV-Infektion und einer AIDS-Erkrankung vermuten mag; die Völlerei, der ein Zweifler an den negativen gesundheitlichen Folgen regelmäßigen Alkoholkonsums, sich verschrieben zu haben scheint – es fällt nicht schwer, die scheinbar einschlägigen Motive für Wissenschaftsleugnung mit nicht-epistemischen Lastern in Verbindung zu bringen. Diese Dimension des Phänomens Wissenschaftsleugnung, ihre Rückführbarkeit nicht nur auf epistemische, sondern auch auf moralische Laster, wird zwar kaum je als definierendes Merkmal vorgeschlagen, aber dennoch als relevant genug angesehen, um als typisch zu gelten.

In vielen Fällen scheint Wissenschaftsleugnung die Zuflucht derer zu sein, die sehr wohl sehen, dass sie auf der Ebene der Diskussion um moralische Konsequenzen aus der wissenschaftlichen Erkenntnis keine vorzeigbare Position haben. Die Position „Menschen machen weite Teile der Erde mittelfristig für Menschen unbewohnbar, und das ist auch gut so" stellt ihre Vertreterin sozial ins Abseits. Um dieselben Handlungsempfehlungen aussprechen zu können, die sich aus dieser Position ergeben, ist es daher geschickter, den behauptenden Teil der Aussage zu vermeiden, d. h., die Empirie statt der moralischen Bewertung in Zweifel zu ziehen.

Dass die meistdiskutierten Fälle von Wissenschaftsleugnung den Anschein vermitteln, dazu zu dienen, das moralisch Gebotene abzuwenden, darf aber nicht darüber hinwegtäuschen, dass wissenschaftliche Erkenntnis auch mit besten Absichten in Zweifel gezogen werden kann. Als Beispiel mag folgende Aussage aus einem TED-Talk mit dem Titel „The lies we tell pregnant women" dienen:

> This is a huge secret. It is actually safe to drink, in moderation, during pregnancy. Many of us don't know this, because doctors don't trust pregnant women with this secret. Especially if she's less educated or a woman of color. (Jawed-Wessel, 2016)

Aus dieser Einlassung spricht kein niederes Motiv, sondern eine paternalismuskritische und gegenüber Diskriminierung wachsame Haltung. Die genannte Auffassung steht jedoch im Widerspruch zu Empfehlungen der WHO[3] und der Aussage des Centers for Disease Control and Prevention, welches verlautbart: „There is no known safe amount of alcohol use during pregnancy or while trying to get pregnant. There is also no safe time for alcohol use during pregnancy" (CDC, 2022). Im Zusammenhang des vorliegenden Kapitels ist an dieser Aussage bemerkenswert, dass die Warnung vor Alkoholkonsum in der Schwangerschaft gerade in Form einer Aussage über epistemische Unsicherheit („*no known* safe amount") kommuniziert wird (auch wenn die Formulierung ebenfalls die Interpretation zulässt, dass es bekannt ist, dass selbst kleinste Menge tatsächlich Schäden hervorrufen können). Vorrangig soll das Beispiel aber verdeutlichen, dass das Merkmal niederer Motive zurecht nicht mehrheitlich als definierendes Merkmal von Wissenschaftsleugnung angesehen wird. Wenn jemand auf die Leugnung eines Kenntnisstandes über einen Sachverhalt verfällt, darf das nicht darüber hinwegtäuschen, dass die Kritik an den praktischen Konsequenzen, die andere aus diesem Kenntnisstand ziehen, dennoch berechtigt sein kann. Auch die Kritik an Wissenschaftsleugnung muss aufmerksam bleiben gegenüber von Leugnung durchsetzter, aber im Kern diskutabler Wissenschaftskritik.[4] Wissenschaftsleugnung tritt oftmals am Übergang von deskriptiven zu normativen Aussagen zutage, der immer plausibilisierungsbedürftig ist.

2.5 Pragmatischer Hintergrund

Obwohl Wissen, gerade im Kontext von Wissenschaftsförderung, bisweilen ein intrinsischer Wert zugeschrieben wird, ist doch auffällig, dass sich die Sorgen über Wissenschaftsleugnung aus ihren instrumentellen Nachteilen speisen. Den meistdiskutierten Fällen von Wissenschaftsleugnung ist gemein, dass sie mit einem ausgeprägten Schadenspotential einhergehen, welches sich gerade nicht auf wissenschaftsimmanente und epistemische Schäden beschränkt. Es ist dieses Schadenspotential, das Wissenschaftsleugnung überhaupt erst kritisches Interesse einbringt. Sie wird virulent vor dem Hintergrund der praktischen Relevanz gesicherten

---
[3] World Health Organization, 2021.
[4] Für einen interessanten Fall im Zusammenhang mit Kritik an den Vorannahmen und Empfehlungen der „invasion biology", siehe Frank, 2019, S. 6097.

Wissens. Wissenschaftliche Erkenntnis kann die Grundlage für eine gut begründete Empfehlung darstellen. Gesichertes Wissen über den anthropogenen Klimawandel etwa bildet die Grundlage für Empfehlungen zur Eindämmung bzw. Modifizierung derjenigen menschlichen Praktiken, die zu diesem Prozess beitragen. Je größer seine praktische Relevanz, desto problematischer die Leugnung des gesicherten Wissens. Aber nicht nur Wissen, sondern auch Klarheit über das Fehlen von Wissen ist für die Entscheidungsfindung relevant. Dementsprechend hat auch Wissenschaftsleugnung unter Unsicherheit Schadenspotential.

3 Leugnung unter Unsicherheit

Für einen unterscheidungsstarken und adäquaten Begriff von Wissenschaftsleugnung ist es nicht nötig, ihn auf das Bestreiten von gesichertem Wissen zu beschränken. Für ein adäquates Verständnis des Phänomens und Schadenspotentials von Wissenschaftsleugnung ist diese Beschränkung ein Hemmnis. Es wäre kohärenter und pragmatisch sinnvoller, den Begriff so aufzufassen, dass er sich auf das Bestreiten eines gegebenen wissenschaftlichen Erkenntnisstandes überhaupt bezieht. Denn auch dann, wenn dieser Erkenntnisstand noch von Unsicherheit geprägt ist und nicht den Status von „Wissen" um „wissenschaftliche Fakten" erreicht hat, können die anderen Bedingungen der Leugnung erfüllt sein: Der *Verneinung* einer Aussage aus dem *Gegenstandsbereich der Wissenschaft* kann eine *Rechtfertigung fehlen*, sie muss dabei aber nicht zwingend moralisch fragwürdig motiviert sein, und sie kann aufgrund ihres *Schadenspotentials* interessant werden.

Dieses weitere Verständnis ist durchaus in einigen Begriffsbestimmungen in der Literatur angelegt oder mit ihnen verträglich – beispielsweise wenn Wissenschaftsleugnung als „unwillingness to consider empirical evidence that contradicts one's desired conclusion" (Darner, 2019, S. 299) aufgefasst wird – womit noch nicht gesagt ist, dass es sich etwa um überwältigende, eindeutige oder konklusive Evidenz handelt. Auch die folgende Definition von *denialism* erlaubt eine weitere Lesart: „Denialism is the systematic rejection of empirical evidence to avoid undesirable facts or conclusions" (Liu, 2012, S. 129). Die Formulierung lässt die Interpretation zu, dass die Fakten und Schlussfolgerungen, von denen die Rede ist, noch nicht als solche erwiesene Fakten oder bereits zwingende Schlussfolgerungen sind, sondern bloß befürchtet werden. Auch im Kontext dieser Definition wird „denialism" dann jedoch enggeführt, indem Strategien in den Blick genommen werden, die sich gegen die Anerkennung eines „overwhelming body of scientific evidence" bzw. von „established knowledge" (Liu, 2012, S. 129) und des wissenschaftlichen Konsenses (Liu, 2012, S. 130) richten.

Im Gegensatz zu dieser Engführung erkennt ein weiterer Begriff von Wissenschaftsleugnung auch die Leugnung von wissenschaftlicher Unsicherheit als solche an. Leugnung kann auch das Abstreiten von Evidenzen bei Vorliegen von Gegenevidenz sein, wenn es noch auf keiner Seite einen „overwhelming body" von Evidenz gibt. Wie oben erläutert, ist es sinnvoll, für die Möglichkeit von Leugnung nicht eigenes besseres Wissen (oder auch nur Wissen-Können) zur Bedingung zu machen, sondern das Fehlen einer Rechtfertigung. Diese kann auch fehlen, wo ein anderer Kenntnisstand als derjenige gesicherten Wissens in Abrede gestellt wird. Man kann nicht nur ungerechtfertigter Weise bestreiten, dass Wissenschaftler ein bestimmtes Wissen generiert haben, sondern auch, dass sie über eine bestimmte Frage derzeit im Unklaren sind. Man tut es dann ungerechtfertigt, wenn man keine ausreichenden Anhaltspunkte hat, um sich über den aktuellen Forschungsstand ein begründetes Urteil zu bilden (nicht nur dann, wenn man die in der Disziplin bestehende Unsicherheit sogar sehr gut kennt).

Über das Merkmal der fehlenden Rechtfertigung hinaus kann aber sogar eigenes besseres Wissen um wissenschaftliche Unsicherheit vorliegen. Das mag zunächst für einige Bereiche fraglich erscheinen, weil man in Bezug auf wissenschaftlichen Dissens oder Nichtwissen weniger als bezüglich wissenschaftlicher Fakten annimmt, dass Nichtwissenschaftler davon Kenntnis haben. Aber auch wenn es zutrifft, dass NichtwissenschaftlerInnen seltener Einsicht in fortbestehende wissenschaftliche Kontroversen als in wissenschaftlich gesicherte Fakten haben, bleibt immer noch eine Gruppe, die für Wissenschaftsleugnung unter Unsicherheit und wider besseres Wissen in Frage kommt: WissenschaftlerInnen selbst, die zumindest Kenntnis von Unsicherheiten in ihrem eigenen Fachbereich haben. Außerdem gibt es Kommunikationszusammenhänge, in denen auch von Laien erwartet werden kann, dass sie sich mit den ungelösten Fragen eines Fachbereichs vertraut machen. Wer sich beispielsweise, zumal gewinnorientiert, mit ernährungswissenschaftlichen Thesen in den sozialen Medien profiliert, sollte sich auch mit einem Mangel an eindeutiger Evidenz für bestimmte Verlautbarungen auseinandersetzen.

Wie oben angedeutet, kann die Nicht-Verfügbarkeit gesicherten Wissens zudem ebenso praktisch relevant sein wie Wissen. Wenn wissenschaftliche Gründe als Basis für bestimmte Entscheidungen fehlen, kann eine Täuschung über diesen Umstand ebenso verheerend sein wie das Bestreiten tatsächlich vorliegender Gründe. Als Leugnung sich verdichtender Verdachtsmomente kann Wissenschaftsleugnung das Greifen eines Vorsichtsgebotes verzögern. Die Auswirkungen solcher Verzögerungen können unermesslich sein. Wer beispielsweise gegenwärtig behauptet, es gäbe keine Anzeichen dafür, dass Insekten schmerzempfindlich seien, stellt eine bereits jetzt beträchtliche, wenn auch noch keinen wissenschaftlichen Konsens begründende Menge von Evidenzen (s. z. B Adamo, 2016; Klein und Barron,

2016; Mallatt und Feinberg, 2016; Tye, 2016; J. Birch, 2017; Baracchi und Baciadonna, 2020; Lambert et al., 2021; Birch, 2022; Gibbons et al. 2022) in Abrede und das in einer Frage, deren praktische Implikationen eine unvorstellbar große Zahl von Individuen tangieren.

Das Schadenspotential, das das Phänomen überhaupt erst interessant macht, ist bei Wissenschaftsleugnung unter Unsicherheit ganz erheblich. Es ist sogar noch fundamentaler als bei der Leugnung gesicherten Wissens, denn Wissenschaftsleugnung unter Unsicherheit unterminiert ein adäquates Verständnis von Wissenschaft überhaupt. Sie greift Wissenschaft genau da an, wo eine besonnene Rekonstruktion besonders wichtig wäre: in den Bereichen, in denen Wissenschaft eben keine exakten Antworten gibt, aber diese Tatsache selbst in ihrer Relevanz erkannt werden muss. Wissenschaftsleugnung unter Unsicherheit trägt damit zu einer Fehlcharakterisierung von Wissenschaft als Antwortgenerierungsmaschine bei. Die Tatsache, dass wissenschaftlich begründete Empfehlungen z. B. unterschiedlich gut begründet sein und sich nach Datenlage ggf. sogar kurzfristig ändern können, ist gerade eine Herausforderung für die Wissenschaftskommunikation und die Verarbeitung wissenschaftlicher Erkenntnis für Rezipienten ohne einschlägige Expertise. Wissenschaftsleugnung unter Unsicherheit untergräbt das Verständnis von Wissenschaft, die *scientific literacy*, indem sie wissenschaftliche Phasen der Uneindeutigkeit diskreditiert.

Man könnte sogar so weit gehen, zu sagen, die Beschränkung des Begriffs Wissenschaftsleugnung auf die Leugnung gesicherten Wissens ist selbst Ausdruck einer Abwertung der Komplexität von Wissenschaft, gerade indem diese Beschränkung mit „Wissenschaft" nur das als Gegenstand von Leugnung gelten lässt, was sich als gesichertes Wissen manifestiert. Stattdessen ist es sinnvoller, einen aufnahmefähigeren Begriff von Wissenschaftsleugnung zu verwenden. Demnach ist Wissenschaftsleugnung allgemein *das ungerechtfertigte Abstreiten eines wissenschaftlichen Erkenntnisstandes*.[5]

Auch wenn die Wissenschaftsleugnung selbst unter Unsicherheit stattfindet, kann Unsicherheit als Strategie (s. § 2) zum Tragen kommen. Grundsätzlich kann ein gegebener, von Unsicherheit über das Bestehen eines Sachverhalts geprägter wissenschaftlicher Erkenntnisstand nicht nur durch das Bestreiten dieser Unsicherheit geleugnet werden, sondern auch, indem die bestehende Unsicherheit übertrieben wird.

Wenn Wissenschaft sich anschickt, einen unliebsamen Sachverhalt aufzudecken, entsteht in einer ersten Phase Unsicherheit, wenn beispielsweise erste Hin-

---

5 Der Einfachheit halber werden hier weitere qualifizierende Merkmale wie etwa eine gewisse Öffentlichkeitswirksamkeit (Christian, 2013) außer Acht gelassen.

weise darauf zu Tage treten, dass eine bisher als unbedenklich geltende und gut verkäufliche Substanz gesundheitsschädlich sein könnte. Für die Wissenschaftsleugnerin ist das Vorgehen der Wahl in dieser ersten Phase dann das *Bestreiten* der anfänglichen Unsicherheit, d. h. das Behaupten des gewünschten Sachstands (Unbedenklichkeit). Wenn sich in einer zweiten Phase die Evidenzen für die Schädlichkeit der fraglichen Substanz mehren, ohne dass sich bereits ein Konsens, etwa für eine den Gebrauch der Substanz einschränkende Handlungsempfehlung, herausbildet, wird irgendwann der Wechsel der Strategie weg vom Bestreiten von Unsicherheit hin zur *Übertreibung* der tatsächlichen Unsicherheit nötig. Schließlich muss in der letzten Phase des wissenschaftlichen Fortschritts Unsicherheit dort behauptet werden, wo sich tatsächlich ein breiter Konsens und Sicherheit (über den unliebsamen Sachstand) eingestellt haben. Wenn von der Strategie der Herstellung von Unsicherheit („manufacturing uncertainty"; Michaels, 2008) die Rede ist, so ist damit die Erzeugung von Unsicherheit bei einer Öffentlichkeit außerhalb der jeweiligen Fachdisziplin angesprochen, während sich letztere mindestens schon auf dem Weg zu einem breiten Konsens befindet. Die *Behauptung von Unsicherheit* unter relevanten WissenschaftlerInnen ist eine Methode zur Herstellung von Unsicherheit bei NichtwissenschaftlerInnen. Die Behauptung von Unsicherheit, wo tatsächlich wissenschaftlich gesicherte, eindeutige Erkenntnis erreicht wurde – eine wohlbekannte Strategie von Wissenschaftsleugnung im engen, anerkannten Sinn, wie sie am Beispiel der Machenschaften der Tabakindustrie diskutiert wurde (Proctor, 2011) – steht am Ende eines Kontinuums unterschiedlicher Formen von Wissenschaftsleugnung. Generell wird sie erst attraktiv, wenn das Bestreiten (anfänglicher) Unsicherheit unter WissenschaftlerInnen keine überzeugende Methode mehr ist. So wie sich innerhalb der Wissenschaft ein vor dem Hintergrund bestimmter Interessenlagen unliebsames Bild konsolidiert, ist für die Wissenschaftsleugnung ein Strategiewechsel weg vom Bestreiten hin zur Übertreibung von Unsicherheit nötig.

In all ihren Phasen kann man Formen von Wissenschaftsleugnung danach unterscheiden, ob sie die erwünschte Behauptung der Wissenschaft zuschreibt oder in Abgrenzung von der Wissenschaft vertritt. Bei Wissenschaftsleugnung unter *Beanspruchung* der Wissenschaft wird behauptet, die Wissenschaft selbst habe die gewünschte Sachlage belegt („Die Wissenschaft hat festgestellt, dass ..."). Statt in dieser die Wissenschaft vereinnahmenden Variante kann Wissenschaftsleugnung (inklusive derjenigen unter Unsicherheit) auch in einer der Wissenschaft widersprechenden Variante vorkommen („Die Wissenschaft behauptet, ... sei unklar, es ist aber klar, dass ..."). Es ist auch eine Kombination aus *Infragestellung* und *Beanspruchung* von Wissenschaft möglich, nämlich wo VertreterInnen der Wissenschaft selbst Leugnung unterstellt wird. In solchen Fällen wird, wie im oben bereits genannten Beispiel, behauptet, die Wissenschaft selbst vertrete eine bestimmte

These oder Handlungsempfehlung wider besseres Wissen: „This is a huge secret. It is actually safe to drink, in moderation, during pregnancy. Many of us don't know this, because doctors don't trust pregnant women with this secret" (Jawed-Wessel, 2016). Hier werden VertreterInnen der Wissenschaft der Lüge in der Vermittlung des wissenschaftlichen Kenntnisstands bezichtigt (Infragestellung der Wissenschaft). Damit wird gleichzeitig behauptet, die Wissenschaft habe eigentlich Klarheit über das Nicht-Bestehen des Sachverhaltes, der potentiellen Schädlichkeit selbst kleinster Mengen Alkohol (Beanspruchung der Wissenschaft).

Weniger hilfreich als die genannte Unterscheidung ist die Markierung von WissenschaftsleugnerInnen als wissenschaftsfeindlich. Auch wissenschafts*affine* Personen können bestimmte wissenschaftliche Erkenntnisse und gerade auch das Fehlen wissenschaftlich gesicherten Wissens leugnen (etwa aus Begeisterung für eine Theorie oder Methode). Zudem handelt es sich bei der auf Personen und ihren Charakter bezogenen Unterscheidung zwischen wissenschaftsfeindlichen und -affinen Menschen um ein sehr grobes und dabei stark evaluativ urteilendes, daher leicht zu instrumentalisierendes und vorschnell anzuwendendes Raster, das dann die Probleme, die zu Wissenschaftsleugnung führen, fehlcharakterisiert. Die Feststellung, ob jemand wissenschaftsfeindlich oder -affin ist, erfordert, mehr in den Blick zu nehmen als nur das Bestreiten einer wissenschaftlichen Hypothese oder spezifischen Erkenntnis.

Wie wichtig es ist, auch die Leugnung wissenschaftlicher Erkenntnis unter Umständen der Unsicherheit über einen fraglichen Sachverhalt als Wissenschaftsleugnung zu berücksichtigen, kann die retrospektive Betrachtung heute als beigelegter Kontroversen oder überwundener Unsicherheiten zeigen – von Fällen, die heute als paradigmatische Fälle der Leugnung wissenschaftlich gesicherter Erkenntnis gelten. Denn Wissenschaftsleugnung in einem weiteren Sinne – als Leugnung eines gegebenen wissenschaftlichen Erkenntnisstandes – wird häufig die *Leugnung eines Anfangsverdachts* sein. Vor der Leugnung der Karzinogenität von Zigarettenrauch stand die Leugnung des wissenschaftlich begründeten Verdachts, dass Zigarettenrauch karzinogen sein könnte. Vor der Leugnung der anthropogenen globalen Erwärmung stand die Leugnung des wissenschaftlich begründeten Verdachts, dass menschliche Aktivitäten zur Veränderung des Klimas beitragen könnten.

Aus der Sicht derjenigen, die einen bestimmten Sachverhalt in Abrede stellen wollen, ist es allemal rational, bereits im Stadium der echten Unsicherheit anzusetzen. In dieser Phase kann Wissenschaftsleugnung auf das Ausbleiben von Klärungsbemühungen zielen, das Einsetzen begründeter Maßnahmen verzögern und die Grundlagen für die spätere Leugnung von Wissen schaffen. Der Begriff der Wissenschaftsleugnung unter Unsicherheit erscheint vor diesem Hintergrund fruchtbar.

Eine Sorge könnte sein, dass die Erweiterung des Begriffs der Wissenschaftsleugnung insofern kontraproduktiv ist, als dass er an kritischem Potential einbüßt. Wenn man sich auch durch das Abstreiten nicht überwältigender Evidenz der Wissenschaftsleugnung schuldig machen kann, scheint dem Vorwurf der Wissenschaftsleugnung Wucht gegenüber jenen verloren zu gehen, die klar gesicherte Erkenntnis leugnen – z. B. Leugnern des anthropogenen Klimawandels. Sie sind dann in einer Gruppe mit denen, die *nicht gesicherte* Erkenntnis abstreiten, anstatt eine eigene Gruppe von Fakten-Leugnern zu sein.

Dem ist entgegenzuhalten, dass, wenn diese Sorge berechtigt wäre, das eigentlich Fragwürdige die Kombination der umfassenden Rede von „*Wissenschafts*leugnung" / „*science* denial" mit der inhaltlichen Beschränkung auf die Leugnung konkreter wissenschaftlich gesicherter Erkenntnisse wäre. Allenfalls ist es nämlich so, dass man sich angesichts dieser Begriffsbildung zwischen zwei unguten Optionen entscheiden muss: Entweder akzeptiert man, dass „Wissenschaft" mit „Fakten" oder „gesicherter Erkenntnis" bzw. „sicherem Wissen" gleichgesetzt wird (für die Problematizität dieser Engführung wurde oben argumentiert), oder man muss in Kauf nehmen, dass mit der verallgemeinernden Zusammenfassung verschiedener Leugnungsprojekte *als* „Wissenschafts"-Leugnung auch eine Erweiterung des Kreises möglicher Gegenstände von Leugnung einhergeht und damit eine heterogenere Gruppe von „LeugnerInnen" in den Blick kommt. Hier wurde dafür argumentiert, dass diese aber letztlich gar nicht so heterogen ist, sondern sich die diversen LeugnerInnen womöglich nur in verschiedenen Phasen der Wissenschaftsleugnung befinden. Die Auffassung, das kritische Potential des Begriffs der Wissenschaftsleugnung hänge an seiner Beschränkung auf das Abstreiten gesicherten Wissens, ist letztlich Ausdruck der Tendenz, das Schadenspotential von Leugnung unter Unsicherheit zu unterschätzen. Der hier vorgeschlagene Begriff ist also nicht überinklusiv. So ist etwa auch die Leugnung einer Kontroverse nicht dasselbe wie das Vertreten einer Position in einer kontroversen Frage – auch wenn das damit einhergeht, die gegenteilige Position in Abrede zu stellen. Das Unterscheidungsmerkmal liegt im Vorliegen oder Fehlen einer Rechtfertigung. Eine gerechtfertigte Ablehnung erfordert in diesem Kontext zumindest die Würdigung und in der öffentlichen Diskussion eine transparente und faire Darstellung der gegenläufigen Evidenzen und Argumente.

Nimmt man außerdem an, dass zu deklarativer Pseudowissenschaft eine gewisse Beharrlichkeit und kommunikative Leistung bzw. eine gewisse Sendungsabsicht wesentlich dazugehören, ist es sinnvoll, dieses Kriterium auch im Fall der Wissenschaftsleugnung hinzuzunehmen. Ein kommunikatives Moment, ein Streben um eine gewisse Einflussnahme, wäre dann kennzeichnend für Pseudowissenschaft ebenso wie für Wissenschaftsleugnung (vgl. Christian und Gawel, 2024).

Wissenschaftsleugnung kann überall dort vorkommen, wo der (de facto ungeklärte) Gegenstand der Äußerung derart ist, dass wir die Institution der Wissenschaft mit seiner Klärung beauftragen würden oder wo sich eine Wissenschaft bereits ohne eindeutiges Ergebnis der Frage angenommen hat. Ein Effekt eines weiteren Verständnisses von Wissenschaftsleugnung ist, dass mit ihm als Gegenstand von Leugnung etwa auch die Ethik in den Blick kommt, die nicht dazu neigt, viele ihrer Fragen einem überwältigenden Konsens zuzuführen und öffentlich als geklärt zu präsentieren. Nichtsdestotrotz kann man ethische Erkenntnisstände dadurch leugnen, dass man die Fragen der Ethik übergeht oder eine bestimmte Lösung als unstrittig darstellt.

4 Wissenschaftler als Wissenschaftsleugner

In § 3 war die Frage aufgeworfen worden, inwiefern Laien als WissenschaftsleugnerInnen unter Unsicherheit infrage kommen, wenn man annimmt, dass ein uneindeutiger Erkenntnisstand Außenstehenden seltener bekannt ist als ein gesichertes und bereits popularisiertes Ergebnis eines Forschungsprogramms. Es könnte demnach sein, dass Laien unter Bedingungen der Unsicherheit seltener das Merkmal erfüllen, einen wissenschaftlichen Erkenntnisstand ungerechtfertigt in Frage zu stellen. Diese Möglichkeit sollte aber nicht zu der Annahme führen, Wissenschaftsleugnung unter Unsicherheit sei ein nachrangiges Problem gegenüber der Leugnung wissenschaftlichen Wissens.

Es gibt bedeutende Gruppen von Personen, von denen regelmäßig zu verlangen ist, dass sie über von Unsicherheit gekennzeichnete Erkenntnisstände informiert sind, etwa politische, wirtschaftliche und soziale EntscheidungsträgerInnen, die „wissenschaftlich gut begründete" Entscheidungen treffen wollen und die deshalb auch Kenntnis davon haben müssen, wenn für bestimmte praktische Vorgehensweisen eine Grundlage gesicherten Wissens fehlt. Daneben gibt es Interessengruppen, denen es aus wirtschaftlichen oder sonstigen Gründen ein Anliegen ist, unliebsame Evidenz bereits im Stadium wissenschaftlicher Unsicherheit zu diskreditieren.

Zudem kann Wissenschaftsleugnung unter Unsicherheit aber auch, und in gewisser Weise bevorzugt, von WissenschaftlerInnen selbst ausgehen, und zwar gerade jenen, die nicht im Dienste privatwirtschaftlicher Unternehmen stehen. Wissenschaftsleugnung ist nicht nur eine äußere Bedrohung für die Wissenschaft, sondern kann sich als systemimmanentes Problem zeigen – als eine der Manifestationen der Dysfunktionalität von Wissenschaft. Korrumpierende Einflüsse – *Anreize* zur Wissenschaftsleugnung – kommen nicht nur von außen, sondern auch aus dem System Wissenschaft selbst, das mit seinem Belohnungssystem und aufgrund extremer Konkurrenz auch massives Fehlverhalten begünstigen kann (vgl. Christian, 2020). *Möglichkeiten* zur Leugnung und Diskreditierung von Evidenzen und Argumenten bieten sich gerade auch WissenschaftlerInnen qua WissenschaftlerInnen.

Wissenschaftsleugnung durch WissenschafterInnen kann sich dabei innerwissenschaftlich abspielen, wenn z. B. der Forschungsgruppenleiter seinen wissenschaftlichen MitarbeiterInnen einbläut, eine ihre Arbeitsgruppe tangierende aufkommende Methodenkritik sei auf keinen Fall ernst zu nehmen. Sie kann aber auch im Rahmen von Wissenschaftskommunikation oder Beratungstätigkeiten nach außen gerichtet sein. In der Lehre und in der besonderen Kommunikationsform des Förderantrags kann eine Mischform zum Tragen kommen. In der Lehre wirkt die Wissenschaftlerin zwar im Rahmen der Wissenschaft, aber dabei auf noch nicht wissenschaftlich ausgebildete AdressatInnen ein. Förderanträge können sich, je nach Adressaten, sowohl innerwissenschaftlich an GutachterInnen, als auch außerwissenschaftlich an wissenschaftsnahe, aber nicht selbst zum Fachkollegium gehörende VertreterInnen von Geldgebern richten. In beiden Szenarien kann es besondere Anreize geben, unliebsame Fakten zu unterschlagen oder in Abrede zu stellen und Sicherheiten oder Forschungspotentiale zu proklamieren, die nicht bestehen. In der Lehre besteht die Gelegenheit, Nachwuchs zu rekrutieren, der helfen kann, das eigene bevorzugte Paradigma aufrechtzuerhalten. Um die andere dafür wesentliche Ressource geht es in der Akquise finanzieller Mittel. Wer sich einer Theorie, einer Methode oder den praktischen Implikationen bestimmter Forschungsergebnisse verschrieben hat, kann ohne finanzielle Interessenkonflikte zu Wissenschaftsleugnung motiviert sein.

Zieht man in Betracht, dass WissenschafterInnen vor allem in den genannten Szenarien als WissenschaftsleugnerInnen in Betracht kommen, wenn sie ungerechtfertigt relevante Evidenzen und Argumente in Abrede stellen oder unterschlagen, dann wird man akzeptieren müssen, dass es nur eine vage Grenze zwischen minderwertiger Lehre sowie minderwertigen Anträgen einerseits und andererseits Wissenschaftsleugnung in Lehre und Mittelakquise gibt. Es ist aber nicht einzusehen, warum es eine solche Grenze und das Phänomen der Wissenschaftsleugnung in den genannten Bereichen gar nicht geben sollte.

Das Besondere an Wissenschaftsleugnung durch WissenschaftlerInnen ist, dass sie bei entsprechender personeller Breite *notwendig* Wissenschaftsleugnung *unter Unsicherheit* ist und für die Aufrechterhaltung dieses Zustands selbst sorgt. Solange genügend WissenschafterInnen sich an der Weigerung beteiligen, Evidenzen gegen ihre bevorzugte These oder Methode hinzunehmen, gilt die einzelne Wissenschaftlerin nicht als Abweichlerin von einem breiten Konsens und damit nicht als Leugnerin von als gesichert geltender wissenschaftlicher Erkenntnis. Das bedeutet, wissenschaftsimmanente Wissenschaftsleugnung sorgt in solchen Fällen selbst dafür, dass sie in die Kategorie ‚Leugnung unter Unsicherheit' fällt und damit vom Standardbegriff der Wissenschaftsleugnung nicht erfasst wird. Das liegt daran, dass diese von WissenschaftlerInnen ausgehende Wissenschaftsleugnung es gerade verhindert, dass sich ein Konsens konsolidiert. WissenschaftlerInnen sind damit Schlüsselfiguren in der Aufrechterhaltung von Unsicherheit. Sie wirken auf diese Weise umso subversiver, wenn sie nicht im Dienste Dritter stehen, sondern durch Bindungen an Theorien, Methoden oder erwünschte praktische Konsequenzen motiviert agieren.

Bedenkt man, dass es Forschungsbereiche gibt, in denen mit unter allen Umständen unbestreitbar schädlichen Methoden, nämlich Tierversuchen[6], operiert wird, wird klar, dass wissenschaftsimmanente Wissenschaftsleugnung das Potential hat, unmittelbar – ohne Umweg über eine Wirkung auf eine breitere Öffentlichkeit o.Ä. – schwerste Schäden anzurichten.

5 Fazit

Wissenschaftsleugnung ist nicht nur das Bestreiten gesicherter wissenschaftlicher Erkenntnis, sondern kann auch als Negierung eines wissenschaftlichen Dissenses, des Fehlens von Evidenz oder des Vorliegens von unzureichender Evidenz auftreten. Als Wissenschaftsleugnung unter Unsicherheit geht sie sogar üblicherweise der Diskreditierung wissenschaftlicher Erkenntnis voraus. Ihr Schadenspotential ist ebenfalls erheblich und als Verursacher kommen gerade auch WissenschaftlerInnen selbst in den Blick. Falls unter einem „war on science" (Lewandowsky et al. 2013) ein von außen kommender Angriff verstanden wird, kann Wissenschaftsleugnung nicht mit diesem „Krieg" gleichgesetzt werden. Sie kann nicht nur als „Industry's Assault on Science" (Michaels, 2008) auftreten, sondern auch als Zersetzung aus dem Innern. Als Treiber von Wissenschaftsleugnung kommen nicht nur WissenschaftlerInnen im Dienste der Privatwirtschaft in Frage, sondern gerade auch jene, die im ganz normalen Gang der Wissenschaft gravierende Schäden verursachen können, indem sie vermeintliche wissenschaftsimmanente Unsicherheit aufrechterhalten.

---

[6] Für Tierversuche ist das Potential, Schmerzen, Leiden und Schäden zu verursachen, ein rechtlich definierendes Merkmal (§ 7 (2) 1. TierSchG). In der Realität ist allein angesichts der Bedingungen der Gefangenschaft faktisch immer von Schädlichkeit bzw. Leidenszufügung auszugehen, wobei jeder darüberhinausgehende Eingriff (im philosophischen Sinn) eine weitere Schädigung darstellt, zu der keine Einwilligung gegeben wurde.

Literatur

Adamo, S. A. (2016). „Do Insects Feel Pain? A Question at the Intersection of Animal Behaviour, Philosophy and Robotics." *Animal Behaviour* 118 (August), S. 75–79.

Baracchi, D., und Baciadonna, L. (2020). „Insect Sentience and the Rise of a New Inclusive Ethics." *Animal Sentience* 5 (29), S. 18.

Bardon, A. (2019). *The Truth About Denial. Bias and Self-Deception in Science, Politics, and Religion.* Oxford University Press.

Birch, J. (2017). „Animal Sentience and the Precautionary Principle." *Animal Sentience* 16 (1). https://doi.org/10.51291/2377-7478.1200.

Birch, J. (2022). „The Search for Invertebrate Consciousness." *Noûs* 56 (1), S. 133–153.

Centers for Disease Control and Prevention (CDC) (2002). *Alcohol Use During Pregnancy.* https://www.cdc.gov/ncbddd/fasd/alcohol-use.html, 04.11.2022, letzter Abruf am 05.05.2023.

Christian, A. (2013). *Wissenschaft und Pseudowissenschaft.* Peter Lang.

Christian, A. (2020). *Gute Wissenschaftliche Praxis.* De Gruyter.

Christian, A., und Gawel, I. (2023). „Einleitung." In: A. Christian und I. Gawel (Hg.) *Wissenschftsleugnung. Fallstudien, philosophische Analysen und Vorschläge zur Wissenschaftskommunikation.* De Gruyter.

Darner, R. (2019). „How Can Educators Confront Science Denial?" *Educational Researcher* 48 (4), S. 229–238.

Frank, D. M. (2019). „Disagreement or Denialism? ‚Invasive Species Denialism' and Ethical Disagreement in Science." *Synthese* 198 (25), S. 6085–6113.

Gibbons, M., Crump, A., Barrett, M., Sarlak, S., Birch, J. und Chittka, L. (2022). „Can Insects Feel Pain? A Review of the Neural and Behavioural Evidence." *Advances in Insect Physiology* 63 (January), S. 155–229.

Jamieson, D. (2014). *Reason in a Dark Time: Why the Struggle against Climate Change Failed – and What It Means for Our Future.* Oxford University Press.

Jawed-Wessel, S. (2016). „The Lies We Tell Pregnant Women." https://www.ted.com/talks/sofia_jawed_wessel_the_lies_we_tell_pregnant_women, letzter Abruf am 04.05.2023.

Klein, C., und Barron, A. B. (2016). „Insects have the capacity for subjective experience." *Animal Sentience* 9 (1). https://doi.org/10.51291/2377-7478.1113.

Lambert, H., Elwin, A., und D'Cruze, N. (2021). „Wouldn't Hurt a Fly? A Review of Insect Cognition and Sentience in Relation to Their Use as Food and Feed." *Applied Animal Behaviour Science* 243, Art. 105432. https://doi.org/10.1016/j.applanim.2021.105432.

Lewandowsky, S., Mann, M. E., Bauld, L., Hastings, G., und Loftus, E. F. (2013). „The Subterranean War on Science", *Association for Psychological Science – APS*, veröffentlicht am 31.10.2013. https://www.psychologicalscience.org/observer/the-subterranean-war-on-science, letzter Abruf am 04.05.2023.

Linden, S. van der (2019). „Countering Science Denial." *Nature Human Behaviour* 3 (9), S. 889–890. https://doi.org/10.1038/s41562-019-0631-5.

Liu, D. W. C. (2012). „Science Denial and the Science Classroom." *CBE Life Sciences Education* 11 (2), S. 129–134. https://doi.org/10.1187%2Fcbe.12-03-0029.

Mallatt, J., und Feinberg, T. E. (2016). „Insect Consciousness: Fine-Tuning the Hypothesis." *Animal Sentience* 9 (10). https://doi.org/10.51291/2377-7478.1141.

Mason, S. E. (2020). „Climate Science Denial as Willful Hermeneutical Ignorance." *Social Epistemology* 34 (5), S. 469–477. https://doi.org/10.1080/02691728.2020.1739167.

Michaels, D. (2008). *Doubt Is Their Product. How Industry's Assault on Science Threatens Your Health.* Oxford University Press.

Proctor, R. N. (2011). *Golden Holocaust: Origins of the Cigarette Catastrophe and the Case for Abolition.* University of California Press.

Rosenau, J. (2012). „Science Denial: A Guide for Scientists." *Trends in Microbiology* 20 (12), S. 567–569. https://doi.org/10.1016/j.tim.2012.10.002.

Schmid, P., und Betsch, C. (2019). „Effective Strategies for Rebutting Science Denialism in Public Discussions." *Nature Human Behaviour* 3 (9), S. 931–939. https://doi.org/10.1038/s41562-019-0632-4.

Scudellari, M. (2010). „State of Denial." *Nature Medicine* 16 (3), S. 248. https://doi.org/10.1038/nm0310-248a.

Slater, M. H., Huxster, J. K., Bresticker, J. E., und LoPiccolo, V. (2020). „Denialism as Applied Skepticism: Philosophical and Empirical Considerations." *Erkenntnis* 85 (4), S. 871–890.

Tye, M. (2016). *Tense Bees and Shell-shocked Crabs: Are Animals Conscious?* Oxford University Press.

World Health Organization, *Global alcohol action plan 2022–2030 to strengthen implementation of the Global Strategy to Reduce the Harmful Use of Alcohol.* First draft, June 2021. https://cdn.who.int/media/docs/default-source/alcohol/action-plan-on-alcohol_first-draft-final_formatted.pdf?sfvrsn=b690edb0_1&download=true, letzter Abruf am 29.04.2023.

Gerhard Schurz
Expertenwissen, Wissenschaftsleugnung und Werteabwägung in Zeiten der Pandemie

Abstract: After an introduction (Section 1), the first part of this essay (Section 2) deals with the refinement of the demand for scientific value neutrality and the significance of this demand for maintaining the public's trust in scientific expert judgments. In the second part (Section 3), the importance of factual knowledge for a rational value assessment is explained with reference to the issue of government-mandated protective measures such as vaccination mandates or rigid lockdowns. It is emphasized that empirical factual knowledge is only a necessary, but not a sufficient condition for a rational value assessment, since such a value assessment – such as health security versus personal freedom – always contains a subjective component as well. In the third part (Section 4), the focus is on the motives and mechanisms of denying scientifically established knowledge in the context of the pandemic, distinguishing between extra-epistemic motives and epistemic error mechanisms. Finally (Section 6), conclusions are drawn. Among other things, it is emphasized that science deniers and lateral thinkers deserve fact-oriented criticism, because even if the latter cannot be convinced by it, their sympathy values in the public can be weakened more effectively than with value-loaded and derogatory criticisms.

1 Einführung

Selten hatten medizinische Experten einerseits soviel politische Macht und wurden andererseits so massiv angezweifelt wie gegenwärtig in der Corona Pandemie. Dieser Aufsatz möchte zur Auflösung dieses Widerspruchs beitragen. Aber nicht, indem wie bei Gegnern von Corona-Schutzmaßnahmen üblich, medizinisches Faktenwissen mit fragwürdigen Argumenten bezweifelt wird. Stattdessen soll der Blick für den Unterschied zwischen Faktenwissen und Wertentscheidungen geschärft werden. Experten können uns sagen, welche Verzichtsmaßnahmen oder Schutzvorschriften die Infektionsraten so-und-so niedrig halten können. Aber *ob* diese Maßnahmen die damit erreichten Wirkungen *wert* sind, ist keine wissenschaftliche Faktenfrage, sondern eine Wertentscheidung. Diese Wertentscheidung hängt empfindlich von unserer Kenntnis der faktischen Konsequenzen möglicher Handlungsoptionen ab, weshalb Faktenwissen für diese Wertentscheidung unentbehrlich ist. Und doch lässt sich die fragliche Wertentscheidung nicht allein auf Faktenwissen zurückführen, sondern hängt auch von vorausgesetzten Wertprämissen und dahinterstehenden subjektiven Interessen und Einstellungen ab, wie beispielsweise die Abwägung zwischen Gesundheitsschutz und Freiheitsrechten. Aus diesem Grund sind für Wertentscheidungen in der Coronafrage Wissenschaften wie Psychologie, Ökonomie und Philosophie ebenso wichtig wie Medizin und Epidemiologie. Letztlich aber sind diese Wertentscheidung von den politischen Repräsentanten aller Bürger im Rahmen der parlamentarischen Demokratie vorzunehmen.

2 *Wertneutralität* und ihre Bedeutung für Vertrauen in Expertenurteile

Es geht hier um die Begründung der *Wertneutralität* der Wissenschaften und nicht um Wertfreiheit. „Wertfreiheit" suggeriert, dass Wissenschaftler (jedweden Geschlechts) gar keine Wertempfehlungen vornehmen sollten, was unsinnig wäre, da es Wissenschaften ihrer praktischen Relevanz berauben würde. Gern wird die engstirnige *Wertfreiheits*idee als „Strohmann" benutzt, um leicht dagegen argumentieren zu können. Wertneutralität schließt dagegen keineswegs aus, dass in den Wissenschaften mit Werten rational umgegangen werden kann. Insbesondere schließt sie nicht aus, dass mithilfe von erfahrungswissenschaftlich begründeten Zweck-Mittel-Beziehungen aus vorgegebenen Fundamentalwerten abgeleitete Werte in Form von Mittelempfehlungen gewonnen werden können. Woran die Wertneutralitätsforderung lediglich festhält, ist, dass oberste bzw. „fundamentale" Werte oder Normen nicht erfahrungswissenschaftlich begründet werden können, sondern letztlich aufgrund menschlicher *Interessen* oder *Intuitionen* gesetzt werden.

Die so verstandene Wertneutralitätsforderung geht auf Max Weber (1917) zurück. Ihre Begründung, die sich in ähnlicher Form auch bei Weber findet, lässt sich so zusammenfassen: Werte sind keine Eigenschaften, die den Gegenständen selbst innewohnen, sondern beruhen auf subjektiven *Bewertungen* durch Menschen. Gleichermaßen sind Normen keine objektiven Tatsachen, sondern *menschengemachte* Forderungen, die entsprechenden Werten zur Realisierung verhelfen sollen. Es gibt bei der Frage der Begründung von Wert- und Normsätzen keine Ebene von Beobachtungstatsachen, anhand derer sich diese Urteile überprüfen ließen. Andererseits sind Wert- und Norm-sätze keine analytischen Behauptungen, die allein mittels Logik oder Definitionen begründbar wären. Daher gibt es im Bereich der Normen und Werte keine erfahrungswissenschaftliche Objektivität; es liegt letztlich in der *Freiheit* des Menschen, sich zu gewissen Normen und Werten zu bekennen.

Man bezeichnet erfahrungsgestützte Urteile auch als *deskriptive* Urteile und fasst Wert- oder Normurteile als *ethische* (oder „präskriptive")[1] Urteile zusammen. Gegen die Wertneutralitätsforderung gibt es eine Reihe bekannter Einwände (Übersichten in Albert und Topitsch, 1971; Schurz und Carrier, 2013). Die Verteidigung der Wertneutralitätsthese gegen diese Einwände erfordert ihre detaillierte Explikation und Begründung, die andernorts ausgeführt wurden. Die Begründung der Wertneutralitätsthese besteht aus drei metaethischen Begründungsschritten.

Erstens muss gezeigt werden, dass es möglich ist, deskriptive und ethische Urteile voneinander zu trennen (dazu Schurz, 2013; Schurz, 2023). *Zweitens* muss zur Begründung der Wertneutralitätsthese die auf David Hume (1739/40) zurückgehende *Seins-Sollens-These* bewiesen werden, die besagt, dass aus rein deskriptiven Prämissen keine nichttrivialen ethischen Konklusionen logisch erschließbar sind (Pigden, 1989; Schurz, 1997). *Drittens* muss die auf Moore (1903, S. 15–16) zurückgehende These begründet werden, der zufolge Brückenbeziehungen zwischen deskriptiven und präskriptiven Aussagen auch nicht als *analytisch* gültige Definitionen oder Bedeutungskonventionen verstanden werden können und damit als Kandidaten für logische Axiome angesehen werden können. Diese These lässt sich damit begründen, dass sich kontroverse ethische Theorien in ihren Brückenprinzipien unterscheiden (Moore, 1903, Kap. 11; Schurz, 2023).

Aufbauend auf diesen Überlegungen unterscheiden wir zwischen der *Wertneutralitätsthese* und der *Wertneutralitätsforderung*. Die Wertneutralitätsthese besagt, dass nichttriviale ethische Urteile nicht erfahrungswissenschaftlich begründet werden können, ohne dabei grundlegende ethische Prämissen vorauszusetzen. Genauer gesagt können keine *fundamentalen* (nichtabgeleiteten) und *kategorischen* Werturteile der Form „X ist ein Grundwert" erfahrungswissenschaftlich begründet werden, wohl aber Implikationen zwischen Werturteilen, sogenannte *hypothetische* Werturteile („wenn X ein Grundwert ist, ist Y ein abgeleiteter Wert"), auf die wir unten zu sprechen kommen.

Die Wertneutralitätsforderung ergibt sich daraus im Verein mit der *zusätzlichen* Überlegung, dass es im Bereich der Norm- und Wertaussagen keine mit erfahrungswissenschaftlichen Urteilen vergleichbare *Objektivität* bzw. Allgemeinverbindlichkeit gibt. Es gibt nur wenige anthropologisch universale, d. h. von (nahezu) allen Menschen geteilte Grundwerte (wobei gleichartige egoistische Interessen wie

---

[1] Diese Bezeichnung „präskriptiv" („vorschreibend") geht auf Hare (1952) zurück. Werturteile sind indirekt „präskriptiv", da sie mit Normen analytisch verknüpft sind, gemäß des Prinzips, dass das Gute getan werden und das Schlechte vermieden werden soll.

z. B. jedermanns Interesse an der Erhaltung seines Lebens noch keine echt gemeinsamen Interessen ausmachen). Insbesondere enthalten die *Abwägungen* zwischen ähnlich wichtigen Interessen, wie etwa Sicherheit versus Freiheit, die in der Pandemie besonders zum Tragen kommen, immer eine unvermeidlich subjektive Komponente. Aus diesem Grund ist es zur Wahrung wissenschaftlicher Objektivität unerlässlich, zwischen objektiv-erfahrungswissenschaftlichen Aussagen und Wertaussagen zu trennen und in Bezug auf Wertaussagen explizit anzugeben, welche fundamentale Wertannahmen bzw. Interessensannahmen diesen zugrunde liegen.

Darüber hinaus bedarf die Wertneutralitätsforderung zwei weiterer Präzisierungen. Erstens darf sie sich nur auf den sogenannten *Begründungszusammenhang* von Wissenschaft beziehen, nicht auf ihren Entstehungs- oder Verwertungszusammenhang, und zweitens nur auf *wissenschaftsexterne* Werte – worunter alle Werte zu verstehen sind, die *nicht* dem wissenschaftlichen Oberstwert der Suche nach gehaltvollen Wahrheiten dienen.Die sich daraus ergebende Wertneutralitätsforderung lässt sich schlussendlich so formulieren: *Der wissenschaftliche Begründungszusammenhang soll frei von fundamentalen wissenschaftsexternen Wertannahmen sein.*

Für das richtige Verständnis von Wertneutralität ist die Unterscheidung zwischen hypothetischen und kategorischen Wert- oder Normurteilen zentral und sei im Folgenden näher erläutert. Die wichtigste praktische Leistung empirischer Wissenschaften ist die Auffindung geeigneter *Mittel* für gegebene *Zwecke*. Das vereinfachte Schema des Zweck-Mittel-Schlusses hat folgende Form:

Einfaches Schema des Zweck-Mittel-Schlusses:
Deskriptive Zweck-Mittel-Prämisse: M ist unter den gegebenen Umständen ein notwendiges – oder alternativ: ein optimales – Mittel für die Realisierung des Zweckes bzw. Wertes Z.

Daher: Vorausgesetzt Fundamentalnorm: Zweck Z soll realisiert werden, *dann* abgeleitete Norm: Mittel M soll realisiert werden.

Die implikative Konklusion (Wenn Fundamentalnorm, dann abgeleitete Norm) ist das hypothetische Normurteil, das Wissenschaftler aus der deskriptiven Zweck-Mittel-Prämisse gewinnen. Die abgeleitete Norm allein (ohne Relativierung der Fundamentalnorm) wäre dagegen ein kategorisches Normurteil. Der Zweck-Mittel-Schluss (von deskriptiver Mittel-Zweck-Beziehung auf das hypothetisches Normurteil) wird in den meisten ethischen Theorien als analytisch *gültig* akzeptiert (Schurz, 1997, Kap. 11.4). Dabei wird angenommen, dass es sich bei M entweder um ein *notwendiges* oder ein *optimales* Mittel für Z handelt. Für *hinreichende* Mittel ist der Zweck-Mittel-Schluss im Allgemeinen ungültig, denn derselbe Zweck Z besitzt viele verschiedene hinreichende Mittel, und bei vielen dieser Mittel überwiegt der Schaden der Nebenfolgen den Nutzen der Zweckerreichung. Für den Zweck, frische

Luft ins Zimmer zu lassen, wäre beispielsweise eine Öffnung ins Freie ein notwendiges Mittel, das Öffnen eines Fensters ein optimales Mittel; ein hinreichendes (aber nicht empfehlenswertes) Mittel wäre auch das Aufbrechen der Wand.

Die fundamentale Norm übernehmen Wissenschaftler bzw. Experten (beliebigen Geschlechts) von den Wissens*benutzern* (Politikern oder Anwendern), und geben die mithilfe ihres deskriptiven Wissens daraus abgeleitete Norm als Mittelempfehlung an die Wissensbenutzer zurück. Dabei ist wesentlich, dass der Experte seine Empfehlung auf die jeweils vorausgesetzte fundamentale Norm relativiert, weshalb man auch von einem bloß „hypothetischen" Norm- oder Werturteil spricht. Erst diese Relativierung macht es dem Wissensbenutzer möglich, zu prüfen, ob die vom Experten *angenommen* Fundamentalwerte auch seine eigenen sind. Die Wertneutralitätsforderung besitzt damit eine *kritisch-emanzipatorische* Funktion. Unterlässt der Experte (beliebigen Geschlechts) die Explizitmachung vorausgesetzter Werte und formuliert seine Empfehlung kategorisch, dann kann dies die politisch bedenkliche Folge haben, dass der Wissensbenutzer (beliebigen Geschlechts) zu Handlungen angestiftet wird, die nicht in seinem eigenen Interesse liegen, was irgendwann auffällt und dann das Vertrauen in Expertenurteile aushöhlen kann. Wenn Mediziner beispielsweise den Bürgern erklären, ein sofortiger Lockdown sei notwendig um die aktuelle Infektionswelle kurzfristig zu stoppen, so können letztere zumindest entgegenhalten, die damit verbundenen Kosten seien zu hoch, weshalb sie dieser Zielsetzung nicht zustimmen wollten; ein Diskurs über eine rationale Werteabwägung würde dadurch ermöglicht bzw. begünstigt. Wenn Mediziner stattdessen einen Lockdown kategorisch als „aus wissenschaftlicher Sicht notwendig" einfordern, dann verstellt dies den Blick auf die Wertdimension dieser Maßnahme und leistet dem Unbehagen unzufriedener Bürger gegenüber Expertenurteilen Vorschub.

Die hypothetische Wertempfehlung gemäß obigem Zweck-Mittel-Schema trägt dem Mündigkeitsanspruch des Anwenders Rechnung. Dennoch ist dieses Schema *übervereinfacht*. Der Grund, warum ein potentieller Wissensanwender den vom Experten angenommenen Oberzweck zurückweist, liegt im Regelfall darin, dass die Kosten des empfohlenen Mittels aus der Sicht des Anwenders seinen Nutzen überwiegen würden. Die Auflistung und Bewertung der wesentlichen Nebenfolgen des empfohlenen Mittels wird in obigem Schema jedoch *ausgeblendet*. Man könnte obigem Zweck-Mittel-Schema sogar irrtümlich vorwerfen, es wäre nicht generell gültig, denn darin würde angenommen, dass *der Zweck die Mittel heiligt*. Dies ist unzutreffend, denn aufgrund der hypothetischen Formulierung heiligt der Zweck hier nicht die Mittel: Sollten die Kosten des Mittels den Nutzen der Zweckerreichung überwiegen, dann sollte das Mittel *nicht* realisiert werden, woraus folgt, dass dann auch der Fundamentalzweck zurückzuweisen ist. Dennoch kann die vereinfachte Formulierung moralisch und politisch bedenkliche Folgen haben, da hier die uninformierten Anwender über die möglichen negativen Folgewirkungen und die

Notwendigkeit einer *Werteabwägung* nicht aufgeklärt werden. Dass die *Aufklärung über Nebenfolgen* eine Expertenpflicht ist, ist im Falle pharmazeutischer Medikamente mittlerweile eine Selbstverständlichkeit. In Expertenempfehlungen von Kontaktbeschränkungen zur Eindämmung der Pandemie hingegen wurden häufig die damit verbundenen Nebenwirkungen nicht zahlenmäßig beziffert und verglichen, was eine Voraussetzung für eine sachgerechte Wertentscheidung mündiger Bürger auf Basis von Expertenurteilen wäre. Wenn etwa gesagt wird, die aktuelle Pandemiewelle in Deutschland würde tausend weitere Covid-Tote kosten, die nur durch einen Lockdown verhindert werden können, ohne hinzuzufügen, dass dieser Lockdown Millionen von Menschen schwerwiegendes ökonomisches und psychisches Leid zufügen würde, dann *fehlt* diese Aufklärung über Nebenfolgen. Stattdessen werden unreflektierte Gewissensbisse auf Seiten derer mobilisiert, die sich diesen Maßnahmen nicht anschließen wollen und sich womöglich in querdenkerische Abwehrhaltungen flüchten. In der Konsequenz sollte der verfeinerte Zweck-Mittel Schluss also folgende „aufklärende" Form besitzen:

Aufklärendes Schema des Zweck-Mittel-Schlusses:
Deskriptive Zweck-Mittel-Hypothese: M ist unter den gegebenen Umständen ein notwendiges – oder alternativ: ein optimales – Mittel für die Realisierung des Zweckes bzw. Wertes Z, wobei dieses Mittel die potentiellen Nebenfolgen N besitzen.

Daher: Vorausgesetzt Fundamentalnorm: Zweck Z soll realisiert werden und der Nutzen der Realisierung von Z überwiegt die Kosten der Nebenfolgen N, *dann* abgeleitete Norm: Mittel M soll realisiert werden.

In der Coronakrise wurde das Problem der *Werteabwägung* brisant wie kaum zuvor. Die Werteabwägung, die uns SARS-CoV-2 aufzwingt, ist eine zwischen gleichrangigen Grundwerten, die in Konflikt geraten sind: Gesundheit auf der einen Seite und Freiheit und Wohlergehen auf der anderen. Wertentscheidungen dieser Art beinhalten, neben Vernunftgesichtspunkten, immer auch eine subjektive Komponente, da Menschen aufgrund unterschiedlicher Lebenssituationen oder Charakteranlagen unterschiedliche Interessenschwerpunkte setzen. Die eine Person ist bereit, für eine geringe statistische Erhöhung der medizinischen Sicherheit auf essentielle Freiheiten wie Kommunikation, Sport und Kultur zu verzichten, doch einer anderen Person erscheint dies unvertretbar. Solche subjektiven Einstellungsunterschiede sind *anzuerkennen*, weswegen kollektive Wertentscheidungen immer an demokratisch-mehrheitsfähige Interessenslagen rückgebunden werden müssen. Somit sollte man von einer Expertenempfehlung in der Coronakrise erwarten, dass neben dem erreichten Ziel auch alle wesentlichen Nebenfolgen genannt werden, und eine hypothetische Werteabwägung vorgenommen wird, die dem mehrheitlich-demokratischen Kollektivwillen supponiert wird. Pressemeldungen wie beispielsweise „Die Mediziner haben ein Urteil gefällt, das wir umsetzen müssen"[2] stehen dazu in klarem Widerspruch. Auch die Stellungnahme der Leopoldina vom 8.12.2020, verfasst von einer vorwiegend aus Medizinern bestehenden Leopoldina-Arbeitsgruppe,[3] die der Merkel-Regierung als wissenschaftliche Stütze der Lockdownmaßnahme diente, entsprach nicht diesem Standard. Wie Urban Wiesing, Medizinethiker und Leopoldina-Mitglied, aufzeigt, verletzt diese Leopoldina-Stellungnahme die Maxime der Wertneutralität und der hypothetischen Formulierung von Wertempfehlungen (Wiesing et al., 2021, S. 4–5). In Folgediskussionen wurde deutlich, dass die kategorische Formulierung dieser Stellungnahme auch dem Wunsch der Politiker und Krankenhausleiter entgegenkam, ein deutliches Signal für schnelle Maßnahmen gegen hochschnellende Infektionszahlen und Hospitalisierungen zu setzen. Verallgemeinert gesprochen stehen politikberatende Expertenurteile unter dem doppelten Druck, einerseits der Forderung wissenschaftlicher Objektivität Rechnung zu tragen, andererseits aber den drängenden Interessen der politischen Adressaten zu entsprechen, die sich meist nicht hypothetisch relativierte, sondern kategorische Maßnahmenforderungen wünschen. Diese Spannung auszuhalten ist für politikberatende Experten ein schwieriger Seiltanz. Doch ein knappes Jahr später sind in der Leopoldina-Stellungnahme vom 27.11.2021 (siehe Fn. 3) bedeutende Fortschritte in dieser schwierigen Angelegenheit sichtbar. Darin werden, über die Forderung nach einer stufenweisen Einführung der Impfpflicht hinaus, zwei kurzfristige Maßnahmenoptionen vorgestellt (Option 1: strenger Lockdown; Option 2: schwächere Einschränkungen) und im Schlussabschnitt „Wertfragen" auf dahinter liegende Wertpräferenzen bezogen. Dies bietet jenen Bürgern die Möglichkeit, für die zweite nicht von der Leopoldina präferierte Option zu plädieren, ohne auf querdenkerische Weise gut gesicherte Prognosen durch ‚alternative Fakten' in Frage stellen zu müssen. Allerdings wurde diese Leopoldina-Stellungnahme in kurz darauf ausgestrahlten TV-Berichten (z.B. Anne Will vom 28.11.2021) so dargestellt, als würde sie auf eine Lockdownforderung hinauslaufen, während die Werte-reflektierenden Aspekte der Stellungnahme ausgeblendet wurden. Solche in wissenschaftlichem Gewande getarnte Beeinflussungsversuche stehen nicht nur im Gegensatz zu wissenschaftlichen Methodenstandards, sondern schaden letztendlich der Institution der Wissenschaft selbst, denn sie untergraben das Vertrauen in die Objektivität derselben.

Das Vertrauen der Bevölkerung in Naturwissenschaft und Medizin ist mit etwa 60–70 % immer noch sehr hoch, etwa doppelt so hoch wie das in Politiker.[4] Wie

---

2 Kleine Zeitung Graz vom 19.1.2021.
3 Siehe https://www.leopoldina.org/presse-1/nachrichten/ad-hoc-stellungnahme-coronavirus-pandemie, letzter Abruf am 24.01.2024.
4 Siehe https://www.forschung-und-lehre.de/zeitfragen/ueber-zwei-drittel-fuer-wissenschaftlich-fundierte-politische-entscheidungen-4168, letzter Abruf am 24.01.2024.

wichtig dieses Vertrauen ist, zeigt unter anderem eine Studie von Bicchieri et al. (2021), worin gezeigt wird, dass die Bereitschaft des Einzelnen, von Experten empfohlenen Regeln zur Eindämmung der Pandemie zu folgen, durch politische Beeinflussung zwar gesteigert werden kann, aber nur bei Personen, deren Vertrauen in Wissenschaft und Forschung hoch ist. Dieser Vertrauensbonus könnte verspielt werden, wenn wissenschaftliche Politikberatung zunehmend in normative Beeinflussungsversuche ausartet. Tendenzen dieser Art sind insbesondere im Lager der Querdenker bzw. Wissenschaftsleugner („science deniers"/„science denialists") zu beobachten, das mittlerweile beängstigende Auswüchse angenommen hat. Aber auch gesamtgesellschaftlich zeigen sich leichte Vertrauenseinbußen. So berichtet das Wissenschaftsbarometer 2021, der Wunsch nach wissenschaftlicher Politikberatung, der Ende 2020 beim Wert von 77 % lag, Ende 2021 auf 69 % gesunken ist (s. Fn. 4; sowie Wiesing et al., 2021, S. 1).

Wie Bogner (2021) ausführt, entwickelt sich die gegenwärtige Politik zunehmend zu einer „Epistemokratie", in der politische Entscheidungen von demokratischen Repräsentanten durch den Verweis auf Expertenurteile begründet werden, die irreführender Weise als bloßes Faktenwissen dargestellt werden. So nimmt es nicht wunder, dass auch die politische Opposition ihre Gegenargumente auf (pseudo-)wissenschaftliche Gegenexpertise zu stützen sucht und mit abenteuerlichen alternativen Faktenkonstruktionen gegen die vorherrschende Politik angeht, anstatt die dahinterstehenden Wertpräferenzen zu hinterfragen. „Mit Bestürzung berichten akademische Beobachter, dass der Amoklauf gegen Rationalismus und Expertentum mittlerweile zum Massensport geworden ist", meint Bogner (2021, S. 12). Wenn selbst die maßgebliche Expertenelite mehrheitlich Werte als „Fakten" tarnt, wie sollte dann ein anderes Verhalten von Laien zu erwarten sein? Gegenwärtig stehen „nur" 75 % der Deutschen der Querdenkerbewegung ablehnend und immerhin 12 % sympathisierend gegenüber.[5] 33 % tendieren zu einer verschwörungstheoretischen Deutung der Corona-Pandemie.[6] „Weil man dem Wissen alles zutraut, kommt es auch als Quelle allen Übels in Betracht", schreibt Bogner (2021, S. 66). Beängstigend ist auch die Tatsache, dass gerade in den USA als jenem Land, das wissenschaftlich weltweit (immer noch) führend ist, das Vertrauen in Wissenschaft und Forschung (mit 2,98) *geringer* ausgeprägt ist als etwa in der Schweiz (3,38), UK (3,08) oder (Deutschland (3,04) (auf einer Skala von 0 bis 4; s. Bicchieri et al., 2021, S. 19).

---

5 Umfrage des idw vom 11.11.2021, vgl. https://nachrichten.idw-online.de/2021/11/11/corona-und-gesellschaft-nur-rund-zwoelf-prozent-haben-verstaendnis-fuer-querdenker, letzter Abruf am 24.01.2024.
6 *Welt* vom 18.11.2020, vgl. https://www.welt.de/politik/deutschland/article220462244/Querdenken-Co-Fast-Drittel-der-Deutschen-glaubt-an-Verschwoerungen.html, letzter Abruf am 24.01.2024.

3 Objektive Faktendarstellung als Voraussetzung rationaler Werteabwägung

Faktengestützte Prognosen über Wirkungszusammenhänge sind unentbehrlich für Anwender (beliebigen Geschlechts), um Werteabwägung *auch aus der Sicht des Eigeninteresses* richtig vorzunehmen. Auch wenn Wertentscheidungen nicht auf Faktenwissen reduzierbar sind, ist empirisch gesichertes Wissen unentbehrlich für rationale Entscheidungen und seine Bedeutung kann nicht hoch genug eingeschätzt werden, insbesondere für aufgeklärt-demokratische Staaten, die die ‚richtige' Lebensführung nicht dogmatisch vorschreiben, sondern der rationalen Entscheidung ihrer Bürger überlassen. Im Gegensatz zu Wertentscheidungen ist die Begründung von Faktenwissen *nicht* demokratische Verhandlungssache, sondern gehorcht objektiven Standards. Konkret gesprochen, wenn 30 % der Bevölkerung einem Gesundheitsschutz durch harten Lockdown widersprechen, muss diese Willensbekundung in die kollektive demokratische Entscheidung einfließen. Wenn dagegen 30 % von Wissenschaftsleugnern die bestens bestätigte Sicherheit von Covid-Impfungen bestreiten, kann dies weder den maßgeblichen Erkenntnistand noch die statistischen Angaben zur Impfsicherheit beeinflussen, sondern muss als Appell an Experten und Fachjournalisten verstanden werden, Expertenwissen der Bevölkerung *noch* besser verständlich zu machen, *noch* überzeugender nahezubringen, und Fehlinformationen noch wirksamer entgegen zu treten, so wie dies dankenswerterweise auf diversen Faktencheck-Plattformen im Internet stattfindet.

Wie sensibel die Werteabwägung von empirischen Informationen über Folgewirkungen möglicher Maßnahmen gerade in der Corona-Situation abhängt, soll in diesem Abschnitt illustriert werden. Dabei geht es uns vorwiegend nicht um extreme Fehlinformationen (die im nächsten Abschnitt behandelt werden), sondern um weichere Fehlinformationen, die auch seriösen Medien und Quellen im „Eifer des politischen Gefechts" unterlaufen (im Einklang mit psychologischen Studien über den „kognitiven Bias"; vgl. Piatelli-Palmarini, 1997; Jaster und Lanius, 2019, S. 50 ff.).

3.1 Gesundheitliche Gefahrenbeurteilung

Wir beginnen mit der Abschätzung der Gefährlichkeit des Corona-Virus, speziell der Todesrate, zuerst im Jahr 2020 vor den Impfungen (Tab. 1):

Tab. 1: Todesrate durch das Corona-Virus 2020 in Deutschlang und Österreich.

Stand 31.1.2021[7]	Deutschland	Österreich
Covid-Infektionen bis dahin	26.700/Mio Ew.	46.700/Mio Ew.
Covid-bedingte Todesfälle (C.T.) bis dahin	56.900 (685/Mio)	7653 (869/Mio)
Todesrate (Anteil C.T. an Covid-Infektionen)	ca. 2,5 %	ca. 1,9 %
Anteil C.T. an allen Todesfällen seit 01/20	ca. 5 %	ca. 8 %

Sind diese Zahlen hoch oder niedrig? Eine beliebte Einschätzung ergibt sich über den Vergleich mit den Todeszahlen von Grippeepidemien.[8]

Grippewelle 2016/17 Deutschland: 22.900 Todesfälle (Schätzung RKI).
Grippewelle 2017/18 Deutschland: 25.100 Todesfälle (Schätzung RKI).

Die coronabedingten Todesfälle lagen 2020, vor der Impfung, also „nur" doppelt so hoch wie die einer stärkeren Grippewelle. Ist Covid-19 daher lediglich doppelt so gefährlich, oder gar nur „ähnlich gefährlich" wie eine Grippewelle, wie viele Corona-Verharmloser behaupten? Nein, denn dieser Vergleich verzerrt die Faktenlage: während die Grippeausbreitung weitgehend ungehemmt und ohne Schutzmaßnahmen stattfand[9], erfolgte die Covid-19 Ausbreitung in Jahr 2020 trotz diverser Schutzmaßnahmen. Ohne Schutzmaßnahmen hätte es im Jahr 2020 vermutlich 10–15 mal soviel Coronatote wie Grippetote gegeben. Dies wird durch drei Indikatoren nahegelegt: 1.) Wie der Vergleich von Österreich und Schweden im Frühjahr 2020 zeigt, war die Covid-19 Ausbreitung in Schweden mit nur geringfügigen Schutzmaßnahmen 3–5 mal so hoch gewesen.[10] 2.) Die typischen Infektionszahlen bei Grippewellen liegen viel höher als bei Covid-19 im Jahr 2020; nach Schätzungen

---

7 Belege dazu in Schurz (2021a, Fn. 2). Äußerst empfehlenswert ist die Datenaufbereitung, auch im internationalen Vergleich, im *Standard:* https://www.derstandard.at/story/2000131167404/, letzter Abruf am 24.01.2024. Für die Zahlen über Deutschland siehe die weniger übersichtliche Seite des RKI: https://www.rki.de/DE/Content/InfAZ/N/Neuartiges_Coronavirus/Situationsberichte/Wochenbericht/, letzter Abruf am 24.01.2024 sowie https://de.statista.com/statistik/daten/studie/405363/, letzter Abruf am 24.01.2024.
8 Fangerau und Labisch (2020, S. 13), sowie https://de.statista.com/statistik/daten/studie/405363/umfrage/influenza-assoziierte-uebersterblichkeit-exzess-mortalitaet-in-deutschland, letzter Abruf am 24.01.2024.
9 Die Influenzaimpfquote wird vom RKI als niedrig bezeichnet; zudem sind Grippeimpfungen nicht gegen alle Grippeviren wirksam. Siehe www.rki.de/SharedDocs/FAQ/Impfen/Influenza/faq_ges.html, letzter Abruf am 24.01.2024.
10 S. www.quarks.de/gesundheit/medizin/wie-sinnvoll-ist-der-schwedische-corona-sonderweg, letzter Abruf am 24.01.2024.

des RKI bei 10±5% der Gesamtbevölkerung, was einer 7-Tagesinzidenz von etwa 800 entspricht.[11] 3.) Auch neuere Studien legen eine 10–15 mal höhere Todesrate im Jahr 2020 als bei Grippe nahe.[12]

Ein ähnliches Bild ergibt der Vergleich schwerwiegender Spätfolgen von Grippe mit Long-Covid. Insgesamt ist Covid-19 *für Nichtgeimpfte* im Durchschnitt deutlich gefährlicher, mindestens 10 mal so gefährlich wie Grippe. Aber auch diese empirische Aussage ist noch irreführend und muss ergänzt werden, indem man die Altersabhängigkeit betrachtet (Details und Quellen in Schurz 2021a):

	Gesamt	≤ 65 Jahre	> 65 Jahre
(Daten Österreich Anfang 2021) Corona-Todesrate altersabhängig	1,9%	0,5%	9%

Erneut ergibt die umfassende Darstellung der Fakten ein anderes Bild: die höhere Sterblichkeit von Covid-19 betrifft im Wesentlichen nur die älteren Menschen. Eine Infektion mit Covid-19 ist für Jüngere nur geringfügig gefährlicher als eine Infektion mit saisonaler Influenza.

Im Unterschied zu einer sachlich ausgewogenen Gefahrendarstellung überwog 2020 in namhaften Medien (insbesondere ARD und Spiegel) die Komponente der Angstmachung durch *unvollständige* und damit verzerrende Darstellung von Fakten. Täglich schockierten angsterzeugenden Bilder von Covid Patienten auf Intensivstationen die TV-Seher; dass es sich dabei nur um sehr kleinen Promillesatz von Covid-Patienten handelt und 2020 die deutschen Intensivstationen nie an der Auslastungsgrenze standen (s. Abschn. 3.2), wurde nicht hinzugefügt. Als der Virologe Hendrik Streeck dies öffentlich kundtat, wurde er auf Twitter diffamiert (#SterbenmitStreek) und vom Spiegel (Nr. 9, Februar 2021) als Minderheitsmeinung abgewertet (ein Schicksal, das er mit anderen seriösen Lockdowngegnern teilte). Streecks wichtige Leistung bestand in der Korrektur der einseitigen Faktenpräsentation durch Hardliner, und die neue Regierung hatte eine glückliche Hand, ihn neben Christian Drosten in den Expertenrat der neuen Bundesregierung aufzunehmen.

Erreicht werden sollte mit der angsterzeugenden Berichterstattung die Durchsetzbarkeit von Lockdownmaßnahmen gegenüber der Bevölkerung. Ab Mitte des Jahres 2021 änderte sich die Perspektive durch die zunehmende Durchimpfung der Bevölkerung, und es bestand die Hoffnung, Ende 2021 die Corona-Krise endgültig überwunden zu haben. Auch namhafte Mediziner erklärten Anfang 2021, sobald die

---

11 Vgl. https://www.rki.de/SharedDocs/FAQ/Influenza/FAQ_Liste.html/, letzter Abruf am 24.01.2024.
12 „Comparing COVID-19 to seasonal influenza"; s. https://github.com/mbevand/covid19-age-stratified-ifr, letzter Abruf am 24.01.2024.

Altersgruppe der über 65-jährigen gegen das Coronavirus geimpft sei, sei die Gefahr überbelegter Intensivstationen gebannt und die Situation nicht gefährlicher als eine Grippeepidemie.[13] Leider muss diese hoffnungsfrohe Einschätzung aufgrund neuerer Kenntnis heute, Ende 2021, gedämpft werden. *Erstens* weil die Impfrate im Herbst 2021 aufgrund der bekannten Impfgegner leider bei unter 70 % stagnierte. *Zweitens* aufgrund der Einsicht, dass der Doppelimpfschutz vor Covid-Infektionen bei älteren Personen nur etwa ein halbes Jahr anhält (und stetig abflacht). Bei jüngeren Personen hält der Infektionsschutz länger vor; der Schutz vor lebensbedrohenden Covid-Auswirkungen wirkt auch bei Älteren länger nach.[14] Wie Daten aus Israel zeigten, kann durch rasche Booster-Impfung (Auffrischungsimpfung) der Impfschutz schnell und sicher wieder erhöht werden. *Drittens* stellten sich Covid-Krankheitsverläufe häufiger als langwieriger heraus als gedacht; die Häufigkeit von Long-Covid Symptomen wird derzeit mit zwischen 10–20 % beziffert.[15] *Viertens* treten neue Virusmutanten auf, Anfang 2021 die Delta-Variante und jetzt schließlich die Omikron-Variante. Unter Experten kann diese Entwicklung nicht überraschen, denn dass neue Virusmutationen auftreten, die ansteckender und zugleich milder sind, so wie dies bei der derzeitigen Omikron-Variante der Fall zu sein scheint, sind bekannte evolutionäre Mechanismen (Schurz, 2011, S. 351–352).

Dennoch hat der Erfolg der Impfung im Jahr 2021 eine enorme *Besserung* der Lage bewirkt. Umso bedauerlicher ist es, dass zum Jahreswechsel 2021/22 in den Medien erneut Angstmache überhand nahm, durch den einseitige Blick auf die zunehmenden 7-Tagesinzidenzen, ohne zugleich über die aufgrund der Impfung gesunkene Gefahr zu informieren. Zwar stieg die Infektionsrate im Winter 2021/22 wieder an, auf wesentlich höhere Werte als die, bei denen man sich im Jahr zuvor Sorgen machte, doch aufgrund der 70 %igen Impfrate ist die Gefährlichkeit einer Covidinfektion enorm gesunken. Wie die folgenden Daten von Frühjahr und Ende 2021 in vier europäischen Ländern zeigen, ist die Todesrate einer Covid-Infektion auf ein Fünftel bis Sechstel der Rate vom Frühjahr vor der großen Impfwelle gesunken (*Hinw*eis: Die 7-Tages Inzidenz ist die Anzahl von Neuinfektionen und die

---

13 Vizerektor der Med-Uni Wien Professor Wagner der Pressekonferenz der österreichischen Regierung im ORF am 17.01.2021. Ähnliches ergibt sich aus: https://de.statista.com/statistik/daten/studie/1196577/umfrage/veraenderung-der-todesfaelle-in-oesterreich-nach-altersgruppen, letzter Abruf am 24.01.2024.
14 Vgl. Spiegel 44/30, 30.10.21, S. 102; sowie https://www.sciencedirect.com/science/article/pii/S1473309921004606, letzter Abruf am 24.01.2024.
15 S. https://www.quarks.de/gesundheit/medizin/langzeitschaeden-von-covid-19-was-wir-wissen-und-was-nicht, letzter Abruf am 24.01.2024.

Todesfallinzidenz die Zahl von Toten, die in jeweils 7 Tagen pro 100.000 Einwohner auftreten, siehe Tab. 2).[16]

Tab. 2: 7-Tage-Inzidenz, Todesfallinzidenz und Todesrate in %.

	7-Tages-Inzidenz		Todesfall-Inzidenz		Todesrate %	
Datum	1.4.21	30.11.21	12.4.21	11.12.21	1.4.21	30.11.21
Österreich	54,8	970	1,7	4,4	3,1	0,45
Deutschland	46,3	485	1,8	3,1	3,9	0,6
Kroatien	12,6	795	0,3	10,3	2,3	1,3
Slowakei	3,0	1419	0,1	9,8	3,3	0,7

Dies bedeutet, dass eine Covid-Erkrankung in einer breitflächig geimpften Bevölkerung nicht viel gefährlicher als eine Infektion mit saisonaler Influenza im Rahmen einer jährlich auftretenden Grippewelle ist. Die geringere Absenkung der Todesrate in Kroatien und Slowakei erklärt sich durch die niedrigere Impfquote dieser Länder. Experten können diese Zusammenhänge sicher noch genauer beziffern als wir, doch der wesentliche Kritikpunkt wird klar, nämlich dass in der medialen Faktendarstellung die Gefahr übertrieben wird, was einer rationalen Wertabwägung schadet und eher der Irrationalität, der Vermehrung von „Wutbürgern" und „Querdenkern" zugute kommt.

3.2 Überbelegung von Intensivstationen

Das Hauptargument von Politikern und Medizinern für einen Lockdown bezieht sich nicht auf die Anzahl von Coronaerkrankungen, sondern auf die Vermeidung der Überbelegung der Intensivstationen durch Coronapatienten und der dadurch drohenden Situation der ‚Triage', also der Wahl, welchen von zwei Notfallpatienten das einzig freie lebensrettende Intensivbett zuteil wird. Ich halte dieses Argument für nicht tragfähig, aus zwei Gründen:

1) Intensivstationen sind extrem kostenintensiv und müssen der Finanzierbarkeit halber auch in Normalzeiten zu 70 % oder mehr ausgelastet sein.[17] Im April

---

[16] S. https://www.derstandard.at/story/2000131167404/aktuelle-zahlen-coronavirus-oesterreich-welt weit#todesfaelle, letzter Abruf am 24.01.2024.
[17] Vgl. https://de.statista.com/statistik/daten/studie/880182/umfrage/auslastung-der-intensivstationen-in-deutschen-krankenhaeusern-nach-groessenklasse, letzter Abruf am 24.01.2024, sowie https://www.swr.de/wissen/odysso/aexavarticle-swr-10766.html, letzter Abruf am 24.01.2024.

2021, als in Deutschland mit der Begründung von durch Covid-19-Patienten ausgelasteten Intensivstationen ein erneuter Lockdown ausgerufen wurde, gab es auf deutschen Intensivstationen nur 19 % Coronapatienten, verglichen mit 68 % anderen Patienten und 13 % freien Betten.[18] Der mögliche Spielraum für die Aufnahme von Intensivpatienten in gesellschaftlichen Ausnahmesituationen (wie Epidemien oder anderen Katastrophen) ist also so gering, dass es zwangsläufig zu Überbelegungen kommen muss. Hinzu kommt das knappe, überbelastete und zu schlecht bezahlte Krankenhauspersonal, unter dem es während der Epidemie zu zunehmenden Kündigungen kam, was die Situation weiter verschärfte. Laut *Spiegel* (Nr. 46, 13.11.2021, S. 17) gingen in den vergangenen 12 Monaten 3000 Beatmungsplätze aufgrund fehlenden Personals verloren. Es liegen hier massive strukturelle Probleme des Gesundheitssystems vor, die nur durch massive Geldzuwendungen von staatlicher und steuerlicher Seite verbessert werden könnten. Keine nachhaltige Lösung aber kann es sein, die Bevölkerung in Überbelegungsphasen in einen Lockdown zu versetzen. Das ist ebenso, als wenn eine Schutzpolizei der Bevölkerung sagte: „Wir haben die Pflicht, euch außerhalb eurer vier Wände vor Gefahren zu schützen, doch weil uns derzeit dazu das Personal fehlt, müssen wir euch leider einsperren". Mit solchen als „Schutzmechanismen" getarnten Freiheitsbeschränkungen behandelt man Menschen eher wie unmündige Kinder denn als selbstverantwortliche Bürger.

2) Die gegenwärtige Hochtechnologisierung der Medizin bringt Triagen geradezu mit Notwendigkeit hervor. Millionenteure Intensivbehandlungsmethoden können nur wenigen Menschen zugänglich gemacht werden können, und in Epidemiesituationen eben *zu wenigen.* Wollte man Triage-Situationen nachhaltig vermeiden, dürfte man sündteure Intensivmedizin gar nicht einsetzen. Triagen sind selbstverständlich schwierig, doch sie gehören zum professionellen Alltag von Notfallärzten bzw. Notfallaufnahmezentren und kommen auch außerhalb von Corona immer wieder vor. Als Entscheidungskriterium wird hierfür in der Ärzteschaft derzeit nur das Kriterium der Überlebenswahrscheinlichkeit akzeptiert. Ohne in diese schwierige Debatte einzusteigen (vgl. Birnbacher, 2021), kann folgendes gesagt werden: Es muss klare Regeln geben, die dem betroffenen Intensivmediziner professionelles Handeln ohne Gewissenszweifel ermöglichen. Unter dieser Bedingung scheint mir die Darstellung von Triagen als „Albtraum" für Ärzte im *Spiegel* (Nr. 409, 2021, S. 8 ff.) stark übertrieben zu sein. Die psychische Belastung, Handlungen durchführen zu müssen, deren Konsequenzen über Leben und Tod von Patienten entscheiden, sollten Intensivmediziner aushalten, denn es gehört zu ihrem Beruf. Was berechtigterweise viel

---

[18] S. https://interaktiv.morgenpost.de/corona-deutschland-intensiv-betten-monitor-krankenhaus-auslastung, letzter Abruf am 24.01.2024.

weniger auszuhalten ist und den Hauptgrund der Klagen ausmacht, ist die bereits angesprochene Personalknappheit und die damit verbundene Überlastung des Krankenhauspersonals. Doch dieses Problem ist auf längere Sicht nicht durch Lockdowns, sondern durch strukturelle Verbesserungen des Gesundheitssystems zu lösen.

3.3 Werteabwägung zu Lockdownmaßnahmen

Um eine verhältnismäßige Werteabwägung für Kontaktbeschränkungsmaßnahmen abzuschätzen, muss, wie in Abschn. 2 erläutert, auf der Basis der empirischen Folgeabschätzung der erreichte Nutzen mit den Kosten der Nebenfolgen verglichen und ‚abgewogen' werden. Es ist natürlich Unsinn, wenn Leugner der Coronagefahr behaupten, Lockdownmaßnahmen würden *gar* keine Gefahrenreduktion bringen (z. B. Lütge und Esfeld, 2021, S. 17); natürlich tun sie es, doch der Effekt ist stark kontextabhängig und schwächt sich mit der Zeit ab. In der folgenden Übersicht werden die Effekte rigider Kontaktbeschränkungen (Lockdown) mit milden Schutzmaßnahmen (Maskenpflicht, keine Großveranstaltungen), vor und nach einer Impfung, jeweils auf ein Jahr gerechnet, verglichen. Die zugegeben unsichere Abschätzung des Nutzens von Lockdowns bezieht sich auf zwei empirische Studien[19] sowie die Vergleichsdaten Österreich-Schweden (Fn. 10). Für die *psychischen* Schäden gibt es einschlägige statistische Daten[20], zum *wirtschaftlichen* Schaden siehe Dorn et al. (2020, S. 35). Eine detaillierte Erläuterung zur Abschätzung der angegebenen Prozentsätze findet sich in Schurz (2023, Abschn. 5.1); siehe hier Tab. 3.

---

[19] S. Brauner et al. (2020); Haug et al. (2020), zusammengefasst in Maier-Borst (2020).
[20] Quellen: (i): https://www.wienerzeitung.at/nachrichten/politik/oesterreich/2126267-Die-psychischen-Folgekosten-der-Pandemie.html, letzter Abruf am 24.01.2024. (ii) https://www.covsocial.de/wp-content/uploads/2021/11/CovSocial_DE_WEB.pdf, letzter Abruf am 24.01.2024, (iii) https://www.donau-uni.ac.at/de/aktuelles/news/2021/16-prozent-der-schuelerinnen-haben-suizidale-gedanken.html, letzter Abruf am 24.01.2024, (iv) https://www.unicef.de /informieren/aktuelles/presse/2021/sowcr-2021-mentale-gesundheit/249166, letzter Abruf am 24.01.2024.

Tab. 3: Vergleich verhinderter vs. erzeugter Kosten durch strenge Kontaktbeschränkungen (Deutschland).

Verhinderte Kosten	Erzeugte Kosten
– Tote *vor Impfung/nach Impfung* [Reduktion um 50/15 %; 0,06/0,02 % Bevölk.anteil] – Schwere Covid Erkrankung [Reduktion wie oben; 0,4 %/0,13 % Bevölk.anteil]	– Lockdown: Freiheitsentzug [für 80 Mill Bürger] – Psychisches Leid durch soziale Isolation [Zunahme Depressionen um 100–200 %, Zunahme um 8–16 % Bevölk.anteil] – Ausfall von Erziehung/Unterricht [für alle Kinder bzw. Jugendliche] – Wirtschaftliche Einbußen [550 Mrd Euro] – Leid – Krankheitszunahme wegen aufgeschobener Arztbesuche[21] [Reduktion Arztbesuche 2020 50 %]

Die Gegenüberstellung zeigt, dass der erzielten Reduktion von etwa 55.000 zusätzlichen Corona-Todesfällen, etwa 0,06 % der Bevölkerung und vorwiegend ältere Menschen, ganz beträchtliche Kosten für alle Menschen gegenüberstehen, bestehend aus dem psychischen Leid, dem Anstieg von Depressionen, und leider auch Suizidversuchen bei Jugendlichen; abgesehen vom wirtschaftlichen Desaster und dem Anstieg der Inflationsrate. Dennoch – und das ist wieder eine Instanz der Fakten-Werte-Trennung – *folgt* daraus noch nicht, *wie* die richtige Werteabwägung vorzunehmen ist. Aus *meiner Sicht* ergibt sich daraus, dass die Kosten der Lockdownmaßnahmen, so wie sie 2020 und 2021 angeordnet wurden, bis auf wenig Ausnahmen *unverhältnismäßig* hoch waren. Es ist ein Grundaspekt der *Würde* und Selbstbestimmung von Menschen, ihr Lebensrisiko innerhalb gewisser Grenzen *selbst* bestimmen zu können. Wer Angst vor einer Covidinfektion hat, kann seine Kontakte beschränken und sollte sich innerhalb vertretbarer Grenzen im öffentlichen Raum schützen können, was durch Maskenpflicht, Abstandsregeln, aber auch beispielsweise durch die Einrichtung eines Zeitintervalls für Geschäfte mit strengen Vorsichtsmaßnahmen (2G und Besucherbeschränkung) erreicht werden kann. Aber einen Lockdown mit Ausgangssperren für die Gesamtbevölkerung anzuordnen, halte ich für unverhältnismäßig, außer in Extremsituationen, in denen die Hospitalisierungsraten deutlich über den Werten liegen, bei denen bislang Lockdowns ausgerufen wurden.

---

21 Vgl. https://www.hausarzt.digital/medizin/praevention/wegen-corona-nicht-zum-arzt-68845, letzter Abruf am 24.01.2024.

Das ist meine Werteabwägung, die ich mit vielen Menschen teile, aber mit vielen Menschen auch nicht. Das Risiko, das Menschen für ihre Freiheit einzugehen bereit sind, ist nun einmal subjektiv unterschiedlich. Daraus folgt, dass im Bereich der Werteabwägung *Verständnis* und *Toleranz* für unterschiedliche Wertpräferenzen aufzubringen sind. Wir sollten niemanden, der unsere Wertestandards nicht teilt, gleich als irrational brandmarken. Dies würde lediglich auf beiden Seiten Abneigung provozieren, die Gesellschaft spalten, aber keine Probleme lösen.

Auch wenn es im Bereich der Werte keine den Erfahrungswissenschaften vergleichbare Objektivität gibt, so gibt es doch rationale Kriterien, anhand derer sich unterschiedliche subjektive Werteabwägungen einander rational annähern lassen. Eine diesbezügliche Methode ist der Vergleich mit akzeptierten Praktiken in ähnlichen Situationen; wir sprechen hier von *Kalibrierung*. Erhellend ist beispielsweise der Vergleich der Coronarisiken mit den durch Luftverschmutzung verursachten Gesundheitsrisiken, von denen der Straßenverkehr etwa 50% ausmacht. Gemäß den Berechnungen der WHO liegen die durch Luftverschmutzung in Deutschland verursachten Todesfälle in vergleichbarer Höhe wie die Coronatoten:[22]

Durch Luftverschmutzung verursachte Todesfälle in Deutschland:	Jahr:	2005 51.155	2010 42.578	Coronatote bis 01/21 55.000

Würden wir die bisher dominierende Corona-Lockdownpolitik in Deutschland zum Prinzip erheben, müsste konsequenterweise auch das Autofahren verboten oder extrem beschränkt werden; doch kaum jemand würde dem beipflichten.

Eine weitere Kalibrierungsmöglichkeit ist der Vergleich mit der bisherigen *historischen* Praxis in Epidemien. Interessant ist der Vergleich mit der Spanischen Grippe, die 1918–20 weltweit wütete und in Europa etwa 3 Millionen Grippetote kostete, verglichen zu bislang „nur" 1,6 Millionen Coronatoten. Damals gab es noch keine Intensivstationen und die Auslagerung von Krankenbetten in Hallen oder Zelte war an der Tagesordnung. Wie Salfellner (2020, insb. S. 28–31, 75, 101) berichtet, erließ man damals Schutzmaßnahmen wie Hygiene, Masken, Abstandsregeln, Quarantäne für Infizierte und direkte Kontaktpersonen sowie die vorübergehende Schließung von Theatern und für vier Wochen auch die Schulen, aber keine Lockdowns; Salfellner spricht resümierend von einem tiefen Mentalitätswandel von heute verglichen zu damals in Hinblick auf Ängstlichkeit (S. 178). Zu-

---

[22] S. https://www.oecd-ilibrary.org/environment/the-cost-of-air-pollution_9789264210448-en, letzter Abruf am 24.01.2024, sowie http://www.oecd.org/berlin/The-Cost-of-Air-Pollution-Zusammenfassung. pdf, letzter Abruf am 24.01.2024.

sammengefasst sprechen auch die beiden Kalibrierungsargumente für die Unverhältnismäßigkeit von Lockdowns als Instrument der Pandemiebekämpfung.

3.4 Impfpflicht und Impfrisiken

Beim Thema Impfungen geht es nicht nur darum, einseitigen Verharmlosungen oder Übertreibungen durch eine vollständige und ausgewogene Faktenrepräsentation gegenzusteuern. Man muss auch jede Menge glatter *Fehlinformationen* aufdecken, die im Lager der Impfskeptiker und Wissenschaftsleugner in großen Mengen ersonnen wurden und in den Internetforen dieser Gruppierungen kursieren. Zum einen gibt es absurde verschwörungstheoretische Behauptungen, wie z.B., dass mit Impfungen die Bevölkerung dezimiert werden solle, menschliche Kontrollchips eingespritzt werden sollen, oder dass Impfen zu Autismus, Krebs oder Fehlgeburten führen oder das menschliche Erbgut verändern kann, was alles jeder evidentiellen Grundlage entbehrt (vgl. Kuhrt et al., 2020, S. 107–118). Zum anderen gibt es allgemein-skeptische Aussagen, die nicht nur die ‚Extremisten' der Impfgegner, sondern breitere Bevölkerungsanteile bewegen, insbesondere die Sorge vor den angeblich unerforschten *Langzeitfolgen* der neuen Covid-Impfungen. Die wichtigste Gegeninformation hierzu ist folgende: Alle „Langzeitfolgen", die bei Impfungen bisher beobachtet wurden, waren lediglich *statistische*, aber keine *physikalischen Langzeitfolgen*, d.h., die betreffenden Nebenwirkungen traten alle schon nach wenigen Wochen ein, waren aber so selten, dass erst nach mehreren Jahren eine so hohe Anzahl dieser Fälle zusammenkam, dass die Fallzahl statistisch signifikant wurde (d.h. nicht als bloß zufälliges Zusammentreffen gelten konnte).[23] Bei der mittlerweile verabreichten Zahl von mehr als 100 Millionen Covid-Impfungen müssten dagegen auch seltene Nebenwirkungen längst als signifikant beobachten worden sein. Leider wird dies in den Medien viel zu selten erklärt; stattdessen begnügt man sich meist damit, Impfskeptiker pauschal als Querdenker zu verurteilen, was jene Gruppen, die man erreichen will, wohl kaum impfwilliger macht. Zudem wird selten eine quantitative Gegenüberstellung von Covid-Erkrankungsrisiken und Impfrisiken vorgenommen. Im Folgenden werden zwei Risiken gegenübergestellt:

1) das Risiko eines Ungeimpften innerhalb eines Jahres an Covid mit schwerem Verlauf zu erkranken bzw. zu sterben[24], und

---

23 Vgl. Spiegel Nr. 44/30, 30.10.21, S. 102, sowie https://www.br.de/nachrichten/wissen/corona-impfstoffe-und-moegliche-langzeitfolgen-und-langzeitrisiken-gibt-es-die, letzter Abruf am 24.01.2024.

24 Das Risiko eines Ungeimpften, innerhalb eines Jahres an Covid zu erkranken, wird auf 10% geschätzt (mittlerweile gibt es in Deutschland knapp 10% Covid-Infektionen), das Risiko eines

2) das Risiko, nach einer Zweifachimpfung mit Comirnaty (BioNTech/Pfizer) im Jahr mittelschwere resp. lebensbedrohliche Impfnebenwirkungen zu erleiden bzw. daran zu sterben. Dabei dienen als Berechnungsbasis die gemeldeten außergewöhnlichen Nebenwirkungen, kurz NW; für Ärzte besteht eine diesbezügliche Meldepflicht.[25] Schwere Covid-Erkrankungen sind solche mit Hospitalisierung und Long-Covid Folgen. Mittelschwere NW sind alle NW, die länger als 2 Wochen andauern; zu sehr schweren NW zählen lebensbedrohlich und bleibende NW.

Stand Ende 2021:

Jährliches Risiko schwerer Covid-Erkrankung (post-Covid)	Jährliches Risiko mittelschwerer / sehr schwerer Biontech-Impfnebenwirkungen
1,5 %	0,026 % (60 × kleiner) / 0,003 (500 × kleiner)
Entsprechendes Todesrisiko	Entsprechendes Todesrisiko
0,3 %	0,0012 % (250 × kleiner)

Diese Übersicht vertuscht keine Impfrisiken, sondern ist um neutrale Objektivität bemüht. Viele Mediziner gehen davon aus, dass nur ein Bruchteil aller gemeldeten Nebenwirkungen echte Kausalzusammenhänge wiedergeben und korrigieren obige Impfrisiken nach unten. Impfgegner korrigieren sie stattdessen nach oben und argumentieren, dass nur ein Bruchteil der den Ärzten bekannten Impfnebenwirkungen gemeldet werden würden. Dagegen geht obige Schätzung von der tatsächlichen Zahl gemeldeter Nebenwirkungen aus.

Während ich Lockdowns für überwiegend unverhältnismäßig halte, halte ich die stufenweise Einführung einer Impfpflicht für verhältnismäßig. Dies mag einem Impfskeptiker als Widerspruch erscheinen, da in beiden Fällen in subjektive Freiheitsrechte eingegriffen wird. Die Begründung hierfür ist folgende. *Erstens* geht es bei der Frage der Impfpflicht um die Abwägung von Werten, die alle *innerhalb*

---

schweren Covid-Verlaufs zu 15 % (siehe Fn. 15), und die Todesrate mit 3 % (etwas höher als die durchschnittliche Todesrate 2020). Multiplikation ergibt die angeführten Prozentzahlen.

25 Datenbasis ist die Seite der EMA (European Medical Agency), https://www.ema.europa.eu/en/human-regulatory/overview/public-health-threats/coronavirus-disease-covid-19/treatments-vaccines/vaccines-covid-19/safety-covid-19-vaccines, letzter Abruf am 24.01.2024. Mit Stand vom 1.12.2021 gab es unter allen verabreichten Biontech-Impfdosen 0,1 % NWs; der Anteil von Biontech an allen gemeldeten NWs betrug 56 %. Die Aufschlüsselung der NWs beruht auf der Seite https://www.impfnebenwirkungen.net/report.pdf, letzter Abruf am 24.01.2024; diese Seite präsentiert leider Absolutzahlen und stellt keinen Bezug zur Zahl der Impfdosen her. Die daraus berechneten Prozentsätze unter allen NWs für Biontech betragen: mittelschwere Nebenwirkungen (die dort als ‚schwerwiegend' bezeichnet werden) 26 %; lebensbedrohlichen Nebenwirkungen 1,6 %, bleibende Nebenfolgen 1,4 % (zusammen 3 %), Todesfälle 1,2 %. Multiplikation dieser Prozentsätze mit 0,1 % ergibt die genannten Risiken.

einer Dimension liegen, nämlich der Gesundheit, und daher in intersubjektiv stabiler Weise vergleichbar sind: das Risiko einer schweren/tödlichen Coviderkrankung verglichen zum Risiko einer schweren/tödlichen Impfnebenwirkung. *Zweitens* sind, wie erläutert, nur Werteabwägungen an subjektive Interessenslagen rückgebunden, aber nicht Faktenfragen. Daher gehe ich von der wissenschaftlich gesicherten Datenlage zu gesundheitlichen Nutzen und Kosten der Impfung aus, die eine eindeutige Sprache spricht: Das statistische Risiko (aufgrund der gesamten europäischen Impfevidenz) einer sehr schweren Impfnebenwirkung ist 500 mal kleiner als das eines schweren Covid-Verlaufs mit Long-Covid-Folgen; selbst das Risiko einer nur mittelschweren Impfnebenwirkung ist noch 60 mal kleiner, und das Risiko einer tödlichen Impfnebenwirkung 250 mal kleiner als das eines Coronatodes. Daraus ergibt sich der Impfschutz für fast alle Menschen – ausgenommen Vorerkrankte mit Impfkomplikationen – als der bei weitem sinnvollste Schutz vor Corona, unabhängig von sonstigen Interessenslagen.

Man kann dagegen einwenden, dass es unabhängig von der Einschätzung der Faktenlage zum Grundrecht jedes Menschen gehört, über seinen eigenen Körper selbst zu bestimmen und sein individuelle Lebensrisiko selbst zu wählen. Diesem Argument könnte man (innerhalb gewisser Grenzen) zustimmen, *wenn* es sich dabei um eine *Individual*entscheidung handeln würde, ohne negative Konsequenzen für die Mitmenschen. Das ist aber nicht der Fall. Die Viruspandemie kann nur durch eine sehr hohe Impfquote, von 95 % oder darüber, überwunden werden; nur so kommen die epidemischen Vermehrungswellen zum Erliegen. Somit ist eine hohe Impfquote ein *Kollektivgut:* Wer sich impft, nutzt der ganzen Gemeinschaft, und wer sich nicht impft, schadet ihr. Zu guter Letzt kommt es soweit, dass die Minderheit der Impfgegner mit ihrem Oppositionsgeist die ganze Bevölkerung in einen nicht enden wollenden Lockdown zwingt. Um dieses gesellschaftsschädigende Verhalten zu verhindern, scheint die im Leopoldina Statement vom 21.11. vorgeschlagene (und in Österreich schon beschlossene) stufenweise Einführung einer Impfpflicht – ohne physischen Impfzwang aber mit Sanktionen für Verweigerer – ein geeignetes und auch verhältnismäßiges Mittel zu sein, denn anders ist die erforderliche Erhöhung der Impfquote zur Überwindung von Corona offenbar nicht zu erreichen.

4 Motive und Mechanismen der Leugnung von wissenschaftlich etabliertem Wissen

Im Kontext von Wissenschaftsleugnung wird mit dem Begriff der „Leugnung" impliziert, dass es sich dabei um die Zurückweisung von Wissen bzw. gut begründeten

Informationen handelt, denen „normalerweise" vergleichsweise unproblematisch zugestimmt werden sollte. Die Leugnung solcher Informationen hat daher Gründe, die über gewöhnliche kognitive Fehler hinausgehen, weshalb die Analyse von Wissenschaftsleugnung zwei Dimensionen umfassen muss:
1. die psychologischen bzw. *außerepistemischen Motive* der Leugnung, sowie
2. die kognitiven bzw. *epistemischen Fehlermechanismen*, auf denen die Leugnung basiert.

Zwar liegt der Schwerpunkt dieses Beitrages auf den kognitiven Fehlermechanismen, deren Aufdeckung vor alledem nötig ist, um Nachahmung von Wissensleugnern zu vermeiden und deren Anhängerschaft klein zu halten. Aber auch das Verständnis der psychologischen bzw. außerepistemischen Motive ist essentiell, insbesondere um schon bestehende Wissensleugnern von ihrem Kurs abzubringen und feindliche Einstellungen abzubauen.

4.1 Außerepistemische Motive

Im Folgenden deutet ein Aufriss von psychologischen Motiven von Wissensleugnungen die Richtung an, in die eine solche Analyse laufen sollte, ohne die Gründlichkeit und evidentielle Absicherung leisten zu können, die eine sorgfältige Erforschung dieses Themenfelds benötigen würde. Wissensschaftsleugner können drei Arten psychologischer Motive besitzen:

1) Rational unbegründete Ängste. Solche liegen bei einem Großteil der Impfskeptiker vor, die nicht zum Kern der Querdenker, Wissensleugnern oder der rechtsextremen Opposition gehören. Diese Ängste dieser Menschen baut man nicht ab, indem man diese Menschen als irrational oder gar antidemokratisch abwertet, sondern indem man für ihre Ängste psychologisches Verständnis aufbringt und sie zugleich als unbegründet aufzeigt. Die Problemlage ähnelt hier der Situation von Menschen, die nicht zum Zahnarzt gehen, weil sie Angst vor den möglichen Schmerzen einer Zahnbehandlung haben. Hier hilft nur die Kombination von gutem Zureden mit wiederholter Aufklärung, und zwar über die verglichen zur Zahnbehandlung viel höheren Gefahren und Schmerzen einer ausbleibenden Zahnbehandlung. Im Fall der Covid-Impfung ist eine solche Aufklärung freilich viel schwieriger, weil viel mehr Fehlinformationen beseitigt werden müssen (vgl. Abschn. 3.4).

2) Hassgefühle gegenüber politische Positionen der Wissenschaftsbefürworter. Durch viele Studien wird belegt, dass schon seit Jahrzehnten die Journalisten (beliebigen Geschlechts) der gesellschaftlich relevanten Medien und insbesondere des öffentlich-rechtlichen Rundfunks überwiegend politisch links von der

Mitte orientiert sind. So würden gemäß einer Umfrage ARD-Nachwuchsjournalisten so wählen: Grüne 57,1%, Die Linke 21,4%, SPD 11,7%, Sonstige 3,7%, CDU/CSU 2,6%, FDP 1,3%.[26] Ähnliches trifft auf die politische Gesinnung von Akademikern im Allgemeinen zu. So beschreiben sich gemäß einer Studie in der Sozialpsychologie in den USA 90% der befragten Akademiker als „links der Mitte", nur 2,5 als „konservativ oder rechts der Mitte"; 96% vertraten politische Positionen, die selbst in der demokratischen Partei eher als links gelten würden.[27] Diese Einstellung wird natürlich in journalistischen Berichterstattung deutlich sichtbar; so wird in öffentlich-rechtlich TV-Sendern über die meisten politischen Strömungen respektvoll und tendenziell sachlich berichtet, wogegen Positionen rechts von der CDU/CSU-Linie, beispielsweise die Einwanderungsskepsis betreffend, durchweg als rechtspopulistisch abgewertet werden. Hier ist nicht der Ort, um über die Ursachen dieser weltanschaulichen Situation, ihre Fürs und Widers mit der nötigen Sorgfalt einzugehen, doch offensichtlich führt die nachhaltige weltanschauliche Abgehobenheit der akademischen Führungseliten von der Werthaltung einer konservativen nichtakademischen Bevölkerungsschicht dazu, dass sich letztere politisch bedroht fühlt und sich in zunehmend hasserfüllte Opposition zur akademischen Elite setzt. Wie in Abschn. 2 erläutert muss sich in dieser Situation besonders der Umstand negativ auswirken, dass die Expertenelite und besonders deren journalistische und politische Multiplikatoren sich nicht auf Faktenurteile beschränken und Mittelempfehlungen hypothetisch formulieren, sondern der Bevölkerung kategorische Normen vorsetzen, die breitflächigen Unmut erzeugen können und zumindest der nichtakademische konservative Bevölkerungsschicht den Glauben an die Objektivität von Wissenschaften nehmen. Wenn führende Experten (beliebigen Ge-

---

26 Siehe https://www.journalist.de/startseite/detail/article/wie-divers-ist-der-ard-nachwuchs, letzter Abruf am 24.01.2024, sowie https://uebermedien.de/54539/wie-links-ist-der-ard-nachwuchs-viel-laerm-um-ein-datenprojekt, letzter Abruf am 24.01.2024. Von den 150 Volontär*innen der ARD haben 86 an der Studie teilgenommen, woraus noch nicht folgt (wie es in der zweiten Datenquelle heißt), dass die Studie nicht „repräsentativ" sei; viele empirische Studien haben geringere Rücklaufquoten. Der Focus-Kolumnist Jan Fleischhauer meint ebenfalls: „90 Prozent des journalistischen Nachwuchses sind rotgrün". Ein Besuch bei einer deutschen Journalistenschule genüge und „man weiß, dass ich recht habe" (siehe die zweite Datenquelle oben). Andere Studien kommen zu ähnlichen Ergebnissen, z.B. die Schweizer Studie auf https://www.infosperber.ch/medien/linke-medien-analyse-eines-alten-befunds, letzter Abruf am 24.01.2024. Siehe auch der Artikel von Ann-Kathrin Nezik, *Die Zeit* Nr. 40/2019, ed. am 26.10.2019, sowie *Der Spiegel* vom 18.04.2013; https://www.spiegel.de/politik/deutschland/s-p-o-n-der-schwarze-kanal-warum-sind-so-viele-journalisten-links-a-895095.htm, letzter Abruf am 24.01.2024.
27 Siehe *Welt* vom 08.08.2017, https://www.welt.de/kultur/article167457419/Gilt-Meinungsfreiheit-jetzt-nur-noch-fuer-Ausgewaehlte.html, letzter Abruf am 24.01.2024. Der Sozialpsychologe Jonathan Haidt argumentiert, Forschungen zu politisch kontroversen Themen werden aufgrund des damit gegebenen Gutachterbias unzuverlässig.

schlechts) ihre Wertpräferenzen nicht von Faktenwissen trennen, sondern als ‚wissenschaftlich gesicherte' Urteile verkaufen, muss man sich nicht wundern, dass die konservative Bevölkerungsschicht den Spieß umzudrehen versucht und auf abenteuerliche alternative Faktenkonstruktionen zurückgreift, statt sich auf alternativen Wertpräferenzen zu besinnen. Dieser feindseligen Entwicklung kann nur dadurch entgegengetreten werden, dass erstens die akademische Elite sich mehr an die Maxime der Wertneutralität hält und Sachwissen von Wertpräferenzen trennt, und zweitens auch Positionen rechts von der Mitte – sofern es sich nicht um menschenverachtende oder gewaltbefürwortende Äußerungen handelt – sachlich erstgenommen und einer kritisch-respektvollen Analyse unterzogen werden, statt sie als Inbegriff des Bösen zu verurteilen.

3) Volksagitation aufgrund politischen Machtwillens. Dies ist die Motivlage einer nicht zu unterschätzenden Minderheit unter den Wissenschaftsleugnern, die zurecht als Rechtspopulisten bezeichnet und als demokratiegefährdend eingestuft werden, da sie durch (oftmals wissentliche) Falschinformationen die Bevölkerung gegen die herrschende Elite aufzuhetzen trachten, und beispielsweise aus dem bloßen Kalkül der Vermehrung ihrer Wählerschaft den Menschen Angst vor der Covid-Impfung einjagen. Um dagegen vorzugehen müssen die Absichten dieser meist rechtsextreme Gruppierungen entlarvt werden, was eine Vielzahl linksorientierter Journalisten als ihr Sendungsbewusstsein verstehen.

Die überwiegende Mehrheit der Corona-Querdenker, Impfgegner und Wissenschaftsskeptiker verdienen eine respektvolle, sachliche Auseinandersetzung und sind in gewissem Grade auch empfänglich für Sachargumente – insbesondere für Argumente, die die Querdenkerposition an ihren eigenen Widersprüchen überführen. Stattdessen wird diese Gruppe von einflussreichen Journalisten und Akademikern zu oft pauschalierend ins irrational-rechte Ecke abgeschoben. Ein Beispiel bietet der Sammelband von Kleffner und Meissner (2021), in denen von 40 Beiträgen gerade einmal zwei die Querdenkerbewegung in wertneutral-sachlichen Sinne behandeln, alle anderen Beiträge bestehen aus Berichten gekoppelt mit negativen Werturteilen, basierend auf der Gleichsetzung von Coronagegner mit rechtsgerichteten und politisch brandschatzenden Demokratiefeinden, bestehend aus Nazis, AfD-Anhängern, Antisemiten, Ausländerhassern, Trump-Befürwortern und Klimawandelleugnern. Über die Anti-Corona-Demonstrationen schreiben die Herausgeber:

> Wir aber halten den Anspruch für vermessen, dort würden Menschen für Freiheitsrechte demonstrieren. bloß weil sie das Grundgesetz unterm Arm tragen. [...] Wir sehen die Netzwerke der organisierten Maskenverweigerer und Impfgegnerinnen als bedrohlich und eine potentielle Gefahr für die gesamte Gesellschaft. Spätestens nach dem Neonazimord [...] (Kleffner und Meissner, 2021, S. 15),

und nun folgt eine Aufzählung von „bösen Einzeltaten", die rechtsextreme Personen ausführten, die „auch" zu den Coronagegner gehören und wirklich bedrohlich sind, aber keinesfalls repräsentativ sind – dies zu suggerieren ist ähnlich populistisch wie wenn die islamische Bevölkerungsschicht wegen islamistischer Terroristen verunglimpft wird. Wie der Titel des Buches „Fehlender Mindestabstand" und die Überschrift des Beitrages „Wer mit Rechtsradikalen mitläuft, hat keine Ausrede mehr" (S. 271) deutlich machen, unterstellen die Autoren, wer in einer Demonstration gegen Corona-Schutzmaßnahmen mitläuft, in der sich auch AfD-Anhänger befinden, sei deshalb selbst latent rechts und damit einer von den „Bösen". Eine solche „Unterstellungsmagie" ist nicht weit entfernt von den „Verschwörungsmagien" der QAnon-Bewegung, die demokratischen Politiker, weil sie mit dem Millionär und wegen erzwungener Prostitution einer Minderjährigen verurteilten Jeffrey E. Epstein bekannt waren, als Mitglied eines Kinderpornorings abstempelten (siehe unten). Jedenfalls bewirken solche Pauschalverurteilungen eben das, was ihre Betreiber den Rechtspopulisten zu Recht vorwerfen, nämlich Volksaufhetzung. Im Gegensatz dazu zeigt eine von der Universität Basel durchgeführte Online-Befragung unter Anti-Corona-Aktivisten – einer der zwei erwähnten wertneutralen Beiträge, im Band von Kleffner und Meissner (2021) – dass diese keinesfalls mehrheitlich rechte oder ‚primitive' Positionen vertreten. Die Parteipräferenz dieser Gruppe sah so aus (Fücks, 2021, S. 287–288): 23% Grüne, 18% Linke, 15% AfD (27% gaben an, bei der kommender Bundestagswahl AfD wählen zu wollen). 95% sahen die Coronaopposition in etablierten Medien verzerrt wiedergegeben und meinten, die Regierung überdramatisiere die Coronagefahr und bevormunde die Bevölkerung immer mehr. Ferner stuften 80% der Coronaopposition die Gefahr durch eine Coronainfektion als nicht gefährlicher ein, als eine schwere Grippe. Dagegen meinten nur 10% dieser Gruppe, wissenschaftliche Studien zum Klimawandel seien gefälscht, nur 15% stimmten den Aussagen zu „Durch die vielen Muslime fühle ich mich manchmal wie ein Fremder im eigenen Land" und „Es wird zu viel Rücksicht auf Minderheiten genommen", und nur 6% stimmten der Aussage zu „Auch heute ist noch der Einfluss der Juden auf die Politik zu groß". Gemäß diesen Daten besteht also nur eine Minderheit der Corona-Querdenker aus politischen Rechten, Klimawandelleugnern, Ausländerfeinden oder Antisemiten.

4.2 Epistemische Fehlermechanismen

Nach diesem Aufriss der psychologischen Motive von Wissenschaftsleugnern wenden wir uns den kognitiven Fehlermechanismen zu. Auch hier beansprucht unsere Analyse keineswegs Vollständigkeit, sondern hebt nur einige Aspekte hervor, die in anderen Darstellungen unterbelichtet bleiben. Wir unterscheiden diese

Fehlermechanismen von Wissenschaftsleugnern grob in vier (unscharf voneinander angegrenzten) Hauptgruppen: Fingierung von Fakten, post-facto Erklärung durch verborgene Mächte, Bestätigungsfehler und kognitive Fehlinterpretationen von Fakten.

1) Fingierung von Fakten. Hier möchte ich den Punkt betonen, dass selbst in Fällen, in denen „fake facts" erfunden oder an den Haaren herbeigezogen erscheinen, eine *sachliche Widerlegung oder Entlarvung* nötig ist. Dies ist im Dienste aller Menschen, die solchen fake facts aus welchen Gründen auch immer Glauben schenken. Zum einen gibt es Fälle von fake news, die von versteckten Internet-Ausbeutern nur zum Zwecke des Gelderwerbs durch hohe Klick- und Werbequoten im Netz versandt werden (sogenannte bullshit fakes; s. Jaster und Lanius, 2019, S. 30); solche Fälle müssen so schnell als möglich durch korrigierende Belege enttarnt werden. Die meisten Fälle von fake facts sind dagegen politisch motiviert. Dabei handelt es sich im Regelfall nicht um verrückte Erfindungen von ‚Spinnern', sondern die fingierten ‚Fakten' beziehen sich auf gewisse *Anhaltspunkte*, die abenteuerlich verdreht werden. Ein Beispiel ist die QAnon-Bewegung („Anon" für „anonym" und „Q" als Markenzeichen), deren zentrale Behauptung besagt, führende demokratische Politiker und Wirtschaftstreibende wie Barack Obama, Hillary Clinton und George Soros seien in einen internationalen Kinderhändlerring verstrickt und würden überdies einen Putsch planen, um die USA in eine Diktatur zu verwandeln. Tatsächlich betrieb der 2019 verurteilte Milliardär Jeffrey Epstein einen Kinderhändlerring; seine vermuteten Straftaten begannen schon 1996; 2021 wurde auch seine Ex-Partnerin Ghislaine Maxwell als Handlangerin verurteilt. Zu Epsteins einflussreichen Freunden zählten u. a. die ehemaligen US-Präsidenten Bill Clinton und Donald Trump, nebst anderen berühmten Persönlichkeiten wie Georg Soros und Bill Gates[28]. QAnon-Anhänger berufen sich mittlerweile auf diese Tatsachen, sodass der *New York Intelligencer* am 9.7.2019 fragte „So Was QAnon ... Right?".[29] Die Antwort ist natürlich negativ, da der bloße Kontakt der genannten bekannten Persönlichkeiten mit Epstein nicht impliziert, dass sie von den kriminellen Machenschaften Epsteins etwas wussten, geschweige darin verwickelt waren – ausgenommen von Prinz Andrew aus Großbritannien, bei dem sich der Anfangsverdacht erhärtete. Aber statt diese sachliche Information darzustellen, wird in vielen Kritiken der QAnon-Bewegung der Inhalt ihrer Behauptungen als a priori komplett bizarr und frei erfunden dargestellt; es wird *nicht einmal versucht*, den Behauptungsinhalt sachlich zu widerlegen – prototypisch etwa in den Beiträgen von

---

28 Siehe https://de.wikipedia.org/wiki/QAnon, letzter Abruf am 24.01.2024.
29 Siehe https://nymag.com/intelligencer/2019/07/does-the-jeffrey-epstein-indictment-qanon.html, letzter Abruf am 24.01.2024, sowie https://www.independent.co.uk/news/world/americas/crime/ghislaine-maxwell-conspiracy-theories-b1969153.html, letzter Abruf am 24.01.2024.

Beirich (2021) und Huesmann (2021), aber auch bei Nocun und Lamberty (2021) bleibt dieser Aspekt unberührt.

Ähnliches gilt für eine Reihe weiterer fiktiver Pseudofakten; beispielsweise besitzt die Verschwörungstheorie, derzufolge mit Impfungen versucht würde, Menschen umzubringen und das Bevölkerungswachstum zu kontrollieren, als Anhaltspunkt die Vermutung, dass die CIA 2011 in Pakistan durch ein Impfprogramm versucht hat, Osama Bin Laden durch DNS-Proben seiner Verwandten aufzuspüren (vgl. Kuhrt et al., 2021, S. 117).

2) Post-facto Erklärung durch verborgene Mächte. Dieser Fehlermechanismus liegt allen *Verschwörungstheorien* zugrunde (in Zusammenwirken mit Bestätigungsfehlern und kognitiven Fehlern). Der Fehlermechanismus ist jedoch nicht nur auf Verschwörungstheorien begrenzt, sondern tiefgreifender und auch in der Wissenschafts- und Erkenntnistheorie bekannt. Er beruht darauf, dass durch Postulierung von unbeobachteten und geeignet zurecht konstruierten superstarken ‚Kräften' beliebige Faktenkonstellationen *im Nachhinein* scheinbar ‚erklärt' oder ‚interpretiert' werden können. In religiösen Weltdeutungen werden unvorhergesehene Ereignisse ‚erklärt' bzw. ‚legitimiert', weil ihr Eintreten der Wille von „Göttern" war; in Verschwörungstheorien werden Ereignisse als Ausfluss des Handlungsplans von mächtigen feindlichen Agenten gedeutet. Spekulative Pseudoerklärungen solcher Art wurden von den Menschen seit Urzeiten für anders nicht erklärbare Ereignisse postuliert. Auch in den theoretischen Wissenschaften werden zur Erklärung beobachtbarer Phänomene unbeobachtbare Kräfte angenommen, z. B. die Gravitationskraft zwischen Sonne und den Planeten als Erklärung der elliptischen Planetenbahnen. Doch im Gegensatz zu spekulativen Erklärungen sind wissenschaftliche Erklärungen *unabhängig empirisch bestätigt*, d. h., sie sagen viele unabhängige Fakten korrekt voraus, die nicht zu ihrer Konstruktion benutzt wurden. Dagegen werden spekulative post-facto Erklärungen immer nur im *Nachhinein* gegeben, indem für neue Ereignisse oder für Ereignisse, die der bisherigen Variante der Verschwörungstheorie zuwiderlaufen, weitere Annahmen über den Handlungsplan der verantwortlichen Mächte ad hoc zurechtkonstruiert werden (näheres in Schurz, 2014, Kap. 5.; Schurz, 2021b, Abschn. 14.2). Aktuelle Beispiele gibt es zuhauf; z. B. die Erklärung diverser seltener Beobachtungen durch Ufos, Aliens, Monster, Geister, usw.; antisemitische, antikommunistische oder antiamerikanische Verschwörungstheorien zur Erklärung von Wirtschaftskrisen oder Katastrophen[30], bis hin zu den Verschwörungstheorien im Umfeld von Corona, wie etwa dass die chinesische Regierung, oder alternativ Bill Gates, das Coronavirus in die Welt setzte,

---

30 Vgl. Butter und Knight, 2021, sowie https://de.wikipedia.org/wiki/Verschwörungstheorie, letzter Abruf am 24.01.2024.

um die Weltherrschaft an sich zu reißen, oder dass mit Impfungen versucht wird, Menschen umzubringen und das Bevölkerungswachstum zu kontrollieren (usw.). Die Widerlegung solcher Verschwörungstheorien beruht immer darauf, dass sie einerseits durch keinerlei Fakten unabhängig bestätigt werden und dass andererseits ihre Wahrheit zu gewissen Konsequenzen führen müsste, die de facto nicht beobachtet wurden.

3) Bestätigungsfehler. Darunter sind Behauptungen von empirischen Zusammenhängen zu verstehen, die entweder durch *gar keine* statistische Evidenz gestützt werden, oder aber sie werden nur durch *einseitig-verzerrte* Evidenz gestützt, jedoch durch die statistische Gesamtevidenz klar zurückgewiesen. Beispiele für fehlende Evidenz sind, wie in Abschn. 3.4 erläutert, die Behauptungen von Impfgegnern, dass ein Zusammenhang zwischen Impfungen und Autismus, Krebs, Fehlgeburten oder Erbgutveränderungen bestünde; der behauptete Zusammenhang zwischen Impfungen und Allergien beruht auf einseitiger Evidenz (Kuhrt et al., 2020, S. 138). Beispiele für einseitig-verzerrte Evidenz für das Herunterspielen oder das Übertreiben des Gefahrenpotentials von Covid wurden in Abschn. 4.1 zur Genüge gegeben. Als abschließendes Beispiel sei die fehlerhafte Studie von Ioannidis (2020) erwähnt, auf die sich Corona-Verharmloser gerne berufen (vgl. Lütge und Esfeld, 2021, S. 8; Bahner, 2021, S. 60), und in der die Corona-Todesrate vor der Impfung viel zu tief, nämlich auf 0,2–0,5 % geschätzt wird. In Ioannidis' Studie wird der Mittelwert aus amtlich gemeldeten Daten von arbiträr gewählten verstreuten Regionen gebildet, wobei die Todesraten in mehreren Fällen nachweislich um ein 10faches zu klein angegeben wurden[31].

4) Kognitive Fehlinterpretationen von Fakten. Sie liegen vielen querdenkerischen Argumentationen zugrunde und die Aufklärung über die ihnen zugrundeliegenden *Denkfehler* ist ein weiteres Anliegen, das viel wichtiger ist als Querdenker moralisch zu verurteilen. Hierzu gehört vor alledem die in Abschn. 3.4 erläuterte Verwechslung von statistischen Langzeitfolgen von Impfungen – also Nebenwirkungen, die so selten auftreten, dass erst nach sehr vielen Impfungen eine statistisch signifikante Fallzahl erreicht wird – mit echten physikalischen Langzeitfolgen, die es aller Evidenz nach nicht gibt. Leider wird dies in den Medien viel zu selten erklärt; stattdessen begnügt man sich meist damit, Impfskeptiker als Querdenker zu verurteilen, was jene Gruppen, die man erreichen will, kaum impfwilliger macht. Als ein weiteres Beispiel einer eklatanten kognitiven Fehlinterpretation sei ein Vergleich der Impfgegnerin Bahner (2021) angeführt. Sie vergleicht die empirisch ermittelte Rate von 20 schweren Nebenwirkungen pro 100.000

---

31 Zur Kritik siehe den Beitrag von Joachim Müller-Jung in der FAZ vom 14.04.2021, https://www.faz.net/-gwz-aalcz, letzter Abruf am 24.01.2024.

Covid-Impfungen mit der 7-Tages-Inzidenz im Sommer 2020, nämlich der Rate von Covid-Neuerkrankungen von 40 pro 100.000 Einwohnern. Da von den 40 Neuerkrankungen nur wenige einen schweren Verlauf haben, schlussfolgert Bahner, dass es viel mehr schwere Impfnebenwirkungen als schwere Covid-Verläufe gäbe (Bahner, 2021, S. 152). Dies ist ein abenteuerlicher Unsinn ist, da die 40 Neuerkrankungen ja *jede Woche* auftreten, wogegen man sich nur zweimal im Jahr impft; der Vergleich wäre nur zulässig, wenn sich jeder Mensch jede Woche einmal impfen lassen würde – und dies ist nur ein Beispiel aus dem Fundus von Fehlinterpretationen in Bahner (2021).

Zusammengefasst darf man sich im intellektuellen Kampf gegen Wissenschaftsleugner und Querdenker (beliebigen Geschlechts) keinesfalls darauf beschränken, diese Gruppierungen als irrational abzuwerten, denn damit erreicht man eher das Gegenteil. Es genügt auch nicht, sich aus externalistischer Perspektive (vgl. Grundmann 2020) mit dem Argument zu begnügen, dass Experten mehrheitlich anderer Meinung sind. Man muss auch Sachargumente gegen diese Position liefern, die einfach genug sind, um von Laien verstanden zu werden – und das kann auch gelingen und dann zur Abwerbung ihrer Anhänger führen (vgl. Beirich, 2021, S. 98), wenn man sich nur Mühe gibt.

5 Schlussfolgerung

Wir haben das Für und Wider von staatlich verordneten Schutzmaßnahmen vor den Gefahren der Pandemie aus der Perspektive der Wertneutralität von Faktenwissenschaften und der Rückbindung von Werteabwägungen an Mehrheitsinteressen behandelt. Dies hat uns zu einer vermittelnden Position zwischen nicht notwendigerweise gegensätzlichen Lagern geführt. Einerseits zeigten wir, dass wissenschaftlich gesicherten Evidenzen über die Gefahren von Coviderkrankungen und über die Kosten von Schutzmaßnahmen eine unerlässliche Voraussetzung für eine korrekte *hypothetische* Werteentscheidung sind, die Experten als Mittelempfehlung an die Bevölkerung bzw. ihre politischen Repräsentanten weitergeben. Andererseits betonten wir, dass die *kategorische* Werteentscheidung nicht schon aus wissenschaftlichen Fachurteilen folgt, sondern durch einen politischen Willensbildungsprozess zu treffen ist, der den Interessen aller Bürger so gut wie möglich gerecht wird. In Bezug auf Lockdowns führte uns dies zum Schluss, dass rigide Kontaktsperren im Regelfall unverhältnismäßig sind, auch wenn damit die Raten von Viruserkrankungen gesenkt werden können, weil die damit verbundenen Kosten für 100 % der Bevölkerung zu hoch sind. Umgekehrt führte uns die evidenzbasierte Analyse in Bezug auf die Impfungsfrage zum Schluss, dass der Impfschutz trotz möglicher seltener Nebenwirkungen den *bei weitem* besten Gesundheitsschutz in der Corona-Pandemie darstellt, verglichen zu den Risiken einer Covid-Infektion.

Im letzten Abschnitt analysierten wir drei typische außerepistemische Motive und vier charakteristische epistemische Fehlermechanismen von Wissenschaftsleugnern und Querdenkern (beliebigen Geschlechts). Unter den außerepistemischen Motiven führten wir neben unbegründeter Angst auch die zunehmende Abkapselung der nichtakademisch-konservativen Schicht von der politisch links stehenden akademischen Elite an. Der für Verschwörungstheorien wesentliche kognitiven Fehlermechanismus ist, neben Bestätigungsfehlern und kognitiven Fehlern, die post-facto Erklärung von Ereignissen durch postulierte verborgene Mächte oder feindlichen Agenten, die im Nachhinein beliebig zurechtkonstruiert werden. Wir betonten, dass Wissenschaftsleugner und Querdenker (beliebigen Geschlechts), und auch QAnon-Anhänger oder andere fakten-‚Fingierer' – jedenfalls solange sie sich nicht menschenverachtend oder gewaltbefürwortend äußern – primär eine sachliche und respektvolle Kritik verdienen, und nur anschließend im hypothetisch-abgeleiteten Sinn eine wertende Kritik.

Ausblickend sollten wir uns mit der Vorstellung vertraut machen, dass die Zunahme von Virenepidemien ein durch die Zunahme von Bevölkerung und internationaler Vernetzung unvermeidliches Schicksal ist, mit dem die Menschheit in der Zukunft leben muss, und dass die Sterberisiken von sehr alten Menschen mit schwachem Immunsystem leider wieder nach oben klettern lässt. Wir müssen uns mit dem Virus arrangieren lernen, was bedeutet, eine möglichst vollständige Durchimpfung der Bevölkerung zu erreichen und mit den zwischenzeitlich unvermeidlich ansteigenden Erkrankungs- und Todeszahlen verantwortungsvoll, aber panikfrei umzugehen. In dieser Situation ist die Entstehung der ansteckenderen und milderen Omikron-Variante eine eher positive Entwicklung. Was dagegen negativ zu Buche schlägt, ist die Rolle von angstmachenden Medienberichten, auch wenn kein erhöhter Anlass zur Sorge besteht, da sich auf diese Weise die höchsten Einschalt- und Anklickquoten erzielen lassen. Auf diese Weise werden Menschen, statt informiert und aufgeklärt, zunehmend verunsichert, flüchten sich in irrationale Oppositionsblasen oder lassen sich populistisch gegeneinander aufhetzen. In diesen schwierigen Zeiten sollten Wissenschaftler und Experten (beliebigen Geschlechts), statt sich selbst in ideologische Grabenkämpfe zu verwickeln und diese eventuell auch noch als Sachdiskussionen zu verkleiden, sich verstärkt auf ihre Rolle der eingangs beschriebenen sachlichen Objektivität besinnen, um das Vertrauen und die Sympathie möglichst breiter Bevölkerungsschichten aufrecht zu erhalten.

Literatur

Albert, H., und Topitsch, E. (Hg.) (1971). *Werturteilsstreit*. Wissenschaftliche Buchgesellschaft.
Bahner, B. (2021). *Corona-Impfung. Was Ärzte und Patienten unbedingt wissen sollten*. Rubikon Verlag.
Beirich, H. (2021). „Abstrus, aber brandgefährlich." In: Kleffner und Meissner (Hg.), 2021, S. 89–99.
Bicchieri, C. et al. (2021). „In Science we (should) trust: expectations and compliance during the COVID-19 pandemic." *PLoS ONE* 16 (6), e0252892. https://doi.org/10.1371/journal.pone.0252892.
Birnbacher, D. (2021). „Triage-Entscheidungen im Kontext der Corona-Pandemie – die Sicht eines Ethikers." In: T. Hörnle, S. Huster und R. Poscher (Hg.), *Triage in der Pandemie*. Mohr Siebeck Verlag, S. 189–220.
Bogner, A. (2021). *Die Epistemisierung des Politischen. Wie die Macht des Wissens die Demokratie gefährdet*. Reclam.
Brauner, J. M. et al. (2020). „The effectiveness of eight non-pharmaceutical interventions against Covid-19 in 41 countries." *Science* 371, issue 6531. https://doi.org/10.1126/science.abd9338.
Butter, M., und Knight, P. (Hg.) (2021). *Routledge Handbook of Conspiracy Theories*. Taylor and Francis.
Dorn, Florian et al. (2020). „Volkswirtschaftliche Kosten des Corona-Shutdown. Eine Szenarienrechnung." *ifo Schnelldienst* 73 (4). https://www.ifo.de/publikationen/2020/aufsatz-zeitschrift/die-volkswirtschaftlichen-kosten-des-corona-shutdown, letzter Abruf am 24.01.2024.
Fangerau, H., und Labisch, A. (2020). *Pest und Corona*. Herder.
Fücks, R. (2021). „Generalmißtrauen in die demokratischen Institutionen." In: Kleffner und Meissner (Hg.), 2021, S. 286–291.
Grundmann, Th. (2020). „Wer verdient Vertrauen." *FAZ* online, zuletzt aktualisiert am 03.04.2020. https://www.faz.net/-ivn-9y4p9.
Hare, R. (1952). *The Language of Morals*. Oxford University Press.
Haug, N. et al. (2020). „Ranking the effectiveness of worldwide Covid-10 government interventions." *Nature Human Behaviour* 4, S. 1303–1312. https://doi.org/10.1038/s41562-020-01009-0.
Huesmann, F. (2021). „Der QAnon-Boon." In: Kleffner und Meissner (Hg.), 2021, S. 109–116.
Hume, D. (1739/40). *A Treatise of Human Nature, Vol. II, Book III: Of Morals*. Dover Pub., Mineola 2004. www.gutenberg.org/ebooks/4705, letzter Abruf am 24.01.2024.
Ioannidis, J. P. A. (2020). „Infection fatality rate of SARS-CoV-2." *Bulletin of the World Health Organization* 99, S. 19–33F. http://dx.doi.org/10.2471/BLT.20.265892.
Jaster, R., und Lanius, D. (2019). *Die Wahrheit schafft sich ab. Wie Fake News Politik machen*. Reclam (2. Aufl.).
Keil, G., und Jaster, R. (Hg.) (2021). *Nachdenken über Corona: Philosophische Essays über die Pandemie und ihre Folgen*. Stuttgart.
Kuhrt, N., Oude-Aost, J., und Betsch, C. (2021). *Fakten-Check Impfen*. Gräfe und Unzer Verlag,.
Lütge, Chr., und Esfeld, M. (2021). *Und die Freiheit? Wie die Corona-Politik und der Missbrauch der Wissenschaft unsere offene Gesellschaft bedrohen*. Riva Verlag.
Maier-Borst, H. (2020). „Was Studien über die Wirksamkeit von Corona-Maßnahmen verraten." *Corona-Blog von rbb|24* (multimediales Nachrichtenportal für Berlin und Brandenburg). https://www.rbb24.de/panorama/thema/2020/coronavirus/beitraege_neu/2020/10/massnahmen-eindaemmung-studien.html, letzter Abruf am 24.01.2024.
Moore, G. E. (1903). *Principia Ethica*. Cambridge University Press.
Nocun, K., und Lamberty, P. (2021). *True Facts. Was gegen Verschwöungstheorien wirklich hilft*. Quadrig Verlag.
Piatelli-Palmarini, M. (1997). *Die Illusion zu wissen*. Rowohlt.

Pigden, C. R. (1989). „Logic and the Autonomy of Ethic." *Australasian Journal of Philosophy* 67 (2), S. 127–151. https://doi.org/10.1080/00048408912343731.
Putnam, H. (2002). *The Collapse of the Fact/Value Dichotomy.* Harvard University Press.
Salfellner, H. (2020). *Die Spanische Grippe.* 2. Aufl., Vitalis Verlag.
Schurz, G. (1997). *The Is-Ought Problem. An Investigation in Philosophical Logic.* Kluwer.
Schurz, G. (2011). *Evolution in Natur und Kultur. Eine Einführung in die verallgemeinerte Evolutionstheorie.* Spektrum Akademischer Verlag.
Schurz, G. (2013). „Wertneutralität und hypothetische Werturteile in den Wissenschaften." In: Schurz und Carrier (Hg.), 2013, S. 305–334.
Schurz, G. (2014). *Einführung in die Wissenschaftstheorie.* 4. Aufl., Wissenschaftliche Buchgesellschaft.
Schurz, G. (2021a). „Sicherheit auf Kosten von Freiheit und Lebensqualität? Ein Beitrag zur Coronakrise." *Präfaktisch – ein* Philosophieblog, Beitrag vom 05.02.2021. https://praefaktisch.de/covid-19/sicherheit-auf-kosten-von-freiheit-und-lebensqualitaet, letzter Abruf am 24.01.2024.
Schurz, G. (2021b). *Erkenntnistheorie. Eine Einführung.* J.B. Metzler Lehrbuch (Springer Nature).
Schurz, G. (2023). „Zwischen Fakten und Werten: Zur Rolle von Experten im Umgang mit Pandemien." In: R. Hauswald und P. Schmechting (Hg.), *Wissensproduktion und Wissensvermittlung unter erschwerten Bedingungen.* Karl Alber Verlag, S. 149–185. https://doi.org/10.5771/9783495998052-149.
Schurz, G., und Carrier, M. (Hg.) (2013). *Werte in den Wissenschaften. Neue Ansätze zum Werturteilsstreit.* Suhrkamp (stw 2062).
Tiefenbacher, A. (2021). „Das Prinzip der Freiwilligkeit belohnt die Falschen." In: Keil und Jaster (Hg.), 2021, S. 110–120.
Weber, M. (1917). „Der Sinn der ‚Wertfreiheit' in den soziologischen und ökonomischen Wissenschaften." In: M. Weber, *Gesammelte Aufsätze zur Wissenschaftslehre* (hg. v. J. Winckelmann, J.C.B. Mohr, 3. Aufl. 1968), Kap. X.
Wiesing, U. et al. (2021). „Wissenschaftliche (Politik-)Beratung in Zeiten von Corona: Die Stellungnahmen der Leopoldina zur Covid-19-Pandemie." *ethik und gesellschaft* (Ökumenische Zeitschrift für Sozialethik). https://doi.org/10.18156/eug-1-2021-858.

Julia Mirkin
Zur Rolle des Vertrauens in der Leugnung wissenschaftlicher Erkenntnis

Abstract: In the recent debate on science denialism there has been a strong emphasis on the creation of doubt and distrust towards scientific knowledge. However, little consideration was given to the fact that in order to create doubt and mistrust towards researchers and their results the very same actors simultaneously work on establishing trust according to their positions, respectively instrumentalizing established public trust in science. In this article four strategies are identified, that, being based on existing public trust in science, are applied by science deniers to discredit parts of science and to accredit their own theses. This inquiry of the trust dynamic in the context of science denialism both can contribute to our understanding of the publics perception of scientists as trustworthy and be employed to find a more thorough and competent approach towards the deliberate influence on the trust dynamic between science, society and science deniers.

1 Einleitung

Vertrauen kommt eine essentielle Rolle in der Suche nach wissenschaftlicher Erkenntnis und ihrer praktischen Umsetzung zu. Vertrauen ist essentiell für die erfolgreiche Umsetzung des kollektiven epistemischen Unterfangens Wissenschaft, da Forschende in ihrer täglichen Praxis auf das Wissen von anderen Forschenden mit anderer Spezialisierung und Expertise angewiesen sind. Vertrauen ist essentiell, weil Laien und Forschende gegenseitig voneinander abhängig sind. Laien sind auf das von Forschenden bereitgestellte Wissen angewiesen, wenn sie eine persönliche Haltung zu wissenschaftsbezogenen Fragen entwickeln und Entscheidungen über Handlungsalternativen treffen wollen. Forschende sind hingegen auf die stillschweigende oder ausdrückliche Zustimmung angewiesen, die der öffentlichen Finanzierung der Forschung zugrunde liegt und die nicht gegeben wäre, wenn die Bevölkerung den Forschenden misstrauen würde. Ob Forschenden und ihren Empfehlungen vertraut wird, ist spätestens seit dem der Erfolg der Eindämmung der COVID-19-Pandemie vom Vertrauen der Öffentlichkeit in Forschende und ihre Empfehlungen abhing, einer bereiteren Öffentlichkeit deutlich geworden. Nicht nur die Relevanz von Vertrauen in Wissenschaft ist offensichtlich geworden, sondern auch die Schäden der Ablehnung und Leugnung wissenschaftlicher Erkenntnisse.

∂ Open Access. © 2024 bei den Autorinnen und Autoren, publiziert von De Gruyter. [(cc) BY] Dieses Werk ist lizenziert unter einer Creative Commons Namensnennung 4.0 International Lizenz.
https://doi.org/10.1515/9783110788341-004

In der philosophischen Debatte um Pseudowissenschaften wird Wissenschaftsleugnung als ein Teil der Pseudowissenschaften aufgefasst (Hansson, 2017). Wissenschaftsleugnende, wie z. B. HIV-/AIDSleugner oder Leugner des anthropogenen Klimawandels zeichnen sich durch ihre ablehnende Haltung gegenüber der Wissenschaft aus. Im Gegensatz zu Vertretern deklarativer Pseudowissenschaften ist für sie die Ablehnung wissenschaftlicher Erkenntnisse der alleinige Zweck. Was beutetet diese Dichotomie hinsichtlich der Haltung gegenüber der Wissenschaft für die Vertrauensdynamik zwischen Öffentlichkeit, Wissenschaft und Wissenschaftsleugnern?

Ausgangspunkt für diese Untersuchung soll die Frage danach sein, wie sich Vertrauen, genauer gesagt epistemisches Vertrauen, konzeptualisieren lässt, um anschließend die Rolle von Vertrauen innerhalb der Wissenschaft zu beleuchten. Würde es nicht ausreichen, sich alleine auf die epistemische Integrität von Forschenden zu verlassen, oder ist es darüber hinaus nötig sich ebenfalls auf ihre moralische Integrität zu verlassen? Ausgehend von der Konzeptualisierung epistemischen Vertrauens in die und innerhalb der Wissenschaft, sollen Gründe für gesellschaftliches Misstrauen rekonstruiert werden. Diese Fragen sollen in den Abschnitten zur aktuellen philosophischen Debatte zu Vertrauen und Misstrauen adressiert werden (Abschnitt 2).

Im darauffolgenden Abschnitt soll die Rolle von Vertrauen und Misstrauen in der Leugnung wissenschaftlicher Erkenntnis untersucht werden (Abschnitt 3). Dabei möchte ich ausgehend von dem Fallbeispiel der Leugnung des karzinogenen Effekts des Rauchens durch die Tabak-Industrie Muster der Beeinflussung der Vertrauensdynamik bei der Leugnung wissenschaftlicher Erkenntnis rekonstruieren. Es zeigt sich, dass Wissenschaftsleugner nicht nur aktiv daran arbeiten Wissenschaft zu diskreditieren – Misstrauen zu erzeugen – sie sind hierfür auch darauf angewiesen Vertrauen in die eigens etablierten alternativen Strukturen und Akteure zu schaffen, also personelle und institutionelle Informationsquellen als epistemisch reliabel zu akkreditieren. Diese Erkenntnis trägt zu einer differenzierteren Betrachtung von Wissenschaftsleugnung als Teil von Pseudowissenschaften bei, welche wiederum für einen eingehenderen und souveräneren Umgang mit der Leugnung wissenschaftlicher Erkenntnis genutzt werden kann und sich dadurch die Chance bietet Wissenschaftskommunikation zu verbessern. Dies betrifft sowohl die Kommunikation zwischen Forschenden selbst, als auch diejenige innerhalb einer breiteren Berichterstattung und Debatte.

2 Aktuelle philosophische Debatte zu Vertrauen und Misstrauen

Es herrscht Konsens darüber, dass Vertrauen außerhalb und innerhalb der Wissenschaft eine zentrale Bedeutung zukommt. Darüber, was Vertrauen ausmacht, gibt es jedoch keinen Konsens. Unbestritten ist hingegen, wie auch eine zunehmend disziplinübergreifende Debatte zeigt, dass Vertrauen komplex und multifaktoriell ist.

2.1 Vertrauen

In der Debatte um den Vertrauensbegriff wird Vertrauen üblicherweise als dreistellige Relation zwischen dem Vertrauenden bzw. dem Treugeber (truster) (A), dem Treuhänder (trustee) (B) und dem Vertrauensobjekt (object of trust) (x) konzeptualisiert: A vertraut B hinsichtlich x (Baier, 1986, S. 236; Hardin, 2002, S. 9). Das Vertrauensobjekt x kann dabei, je nach Kontext, eine Handlung, ein Sachverhalt oder eine Behauptung sein. Ausgehend von Baier (1986) hat sich außerdem die Differenzierung zwischen „Vertrauen" und „sich Verlassen" (reliance) etabliert. Während der Akt des Vertrauens notwendigerweise den des sich Verlassens involviert, ist dies andersherum nicht der Fall. Vertrauen gilt also als eine spezielle Form des sich Verlassens. Hardin (2002, S. 5) hat zur Verdeutlichung dieser Differenzierung ein vielleicht gar nicht so unrealistisches Beispiel angeführt: Stellen Sie sich vor, dass die Nachbarn von Immanuel Kant *sich* darauf *verlassen*, dass dieser seinen Morgenspaziergang pünktlich erledigt, um ihren eigenen Zeitplan in Anlehnung daran festzulegen. Davon zu sprechen, dass sie ihm *vertrauen*, wäre jedoch unangemessen, da dies voraussetzen würde, dass Kant sich um die Interessen seiner Nachbarn kümmerte.

Für die Differenzierung der beiden Begriffe bedeutet dies, dass, wenn A sich auf B verlässt x zu tun, A die Annahme, dass B x tut, lediglich in die eigenen Entscheidungen einbezieht. Wenn A jedoch darauf vertraut, dass B x tut, dann beinhaltet dies, nach Baier, mehr. Und dieses „mehr" besteht darin, dass sich A nicht allein darauf verlässt, dass B x tun will, sondern zusätzlich darauf, dass eines der Motive von B dafür, x zu tun, ist, dass sie A's Interessen berücksichtigt. Mit Baier gesprochen: A verlässt sich auf B's *guten Willen* ihm gegenüber. Das Verlassen auf den guten Willen von B führt dazu, dass wenn B nicht der erwarteten Handlung x nachgeht, man davon spricht, dass das Vertrauen von A betrogen wurde, während, wenn A sich lediglich auf B verlassen hätte, A nur enttäuscht wäre. Das Risiko dem man sich aussetzt, wenn man jemandem vertraut, wenn man sich also auf den guten Willen des anderen verlässt, fasst Baier selbst wie folgt zusammen:

> Where one depends on another's good will, one is necessarily vulnerable to the limits of that good will. One leaves others an opportunity to harm one when one trusts, and also shows one's confidence that they will not take it [. . .] Trust then, on this first approximation, is accepted vulnerability to another's possible but not expected ill will (or lack of good will) toward one. (Baier, 1986, S. 235)

Ausgehend von dieser Verletzlichkeit, die mit dem Vertrauen einhergeht, ergänzt Karen Jones (1996), dass es sich beim Vertrauen um eine „optimistische Einstellung" handle. Der Vertrauende weiß um seine Verletzlichkeit, geht davon aus, dass die Person, der sein Vertrauen zukommt, ebenfalls um diese weiß, und ist dennoch optimistisch, dass sie ihm nicht schaden oder diesen Moment der Verwundbarkeit ausnutzen wird.

Wenn ich z. B. meine Nachbarin darum bitte, sich in meiner Abwesenheit um meine Zimmerpflanzen zu kümmern, so verlasse ich mich darauf, dass sie dies entsprechend unserer Abmachung erledigt. Da ich selbst nicht vor Ort bin, um mich zu vergewissern, dass sie meiner Bitte nachkommt, bin ich darauf angewiesen, dass ihr etwas an mir und meinem Wunsch nach gut gedeihenden Zimmerpflanzen liegt. Ich verlasse mich also auf ihren guten Willen mir gegenüber und mache mich gleichzeitig dadurch verletzlich, dass ich ihr mit meiner Bitte die Möglichkeit eröffne, dieser nicht nachzukommen. Käme sie ihrem Versprechen nicht nach, würde ich mich aufgrund der Schäden an meinen Zimmerpflanzen, aber noch viel mehr wegen ihres Wortbruchs mir gegenüber verletzt bzw. betrogen fühlen[1].

Wenn man jedoch jemandem vertraut, so verlässt man sich dabei nicht nur auf den guten Willen der Person einem selbst gegenüber, sondern auch darauf, dass diese Person dazu in der Lage ist, dasjenige, womit man ihr vertraut, entsprechend umzusetzen. In dem Beispiel der Nachbarin, die ich mit der Pflege meiner Zimmerpflanzen betraue, würde ich mich zusätzlich zu ihrem guten Willen mir gegenüber darauf verlassen, dass sie auch weiß wie man sich richtig um meine Zimmerpflanzen kümmert – welche Pflanze wie oft und wie viel Wasser benötigt,

---

[1] Das Gefühl der Verletzlichkeit bzw. des sich betrogen Fühlens bezieht sich auf die andere Person, könnte sich aber eine emotionale Reaktion mir selbst gegenüber zur Folge haben. Dies könnte bspw. Ärger über das eigene Urteil sein, der wiederum zu einem erschütterten Selbstvertrauen hinsichtlich der eigenen Urteilsfähigkeit führen könnte. Was wiederum die Frage aufwirft, ob ein gewisses Maß an Selbstvertrauen eine Voraussetzung für Vertrauen gegenüber anderen ist. Wenn ja, ließe sich ein Zusammenhang zwischen Selbstvertrauen und Vertrauen in andere feststellen?

wie man Staunässe vermeidet, etc. Das Verlassen auf die *Kompetenz* der anderen Person ist daher eine weitere Bedingung für Vertrauen.

Da es sich bei Vertrauen um eine risikoreiche Angelegenheit handelt, vertraut man nur denjenigen, die man als *vertrauenswürdig* erachtet. Als vertrauenswürdig gilt die Person, von der angenommen wird, die für die jeweilige Aufgabe erforderlichen Eigenschaften aufzuweisen, wie bspw. einen guten Willen gegenüber der vertrauenden Person (Baier, 1986; Jones, 1996), und die nötige Kompetenz, um die erwartete Aufgabe entsprechend zu erfüllen (Hardin, 2002).

2.2 Vertrauen in die Wissenschaft

Wie lassen sich diese Überlegungen zur Ontologie des Vertrauens nun auf den Kontext des Vertrauens in die Wissenschaft[2] übertragen? Viele Autoren, die sich mit Vertrauen in die Wissenschaft beschäftigen, präzisieren die Art des Vertrauens in diesem Kontext und sprechen von „epistemischem Vertrauen" (Hardwig, 1991; Wilholt, 2013; Rolin, 2020). Vertrauen gilt demnach als epistemisch, wenn es eine epistemische Rechtfertigung für die eigenen Überzeugungen liefert. Dabei findet sich die Verbindung zwischen Bedingungen für Vertrauen und Vertrauenswürdigkeit in den verschiedenen Konzeptualisierungen von epistemischem Vertrauen wieder.

So schreibt Hardwig (1991), dass epistemisches Vertrauen dann vorläge, wenn A eine Behauptung p glaubt aufgrund des Zeugnisses von B. Also: (1) B weiß, dass p, und (2) B teilt dies A wahrheitsgemäß mit und 3) A hat gute Gründe zu glauben, dass die beiden vormals genannten Bedingungen (1) und (2) erfüllt sind[3]. So sprechen wir dann von epistemischem Vertrauen, wenn B über Evidenz für p verfügt und A sich in der Frage, ob er p glauben soll eher auf B als auf sich selbst verlässt oder viel Zeit und Mühe darin investieren müsste, die Evidenz über die B verfügt, nachzuvollziehen. Damit liegt also eine epistemische Abhängigkeitsbeziehung vor. Wenn es jedoch der Fall ist, dass A p unabhängig von B glaubt oder sich nicht für p interessiert und daher in einem Zustand der Unwissenheit bzgl. p bleiben möchte, besteht keine epistemische Vertrauensbeziehung zwischen A und B. Irzik und Kur-

---

2 Mit „Wissenschaft" sind hier nicht alleine eine Menge von Propositionen und Theorien gemeint, sondern genauso die Produkte der Wissenschaft wie bspw. Impfungen. Gemeint sind ebenfalls die, teilweise damit verbundenen, Empfehlungen an Politik und Öffentlichkeit, wie bspw. zur Gestaltung von Impfkampagnen.
3 Was bei Hardwigs Ausführungen zu epistemischem Vertrauen offen bleibt ist, ob Vertrauen selbst der gute Grund dafür ist, etwas zu glauben, oder ob Vertrauen darin besteht (andere) gute Gründe zu haben (siehe Kaminski, 2017).

tumulus kommen nach dem Vergleich verschiedener Konzeptionen von epistemischem Vertrauen zu folgender Definition von epistemischem Vertrauen: „Epistemic trust is about taking someone's testimony that P as a reason to believe that P on the assumption that she is in a position to know whether P and will express her belief truthfully." (2019, S. 1148).

A können dabei sowohl Forschende aus dem eigenen Fachbereich als auch Laien sein. Bei B kann es sich zum einen um individuelle Forschende handeln, Forschungsgruppen, Forschungsgemeinschaften oder Institutionen. Dabei sei zu beachten, dass je nachdem, ob es sich um individuelle Forschende oder Forschungsgruppen bzw. -gemeinschaften handelt, es verschiedene epistemische und soziale Praktiken dafür geben kann, sich vertrauenswürdig zu verhalten. Es kann aber auch sein, dass Forschende Laien vertrauen müssen, wie bspw. im Kontext klinischer Studien, in denen Forschende den teilnehmenden Patienten hinsichtlich ihrer Selbstauskunft vertrauen. Das Vertrauensobjekt x besteht in der Angabe einer epistemischen Rechtfertigung (p) bzw. Informationen darüber, wieso eine Annahme zu akzeptieren oder abzulehnen ist. Beispiele für Vertrauensbeziehungen sind der folgenden Tabelle zu entnehmen (Tab. 1).

Tab. 1: Beispiele für Vertrauensbeziehungen bei Vertrauen in die und innerhalb der Wissenschaft.

	A (Vertrauender)	B (Treuhänder)	x (Vertrauensobjekt)
Onkologe entscheidet sich gegen die Empfehlung eines neuen zytostatischen Medikaments aufgrund des beschriebenen Risikos von Nebenwirkungen.	Forscher 1 aus dem Fachbereich Onkologie	Forscher 2 aus dem Fachbereich Onkologie	Forschungsergebnisse zu Nebenwirkungen eines neuen zytostatischen Medikaments
Frau M entscheidet sich dazu sich gegen den Corona-Virus impfen zu lassen, nachdem sie Interviews von Christian Drosten gelesen und die Empfehlungen des Robert-Koch-Instituts auf einer Pressekonferenz gehört hat.	Laie	Individueller Forscher und Forschungsinstitution	Information über Sicherheit und Wirksamkeit der verfügbaren SARS-CoV-2-Impfstoffe
In einer klinischen Studie vertraut die Forscherin auf die Selbstauskunft des Studienteilnehmers.	Forscherin	Laie	Informationen über wahrgenommene Effekte des verabreichten Medikaments

2.3 Vertrauenswürdigkeit in der Wissenschaft

Wie oben erwähnt, verlässt sich der Vertrauende auf die Kompetenz derjenigen, denen er vertraut, und den guten Willen ihm gegenüber. In einer epistemischen Vertrauensbeziehung ist die Bedingung der Kompetenz zunächst dann erfüllt, wenn B dazu in der Lage ist zu wissen, worin gute Gründe dafür bestehen, p zu glauben (Hardwig, 1991, S. 700). „Gute Gründe" im wissenschaftlichen Kontext bedeutet, dass p Ergebnis eines verlässlichen Forschungsprozesses ist. Also eines solchen Forschungsprozesses in dem die methodologischen Standards der jeweiligen Disziplin eingehalten wurden. An dieser Stelle sei erwähnt, dass die Beurteilung der Kompetenz eines Forschenden aufgrund seines bzw. ihres Einhaltens von methodologischen Standards voraussetzt, dass man selbst diese Standards kennt und ihre Relevanz im Hinblick auf die epistemische Integrität des Forschungsprozesses und seiner Ergebnisse beurteilen kann – dass man also über Expertise auf dem jeweiligen Forschungsgebiet verfügt (Scholz, 2018, S. 32). Obwohl es auch Kontexte gibt, in denen Laien über die nötige Expertise verfügen, um zu beurteilen, ob p aus guten Gründen geglaubt wird, ist es in den meisten Fällen des gesellschaftlichen Vertrauens in die Wissenschaft doch so, dass weite Teile der Gesellschaft keinen Zugang zu diesen Gründen erster Ordnung haben (Irzik und Kurtulmus, 2019, S. 1151).

Fehlt der Zugang zu Gründen erster Ordnung, so können Mitglieder der Gesellschaft die Vertrauenswürdigkeit eines Forschenden unter Rückgriff auf Gründe zweiter Ordnung einschätzen. Um die Kompetenz eines Forschenden zu beurteilen, können sich Laien an den Kriterien zur Bewertung der wissenschaftlichen Reputation orientieren, also z. B. ob die Forschende einen Bachelor-Abschluss bis hin zu einer Habilitation auf dem betreffenden Gebiet vorweisen kann, ob ihre Forschung von anderen Wissenschaftlern auf dem Gebiet anerkannt wird, was bspw. durch die Berufung in nationale Akademien oder die Verleihung von Preisen für ihre Forschungsleistung zum Ausdruck gebracht wird (ebd.). Wenn wir also jemanden für epistemisch vertrauenswürdig halten, so Hawley (2017, S. 73–74), gehen wir nicht davon aus, dass diese Person allwissend ist und uns Informationen aus sämtlichen Gebieten liefern kann. Vielmehr sollte epistemische Vertrauenswürdigkeit so aufgefasst werden, dass eine vertrauenswürdige Person dazu in der Lage ist, ihre eigene Kompetenz einzuschätzen, sodass sie sich als Forschende nur auf dem Gebiet äußert, auf dem sie über Kompetenz verfügt.

Damit man von einer Vertrauensbeziehung sprechen kann, muss neben der Bedingung für die Kompetenz, ebenfalls die für den guten Willen erfüllt sein. Ausgehend von Hardwigs Ansatz beweist B, im Kontext einer epistemischen Vertrauensbeziehung, ihren guten Willen A gegenüber, wenn B ihre Gründe p zu glauben an A kommuniziert. Dabei sollte relativ zur Kommunikationsform auf eine ehrliche Kommunikation geachtet werden, in der p so genau und vollständig wie möglich kommuniziert wird. Dies sollte in Fachpublikationen, die vornehmlich an die eigenen Fachkollegen gerichtet sind, anders umgesetzt werden, als bspw. in einem Fernsehbeitrag, der Laien adressiert. Da A sich in einer epistemischen Abhängigkeit gegenüber B befindet, ist er auf diese ehrliche Kommunikation angewiesen und verlässt sich darauf, dass B dies aus dem Bewusstsein dieser Abhängigkeit heraus tut – er verlässt sich also auf B's guten Willen ihm gegenüber. Sollte B dem nicht nachkommen, würde A sich entsprechend betrogen fühlen. Eine ehrliche Kommunikation kann auch darin bestehen, die Grenzen der eigenen Kompetenz transparent zu machen und darauf hinzuweisen, wenn eine Frage aus der Öffentlichkeit diese übersteigt. Gründe zweiter Ordnung für das Verlassen auf die Ehrlichkeit von Forschenden wären bspw. das Vorliegen oder Fehlen von Interessenkonflikten seitens der Forschenden, Evidenz für wissenschaftliches Fehlverhalten in der Vergangenheit (z. B. Fälschen oder Fabrizieren von Daten, Plagiarismus, Datenunterdrückung), absichtliche Falschdarstellung von Aussagen von anderen Forschenden (ebd.). Auch die Existenz von öffentlichen Beiträgen, innerhalb derer die Forschende bewusst Abstand davon genommen hat, sich zu Themen außerhalb ihres Forschungsbereichs zu äußern, kann ein Hinweis auf ihre Vertrauenswürdigkeit darstellen.

Es lässt sich also festhalten, dass das eigene Wissen über die Welt, dass man aufgrund des Vertrauens in das Zeugnis anderer hat, nicht alleine von der Kompetenz der Quellen für dieses Wissen abhängt, sondern auch von der Ehrlichkeit dieser Quellen. Daher kommt es nicht allein auf die epistemische Integrität unserer Quellen an, sondern auch auf ihre moralische Integrität (Hardwig, 1991, S. 700). Dies gilt sowohl für epistemische Vertrauensbeziehungen zwischen Forschenden und Laien als auch für Forschende aus demselben Fachbereich. Anders ließe sich die arbeitsteilige Organisation von Wissenschaft, wie sie gegenwärtig betrieben wird, nicht umsetzen. Individuelle Forschende müssen sich auf die Ergebnisse ihrer Kolleginnen soweit verlassen können, dass sie mit ihnen arbeiten können, als seien es ihre eigenen. Dies wäre ohne eine ehrliche Kommunikation dieser Forschungsergebnisse nicht umsetzbar.

2.4 Moralische Integrität von Forschenden als Teil epistemischen Vertrauens

Aus der eben dargestellten Vertrauensbeziehung zwischen Forschenden untereinander und Laien wird deutlich, dass aufgrund des Verlassens auf den guten Willen Werturteile von individuellen Forschenden eine große Rolle spielen, wessen Zeugnis Forschende und Laien vertrauen. Werturteile haben also einen Einfluss auf das Wissen, welches man aufgrund des Vertrauens in das Zeugnis anderer hat. Eine

Konsequenz die angesichts der Auffassung von Wertneutralität in der Forschung kontraintuitiv erscheinen mag. Daher ist es nicht verwunderlich, dass es eine Auseinandersetzung mit der Frage gibt, inwiefern Vertrauen innerhalb der Wissenschaft eine Rolle spielt und ob die Beziehung zwischen Forschenden untereinander und Laien auch ohne das Verlassen auf den guten Willen auskäme (Blais, 1987, S. 370; Koskinen, 2020, S. 1193). Im Kern dieser Diskussion steht die These, dass innerhalb der Wissenschaft bzw. zwischen Wissenschaft und Gesellschaft lediglich eine Verlassensbeziehung besteht, anstatt einer Vertrauensbeziehung, die mit der Erwartung einhergeht, man teile gewisse Werturteile und richte sein Handeln danach aus.

Vertritt man die Auffassung, dass Laien sich auf Forschende verlassen, so argumentiert man dafür, dass sie dem Zeugnis von Forschenden, dass p, nur glauben, weil sie sich auf die Kompetenz der Forschenden verlassen. Man würde sich also alleine darauf verlassen, dass Forschende die methodologischen Standards ihrer Disziplin einhalten, darüber hinaus aber nicht annehmen, dass man dieselben Werte teilt. Es würde demnach reichen, anzunehmen, dass Forschende sich aus Eigeninteresse zuverlässig verhalten würden. Nicht weil sie, mit Baier gesprochen, einen guten Willen den Vertrauenden gegenüber haben und ihre Interessen berücksichtigen, sondern weil sie bspw. aufgrund der Organisation von Wissenschaft Anreize dafür haben, sich verlässlich zu verhalten. Wissenschaftliches Fehlverhalten würde demnach durch Strukturen der Selbstkorrektur, wie dem Peer-Review-Prozess oder dem Replizieren von Studien, entdeckt werden. Forschende würden sich aus dem *Eigeninteresse* heraus, den damit verbundenen Sanktionen zu entgehen, verlässlich verhalten. An dieser Stelle seien zwei Argumente gegen diese Auffassung angeführt.

Hardwig (1991, S. 707) sieht die Etablierung von institutionellen Kontrollmechanismen, die jegliche Art von Fehlverhalten aufdecken würden als sehr unwahrscheinlich an und bezweifelt folglich auch die Möglichkeit, dass die Verlässlichkeit von wissenschaftlichen Ergebnissen von der moralischen Integrität von Forschenden entkoppelt werden kann. Er führt zum einen rein praktische Hindernisse an, etwa dass es handwerklich sehr gut durchgeführte Datenfälschungen geben kann, die sehr schwer aufzudecken sind. Zum anderen verweist er darauf, dass selbst wenn es so strenge Kontrollmechanismen innerhalb der Forschungsgemeinschaft gäbe, man wiederum der moralischen Integrität der Kontrollinstanz vertrauen müsste. Somit wäre das sich Verlassen auf die moralische Integrität von Beteiligten am wissenschaftlichen Unterfangen nach wie vor Teil dieses Unterfangens, käme nur an anderer Stelle zum Tragen.

Wilholt (2013, S. 16–18) ergänzt, dass es in einem Forschungsprozess, der auf Arbeitsteilung und Kooperation basiert, nicht ausreicht, sich allein darauf zu verlassen, dass Forschende methodologische Standards ihrer Disziplin korrekt anwenden und ihre Entscheidungen ausschließlich an diesen ausrichten. Er verweist darauf, dass das Akzeptieren bzw. Ablehnen einer Hypothese oftmals nicht standardisiert ist und mit Unsicherheiten verbunden ist. Entscheidungen darüber, wie viel Unsicherheit dabei erlaubt sein soll, sind zwangsläufig mit einem Werturteil verbunden (Rudner, 1953). Mit einem impliziten oder expliziten Abwägen über mögliche Konsequenzen, die sich daraus ergeben könnten, dass man entweder eine richtige Hypothese fälschlicherweise ablehnt oder eine falsche Hypothese fälschlicherweise akzeptiert. Tangieren die Konsequenzen der Annahme bzw. Ablehnung einer Hypothese das individuelle oder öffentliche Wohlergehen, können solche Abwägungen nicht aus einer neutralen, desinteressierten Haltung heraus getroffen werden (Douglas, 2009, S. 112). Wegen dieser Abwägungen, die Teil des Forschungsprozesses sind, würde es nicht reichen, sich alleine auf die Kompetenz der Forschenden zu verlassen. Es sei vielmehr so, dass man sich darüber hinaus darauf verlässt, dass sich Forschende ihrer Verantwortung beim Treffen von Entscheidungen, die mit induktiven Risiken verbunden sind, bewusst sind und diese im Zuge des Entscheidungsprozesses berücksichtigen.

Vertraut man also Forschenden und ihren Ergebnissen, so verlässt man sich nicht nur darauf, dass im Zuge des Forschungsprozesses methodologisch richtig gearbeitet wurde, sondern darüber hinaus auch darauf, dass man mit den Forschenden gewisse Werte teilt. Man verlässt sich darauf, dass man die Bewertung des potentiellen Nutzens, der sich aus den Forschungsergebnissen ergeben kann, teilt, aber auch die Risiken, die aus Fehlern entspringen können, ähnlich bewertet. Sowohl das Verlassen auf die epistemische Integrität von Forschenden, als auch auf ihre moralische, sind Teil der Vertrauensbeziehungen zwischen Forschenden, aber auch zwischen Gesellschaft und Wissenschaft.

2.5 Gründe für Misstrauen gegenüber der Wissenschaft

Möchte man nun verstehen, wieso Vertrauen in bestimmten Situationen fehlt, und darüber hinaus wissen, wie man mit diesem Zustand konstruktiv umgeht, so müsste man laut Hawley (2017, S. 69) mindestens drei Gründe für das Fehlen von Vertrauen differenzieren. Denn es ist keineswegs so, dass fehlendes Vertrauen mit Misstrauen gleichzusetzen ist. So könnten wir uns, erstens, in einer Situation befinden, in der es irrelevant ist, ob die Beteiligten einander vertrauen. Bspw. vertraue ich meiner Nachbarin nicht hinsichtlich der korrekten Angabe von Quellen in diesem Sammelbandartikel, gleichzeitig empfinde ich dahingehend ihr gegenüber auch kein Misstrauen. Weder Vertrauen noch Misstrauen wären in dieser Situation angebracht. Zweitens könnte die Situation zwar so beschaffen sein, dass wir sicher sagen können, dass es angebracht wäre entweder zu vertrauen oder zu misstrauen, jedoch fehlt die nötige Evidenz, um sich zu entscheiden. Angenommen meine Nachbarin bietet an, sich in meiner Abwesenheit um meine Zimmerpflanzen zu kümmern und ich bin mir noch unsicher, ob ich ihr diesbezüglich vertraue. Drittens könnte die Situation so beschaffen sein, dass es zum einen deutlich ist, dass man entweder vertraut oder misstraut und dass man zum anderen Vertrauen für unangebracht hält, man also misstraut. Angenommen meine Nachbarin bietet mir an, während meiner nächsten Reise erneut auf meine Zimmerpflanzen aufzupassen, ich aber aus Erfahrung weiß, dass sie sich nicht an unsere Abmachungen hält. In solch einer Situation entspricht mein Mangel an Vertrauen Misstrauen. Es lässt sich also festhalten, dass Misstrauen von fehlendem Vertrauen, bzw. von einem Agnostizismus hinsichtlich des Vertrauens jeweils differenziert werden sollten.

Geht man der Frage nach, wieso Vertrauen in die Wissenschaft oder in einzelne Forschende fehlt, so interessiert man sich für Kontexte, die der dritten Gruppe zuzuordnen sind. Diese Kontexte zeichnen sich dadurch aus, dass trotz verfügbarer Evidenz und wissenschaftlichem Konsens auf dem betreffenden Forschungsgebiet empfohlene Handlungen ausbleiben. Aufgrund des wissenschaftlichen Konsenses und der öffentlich zugänglichen Evidenz, lässt sich ein Agnostizismus hinsichtlich des Vertrauens ausschließen, weshalb es folglich angebracht ist entweder zu vertrauen oder zu misstrauen. Worin bestehen nun Gründe dafür, dass trotz der Evidenz und des Konsenses unter Forschenden Misstrauen gegenüber Forschenden und ihren Ergebnissen herrscht?

Furman verweist darauf, dass es verschiedene Arten von Gründen dafür gibt, wieso Laien Forschenden vertrauen, nicht vertrauen bzw. misstrauen. Stark würde man sich, laut ihr, auf Gründe epistemischer Natur konzentrieren (2020, S. 714–715). Darunter fallen manche der bereits genannten Gründe, wie z. B. eine durch das Einhalten methodologischer Standards gewonnene Objektivität des Forschungsprozesses (Reiss und Sprenger, 2020) oder der kollektive Charakter dieses Prozesses, welcher sich in streng geführten Debatten oder dem Peer-Review-Prozess äußert (Oreskes, 2019). Wenn man jedoch nachvollziehen möchte wieso Laien Forschenden nicht vertrauen, reiche es laut Furman allerdings nicht aus, sich ausschließlich auf solche epistemischen Gründe zu konzentrieren (2020, S. 716). Mit ihnen ließe es sich zwar erklären, wieso Laien Aussagen von Forschenden akzeptieren, wenn es aber um die Frage danach geht, ob Forschenden vertraut wird, so interessiere man sich eher dafür, ob diese Aussagen in Handlungen überführt werden. Sie verweist dabei auf Grasswicks (2010) Vermutung, wonach einer der Gründe dafür, wieso wir uns überhaupt mit der Beziehung zwischen Wissenschaft und Gesellschaft auseinandersetzen, der ist, dass der Erfolg[4] vieler wissenschaftlicher Bestrebungen von der

---

4 Erfolg kann in diesem Kontext verschiedene Dimensionen haben und sich bspw. darin äußern,

Beteiligung der Öffentlichkeit abhinge. So habe es bspw. wenig Sinn einen Impfstoff zu entwickeln, wenn sich letztendlich niemand impfen lässt. Um zu verstehen, wieso Personen auf bestimmte Arten und Weisen handeln, würde es, so Furman, nicht ausreichen, sich alleine mit ihren epistemischen Überzeugungen auseinanderzusetzen.

Nun ist bereits angeklungen, dass Vertrauen in die Wissenschaft neben dem Verlassen auf die epistemische Integrität, also die Kompetenz der Forschenden, auch involviert, dass man sich auf ihre moralische Integrität verlässt. So argumentieren Philip Kitcher (2011) und Maya Goldenberg (2016), dass dieses gestört werden kann, wenn eine Intransparenz bezüglich der im Forschungsprozess getätigten Werturteile herrscht. Laut Kitcher ist dabei der Verdacht auf den Einfluss von solchen Werten auf Entscheidungen im Forschungsprozess problematisch, bei denen man davon ausgehen kann, dass sich die Mehrheit der Gesellschaft, innerhalb eines demokratischen Prozesses, gegen sie aussprechen würde. Goldenberg hingegen verweist darauf, dass Misstrauen gegenüber wissenschaftlichen Empfehlungen – bspw. sein Kind impfen zu lassen – nicht aufgrund eines mangelnden Verständnisses der Begründungen der Empfehlungen entstehe, sondern aufgrund eines anderen Wertemaßstabes. So orientieren sich epidemiologische Empfehlungen an der Wirksamkeit und Sicherheit von Impfstoffen für die gesamte Gesellschaft, wohingegen Einzelpersonen eher an der Sicherheit für Individuen dieser Gesellschaft – ihren Kindern bspw. – interessiert sind.

Die Beschäftigung mit epistemischen und normativen Gründen für gesellschaftliches Vertrauen in bzw. Misstrauen gegenüber der Wissenschaft ermöglicht es, eine Vielzahl an Fällen öffentlichen Misstrauens gegenüber der Wissenschaft zu erklären. Verstöße gegen methodologische Standards oder Konventionen der jeweiligen Fachrichtung lassen an der Verlässlichkeit der Kompetenz – der epistemischen Integrität – von Forschenden zweifeln. Fälle in denen solche Werturteile von Forschenden offengelegt werden, mit denen ein Großteil der Gesellschaft nicht einverstanden ist, lassen an der Verlässlichkeit des guten Willens – der moralischen Integrität – von Forschenden zweifeln. Jedoch reichen diese epistemischen und normativen Erwägungen alleine nicht aus, um zu erklären wieso Forschenden und ihren Empfehlungen nicht vertraut wird – wieso nicht diesen Empfehlungen entsprechend gehandelt wird. Ergänzend müsse man emotionale Erwägungen in den Blick nehmen. Die Akzeptanz der eigenen Verletzlichkeit gegenüber der Person der

---

dass ein praktischer Nutzen vorliegt (Implementierbarkeit, Detaillierungsgrad), dass bereitgestellte Ressourcen von einer breiten Öffentlichkeit genutzt werden oder dass das Forschungsprojekt von der Öffentlichkeit finanziert wird.

man vertraut, kann alleine aufgrund dieses Risikos dafür selbst verletzt zu werden, emotional nicht neutral sein (Furman, 2020, S. 714).

Wenn Emotionen in Konzeptionen von Vertrauen in die Wissenschaft berücksichtigt wurden, dann eher als ein rein reaktives Gefühl (reactive attitude) – als eine Reaktion darauf, wenn Vertrauen bereits betrogen wurde (Furman, 2020, S. 721) – und weniger als ein Bestandteil der vorher stattfindenden Abwägungen. So verweist Furman (2020, S. 722–723) auf Asymmetrien in der Interaktion zwischen Laien und Forschenden, die zu Misstrauen führen können. Zunächst besteht eine Asymmetrie hinsichtlich der Kosten. Wie bereits erwähnt, ist Vertrauen eine risikoreiche Angelegenheit. Der Vertrauende macht sich verwundbar – es geht um sein eigenes körperliches Wohlergehen, um das seiner Verwandten, seiner Kinder. Für ihn steht persönlich wesentlich mehr auf dem Spiel als bei der Expertin, zumindest in dieser speziellen Situation.

Über die Asymmetrie der Kosten hinaus besteht auch eine Asymmetrie der Macht, die sich darin manifestiert, dass Forschende einen privilegierten Status in der Interaktion mit Laien – auch über die epistemische Ebene hinaus – genießen. Zwar bestehen für Laien einige Möglichkeiten sich effektiv einzubringen und mit Forschenden in einen epistemischen oder normativen Austausch zu treten, doch sind diese Möglichkeiten begrenzt. Dies hat zur Konsequenz, dass Laien nicht genug Kanäle haben, über die ihre epistemischen und normativen Betrachtungen Gehör finden.

In der jüngeren Debatte um epistemische Ungerechtigkeit (epistemic injustice) (Fricker, 2003; Fricker, 2007; Fricker, 2017; Coady, 2010) werden zwei Formen der Ungerechtigkeit unterschieden. Die erste Form der epistemischen Ungerechtigkeit bezieht sich auf die ungerechte Verteilung an epistemischen Gütern, wie z. B. Bildung oder den Zugang zu Informationen und Empfehlungen von Experten. Die zweite Form der epistemischen Ungerechtigkeit beschreibt weniger die ungerechte Verteilung an Gütern, sondern vielmehr eine soziale Praxis, die dazu führt, dass Personen hinsichtlich ihres Status als epistemisches Subjekt herabgewertet werden. Bei dieser Form der epistemischen Ungerechtigkeit handelt es sich, laut Fricker (2017, S. 53), um eine Art der direkten oder indirekten Diskriminierung. Fricker unterscheidet zwei Arten der diskriminierenden epistemischen Ungerechtigkeit (Fricker, 2017, S. 53–55). Erstens, epistemische Ungerechtigkeit hinsichtlich des Zeugnisses einer Person (testimonial epistemic injustice): Wenn die Glaubwürdigkeit einer Person aufgrund von Vorurteilen ihr gegenüber falsch eingeschätzt wird[5]. Hermeneutische epistemische Ungerechtigkeit, die zweite Art diskriminierender

---

5 Diese Form der indirekten Diskriminierung passiert oftmals unbewusst und sollte von der bewussten und absichtlichen Fehlinterpretation von Aussagen unterschieden werden.

epistemischer Ungerechtigkeit, liegt dann vor, wenn eine Person aufgrund eines fehlenden gemeinsamen Konzepts nicht verstanden wird (hermeneutical epistemic injustice). Frauen, die unter sexueller Belästigung litten, bevor es den Begriff dafür gab, diese Erfahrung zu benennen, sahen sich bspw. mit hermeneutischer epistemischer Ungerechtigkeit konfrontiert (Fricker, 2007, S. 151). Es muss also differenziert werden, ob jemand als epistemisches Subjekt diskriminiert wird, weil ihm zu Unrecht nicht in dem Maße geglaubt wird, wie er es verdient hätte (testimonial epistemic injustice) oder weil jemand – vielleicht sogar von sich selbst – nicht ausreichend verstanden wird (hermeneutical epistemic injustice).

Sich auf der schwächeren Seite einer Kosten-bzw.-Macht-Asymmetrie zu befinden oder epistemische Ungerechtigkeit zu erfahren, kann die Frage danach, ob man vertraut oder nicht, (zusätzlich) emotional aufladen. Anstatt des für Vertrauen nötigen Optimismus bezüglich der Eigenschaften von B, fühlt A Beklemmungen, Angst, Frustration oder Wut (Baier, 1986; Jones, 2019). Diese Emotionen verringern nicht nur die Wahrscheinlichkeit für den nötigen Optimismus hinsichtlich B, sie können auch zu einer Verzerrung in der Beurteilung von epistemischen und normativen Gesichtspunkten führen.

Betrachtet man gesellschaftliches Vertrauen in die Wissenschaft, so betrachtet man epistemisches Vertrauen. Epistemisches Vertrauen, lässt sich wie andere Arten des Vertrauens als eine dreistellige Relation rekonstruieren. A, der Vertrauende (z. B. Bürger oder gesellschaftliche Akteure) vertrauen B, dem Treuhänder (z. B. Forschende oder akademischen Institutionen) hinsichtlich des Vertrauensobjekts x, einer Behauptung p. Nun liegt epistemisches Vertrauen genau dann vor, wenn A p glaubt, weil B p glaubt und weil B in der Lage ist zu wissen, ob p (Kompetenz) und B dieses Wissen wahrheitsgemäß mit A teilt (guter Wille).

Um vertrauenswürdig zu sein, müssen Forschende p also über einen Forschungsprozess generieren, in dem methodologische Standards eingehalten werden. Kompetenz alleine reicht jedoch für Vertrauenswürdigkeit nicht aus. Darüber hinaus müssen Forschende im Kontext von gesellschaftlichem epistemischem Vertrauen die Interessen der Gesellschaft berücksichtigen, wenn sie bspw. den potentiellen Nutzen ihrer Forschung evaluieren, Konsequenzen potentieller Risiken beurteilen oder ihre Ergebnisse ehrlich kommunizieren.

Die Vertrauenden wiederum müssen sicherstellen, dass sie gute Gründe für ihr epistemisches Vertrauen haben. Die Überprüfung der Gründe für das eigene Vertrauen in jemanden beruht jedoch häufig auf lückenhaften und damit oft auch unzulänglichen Informationen. Dies konfrontiert einen mit einer Reihe an Herausforderungen. Inwiefern kann man sich aktiv dazu entscheiden zu vertrauen? Viele Autoren gehen davon aus, dass die Akzeptanz von wissenschaftlichen Behauptungen direkt zu den entsprechenden Handlungen führen müsste. Zunächst ist es fraglich, wie transparent Evidenz für epistemische und moralische Integrität von

Forschenden Laien zugänglich ist, auch, wenn es sich um Gründe zweiter Ordnung handelt. Nur weil die Wissenschaft versucht eine rationale Angelegenheit zu sein – frei von Emotionen – heißt es nicht, dass die Herangehensweise von Bürgern an Wissenschaft, wenn es um die Frage nach der Umsetzung von Empfehlungen geht, dieselbe ist. Zusätzlich zu epistemischen und normativen Gründen für Vertrauen bzw. Misstrauen in die Wissenschaft sollten daher bereits vorhandene emotionale Zustände oder solche, die durch wissenschaftliche Interventionen erzeugt wurden, berücksichtigt werden. Dies ist insofern plausibel, wenn man bedenkt, dass wir anders mit ehrlichen Fehlern, also dem Mangel an Kompetenz, umgehen, als mit wissenschaftlichem Fehlverhalten, welches durch seinen intentionalen Charakter einen Mangel an gutem Willen oder schlicht verzweifelte Überforderung offenbart (Christian, 2020, S. 127).

3 Die Rolle von Vertrauen und Misstrauen in der Leugnung wissenschaftlicher Erkenntnis

In den vorherigen Abschnitten wurden bereits recht kurz gehaltene Beispiele für fehlendes Vertrauen in Forschende, ihre Ergebnisse und Empfehlungen angeführt. Nun soll anhand eines detaillierteren Beispiels die Vertrauensdynamik(en) im Kontext der Leugnung wissenschaftlicher Erkenntnis näher beleuchten werden. Wissenschaftsleugnung, als denialistische Pseudowissenschaft, stellt neben deklarativen Pseudowissenschaften (promotion of pseudo-theories) eine der zwei Hauptformen der Pseudowissenschaft dar (Hansson, 2017). Als zentrales Motiv von Akteuren, die Wissenschaftsleugnung betreiben, gilt dabei die Diskreditierung bestimmter wissenschaftlicher Resultate oder Theorien (Hansson, 2017, S. 3). Einige Beispiele sind die Leugnung des anthropogenen Klimawandels, Holocaustleugnung, HIV/AIDS-Leugnung und die Leugnung des karzinogenen Effekts von Tabak. Innerhalb deklarativer Pseudowissenschaften werden wissenschaftliche Resultate zwar ebenfalls diskreditiert, jedoch aus der Motivation heraus, die eigene Behauptung oder Pseudo-Theorie[6] zu verbreiten. Zur Verbreitung und Akkreditierung der eigenen Pseudo-Theorie werden dabei zwar ebenfalls Teile der Wissenschaft abgelehnt, jedoch ist diese Ablehnung lediglich ein Mittel zum Zweck (Hansson, 2017, S. 3). Homöopathie oder Astrologie können hierfür als Beispiel angeführt werden.

---

6 Im Folgenden spreche ich bei der Darstellung akkreditierender Pseudowissenschaften von „Theorien", wobei der Begriff nicht im strengen Sinne, z. B. im Sinne einer Falsifizierbarkeit, zu verstehen ist.

Was bedeutet diese Differenzierung zwischen Wissenschaftsleugnung, deren Motiv alleine in der Diskreditierung wissenschaftlicher Ergebnisse besteht, von deklarativen Pseudowissenschaften, welche darüber hinaus danach streben die eigene Theorie zu akkreditieren, für die Vertrauensdynamik im Kontext der Wissenschaftsleugnung? Wenn das zentrale Motiv von Wissenschaftsleugnern die Diskreditierung Forschender und ihre Erkenntnisse ist, reicht es ihnen, Misstrauen gegenüber der Wissenschaft zu säen oder zu verstärken? Im Folgenden möchte ich dafür argumentieren, dass, um Forschende und ihre Erkenntnisse zu diskreditieren, Wissenschaftsleugner zusätzlich zur „Misstrauensarbeit" auch daran arbeiten Vertrauen herzustellen und bestimmte Forschung und Akteure zu akkreditieren.

3.1 Vertrauens- und Misstrauensarbeit der Tabakindustrie

Als ein sehr gut aufgearbeitetes Beispiel sei hier das der Tabak-Industrie angeführt (Oreskes und Conway, 2011). Die Strategien der Tabak-Konzerne sind paradigmatisch für das absichtliche Herbeiführen von Zweifeln an der epistemischen und moralischen Integrität von Forschenden und lassen sich auch in anderen Kontexten beobachten. Insbesondere in solchen Kontexten, in denen Empfehlungen von Forschenden zu Maßnahmen auf der politischen oder individuellen Ebene führen könnten, welche wiederum im Gegensatz zu kommerziellen Interessen einzelner ökonomischer Akteure stehen.

Die karzinogene und zugleich suchterzeugende Wirkung von Rauchen wurde bereits in den 1930ern vermutet und in den 1950ern endgültig bestätigt, sowohl von unabhängigen Forschenden als auch denen, die von den Tabak-Konzernen selbst finanziert wurden. Dieser immer wieder bestätigte Befund führte jedoch weder dazu, dass die Hersteller ihr potentiell tödliches Produkt von Markt nahmen, noch dazu, dass Rauchende mit dem Rauchen aufhörten. Auch wurden seitens der Gesundheitsbehörden keine zeitnahen Einschränkungen oder Verbote ausgesprochen. Ein Grund für die ausbleibenden Reaktionen war die damalige Assoziation des Befundes mit dem NS-Regime, welches aufgrund der Befunde von deutschen Forschenden zum karzinogenen Effekt von Tabak als erstes öffentlich auf die Gefahren hinwies (Proctor, 2011, S. 8). Ein weiterer Grund für die ausbleibenden Reaktionen auf die karzinogene Wirkung des Tabakkonsums war die öffentlich wirksame *Public Relations* Kampagne der Tabak-Konzerne. Ziel dieser, mit der PR-Agentur Hill and Knowlton ausgearbeiteten, Kampagne war es, die wissenschaftlichen Ergebnisse und die, die sie erarbeitet haben, so weit in Zweifel zu ziehen, dass der Eindruck entsteht, Tabak zu rauchen sei nicht gefährlich. Diese Strategie war so erfolgreich, dass sie als Blaupause für das Anzweifeln und Leugnen wissenschaftlicher Empfehlungen genutzt wird, z. B. im Zusammenhang mit der

Leugnung von Erkenntnissen zum anthropogenen Klimawandel. Doch wie genau funktionierte das strategische Anzweifeln der Forschungsergebnisse und derer die für sie verantwortlich waren in diesem Kontext?

3.2 Überblick über agnotologische Strategien der Tabakindustrie

Eine wesentliche Strategie der Tabak-Konzerne und ihrer PR-Firmen bestand darin, Experten, die dem Zusammenhang zwischen Rauchen und Krebs skeptisch gegenüberstanden, zu finanzieren und zusätzlich eigene epidemiologische Studien in Auftrag zu geben. Wurden die Studien von medizinischen Fachzeitschriften abgelehnt, so wurden sie in ingenieurwissenschaftlichen Zeitschriften untergebracht oder es wurden eigene Fachzeitschriften gegründet (Prothero, 2013, S. 164, S. 291). Die finanzierten Experten wiesen oftmals keine Ausbildung bzw. Forschungstätigkeit auf dem entsprechenden Gebiet auf. Oreskes und Conway stellen jedoch eindrücklich dar, dass dies für die Zwecke der PR-Strategie nicht relevant war. Relevant war vielmehr die Aussicht darauf, dass man zum einen Wissenschaftler kannte, auf die man im Falle von Gerichtsprozessen als Zeugen bzw. Gutachter zurückgreifen konnte, und zum anderen, dass Studien generiert wurden, die die Schädlichkeit des Tabak-Konsums weniger eindeutig erscheinen ließen (Oreskes und Conway, 2011, S. 29). Wurde der Zusammenhang dennoch bestätigt, so wurden diese Studien und ihre Ergebnisse nicht veröffentlicht und unterdrückt (Prothero, 2013, S. 348).

In anderen Studien wurden teilweise durchaus legitime, von der medizinischen Forschung damals vernachlässigte, Fragen in den Mittelpunkt gestellt. Wie beispielsweise die des Einflusses von Emotionen und Stress bei somatischen Krankheiten (Oreskes und Conway, 2011, S. 12). Mit dem Ziel weitere Ursachen für das Auftreten von Krebs aufzuzeigen, sodass es weniger klar erschien, dass ausgerechnet der Konsum von Tabak, herausgegriffen aus den verschiedenen möglichen Ursachen von Krebs, reguliert werden soll. Um gegen die Regulation von Tabak zu argumentieren, wurde auf ein naives Verständnis von Kausalität zurückgegriffen, wonach eine Ursache notwendig und hinreichend für das Eintreten der Wirkung sein soll. Demnach wäre Rauchen keine Ursache für Krebs: Da es weitere Ursachen für Krebs gibt, handelt es sich beim Rauchen nicht per se um eine notwendige Bedingung, ebenso wenig um eine per se hinreichende Bedingung, da nicht alle, die rauchen, auch an Krebs erkranken.

Neben der Infragestellung der Ursächlichkeit von Rauchen für Krebs wurden die Studien ebenfalls dafür verwendet, um Zweifel an Studien zu wecken, die eine karzinogene Wirkung von Nikotinkonsum belegen. Dabei wurde wiederum ein naives Verständnis an wissenschaftliche Evidenz angelegt, wonach man von solcher nur sprechen könnte, wenn es eine Gewissheit bzw. hundertprozentige Erwartungswahrscheinlichkeit gäbe. Dies entspricht jedoch nicht der Realität wissenschaftlichen Arbeitens, in der kein Anspruch auf diese absolute Sicherheit erhoben wird, sondern vielmehr Unsicherheit transparent gemacht wird (Douglas, 2009, S. 2). Er werden Irrtumswahrscheinlichkeiten angegeben, Folgefragen, Gegenargumente genannt, Studienergebnisse repliziert und revidiert. Zweifel ist ein fester Bestandteil wissenschaftlichen Arbeitens, daraus aber abzuleiten, dass alle wissenschaftlichen Ergebnisse anzuzweifeln sind, wäre jedoch falsch (Oreskes und Conway, 2011, S. 34).

Dieser übermäßig hohe und teilweise verfehlte Anspruch an Evidenz galt besonders im Zusammenhang mit Studien, die die Schädlichkeit des Tabakkonsums bestätigten. So wurde auf vermeintliche „Anomalien" in epidemiologischen Studien verwiesen, wie z. B. der, dass es in manchen Ländern mit einer hohen Raucherquote zugleich eine niedrige Krebsrate gäbe. Umgekehrt jedoch wurden Erkenntnisse, die die eigene Position in Zweifel zogen, als weniger relevant angesehen oder sogar positiv ausgelegt: „Ja, es stimmt, dass manche Mäuse Tumore ausbilden, nachdem sie Teer ausgesetzt sind, aber bei sehr vielen entwickeln sich keine" (Proctor, 2011, S. 291).

Damit einhergehend sollte der Eindruck erzeugt werden, wonach es sich um eine andauernde Fachdiskussion handle, weshalb man nicht „voreilig" zu dem Schluss kommen sollte, dass die Frage nach dem Zusammenhang zwischen Rauchen und Krebs sicher beantwortet sei – oder gar politische oder rechtliche Konsequenzen daraus ziehen sollte. Hierfür wurde auf die eigenen Studien und Experten verwiesen, aber auch die Existenz der tatsächlich geführten Fachdiskussion als Beweis angeführt. Ausgelassen wurde bei dabei jedoch, dass innerhalb dieser Diskussion längst Konsens über die Schädlichkeit des Rauchens herrschte. Dass es Konsens über die krebserregende Wirkung des Rauchens gab, bedeutet jedoch nicht, dass alle physiologischen Mechanismen vollständig erforscht waren.

Diese konstruierte Unsicherheit wurde für die Etablierung eines Narrativs genutzt: Auf der einen Seite „die Wissenschaft", die angesichts der Unsicherheiten überstürzt zu dem Schluss komme, Rauchen würde Krebs verursachen und versuche eine Krise zu erzeugen. Auf der anderen Seite die Hersteller, die ihr Produkt am besten kennen, die erst abwarteten, bis es „sichere Beweise" für diese Behauptung gäbe und bis dahin keine überstürzten Entscheidungen träfen (Proctor, 2011, S. 291).

Zusätzlich zu den Zweifeln an den Daten sollten darüber hinaus Zweifel an den Forschenden und Institutionen, die für sie verantwortlich waren, geweckt werden. So wurden die von ihnen generierten Forschungsergebnisse und Empfehlungen als *„bad science"* oder *„junk science"* diskreditiert (Singer, 1993). Wieso ausgerechnet Forschende und Institutionen unabhängig voneinander reihenweise schlechte Forschung betreiben würden, wurde auf unterschiedliche Art und Weise erklärt: Zum einen mit Eigeninteresse, indem eine Krise heraufbeschworen würde, die der entsprechenden Forschung zusätzliche Relevanz und im Idealfall Forschungsmittel verschafft. Zum anderen mit politischen Motiven, zur Einschränkung individueller Freiheiten und der Ausweitung staatlicher Regulationen. Um diese Ziele zu erreichen, würden absichtlich Forschungsergebnisse generiert werden, die die Schädlichkeit von Tabak verzerrt darstellen würden, sodass der Eindruck einer Krise und somit eine Legitimation für Regulationen seitens des Staates erzeugt werden würde. Forschungseinrichtungen würden demnach nicht nur gegen die ökonomischen Interessen der Tabak-Konzerne arbeiten, sondern ganz grundsätzlich gegen individuelle Freiheitsrechte. Gemeinsam mit dem Narrativ, dass zu voreilig Regulierungen empfohlen würden, wurde absichtlich die Frage suggeriert, welche wissenschaftlichen Ergebnisse als nächstes generiert würden, um weitere Freiheitseinschränkungen zu begründen. Wer jetzt das Rauchen verteidigte, sicherte die Freiheit für die Zukunft (Oreskes und Conway, 2011, S. 145).

In der öffentlichen Debatte wurde seitens der Tabak-Konzerne auf den journalistischen Anspruch, beide Seiten ausgewogen darzustellen, verwiesen. Solange es keine „sicheren" Beweise für die Schädlichkeit von Tabak gäbe, müsse im Sinne professioneller, journalistischer Berichterstattung neutral und ausgewogen über „beide Seiten" berichtet werden (Oreskes und Conway, 2011, S. 16). Im Kontext der journalistischen Darstellung unterschiedlicher Meinungen ist die gleiche Darstellung konkurrierender Positionen ein wichtiger Beitrag zur informierten öffentlichen Meinungsbildung. In der Darstellung unterschiedlicher Positionen in der Wissenschaft kann sie jedoch verzerrend wirken (false balance). Verzerrend in dem Sinne, dass dem wissenschaftlichen Konsens und einer Minderheitenposition in der Berichterstattung dasselbe Gewicht zukommt. Oreskes und Conway fassen dies wie folgt zusammen: „Balance was interpreted, it seems, as giving equal weight to both sides, rather than giving *accurate* weight to both sides." (2011, S. 19).

Die eben dargestellten Strategien zur Leugnung wissenschaftlicher Erkenntnisse tragen zur Erzeugung von Zweifeln bzw. Nichtwissen bei. Wissen, welches benötigt wird, um die epistemische und moralische Integrität unserer Quellen beurteilen zu können und aus guten Gründen zu vertrauen. Um die soziale Konstruktion von Nichtwissen (ignorance) zu beschreiben, führte Ian Boal, auf Anfrage von Robert N. Proctor (1992, 2008) den Neologismus „Agnotologie"[7] ein (Proctor,

---

7 Abgeleitet vom griechischen Wort ἄγνωσις, agnōsis für „ohne Wissen" oder das „Unbekannte". Bei Agnotologie handelt es sich um ein interdisziplinäres Unterfangen, bei dem Forschung z. B. aus den Bereichen Geschichte, Toxikologie und Epidemiologie berücksichtigt werden, um Mechanismen zu untersuchen, die zur kulturellen, politischen und wirtschaftlichen Konstruktion und Bewahrung von Nichtwissen beitragen (Proctor, 2008, S. 1–28). Agnotologie ist komplementär zum Bereich der

2008, S. 27–28). Proctor und Schiebinger unterscheiden in ihrer Untersuchung des Nichtwissens zwischen drei Zuständen. Der erste beschreibt Nichtwissen als Urzustand (ignorance as native state), als die unschuldigste Art und Weise etwas nicht zu wissen, sie bezieht sich z. B. auf den Zustand von Kindern, der durch Bildung überwunden werden soll. Forschende nehmen diese erste Art des Nichtwissens als Anlass für ihre Forschung, um sie zu überwinden. Davon abzugrenzen ist der zweite Zustand des Nichtwissens: Nichtwissen als verlorener Bereich oder selektive Wahl (oder passives Konstrukt) (ignorance as lost realm, or selective choice (or passive construct)). In diesem Zustand ist Nichtwissen das Ergebnis einer aktiven Entscheidung, die Bestandteil eines jeden Forschungsprojekts ist. Indem man sich dafür entscheidet eine bestimmte Art von Wissen anzustreben, entscheidet man sich notwendigerweise gegen die Suche nach anderem Wissen – Nichtwissen als Folge der Unaufmerksamkeit, da man seine Aufmerksamkeit der Suche nach anderem Wissen widmet (Proctor, 2008, S. 7).

Im Gegensatz zu der passiven Konstruktion von Nichtwissen, wie sie aus der Pragmatik der Entscheidung resultiert, worauf man seine begrenzten materiellen und nicht-materiellen Ressourcen lenkt, kann Nichtwissen aber auch intentional herbeigeführt werden. Dieser dritte Zustand des Nichtwissens zeichnet sich dadurch aus, dass Nichtwissen als strategischer Trick oder aktives Konstrukt (ignorance as strategic ploy or active construct) herbeigeführt wird. Er vervollständigt unser Verständnis von Nichtwissen dahingehend, dass es sich dabei um mehr als eine Auslassung oder eine Lücke handelt. In diesem Zusammenhang kann Nichtwissen eine aktive Entscheidung zum Zweck der Wissensgenerierung sein, wie es im Rahmen einer Doppelblind-Peer-Review oder einer Doppelblind-Studie der Fall ist. Gelegentlich kann Unwissenheit aber auch ein Zweck sein, ein aktiv hergestellter Teil eines Plans, der z. B. zur militärischen Geheimhaltung oder zur Wahrung von Geschäftsgeheimnissen dient (Proctor, 2008, S. 8–9). Der Beitrag von Tabak-Konzernen, ihren PR-Firmen und den von ihnen beauftragten Experten zur Erzeugung von Zweifeln und Nichtwissen über bestimmte Gesundheitsrisiken, kann als dieser dritte Zustand der Unwissenheit eingestuft werden.

Betrachtet man die relevanten Akteure und ihre agnotologischen Strategien, lässt sich feststellen, dass diese auf öffentlichem Vertrauen in die Wissenschaft basieren. So wird zum einen aktiv daran gearbeitet öffentliches Vertrauen in Forschende und ihre gut begründeten Ergebnisse zu unterminieren, indem ihre epis-

---

(sozialen) Erkenntnistheorie, zur Wissenschaftsethik sowie zu Diskussionen innerhalb der Wissenschaftsphilosophie über wissenschaftliche Objektivität. Bis zum Aufkommen des Begriffs gab es bereits etablierte kritische Strömungen wie critical human animal studies, gender studies oder postkoloniale Studien, die sich mit ähnlichen Phänomenen beschäftigen, ohne den Begriff „Agnotologie" zu verwenden.

temische und moralische Integrität angezweifelt wird. Zum anderen wird aber auch bestehendes öffentliches Vertrauen in die Wissenschaft dafür genutzt, um Vertrauen in die eigenen Akteure und Strukturen aufzubauen und zu stärken. Hierbei lassen sich vier Arten von agnotologischen Strategien unterscheiden (siehe Tab. 2).

Die erste agnotologische Strategie richtet sich direkt gegen die wissenschaftliche Erkenntnis. Hierbei sollen Zweifel an den wissenschaftlich etablierten Resultaten bezüglich der Schädlichkeit von Tabak gesät werden, indem infrage gestellt wird, ob die Forschenden in der Lage dazu sind, wissen zu können, dass Rauchen Krebs verursacht (p). Durch ein naives Verständnis von Kausalität und wissenschaftlicher Evidenz soll der Eindruck erzeugt werden, dass p nicht das Ergebnis eines Forschungsprozesses ist, in dem alle methodologischen Standards eingehalten wurden. In erster Linie soll damit Misstrauen gegenüber der epistemischen Integrität der Forschenden gesät werden. Darüber hinaus stellt das Hinweisen auf mögliche andere Ursachen für Krebs die Frage in den Raum, wieso Forschende sich so sehr auf diese eine Ursache versteifen würden und nichts zu den anderen sagen – sind sie womöglich nicht ganz ehrlich zu der Bevölkerung?

Die zweite agnotologische Strategie richtet sich zwar indirekt ebenfalls auf die wissenschaftliche Erkenntnis, zielt jedoch vornehmlich auf die Etablierung eigener wissenschaftlicher Strukturen ab. Im Gegensatz zur ersten agnotologischen Strategie wird hierbei nicht Misstrauen befördert, sondern vielmehr daran gearbeitet Vertrauen aufzubauen und zu stärken – Vertrauen in die eigene „Wissenschaft". Scheinbar widerspruchsfrei gleichzeitig Misstrauen und Vertrauen gegenüber Wissenschaft und denen, die sie betreiben, zu etablieren, scheint deshalb möglich zu sein, da „der Wissenschaft" generell vertraut wird, bloß sei diese von gewissen Akteuren soweit korrumpiert worden, dass es legitim erscheint, diese anzuzweifeln. Gleichzeitig wird eine Art vertrauenswürdiges, nicht-korrumpiertes alternatives Wissenschaftssystem angeboten. Eines, das aufgrund der Existenz von Studien, „Experten" mit akademischen Titeln und Einbindungen eigener Fachzeitschriften und Gesellschaften als kompetent und epistemisch integer erscheint. Diese Experten mahnen die Einseitigkeit bei der Risikoeinschätzung ihrer „Kollegen" an. Sie setzen sich der Konfrontation mit der Fachwelt aus und die für sie damit verbundenen Risiken – bspw. Verlust von Ansehen oder Forschungsmitteln – nur um der Gesellschaft ein vermeintlich ehrliches und vollständiges Bild von aktuellen Forschungsstand zu vermitteln. Diese vermeintliche Inkaufnahme von Nachteilen für die eigene Karriere, nur um vollständig und ehrlich den Forschungsstand zu kommunizieren, lässt sie als besonders erhaben gegenüber dem Verdacht von Interessenkonflikten erscheinen und folglich als moralisch integer wirken.

Die dritte agnotologische Strategie richtet sich direkt auf die Diskurssituation. Indem Forschenden unterstellt wird, aufgrund von illegitimen Werturteilen die gesundheitsschädigende Wirkung von Tabak absichtlich übertrieben darzustellen,

Tab. 2: Agnotologische Strategien.

Agnotologische Strategie	Beispiel	Misstrauen in epistemische Integrität von Forschenden (Kompetenz)			Misstrauen in moralische Integrität von Forschenden (guter Wille)		Vertrauen in eigene Strukturen	
		Kausalität	Evidenz	Konsens	Ehrlichkeit	Gemeinsame Werte	Epistemisch (Kompetenz)	Moralisch (guter Wille)
Zweifel an wissenschaftlich etablierten Resultaten (p)	Lungenkrebs hat andere Ursachen	x	x	x				
	Niedrige Krebsrate in Ländern mit hoher Raucherquote	x	x	x	(x)			
	„Manche Mäuse, die Teer ausgesetzt sind, bilden Tumore aus, aber nicht alle."	x	x	x	(x)		x	
Etablierung alternativer Forschungsstrukturen (wiss. Institutionen)	Eigene Studien in Auftrag geben, mit Vorgabe von Ergebnissen	x	x	x			x	x
	Selektive Experten	(x)	(x)	x		(x)	x	x
	Gründen eigener Fachzeitschriften			x			x	x
Personen- oder gruppenbezogene Unterstellung (interner Einfluss auf den Diskurs)	„Wissenschaft urteilt überstürzt."	x	x			x	x	x
	„Hersteller kennen ihr Produkt am besten."	(x)	(x)				x	x
	„Forscher wollen mehr Anerkennung, bzw. Forschungsmittel."				x	x		(x)
Manipulation des Diskurses (externer Einfluss auf den Diskurs)	Begriffliches framing: *junk science, bad science*	x	x	x	x	x	(x)	
	False balance			x			x	x

wird angezweifelt, dass sie ihre Forschungsergebnisse wahrheitsgemäß der Öffentlichkeit kommunizieren. Hierfür wird bspw. der Eindruck suggeriert, sie würden das Interesse verfolgen, ihrer eigenen Forschung mehr Aufmerksamkeit und materielle Förderung zu verschaffen oder sie würden Teil einer politischen Agenda zur Einschränkung individueller Freiheitsrechte sein. Die Zweifel richten sich gegen ihre moralische Integrität. Gleichzeitgig wird suggeriert, dass die Hersteller qua Hersteller über exklusives Wissen über ihre Produkte verfügen und somit kompetent Urteile über ihre Schädlichkeit treffen könnten. Diese personen- bzw. gruppenbezogenen Unterstellungen sollen dazu führen, bestimmte Akteure innerhalb des Diskurses auf- bzw. abzuwerten, sodass Diskursteilnehmenden allein aufgrund ihrer professionellen Rolle vertraut bzw. misstraut wird.

Die vierte agnotologische Strategie richtet sich weniger direkt auf die Inhalte eines Diskurses, sondern vielmehr auf seine Organisation. Der Anspruch auf eine gleichberechtigte Darstellung in der öffentlichen Berichterstattung beeinflusst die Vertrauensdynamik zwischen Öffentlichkeit, Wissenschaft und den agnotologischen Agenten gleich auf zweierlei Weise. Erstens erscheinen die eigene Auftragsforschung und ihre Vertreter als vertrauenswürdig(er), wenn sie als eine von mehreren Positionen innerhalb eines wissenschaftlichen Diskurses dargestellt werden. Zweitens wird suggeriert, dass das Ergebnis dieses Fachdiskurses noch offen sei, dass es innerhalb der Wissenschaftsgemeinschaft keinen Konsens hinsichtlich der krebserregenden Wirkung von Tabak gäbe.

4 Konklusion

In der philosophischen Auseinandersetzung mit Pseudowissenschaften werden klassischerweise zwei Arten der Pseudowissenschaften unterschieden. Wissenschaftsleugnung bzw. denialistische Pseudowissenschaften einerseits, deklarative Pseudowissenschaften andererseits. Der Hauptunterschied zwischen denialistischen und deklarativen Pseudowissenschaften besteht in ihrer Haltung zur etablierten Wissenschaft und ihren Resultaten. Vertreter denialistischer Pseudowissenschaften bzw. Wissenschaftsleugner würden demnach alleine auf die Diskreditierung von Wissenschaft abzielen. Vertreter deklarativer Pseudowissenschaften wenden das Mittel der Diskreditierung zwar ebenfalls an, jedoch zum Zweck der Akkreditierung der eigenen Pseudotheorie.

Durch die Untersuchung des gezielten Einflusses agnotologischer Akteure auf die Vertrauensdynamik zwischen Wissenschaft und öffentlichen Akteuren habe ich versucht aufzuzeigen, dass die Leugnung wissenschaftlicher Erkenntnisse über die Diskreditierung dieser Erkenntnisse hinaus akkreditierendes Verhalten involviert. Wissenschaftsleugner akkreditieren, um Vertrauen in die eigenen alternativen Strukturen und Akteure zu schaffen. Das Vertrauen in die eigenen alternativen Strukturen ist nötig, um einerseits effizient Misstrauen in Forschende und ihre Ergebnisse zu schaffen, bzw. diese zu diskreditieren. Andererseits – und damit entgegen der klassischen dichotomen Auffassung, Wissenschaftsleugnung involviere nur Diskreditierung und deklarative Pseudowissenschaft involviere darüber hinaus auch Akkreditierung – sollen damit eigene Thesen, wie z. B., dass die Hersteller eines Produkts am besten über dieses Produkt Bescheid wüssten, akkreditiert werden.

Die hier anhand des Falls der Tabak-Industrie rekonstruierten agnotologischen Strategien lassen sich auch in anderen Fällen der Leugnung wissenschaftlicher Erkenntnisse beobachten, wie bspw. der Leugnung des anthropogenen Klimawandels oder der Leugnung von epidemiologischen Erkenntnissen, die als Grundlage für politische Maßnahmen zur Einschränkung wirtschaftlicher Freiheiten zugunsten der Risikovermeidung, herangezogen werden.

Emotionale Gründe für gesellschaftliches Misstrauen gegenüber der Wissenschaft – zusätzlich zu epistemischen und normativen – zu betrachten, ermöglicht ein differenziertes Verständnis davon, wann Forschende und ihre Ergebnisse als vertrauenswürdig wahrgenommen werden, welches wiederum dafür genutzt werden kann, konstruktiv auf Fälle von (absichtlich herbeigeführtem) Misstrauen gegenüber der Wissenschaft reagieren zu können. Ein konstruktiver Umgang mit Zweifeln an z. B. epidemiologischen Maßnahmen könnte darin bestehen, dass wissenschaftskommunikative Maßnahmen weniger bzw. nicht ausschließlich auf den Ausgleich des Wissensdefizits bei der Bevölkerung abzielen, sondern ggf. Aspekte epistemischer Ungerechtigkeit oder vorliegende Asymmetrien hinsichtlich Macht und Kosten zwischen Forschenden und Mitgliedern der Gesellschaft berücksichtigen.

Literatur

Baier, A. (1986). „Trust and antitrust", *Ethics* 96 (2), S. 231–260. https://doi.org/10.1086/292745.
Blais, M. J. (1987). „Epistemic Tit for Tat", *The Journal of Philosophy* 84 (7), S. 363–375. https://doi.org/10.2307/2026823.
Christian, A. (2020). *Gute wissenschaftliche Praxis: Eine philosophische Untersuchung am Fallbeispiel der biomedizinischen Forschung.* De Gruyter. https://doi.org/10.1515/9783110702521.
Coady, D. (2010). „Two Concepts of Epistemic Injustice", *Episteme* 7 (2), S. 101–113. https://doi.org/10.3366/E1742360010000845.
Douglas, H. (2009). Science, Policy, and the Value-Free Ideal, *Angewandte Chemie International Edition* 6 (11), 951–952. University of Pittsburgh Press.
Fricker, M. (2003). „Epistemic Justice and a Role for Virtue in the Politics of Knowing", *Metaphilosophy* 34 (1–2), S. 154–173. https://doi.org/10.1111/1467-9973.00266.

Fricker, M. (2007). *Epistemic Injustice.* Oxford University Press. https://doi.org/10.1093/acprof:oso/9780198237907.001.0001.

Fricker, M. (2017). „Evolving Concepts of Epistemic Injustice." In: I. J. Kidd, J. Medina und G. Pohlhaus (Hg.), *The Routledge Handbook of Epistemic Injustice.* Routledge, S. 53–60.

Furman, K. (2020). „Emotions and Distrust in Science." *International Journal of Philosophical Studies* 28 (5), S. 713–730. https://doi.org/10.1080/09672559.2020.1846281.

Goldenberg, M. J. (2016). „Public Misunderstanding of Science? Reframing the Problem of Vaccine Hesitancy." *Perspectives on Science* 24 (5), S. 552–581. https://doi.org/10.1162/POSC_a_00223.

Grasswick, H. E. (2010). „Scientific and lay communities: earning epistemic trust through knowledge sharing." *Synthese* 177 (3), S. 387–409. https://doi.org/10.1007/s11229-010-9789-0.

Hansson, S. O. (2017). „Science denial as a form of pseudoscience." *Studies in History and Philosophy of Science Part A* 63, S. 39–47. https://doi.org/10.1016/j.shpsa.2017.05.002.

Hardin, R. (2002). *Trust and Trustworthiness.* Russell Sage Foundation. https://www.russellsage.org/publications/trust-and-trustworthiness-1, letzter Abruf am 03.08.2020.

Hardwig, J. (1991). „The Role of Trust in Knowledge." *The Journal of Philosophy* 88 (12), S. 693–708. https://doi.org/10.2307/2027007.

Hawley, K. (2017). „Trust, Disrust and Epistemic Injustice." In: I. J. Kidd, J. Medina, und G. Pohlhaus (Hg.), *The Routledge Handbook of Epistemic Injustice.* Routledge, S. 69–78.

Irzik, G., und Kurtulmus, F. (2019). „What Is Epistemic Public Trust in Science?" *British Journal for the Philosophy of Science* 70 (4), S. 1145–1166. https://doi.org/10.1093/bjps/axy007.

Jones, K. (1996). „Trust as an Affective Attitude." *Ethics* 107 (1), S. 4–25. https://doi.org/10.1086/233694.

Jones, K. (2019). „Trust, distrust, and affective looping." *Philosophical Studies* 176 (4), S. 955–968. https://doi.org/10.1007/s11098-018-1221-5.

Kaminski, A. (2017). „Hat Vertrauen Gründe oder ist Vertrauen ein Grund? Eine dialektische Tugendtheorie von Vertrauen und Vertrauenswürdigkeit." In: J. Kertscher und J. Müller (Hg.), *Praxis und „zweite Natur" – Begründungsfiguren normativer Wirklichkeit in der Diskussion.* Münster, S. 121–139. https://doi.org/10.30965/9783957438249_017.

Kitcher, P. (2011). *Science in a Democratic Society.* Prometheus.

Koskinen, I. (2020). „Defending a Risk Account of Scientific Objectivity." *The British Journal for the Philosophy of Science* 71 (4), S. 1187–1207. https://doi.org/10.1093/bjps/axy053.

Oreskes, N. (2019). *Why Trust Science?* Herausgegeben von S. Macedo. Princeton University Press. https://doi.org/10.1515/9780691189932.

Oreskes, N., und Conway, E. (2011). *Merchants of Doubt: How a Handful of Scientists Obscure The Truth on Issues from Tobacco Smoke to Global Warming.* Bloomsbury Press.

Proctor, R. N. (2008). „Agnotology: A Missing Term to Describe the Cultural Production of Ignorance (and Its Study)." In: R. N. Proctor und L. Schiebinger (Hg.), *Agnotology: The Making and Unmaking of Ignorance.* Stanford University Press, S. 1–36.

Proctor, R. N. (2011). *Golden Holocaust – Origins of the Cigarette Catastrophe and the Case for Abolition.* University of California Press.

Proctor, R. N., und Schiebinger, L. (Hg.) (2008). *Agnotology: The Making and Unmaking of Ignorance.* Stanford University Press.

Prothero, D. (2013). „The Holocaust Denier's Playbook and the Tobacco Smokescreen." In: M. Pigliucci und M. Boudry (Hg.), *Philosophy of Pseudoscience.* University of Chicago Press, S. 341–358. https://doi.org/10.7208/chicago/9780226051826.003.0019.

Reiss, J., und Sprenger, J. M. (2020) „Scientific Objectivity." In: E. Zalta (Hg.), *The Stanford Encyclopedia of Philosophy*. Stanford University. First published Mon Aug 25, 2014; substantive revision Fri Oct 30, 2020. http://plato.stanford.edu/entries/scientific-objectivity, letzter Abruf am 24.01.2024.

Rolin, K. H. (2020). „Objectivity, trust and social responsibility", *Synthese* 199, S. 513–533. https://doi.org/10.1007/s11229-020-02669-1.

Rudner, R. (1953) „The Scientist Qua Scientist Makes Value Judgments", *Philosophy of Science* 20 (1), S. 1–6. http://www.jstor.org/stable/185617.

Scholz, O. R. (2018). „Symptoms of Expertise: Knowledge, Understanding and Other Cognitive Goods." *Topoi* 37 (1), S. 29–37. https://doi.org/10.1007/s11245-016-9429-5.

Singer, S. F. (1993). *Junk Science at the EPA*. https://www.industrydocuments.ucsf.edu/docs/jjlb0175, letzter Abruf am 24.01.2024.

Wilholt, T. (2013). „Epistemic trust in science", *British Journal for the Philosophy of Science* 64 (2), S. 233–253. https://doi.org/10.1093/bjps/axs007.

Monika Betzler

Verschwörungstheorien in Zeiten der Pandemie – Zur Bedeutung ethischer Standards im Prozess politischer Meinungsbildung

Abstract: To what extent can conspiracy theories be understood as a political challenge in these pandemic times? In order to discuss this issue, I provide an explication of the term 'conspiracy theory' that allows it to be applied in an epistemically elucidating and politically fruitful way. Against this backdrop, I will demonstrate how conspiracy theories violate, among other things, the ethically relevant standards that are established through well-ordered political deliberation, such as standards of intersubjective justification, epistemic justice and respect. To conclude, I will show how the structural violation of these standards can lead to a rise in the number of people believing in conspiracy theories and deepens people's mistrust of epistemic authorities.

1 Einleitung

Verschwörungstheorien und der Glaube[1] an sie florieren in Zeiten von Ungewissheit, Kontrollverlust und gefühlter Machtlosigkeit.[2] Dies zeigte sich plastisch in der Corona-Pandemie. Eine neue sozialwissenschaftliche Studie etwa, die die Konrad-Adenauer-Stiftung in Auftrag gegeben hat, macht deutlich, dass 5 % der Bevölkerung die Aussage „Das Corona-Virus ist nur ein Vorwand, um die Menschen zu unterdrücken"[3] für sicher wahr halten. 9 % halten diese Aussage für wahrscheinlich wahr.

Interessant ist hierbei, dass eine Weltverschwörung bereits vor der Corona-Krise von 24 % der Bevölkerung für sicher wahr oder wahrscheinlich wahr gehalten

---

[1] Ich verwende im Folgenden die Begriffe „Glaube" und „Überzeugung" als synonyme Übersetzungen des englischsprachigen Begriffs „belief". Wenn ich vom Glauben an Verschwörungstheorien spreche, so gehe ich davon aus, dass Verschwörungstheoretiker_innen grundsätzlich davon überzeugt sind, dass eine Verschwörung stattgefunden hat. Siehe dagegen Ichino und Räikkä (2021), die auch non-doxastische Verschwörungstheorien in den Blick nehmen.
[2] Siehe etwa van Prooijen, 2019, S. 432–434. Vgl. Douglas et al., 2019, S. 6–9.
[3] Roose, 2020, S. 12.

 Open Access. © 2024 bei den Autorinnen und Autoren, publiziert von De Gruyter. Dieses Werk ist lizenziert unter einer Creative Commons Namensnennung 4.0 International Lizenz.
https://doi.org/10.1515/9783110788341-005

wurde.⁴ Einer Studie der Friedrich-Ebert-Stiftung von 2018/19 zufolge glauben 46 % der Befragten, es gäbe geheime Organisationen, die Einfluss auf politische Entscheidungen haben. Fast ein Viertel der Befragten meint, Medien und Politik steckten unter einer Decke, und jede zweite befragte Person gibt an, den eigenen Gefühlen mehr zu vertrauen als der Meinung von Expert_innen.⁵ Vor dem Hintergrund der Tatsache, dass politische Entscheidungen angesichts einer Pandemie sowohl unter großer empirischer als auch unter normativer Unsicherheit gefällt werden müssen, ist es kein Wunder, dass verschwörungstheoretisches Denken, das Sicherheit durch einfache Erklärungen eines Ereignisses vermittelt, boomt.⁶

Zu den derzeitigen Verschwörungstheorien um Corona, von denen es zahlreiche Varianten gibt, gehört etwa, dass Bill Gates das Coronavirus verursacht hat, um sich dann an den Impfungen gegen dieses Virus zu bereichern. Andere Verschwörungstheorien verweisen auf das 5G-Netz, das angeblich installiert wurde, um das Virus zu verbreiten. Manche glauben, die internationalen Regierungen der westlichen Länder planen eine große Finanzreform und benutzen die Pandemie, um dies zu vertuschen. Wieder andere halten die Pharmaindustrie für ursächlich verantwortlich für die Pandemie, die dies jedoch geheim hält.⁷

Das Erstaunliche ist nicht nur, dass etliche Menschen derartige Verschwörungstheorien in die Welt setzen, sondern v. a. dass viele sie ernsthaft für wahr zu halten scheinen. Wie ist dies möglich? Und was können wir dagegen tun? Schließlich scheint es nicht nur überdeutlich, dass die verschwörungstheoretischen Behauptungen falsch sind. Es ist auch eine belegte Tatsache, dass die sich in großer Zahl und Geschwindigkeit verbreitenden Verschwörungstheorien angesichts der Coronakrise zu Polarisierung, Radikalisierung sowie Gewalt führen und ganz generell einen respektvollen Dialog unter Bürger_innen zur Lösung gemeinsamer Probleme vereiteln.⁸ Der Glaube an Verschwörungstheorien und – wie ich es auch nennen

---

4 Roose, 2020, S.16.
5 Siehe Zick et al., 2018/19. Die Studie zeigt zudem, dass diejenigen, die an Verschwörungstheorien glauben, misstrauischer gegenüber der Politik sind und eine höhere Gewaltbereitschaft gegen andere aufweisen.
6 Siehe Peter (im Erscheinen), die auf verschiedene Arten der Unsicherheit hinweist, die die Rechtfertigung politischer Entscheidungen erschwert.
7 Zu einem Überblick über die verschiedenen Verschwörungstheorien im Zusammenhang mit der Corona-Pandemie siehe den podcast der Bundeszentrale für Politische Bildung: https://www.bpb.de/mediathek/306998/folge-1-ein-virus-viele-theorien, letzter Abruf am 24.01.2024. Im Folgenden gilt mein Interesse v. a. denjenigen Verschwörungstheorien, die sich auf die Erklärung einer Pandemie beziehen.
8 Siehe dazu etwa Butter, 2018, S. 219ff. Zur Krise der Demokratie im Zusammenhang mit verschwörungstheoretischem Denken vgl. auch Muirhead und Rosenblum, 2020, S. 166ff.

werde – „konspirazistisches Denken"[9] hat daher nicht nur einen unmittelbaren Einfluss auf unser epistemisches Wohlergehen.[10] Schließlich verhindern solche auf Verschwörungen rekurrierende Erklärungen systematisch, wahre und gerechtfertigte Überzeugungen zu erwerben, die wir benötigen, um selbst gut zu leben.[11] Der Glaube an solche Theorien ist auch Ausdruck davon, wie Menschen im politischen Diskurs miteinander schädigend umgehen. Deshalb müssen wir Verschwörungstheorien in Zeiten der Pandemie nicht nur ernst nehmen, sondern stehen in der Pflicht, ihnen entgegenzuwirken.

Um die soeben genannten Fragen, wie es möglich sein kann, solche Theorien zu glauben und was wir dagegen tun können, zu beantworten, müssen wir unseren Begriff davon, was eine Verschwörungstheorie überhaupt ist, zunächst klären.

Ich werde daher in einem ersten Schritt erläutern, wie das eben skizzierte praktische Interesse – wie können wir mit Verschwörungstheoretiker_innen und ihren Theorien zur Pandemie umgehen? – eine Explikation des Begriffs „Verschwörungstheorie" anleitet, das diesen Begriff einheitlich fassen und zugleich für politische Ziele fruchtbar werden lässt. Mein Anliegen ist, mit dem Begriff „Verschwörungstheorie" eine epistemisch erhellende und zugleich politisch relevante Kategorie einzuführen, die unser Verständnis demokratieschädlicher Erklärungsversuche in bedrohlichen Krisenzeiten vertieft.[12] In einem zweiten Schritt werde ich näher erläutern, warum der Glaube an Verschwörungstheorien, so wie ich diese expliziert habe, problematisch ist und systematisch zu einem falschen Bild der Welt führt. In einem dritten Schritt führe ich genauer aus, warum die dargelegten theoretischen Fehler konspirazistischen Denkens jedoch nicht begründen können, warum eine demokratische Gesellschaft Verschwörungstheorien nicht einfach als eine Auffassung oder Weltbild neben anderen tolerieren kann, sondern gegen sie praktisch vorgehen sollte. Ich zeige hierbei, warum weder die Tatsache, dass sie unwahr sind, noch die Tatsache, dass sie systematisch verhindern, Wissen zu erwerben, hinreichende Gründe dafür sind, konspirazistisches Gedankengut von der politischen Meinungsbildung auszuschließen. Wenn wir berücksichtigen, dass politische Meinungsbildung politische Entscheidungen demokratisch legitimiert, so

---

9 Im Englischen wird daher mitunter von „conspiracism" gesprochen, um diese zentrale Unterkategorie „wilden" Verschwörungsdenkens zu fassen. Siehe etwa Dentith, 2018, S. 327–343.
10 Siehe hierzu Boyd (2021), der in diesem Zusammenhang auch von einer „epistemischen Krise" spricht.
11 Dies betrifft nicht zuletzt unsere Fähigkeit, in Zeiten einer Pandemie unsere Gesundheit zu bewahren.
12 Der Begriff der Verschwörungstheorie sollte trotz meines spezifischen Interesses an Verschwörungstheorien rund um die Pandemie ganz generell diejenigen abdecken, die politisch relevant und für eine Demokratie problematisch sind.

ist dieses Ergebnis besorgniserregend. In einem vierten Schritt spezifiziere ich drei weitere ethisch relevante Standards, die politische Meinungsbildung in einer Demokratie anleiten sollten und die plausibel machen können, dass (viele) Verschwörungstheorien nicht Bestandteil einer wohlgeordneten politischen Meinungsbildung sein können. Auf diese Weise kann erklärt werden, warum wir uns tatsächlich um Verschwörungstheorien nicht nur epistemisch, sondern v. a. politisch Sorgen machen müssen.

Abschließend verweise ich auf eine interessante Dynamik, die erklärt, wie eine strukturelle Verletzung der spezifizierten ethischen Standards dazu führt, dass Personen vermehrt an Verschwörungstheorien glauben und ihr Misstrauen gegenüber unseren epistemischen Autoritäten – v. a. gegenüber Wissenschaftler_innen und den politischen Entscheidungsträger_innen und Repräsentant_innen der Medien, die ihre Meinungsbildung auf wissenschaftliche Erkenntnisse stützen – rationalisieren und stabilisieren. Diese Dynamik kann zeigen, warum wir nicht wirksam gegen Verschwörungstheorien vorgehen können, wenn wir auf ihre Verletzung epistemischer Standards hinweisen. Vielmehr, so das Fazit, können wir dies weit wirksamer tun, indem wir strukturelle Defizite politischer Meinungsbildung beheben, die einen demokratischen Austausch von Gründen unter Bürger_innen mit prinzipiell gleichem Recht zur Beteiligung unterwandern. Dies ist umso wichtiger, wenn wir bedenken, dass v. a. in Zeiten der Krise solche Defizite zu demokratieunterwandernden Verschwörungstheorien führen, die weitere Radikalisierung und Gewalt nach sich ziehen.

2 Zum Begriff der „Verschwörungstheorie"

Philosoph_innen haben sich in den letzten 20 Jahren vermehrt der Analyse und Diagnose von Verschwörungstheorien gewidmet. Im Gegensatz zu anderen Wissenschaften fällt auf, dass sie häufig einen weiten und nicht wertenden Begriff von „Verschwörungstheorie" verteidigen. Demzufolge beziehen sich Verschwörungstheorien einfach auf Ereignisse, für die eine Verschwörung zitiert wird. Sie erklären ein Ereignis somit mithilfe (i) eines Plans eines Akteurs oder einer Gruppe von Akteur_innen, (ii) die ein beabsichtigtes Ziel erreichen wollen, das in ihrem Interesse ist, und (iii) die dieses Ziel geheim halten.[13]

---

13 Siehe etwa Dentith und Keeley, 2018, S. 289ff. Dentith, 2014, Kap. 2–4; Pigden, 2007, S. 219–232; Keeley 2006, S. 45–60.

Der Vorteil einer weiten Definition ist, dass sie Fälle von Verschwörungen umfassen kann, die tatsächlich stattgefunden haben.[14] Schließlich ist die Ermordung Cäsars oder Watergate die Folge einer tatsächlichen Verschwörung. Auf diese Weise sehen manche darin sogar ein für die Demokratie zentrales Erklärungspotential.[15] Zudem ist eine weite Definition nicht mit dem Problem möglicher Zirkularität konfrontiert. Da der Begriff der Verschwörung nicht wertend ist, setzt er nicht voraus, was sich in einer weiteren Untersuchung erst erweisen muss – nämlich, ob die Verschwörung, die ein partikulares Ereignis erklärt, eine tatsächliche und damit evidentiell abgestützte oder eine fiktive und damit ungerechtfertigte ist.

Allerdings spricht einiges dafür, eine weite Definition als *zu* weit zu betrachten: Zum einen umfasst sie Phänomene, die nach unserem alltäglichen Verständnis nicht unter den Begriff einer „Verschwörungstheorie" fallen. So würden etwa Überraschungspartys als Verschwörungen gelten, die mithilfe einer weiten Verschwörungstheorie erklärt werden. Zum andern ist eine weite Definition revisionär gegenüber unserem alltagssprachlichen Gebrauch. Denn wenn wir von „Verschwörungstheoretiker_innen" sprechen und Politiker_innen dazu aufrufen, Verschwörungstheorien keinen Raum zu geben, dann beziehen wir uns auf einen Ausdruck, der für krasse Verfehlungen aufgrund der Annahme einer Verschwörung steht. Was wir also mit dem Begriff alltagssprachlich bezeichnen wollen, sind Erklärungen, die darin erheblich fehlgehen, auf Verschwörungen zu verweisen. Wir meinen damit den resilienten Glauben an „wilde" Verschwörungen.[16] Verschwörungstheorien enger und in einem abwertenden Sinne zu verstehen muss noch nicht zu einer zirkulären Begriffsdefinition in einem vitiösen Sinne führen. Schließlich kann der Begriff pejorativ bestimmt werden, ohne bereits genau zu charakterisieren, worin die Verfehlung, die zu dieser Wertung Anlass gibt, besteht.

Zudem kann der Begriff in seiner pejorativen Bedeutung den alltagssprachlichen Gebrauch besser abbilden und ist in praktischer Hinsicht fruchtbarer als eine weite Definition. Nur ein negativ wertender Begriff erlaubt zu verstehen, warum wir uns in praktischer Hinsicht um Verschwörungstheorien einer bestimmten Art ziemliche Sorgen machen sollten und Politiker_innen vor konspirazistischem Denken warnen. Mit diesem Plädoyer für eine engere Definition ist es allerdings noch nicht getan. Es gibt verschiedene Definitionsvorschläge, die Verschwörungstheorien enger und in Übereinstimmung mit unserem alltagssprachlichen Ge-

---

[14] So etwa Dentith, 2014, v. a. Kap. 2–4.
[15] Siehe etwa Basham (2018, S. 95–107), der sich gegen die Pathologisierung von Verschwörungstheorien wendet.
[16] Vgl. Napolitano, 2021. Gegen eine weite Begriffsverwendung spricht zudem, dass echte Verschwörungen weit unwahrscheinlicher sind als fiktive. Siehe dazu Räikkä und Ritola (2020).

brauch bestimmen. Wir müssen daher genauer zeigen, welchen Bedingungen eine engere Definition genügen muss.

Ein Vorschlag bezieht sich darauf, dass Verschwörungstheorien (i) Erklärungen für ein bestimmtes Ereignis sind, die im Konflikt zu dem stehen, was „offizielle Theorien" behaupten; (ii) die postulieren, dass das in Frage stehende Ereignis von einem oder mehreren Verschwörern mit bösen Absichten hervorgebracht wurde, und (iii) die den Architekten des Ereignisses bescheinigen, an der Unterstützung der „offiziellen Theorien" beteiligt zu sein.[17] Diese *Konfliktbedingung* – dass Verschwörungstheorien nämlich immer im Konflikt zu einer „offiziellen Theorie" stehen – ist jedoch noch nicht vollständig überzeugend. Auch wenn dadurch gefasst werden soll, dass Verschwörungstheorien epistemisch fragwürdig sind, so ist diese Bedingung zu kontextsensitiv. Wenn mit „offiziellen Theorien" epistemische Autoritäten, wie die Wissenschaften, aber auch die zentralen Medien und politische Institutionen gemeint sind, dann gilt ein Ereignis als eine Verschwörung in Abhängigkeit von Zeit und Raum. Was in China den „offiziellen Theorien" entgegensteht, kann hierzulande den „offiziellen Theorien" entsprechen. Ähnliches gilt für unterschiedliche Zeitpunkte. Was vor 100 Jahren von einer offiziellen Theorie gestützt wurde, mag heute von der offiziellen Theorie widerlegt sein. Der Begriff der Verschwörungstheorie, der auf dieser Konfliktbedingung fußt, ist auf diese Weise semantisch zu instabil. Doch selbst wenn wir „offizielle Theorien" durch „vertrauenswürdige epistemische Autoritäten" zu einem bestimmten Ort und Zeitpunkt präzisieren, dann ist dies immer noch nicht hinreichend für ein angemessenes Verständnis des Begriffs der Verschwörungstheorie. Dies liegt daran, dass selbst die auf diese Weise präzisierte Konfliktbedingung lediglich ein Indikator dafür ist, ob eine Erklärung eine Verschwörungstheorie ist. Schließlich sind vertrauenswürdige epistemische Autoritäten nicht immer diejenigen, die richtig liegen. Wir können ihnen fälschlicherweise vertrauen, sie sind selbst irrtumsanfällig und daher ist das, was im Konflikt zu ihnen steht, nicht notwendigerweise eine Verschwörungstheorie in einem problematischen Sinne. Dies gilt in Zeiten großer empirischer und normativer Unsicherheit, wie etwa während der Corona-Pandemie, sogar in besonderem Maße. Schließlich sind sich nicht einmal Epidemiologen und Virologinnen immer einig und die bestausgewiesenen Wissenschaftler_innen ändern immer wieder ihre Einschätzung bzgl. des Virus und seiner Verbreitung. Kurz: Auch wenn die Konfliktbedingung typisch ist für „wilde" Verschwörungstheorien, so ist sie nicht in einem analytischen Sinne notwendig.

Es spricht daher viel dafür, nach einer weiteren Bedingung zu suchen, die notwendig zeigt, was nach unserem alltagssprachlichen Verständnis an Verschwö-

---

17 Siehe Harris, 2018, S. 235–257.

rungstheorien problematisch und damit negativ zu bewerten ist. Es bietet sich hierbei an, den Blick auf die Person zu lenken, die ein Ereignis in einem solchen problematischen Sinn durch eine Verschwörung verursacht glaubt. Sie ist davon nämlich in einer ganz bestimmten Weise überzeugt. Nennen wir dies die *Immunisierungsbedingung.* Die betreffende Person legt sich darauf fest, dass (i) die Verschwörung tatsächlich geschah und deshalb wahr ist. Diese Art des Überzeugtseins von einer Verschwörung wiederum impliziert (ii) die weitere Überzeugung, dass die Verschwörer_innen Beweise gegen ihre Verschwörung gestreut haben, um uns in die Irre zu führen, und (iii) alternative Narrative für die Öffentlichkeit verbreiten, um ihre Absichten möglichst geheim zu halten.[18] Entsprechend hat jeder, der von einer Verschwörung überzeugt ist – qua Überzeugtsein von einer Verschwörung – die Überzeugung, dass alles, was gegen die Verschwörung spricht, ein Beweis *für* sie ist. Die Person, die also von einer Verschwörung überzeugt ist, immunisiert sich mithilfe einer solchen „selbstabdichtenden"[19] Überzeugung gegen jede Gegen-Evidenz und ist resistent gegen jegliche Revision. Die *Immunisierungsbedingung* kann zeigen, warum zumindest eine bestimmte Art des Glaubens an Verschwörungstheorien epistemisch problematisch ist. Es ist diese Art der selbstabdichtenden Überzeugung, die bei „wildem" konspirazistischem Denken am Werke ist. Dies erklärt zudem, warum es sinnlos scheint, mit Verschwörungstheoretiker_innen zu diskutieren. Sie sind aufgrund der Art ihrer Festlegung auf die Art des Gegenstands – nämlich einer Verschwörung – immun gegenüber etwaigen Gegen-Evidenzen, die wir in einer Diskussion einbringen würden.

Vor diesem Hintergrund wird jedoch auch deutlich, dass sich der Begriff der Verschwörungstheorie einer klassischen Definition versagt, die notwendige und gemeinsam hinreichende Bedingungen anführen kann. Der Konflikt mit epistemischen Autoritäten ist zwar ein Indikator, aber es ist keine notwendige Bedingung dafür, eine Verschwörungstheorie auszuweisen. Es ist denkbar, dass eine Person zu einer Verschwörungstheorie neigt, aber gar nicht weiß, was die epistemischen Autoritäten überhaupt behaupten. Ebenso denkbar (wenn auch seltener) ist, dass selbst die bestausgewiesenen epistemischen Autoritäten Verschwörungstheorien anhängen. Die Immunisierungsbedingung wiederum ist zwar notwendig für konspirazistisches Denken, aber nicht hinreichend. Denn sie erklärt nicht, was Menschen motiviert, ihre Überzeugungen in dem beschriebenen Sinne abzudichten. Ohne eine solche Erklärung bleibt jedoch schwer verständlich, warum „normale" Menschen „wilden" Verschwörungstheorien Glauben schenken. Ein entscheidender Aspekt ist hierbei, dass Verschwörungstheorien eine stabilisierende Funktion für

---

18 Siehe Napolitano, 2021.
19 Napolitano, 2021.

die Person besitzen, die an sie glaubt.[20] An sie zu glauben vermittelt der betreffenden Person Sicherheit via einer eindeutigen Verursachungszuschreibung, die in Zeiten der Krise besonders relevant wird. So ist es auch nicht verwunderlich, dass sich auf Demonstrationen der „Querdenken"-Bewegung u. a. solche beteiligen, die sich marginalisiert und wirtschaftlich bedroht fühlen, und andere, die persönliche Ängste um ihre Kinder oder älteren Anverwandten auf die Straße treibt. Beide Gruppen eint, dass sie nach einer Sicherheit verleihenden Erklärung in Zeiten empirischer und normativer Unsicherheit, die sie selbst unmittelbar bedroht, suchen.[21]

Um also fassen zu können, worum es uns politisch zu tun sein muss, wenn es um konspirazistisches Denken geht, sollten wir uns demnach von einer klassischen Definition von „Verschwörungstheorie" verabschieden und eine Explikation des Begriffs favorisieren, die diesen in epistemischer und politischer Hinsicht fruchtbar einsetzen lässt. Zudem sollte der Begriff hinreichend Ähnlichkeit mit unserem alltagssprachlichen Gebrauch besitzen und ein bestimmtes Phänomen, das wir meinen, wenn wir an die Bedrohung demokratischer Gesellschaften durch Verschwörungstheorien denken, einheitlich einfangen. In diesem Sinne erklärt eine Verschwörungstheorie ein Ereignis

(i) durch die Behauptung einer Verschwörung durch einen Akteur (oder eine Gruppe von Akteuren);
(ii) die eine signifikante Anzahl an falschen, selbstabdichtenden Überzeugungen in einer signifikanten Menge von Personen erzeugt;
(iii) die in der Regel mit unseren vertrauenswürdigen epistemischen Autoritäten konfligiert; und
(iv) die in der Regel stabilisierende Funktion hat, Sicherheit und Kontrolle durch eindeutige Verursachungszuschreibung in denjenigen, die an sie glauben, zu erzeugen.

Diese Explikation erlaubt, ein Phänomen einheitlich zu erklären, auf das wir uns in unserem alltagssprachlichen Gebrauch beziehen. Die Explikation macht zudem plausibel, wie Menschen mit ganz unterschiedlichen Motivlagen dazu kommen, an sie zu glauben und zugleich in ihnen bewirkt, sich gegen Evidenzen zu immunisieren. Sie kann außerdem verdeutlichen, dass Verschwörungstheorien – sofern sie

---

20 Siehe dazu etwa Hepfer, 2015, S. 17ff.
21 Damit möchte ich nicht ausschließen, dass auch noch andere Motivlagen dazu führen können, sich dieser Bewegung anzuschließen. Dazu gehören linke oder rechte Ideologien, die dazu führen, grundsätzlich skeptisch gegenüber staatlichen Eingriffen zu sein.

geäußert werden – eine Form von „Fake News" sind: An sie zu glauben führt zu einer systematischen Täuschung darüber, was wahr ist.[22]

Vor dem Hintergrund dieser Begriffsexplikation möchte ich im nächsten Schritt genauer skizzieren, welche theoretischen Fehler der Glaube an Verschwörungstheorien in sich birgt. Dies erlaubt mir zu erläutern, inwiefern diese Explikation epistemisch fruchtbar gemacht werden kann. In einem weiteren Schritt werde ich schließlich ausführen, inwiefern sie in ihrer politischen Relevanz weiter vertieft werden kann.

3 Die Fehler konspirazistischen Denkens

Die vorgeschlagene Begriffsexplikation kann fassen, dass Personen, die selbstabdichtende Überzeugungen ausbilden und in ihrem Glauben an eine Verschwörung systematisch getäuscht werden, etwas falsch machen. Es bedarf jedoch einer weiteren Untersuchung, welche Fehler es genau sind, die letztlich dazu führen, in Konflikt zu den Auffassungen epistemischer Autoritäten und zu selbstabdichtenden Überzeugungen zu geraten.

Philosoph_innen haben in diesem Zusammenhang gezeigt, (i) inwiefern Verschwörungstheorien den Standards guter wissenschaftlicher Praxis nicht genügen, erläutert (ii) warum Personen, die an Verschwörungstheorien glauben, keine gerechtfertigten und wahren Überzeugungen ausbilden können, sowie ausgeführt (iii) welche argumentativen Fehlschlüsse am Werke sind, wenn man dazu gelangt, Verschwörungstheorien der eben explizierten Art aufzustellen und zu glauben.[23]

Verschwörungstheorien gelten u. a. deshalb nicht als gute, d. h. wissenschaftliche Theorien, weil sie relevante explanatorische Lücken aufweisen und weniger erklären als alternative Theorien. So bleibt z. B. völlig unerklärt, inwiefern 5G-Strahlen eine Pandemie verursachen, da es dafür schlichtweg keinen Nachweis gibt. Zudem wird behauptet, unerklärbare Daten durch eine Verschwörung erklären zu können. Die Pandemie gewinnt an Sinnhaftigkeit, wenn man sie einem übermächtigen reichen Menschen, wie Bill Gates, zuschreiben kann, obwohl die alternative Theorie, derzufolge das Virus in Wuhan von Wildtieren auf den Menschen übertragen wurde, die Entstehung der Pandemie besser, da empirisch überprüfbar erklärt. Die vermeintliche Sinnhaftigkeit entsteht dadurch, dass ein so flächende-

---

22 Ich beziehe mich hier auf Grundmanns (2020) überzeugende „konsumentenorientierte" Analyse von „Fake News".
23 Siehe etwa Hepfer, 2015, Teil I. Manche plädieren daher aufgrund dieser Fehler dafür, von „Verschwörungserzählungen" oder „Verschwörungsmythen" zu sprechen. Siehe etwa Nocun und Lamberty, 2020, Kap. 2.

ckendes Ereignis mit gravierenden Folgen eindeutig einer Person mit bösen Absichten zugeschrieben werden kann und sich nicht einer zufälligen Übertragung verdankt.

Schließlich wird der angebliche Verursacher des zu erklärenden Ereignisses dämonisiert. Durch diese moralisch gefärbte Bewertung widerspricht eine Verschwörungstheorie ihrem eigenen Anspruch, eine empirische Erklärung eines Ereignisses vorzustellen. Ein weiterer Selbstwiderspruch besteht darin, dass Verschwörungstheorien vorgeben, absolut gesicherte Erkenntnis zu vermitteln. Alternative Theorien werden mit dem Hinweis auf ihre prinzipielle Unsicherheit angegriffen. Da die Verschwörungstheorie jedoch selbst eine empirische Theorie sein will, widerspricht die Behauptung, absolut gewiss zu sein, der prinzipiellen Widerlegbarkeit empirischer Theorien durch neue Evidenzen. Dies sind nur einige der zentralen Merkmale, die deutlich machen, dass Verschwörungstheorien in dem explizierten Sinne den Standards guter empirischer Theorien nicht genügen.[24]

Personen mit konspirazistischem Denken weisen auch selbst unterschiedliche epistemische Laster auf, die dazu führen, dass es ihnen systematisch schwer fällt, gerechtfertigte, wahre Überzeugungen auszubilden. So sind sie u. a. dogmatisch, da nur die eigenen Quellen akzeptiert werden, weil sie die Quellen der eigenen Gruppe sind. Sie sind engstirnig, da die eigenen kognitiven Vorurteile weder reflektiert noch transzendiert werden. Sie sind leichtgläubig, weil unzuverlässige Behauptungen als Erklärungen akzeptiert werden. Zudem sind sie epistemisch arrogant, da die eigenen Überzeugungen als höherwertig betrachtet werden als diejenigen anderer.[25]

Personen, die an eine Verschwörung in dem explizierten Sinne glauben, begehen zudem einige argumentative Fehler. Die soeben genannten epistemischen Laster können diese Fehlschlüsse begünstigen. So ist in den genannten Fällen die Behauptung einer Verschwörung kein Schluss auf die beste Erklärung und insofern ein abduktiver Fehler. Dies liegt daran, dass eine Verschwörung im Fall der Corona-Pandemie viel unwahrscheinlicher ist als etwa die virologisch und epidemiologisch gesicherten und weithin geteilten Nachweise über die Verbreitung des Virus. Zudem begehen Verschwörungstheoretiker_innen einen Fehler in der Anwendung der cui-bono-Heuristik. Aus der Behauptung, dass Bill Gates viel Geld mit der Pandemie machen wird, weil er dann an den Impfstoffen verdient, folgt nicht notwendig, dass

---

[24] Es geht mir hierbei nicht darum, erschöpfend darzulegen, welche Standards guter wissenschaftlicher Praxis von Verschwörungstheorien verletzt werden. Die genannten exemplarischen Verletzungen genügen, um zu zeigen, dass Verschwörungstheorien bzgl. der gegenwärtigen Pandemie keine „guten" Theorien sind.
[25] Vgl. Cassam (2019a) und Cassam (2019b), der die Bedeutung epistemischer Laster in diesem Zusammenhang hervorhebt.

Bill Gates der Verursacher der Pandemie ist (ganz abgesehen davon, dass er an der Erforschung der konkreten Impfstoffe gegen Corona nicht beteiligt war).

Doch auch wenn eine Menge argumentative und epistemische Fehler – die ich hier nur exemplarisch anführe – am Werke sind, wenn wir Verschwörungstheorien der genannten Art aufstellen und an sie glauben, so ist diese Diagnose in praktischer Hinsicht unzureichend. Der Nachweis, dass Verschwörungstheorien keine guten wissenschaftlichen Theorien sind, dass diejenigen, die an sie glauben, epistemische Laster aufweisen und falsche Schlüsse gezogen haben, kann noch nicht zeigen, dass „wilde" Verschwörungstheorien eine Gefahr für die Demokratie sind.[26] Schließlich folgt aus der Tatsache, dass das, was wir glauben, nicht wahr oder nachweisbar ist, noch nicht, dass wir das, was wir glauben, nicht öffentlich äußern und im politischen Diskurs einbringen dürfen. Irrationalität, epistemische Fehler und Immunisierung gegen neue Evidenz sind schließlich verbreitete Phänomene, die sich in vielen Bereichen des Alltags finden. Astrologie weist etwa vergleichbare Fehler auf, doch niemand vermutet hier demokratieunterwanderndes Gedankengut oder käme auf die Idee, Horoskope von nun an zu verbieten.[27] Schließlich machen auch Wissenschaftler_innen selbst epistemische Fehler und es ist auf der Basis der skizzierten theoretischen Fehler nicht klar, inwiefern Verschwörungstheorien kategorial anders zu behandeln sind als andere fehleranfällige Behauptungen.

Um zu zeigen, dass wir uns im Fall „wilder" Verschwörungstheorien jedoch ernsthaftere Sorgen machen sollten als im Fall der Astrologie oder im Fall fehlerhafter wissenschaftlicher Theorien, müssen wir zum einen darlegen, inwiefern sie politisch besonders relevant sind. Zum andern steht an zu begründen, auf welcher Basis „wilde" Verschwörungstheorien tatsächlich gerechtfertigterweise aus dem Prozess politischer Meinungsbildung[28] auszuschließen sind. Die bisherige Diagnose wissenschaftstheoretischer, epistemischer und argumentativer Fehler kann zeigen, wie es zu selbstabdichtenden Überzeugungen kommt, die mit unseren epistemischen Autoritäten konfligieren. Sie kann aber noch nicht erklären, warum uns die Entstehung und Verbreitung von Verschwörungstheorien in politischer Hinsicht umtreiben sollte. Im Folgenden werde ich daher darlegen, inwiefern „wilde" Verschwörungstheorien im Gegensatz zur Astrologie – zumindest so, wie sie in unseren Breiten praktiziert wird – politisch relevant sind. Vor diesem Hintergrund werde ich schließlich diskutieren, welche Standards überhaupt dafür geeignet sind zu zeigen,

---

26 In diesem Zusammenhang hat Martha Nussbaum darauf hingewiesen, dass wir ein Recht haben, Fehler zu machen, nicht so gescheite Auffassungen zu vertreten oder einfach irrational zu sein. Siehe Nussbaum, 2011.
27 Darauf machen auch Cíbik und Hardoš (2020, S. 7) aufmerksam.
28 Im Folgenden verwende ich den Begriff „politische Meinungsbildung" für den im Englischen v. a. in der Demokratietheorie üblichen Begriff der „political deliberation".

welche Auffassung im demokratischen Prozess gerechtfertigterweise Gehör verdient und welche nicht.

4 Epistemische Standards politischer Meinungsbildung

Die Verschwörungstheorien, die hier in den Blick genommen werden, sind politisch relevant, da sie sich anschicken, die Entstehung und Verbreitung einer Pandemie zu erklären.[29] Da eine Pandemie die Gesundheit und damit das Wohlergehen aller Bürger_innen betrifft und politische Entscheidungen notwendig macht, die die Gesundheit aller um den Preis verschiedener Eingriffe in die Grundrechte schützen, hat jede öffentlich propagierte Erklärung zur Entstehung und Verbreitung einer solchen Pandemie Einfluss auf politische Entscheidungen. Wer etwa behauptet und verbreitet, das Virus gäbe es gar nicht, beeinflusst die politische Meinungsbildung dahingehend, dass es nichts zu tun gäbe, um die Gesundheit aller zu schützen. Wer Verschwörungstheorien auftischt, um die Entstehung und Verbreitung des Virus zu erklären, der führt die Öffentlichkeit u. a. bzgl. der Verursachung des Virus in die Irre. Auch dies hat Auswirkungen auf die politische Entscheidungsfindung. Denn wenn es böse Verursacher_innen eines Virus gibt, die daraus angeblich einen Vorteil für sich herausschlagen, dann ist der politische Feind nicht mehr primär das Virus, gegen das zu schützen die eigentliche politische Aufgabe ist, sondern die Verursacher_innen des Virus. Auch dies verändert die politische Meinungsbildung dahingehend, dass der Fokus von der Pandemiebekämpfung zur Bekämpfung von Bill Gates, den Betreibern des 5G-Netzes, der Pharmaindustrie oder der Finanzwelt gelenkt wird. Zudem wird dadurch, dass „falsche Feind_innen" ins Visier genommen werden, die Vertrauenswürdigkeit epistemischer Autoritäten unterwandert und die politische Meinungsbildung entsprechend manipuliert. All dies erhöht die Gefahr, dass politisch bedeutsame Maßnahmen zum Schutz der Gesundheit aller unzulänglicher getroffen werden als dies der Fall wäre, wenn alle relevanten Meinungen im Prozess politischer Meinungsbildung unparteiisches Gehör finden.

Sofern politische Meinungsbildung auch die Frage betrifft, ob die Bürger_innen bestimmte politische Entscheidungen – etwa die der Regierung – akzeptieren sollten oder nicht, spielt diese eine entscheidende Rolle für die Legitimität politischer Entscheidungen. Es müsste daher gerade im Dienste der demokratischen Legitimität

---

29 Entsprechend ist nicht ausgeschlossen, dass es Verschwörungstheorien unpolitischer Natur gibt. Die Verschwörungstheorie, die sich etwa um den Tod Elvis Presleys rankt, ist von einer solchen Art.

politischer Entscheidungen sein, politische Meinungsbildung möglichst umfassend zu gestalten und verschiedenste Auffassungen unparteilich zu betrachten.[30]

In letzter Zeit haben politische Philosoph_innen sich vermehrt der Frage zugewandt, inwiefern politische Meinungsbildung, die demokratisch legitimierte politische Entscheidungen befördern soll, „wohlgeordnet" zu sein hat und geäußerte Auffassungen daher auch bestimmten epistemischen Standards genügen müssen. Dementsprechend verdient es eben nicht jede noch so verrückte Auffassung, im Prozess politischer Meinungsbildung Gehör zu finden. Wenn es gelingt, solche Standards ausfindig zu machen, könnten wir begründen, warum Verschwörungstheorien aufgrund der genannten theoretischen Fehler gerechtfertigterweise von diesem Prozess auszuschließen sind.

Es bieten sich insbesondere die folgenden drei epistemischen Standards an:

Einem ersten Standard zufolge sind nur diejenigen Auffassungen im Rahmen der politischen Meinungsbildung zu berücksichtigen, die auf wahren Prämissen beruhen.[31] Diesem *Wahrheitsstandard* zufolge ist es gerechtfertigt, Verschwörungstheorien aus dem Prozess politischer Meinungsbildung auszuschließen, da sie auf falschen Prämissen beruhen. Sie gehen u. a. von unwahren Tatsachen über die Entstehung des Virus aus und behaupten weitere Unwahrheiten bzgl. komplexer gesundheitspolitischer Zusammenhänge. Auf den ersten Blick scheint viel dafür zu sprechen, Wahrheit als einen wichtigen Standard einzuführen, verfehlen Verschwörungstheorien Wahrheit ja systematisch.

Allerdings erweist sich der Wahrheitsstandard bei genauerer Betrachtung als viel zu anspruchsvoll, um politische Meinungsbildung als „wohlgeordnet" zu regulieren. Denn der Wahrheitsstandard würde auch epidemiologische, virologische, wirtschaftswissenschaftliche und erziehungswissenschaftliche Erkenntnisse als legitime Beiträge zur politischen Meinungsbildung ausschließen müssen. So war gerade zu Beginn der Pandemie überdeutlich, dass selbst die wissenschaftlichen Erklärungen und Prognosen nicht hinreichend bestätigt waren und nicht wenige sich auch später als falsch erwiesen.[32]

---

30 Siehe etwa Christiano (2008, v. a. Kap. 5), der eine stark demokratische Auffassung politischer Legitimität vertritt und demzufolge eine möglichst umfassende politische Partizipation besonders relevant ist.
31 Im Folgenden beziehe ich mich auf Peter, 2021.
32 Dentith (2019, S. 2243–2261) weist in diesem Sinne darauf hin, dass „evidentielle[...] Probleme" fälschlicherweise nur mit Verschwörungstheorien assoziiert werden. Tatsächlich handelt es sich um Probleme, mit denen alle wissenschaftlichen Theorien konfrontiert seien. Siehe auch Huneman und Vorms (2018). Dentith und Keeley (2018, S. 289ff) sprechen vom „improvisierten Wissen" von Verschwörungstheorien. Da es keine Experten gibt, die uns sagen können, wann eine Verschwörungstheorie wahr ist, sollten Bürger_innen sie als Aufruf zu weiterer Untersuchung betrachten.

Da gerade angesichts einer Pandemie durch ein neues Virus politische Entscheidungen mit massiven empirischen und normativen Unsicherheiten umgehen müssen, würde ein Wahrheitsstandard zu viele Auffassungen nicht zu berücksichtigen erlauben, die aber dennoch für die politische Meinungsbildung und Entscheidung hilfreich und wichtig sind. Manchmal ist das, was wahr ist, (noch) nicht zugänglich. Auffassungen auszuschließen, weil sie nicht wahr sind, wäre daher zu leichtfertig.[33] Wir würden dann nämlich darauf verzichten, auf Erkenntnisse und Einsichten zu hören, die uns in unseren Entscheidungen v. a. angesichts von großer Unsicherheit ggf. helfen könnten. Wir können aus ihnen lernen, sie könnten uns zumindest in die Nähe von Wahrheit bringen, da zumindest eine Wahrscheinlichkeit besteht, dass sie sich bewahrheiten.

Aus diesen Gründen kann der Wahrheitsstandard nicht zeigen, dass Verschwörungstheorien als Auffassungen, die es verdienen, im Prozess politischer Meinungsbildung gehört zu werden, ausgeschlossen werden sollten. Die Tatsache, dass sie unzureichende Theorien sind und auf keinen wahren Prämissen beruhen, kann dies nicht rechtfertigen.

Es bietet sich jedoch ein weiterer epistemischer Standard an, der dazu dienen kann, Auffassungen, die einer wohlgeordneten politischen Meinungsbildung dienen, zu rechtfertigen. Es handelt sich hierbei um den *Standard gerechtfertigter Überzeugungen*. Demzufolge wird eine Auffassung legitimerweise in der politischen Meinungsbildung berücksichtigt, wenn die betroffene Person darin gerechtfertigt ist, ihre Prämissen zu glauben.[34] Diesem Standard zufolge sind Verschwörungstheorien keine Auffassungen, die in der politischen Meinungsbildung berücksichtigt werden müssen, da sie auf ungerechtfertigten Überzeugungen beruhen. Auch dies scheint auf den ersten Blick ein relevanter Standard zu sein, führen doch auch ungerechtfertigte Überzeugungen dazu, keine angemessene Sicht auf die Welt zu erwerben.

Das Problem ist jedoch, dass dieser Standard zu vorschneller Zensur führen kann. Schließlich bleibt offen, wer genau autorisiert ist, eine bestimmte Auffassung als ungerechtfertigt auszuweisen. Selbst „wilde" Verschwörungstheorien auf der Basis mangelnder Rechtfertigung auszuschließen, birgt immer die Gefahr in sich, ihr (wenn auch nicht sehr wahrscheinliches) Potential zu missachten, dass die behauptete Verschwörung vielleicht doch stattgefunden hat. Zudem kann die Behauptung mangelnder Rechtfertigung auch auf wissenschaftliche Theorien angewendet werden. Es kommt daher schnell einer Form der Expertokratie gleich, die in

---

33 Siehe dazu Peter, 2021.
34 Siehe dazu Peter, 2019a.

Zeiten der Unsicherheit Deutungshoheit beansprucht. Auch dies kann demokratieunterwandernde Konsequenzen haben.[35]

Ein noch schwächerer Standard besagt schließlich, dass offensichtliche Unwahrheiten im Prozess politischer Deliberation vermieden werden sollten. Dieser *Unsinnsvermeidungsstandard* legt nahe, dass eine Verschwörungstheorie dann keine zu berücksichtigende Auffassung im Prozess der Meinungsbildung ist, wenn die Prämissen, auf denen sie beruht, in ganz offenkundiger und damit himmelschreiender Weise falsch sind und diese Tatsache jedem leicht zugänglich ist. Genau dies scheint ja bei vielen der um die Pandemie sich rankenden Verschwörungstheorien der Fall zu sein. Nicht zuletzt deshalb haben wir sie auch als „wilde" Verschwörungstheorien klassifiziert. Doch der Standard der Vermeidung offensichtlichen Unsinns ist mit dem Problem konfrontiert, dass er zu wenig verlangt, um eine wohlgeordnete politische Meinungsbildung zu garantieren. So ließe er solche Verschwörungstheorien zu, die nicht ganz so offensichtlich falsch sind oder die auf nicht falsifizierbaren Prämissen beruhen. Deren Falschheit ist daher auch nicht ganz so leicht zugänglich. Dies ist etwa dann der Fall, wenn eine schwer nachvollziehbare Verschwörung der Weltfinanz oder der Pharmaindustrie konstatiert wird, die an den zur Bekämpfung der Pandemie notwendigen Impfstoffen viel Geld verdient. Der Standard zur Vermeidung offensichtlichen Unsinns greift hier nicht und stellt damit nicht hinreichend sicher, dass eine Auffassung im Kontext politischer Meinungsbildung in Bezug auf die verfügbare Evidenz auch die Beste ist.

Die verschiedenen epistemischen Standards, die vorgeschlagen wurden, um die politische Meinungsbildung als wohlgeordnet zu qualifizieren, sind folglich alle mit Einwänden konfrontiert. Die allgemeine Schwierigkeit dieser Standards besteht darin, leichtfertig relevante Auffassungen über Bord zu werfen und in epistemischer Hinsicht zu viel zu fordern, ungebührlich zu zensieren, oder sicherzustellen, dass eine Auffassung in Bezug auf die verfügbare Evidenz doch als die Beste im Vergleich zu anderen ausgewiesen werden kann.

Es scheint daher, dass Verschwörungstheorien bzgl. der Pandemie nicht so leicht als illegitime Auffassungen nur auf der Basis ihrer epistemischen und intellektuellen Verfehlungen aus dem Prozess politischer Meinungsbildung ausgeschlossen werden können.

Dies ist insofern ein interessanter Zwischenbefund, da bisher sowohl die vorgestellte Begriffsbestimmung als auch die wissenschaftstheoretische, epistemische und argumentative Fehleranalyse – zumindest in einem groben Überblick – nahelegte, dass das Hauptproblem solcher Verschwörungstheorien darin besteht, dass

---

35 Siehe dagegen Grundmann (2021), der die Auffassung verteidigt, dass in spezifischen Domänen Experten eine besondere Autorität verdienen.

sie uns von einer korrekten Repräsentation der Welt wegführen. Es hat sich nun gezeigt, dass dies nicht der Grund – zumindest nicht der letztlich relevante Grund ist – warum wir uns politisch um sie sorgen sollten.

Diese Diagnose führt mich nun dazu zu betrachten, welche anderen Standards zur Verfügung stehen, um zu prüfen, ob Verschwörungstheorien der genannten Art einen legitimen Beitrag für eine wohlgeordnete politische Meinungsbildung darstellen.

5 Ethische Standards politischer Meinungsbildung

Neben den epistemischen Standards, wie *Wahrheit, gerechtfertigte Überzeugungen*, und *Vermeidung offensichtlichen Unsinns*, bieten sich auch ethische Standards an. Sie betreffen v. a. das Verfahren, *wie* Überzeugungen und Auffassungen im Rahmen politischer Meinungsbildung in Reaktion auf die Überzeugungen und Auffassungen anderer gewonnen und wie andere durch das Äußern konspirazistischen Denkens behandelt werden.

So hat etwa John Rawls gefordert, dass eine liberale Gesellschaft unterschiedliche Weltauffassungen und Meinungen tolerieren muss, sofern diese vernünftig sind.[36] Dieser Pluralismus vernünftiger Meinungsverschiedenheiten bemisst sich nicht daran, ob alle wahr sind, sondern daran, inwiefern diese selbst Respekt gegenüber Andersdenkenden zeigen und die Grundzüge eines demokratischen Regimes akzeptieren.[37]

Ein erster ethischer Standard – der *intersubjektive Rechtfertigungsstandard* – betrifft die Art und Weise, wie ein Erklärungsversuch zur Entstehung der Pandemie in Auseinandersetzung mit den Erklärungsversuchen anderer gewonnen wird. Demzufolge ist eine Verschwörungstheorie nur gerechtfertigt, wenn das Vertrauen in ihre Richtigkeit angemessen an das angepasst wurde, was widersprechende Theorien über die Entstehung des Virus sagen. Demnach bedarf es weiterer Erläuterungen, warum etwa die Erklärung, dass das Virus von Wildtieren auf Menschen in China übersprang, weniger glaubwürdig ist. Die Rechtfertigung einer Auffassung hängt folglich nicht nur davon ab, ob sie wahr ist, Wissen generiert oder den schlimmsten Unsinn ausschließt, sondern auch davon, wie eine Auffassung aus

---

[36] Vgl. Rawls, 1996, 340ff.
[37] Vgl. Nussbaum, 2011, S. 33. Ihrer Lesart zufolge bemisst sich die Vernünftigkeit einer Weltauffassung daran, dass sie andere Bürger_innen als Gleiche respektiert. Auch Cíbik und Hardoš (2020, S. 10) verweisen auf Nussbaums Deutung von Rawls.

der Auseinandersetzung mit anderen Auffassungen im Kontext politischer Meinungsbildung erwächst.[38] Der intersubjektive Rechtfertigungsstandard erlaubt, extremen Dogmatismus auszuschließen. Da konspirazistisches Denken aufgrund der für es charakteristischen selbstabdichtenden Überzeugungen jedoch dogmatisch ist und einen aufrichtigen Austausch von Gründen mit anderen verunmöglicht, scheint es diesem Standard der intersubjektiven Rechtfertigung klar zu widersprechen. Es kann daher auch nicht als Ausdruck tiefer politisch relevanter Meinungsverschiedenheiten betrachtet werden.[39]

Ein zweiter Standard – der *Standard epistemischer Gerechtigkeit*[40] – betrifft die Frage, ob andere epistemische Akteure durch das Äußern und Verbreiten von Verschwörungstheorien aufgrund nicht epistemisch relevanter Faktoren geschädigt werden und ihnen keine gleiche Autorität zugebilligt wird, sich an dem politischen Meinungsbildungsprozess zu beteiligen. Wenn also Epidemiologen und Virologinnen ausgeschlossen werden, nur weil sie Teil des „Establishments" sind und ihrem Wissen aufgrund ihres sozialen Status kein Gehör geschenkt wird, dann handelt es sich um einen Fall epistemischer Ungerechtigkeit.[41] Ihr Status als Wissende, die in relevanter Hinsicht dazu beitragen, Wissen zu generieren, wird hierbei missachtet. Verschwörungstheorien sind dann Ausdruck hermeneutischer Dominanz[42], die Deutungshoheit zur Erklärung eines Sachverhalts, wie der Pandemie, bean-

---

38 Siehe Peter, 2021. Hier könnte man auch darauf verweisen, dass in beschränkten Domänen – wie etwa der Epidemiologie und Virologie – Expert_innen eine besondere epistemische Autorität zukommt, an der sich die eigene Meinungsbildung bemessen muss. Grundmann (2021) geht sogar so weit zu verteidigen, dass wir in solchen Fällen diese Autorität von Expert_innen anerkennen und eigene Gründe gar nicht ins Spiel bringen sollten. Die besondere Bedeutung epistemischer Autoritäten kann ich im Rahmen dieses Aufsatzes nicht umfassend behandeln.
39 Siehe auch Peter (2019b), die ausführt, dass Selbst-Vertrauen in die eigene Auffassung – und selbstabdichtende Überzeugungen können als eine besonders starke Form des Selbst-Vertrauens gedeutet werden – keinen Grund darstellen, bei seinen Überzeugungen zu bleiben und auf Meinungsverschiedenheiten nicht zu reagieren.
40 Der Begriff epistemischer Ungerechtigkeit wurde erstmals von Fricker (2007) eingeführt. Siehe z. B. Dieleman (2015, S. 794–810), die v. a. dafür plädiert, die Vermeidung epistemischer Ungerechtigkeit als Standard wohlgeordneter politischer Meinungsbildung einzuführen. Vgl. auch Catala, 2015, S. 424–440.
41 Der Fall ist nur insofern atypisch, als Epidemiologen und Virologinnen normalerweise ein Status der Macht zukommt, und sie zu keiner unterdrückten Gruppe gehören, die aufgrund von Vorurteilen und Stereotypen epistemisch ungerecht behandelt werden. Doch, wie ich weiter unten noch zeigen werde, können sich im Kontext struktureller Ungleichheit Vorurteile und Stereotype auch gegen die „Mächtigen" richten. Sie werden dann als Wissende ungerechtfertigterweise aus der Meinungsbildung ausgeschlossen.
42 Den Begriff der „hermeneutical domination" verdanke ich Catala (2015, S. 424).

spruchen, und zwar nicht deshalb, weil sie gute Gründe dafür haben, sondern weil eine bestimmte Ingroup diese vertritt.[43]

Gleichzeitig missachten Verschwörungstheoretiker_innen die epistemische Autorität all derer, die andere Auffassungen zu der Entwicklung der Pandemie und möglichen Maßnahmen zu ihrer Eindämmung entwickelt haben und urteilen in einer Weise, die diese als Gruppe wahrnehmen lässt, der man nicht zuhören sollte. Sie werden als diejenigen, die selbst intellektuell nicht auf der Höhe sind – als Personen, denen man die Äußerung ihrer Meinung verbieten sollte o. ä.[44] – verunglimpft und beleidigt. Dazu gehört auch, dass Falschnachrichten verbreitet werden, die bekannten Vertreter_innen der Wissenschaft beispielsweise den Doktortitel absprechen.[45] Verschwörungstheorien genügen daher nicht dem Standard epistemischer Gerechtigkeit.

Ein dritter Standard – der *Respekt-Standard* – reguliert schließlich, dass durch die Äußerung und Verbreitung politisch relevanter Auffassungen Andere nicht missachtet werden.[46]

Der Respekt-Standard wird jedoch im Fall konspirazistischen Denkens in Zeiten der Pandemie in zweifacher Weise verletzt. So ist es zum einen offenkundig, dass diejenigen, die in Bill Gates den bösen Initiator der Pandemie wähnen, diesen nicht nur mit markigen und über die sozialen Medien weit verbreiteten Sprüchen verleumden, beschimpfen und Hetze gegen ihn betreiben. Sie benutzen auch die moralische Beurteilung der vermeintlichen Initiator_innen der Pandemie dazu, ihre eigenen (mehr oder wenig bewusst beabsichtigten) Ziele – wie etwa Profit, Einzigartigkeit, Gruppenidentität – zu befördern und betrachten sie nicht als freie und gleiche Bürger_innen, die selbst ein Recht darauf haben, ihr Leben nach ihren

---

43 In diesem Zusammenhang spielen Echo-Kammern eine besondere Rolle. Ngyuen (2020, S. 141–161), hat in erhellender Weise gezeigt, wie sich Echo-Kammern von Filterblasen unterscheiden. Während letztere aufgrund der epistemischen Struktur des Internets und der Informationstechnologie dazu führen, dass die relevanten Meinungen anderer nicht wahrgenommen werden, stellen erstere eine epistemische Struktur dar, die in erster Linie durch die aktive Manipulation von Vertrauen charakterisiert ist. Dazu gehört eine starke Unterscheidung zwischen Insidern und Outsidern, die epistemische Diskreditierung von Outsidern, dem verstärkten Vertrauen gegenüber „Insider-Wissen" und dem Vorhersagen von Gegenbeweisen, die das Eintreten der von Insider-Wissen genährten eigenen Theorie bestätigen soll.

44 Ich beziehe mich hier auch auf Kommentare, die ich über soziale Medien und Emails selbst zu einer vorgetragenen Version dieses Beitrags erhielt.

45 Dies betrifft etwa Falschmeldungen bzgl. des Virologen Christian Drosten von der Charité Berlin. Zur Richtigstellung siehe die Stellungnahme der Universität Frankfurt: https://aktuelles.uni-frankfurt.de/aktuelles/falschbehauptungen-zum-promotionsverfahren-von-prof-dr-christian-drosten, letzter Abruf am 24.01.2024

46 Siehe etwa Larmore, 2008, S. 146ff.

Zielen zu gestalten.[47] Zum andern werden die Erfahrungen derjenigen missachtet, die unter der Pandemie besonders leiden und teilweise schwer erkrankt sind. Auch dies lässt sich als eine Missachtung anderer als gleiche Bürger_innen deuten, da ihre spezifische Verletzlichkeit aufrund der Pandemie nicht anerkannt wird. Wenn ein wohlgeordneter und vernünftiger Meinungsbildungsprozess, der demokratische Entscheidungsfindung legitimiert, Andere missachtet, dann sollten Verschwörungstheorien, die dies tun, nicht Teil eines solchen Meinungsbildungsprozesses sein.[48]

Ich hoffe daher, gezeigt zu haben, dass Verschwörungstheorien nicht wegen ihrer genuin theoretischen Fehler, sondern v. a. wegen der aus diesen Fehlern resultierenden ethischen Mängel berechtigterweise kein Gehör im Prozess politischer Meinungsbildung erfahren sollten. So radikal dies auf den ersten Blick erscheinen mag, so komplex ist es auf den zweiten Blick, dies im Einzelfall tatsächlich auszuweisen. So folgt aus meinen Überlegungen nicht, dass jede Verschwörungstheorie – und sei sie noch so „wild" – qua Verschwörungstheorie auszuschließen ist. Denn sofern ein Minimum an Rechtfertigung gegenüber anderen und in Reaktion auf die Auffassung anderer erkennbar ist, sofern andere nicht systematisch aufgrund ihrer Gruppenidentität aus dem Prozess gegenseitiger Rechtfertigung ausgeschlossen werden und epistemisch ungerecht behandelt werden und sofern andere nicht missachtet werden, kann auch eine an sich „wilde" Verschwörungstheorie Bestandteil einer wohlgeordneten politischen Meinungsbildung sein. Aufgrund der sie kennzeichnenden selbstabdichtenden Überzeugungen sind sie zwar immer gefährdet, den Standard der intersubjektiven Rechtfertigung zu verfehlen. Allerdings müssen wir auch zwischen solchen Verschwörungstheoretiker_innen unterscheiden, die eine Verschwörungstheorie in die Welt setzen, propagieren und sich gegen alle Gegen-Evidenz abdichten und solchen, die mit konspirazistischem Gedankengut gewissermaßen nur liebäugeln. Diese letztgenannte Art konspirazistischen Denkens wäre denkbarer Bestandteil politischer Meinungsbildung. Dafür spräche, dass sich die Sympathisanten konspirazistischen Denkens noch nicht in derselben Weise gegen die Gründe anderer abgedichtet haben wie diejenigen, die fest davon

---

47 Die Verbreitung von Verschwörungstheorien geht daher mit einer Form des „Moral Grandstanding" daher. Demzufolge wird moralische Beurteilung Anderer zur Erhöhung der eigenen Person benutzt. Siehe Tosi und Warmke, 2016, S. 197–217. Vgl. auch Räikkä und Ritola (2020), die auf die ethisch relevanten Schädigungen, wie etwa Verleumdung und mangelnde Empathie für Betroffene eingehen.
48 Quong (2004, S. 315) schlägt daher vor, diejenigen, die solche Auffassungen verbreiten, aus der Gruppe der Bürger_innen auszuschließen, die in einem Prozess politischer Meinungsbildung bestimmen, was die jeweiligen Bürgerrechte enthalten. Siehe dazu auch Cíbik und Hardoš, 2020, S. 11.

überzeugt sind und daher weder in derselben Weise leichtfertig noch dogmatisch sind.

Bisher habe ich v. a. die Frage beleuchtet, inwiefern (manche) Verschwörungstheorien der genannten Art ethische Standards verletzen. Diese Standards erklären, warum Verschwörungstheorien nicht Teil einer wohlgeordneten und vernünftigen politischen Meinungsbildung sind. Die weitere Frage, die ich abschließend beleuchten möchte, ist, wie sich konspirazistisches Denken selbst der strukturellen Verletzung dieser Standards verdankt. Erst wenn wir erkennen, welche Bedingungen zur Entstehung von Verschwörungstheorien beitragen, können wir zeigen, wie konspirazistischem Denken entgegengewirkt werden kann.

6 Ausblick: Zur strukturellen Dynamik von Missachtung, Misstrauen und konspirazistischem Denken

Im Folgenden möchte ich abschließend zeigen, inwiefern die Verletzung der genannten ethischen Standards einer wohlgeordneten politischen Meinungsbildung strukturell dazu führen, dass Verschwörungstheorien in Zeiten der Krise besonders florieren. Im Rahmen dieses Beitrags kann ich diese Dynamik nur kurz umreißen.

Wer etwa den Eindruck hat, aufgrund der eigenen Gruppenzugehörigkeit nicht als relevanter Gesprächspartner wahrgenommen zu werden und dessen Auffassungen und situierte Perspektive keine Rolle für die Rechtfertigung der Auffassungen anderer zu spielen scheint, nimmt sich nicht als vertrauenswürdiger und respektierter Adressat im Prozess politischer Meinungsbildung wahr. Dies betrifft häufig Personen mit geringerem Bildungsstand, mit geringerem sozioökonomischem Status ebenso wie Personen, die aufgrund anderer Gruppenzugehörigkeiten den berechtigten Eindruck haben, keine oder eine zu geringe Rolle im Prozess politischer Meinungsbildung zu spielen.

Sie werden daher sehr viel eher geneigt sein, den etablierten epistemischen Autoritäten zu misstrauen.[49] Auf diese Weise entsteht eine Dynamik aus der nicht anerkannten eigenen Autorität, anderen mit Gegen-Gründen zu begegnen, in epistemischer Hinsicht Einfluss zu nehmen und gehört zu werden, und der Tendenz, sich gegen den Einfluss der relevanten epistemischen Autoritäten abzuschotten. Das empfundene und strukturell beförderte Misstrauen gegenüber der eigenen episte-

---

[49] Diese strukturellen Bedingungen des Misstrauens in epistemische Autoritäten werden von Grundmann (2021) nicht behandelt.

mischen Autorität stabilisiert hierbei das Misstrauen in die herrschenden epistemischen Autoritäten. Dieses Misstrauen verstärkt wiederum die Tendenz, die eigenen Überzeugungen gegen deren Gründe abzudichten. Verschwörungstheorien befördern damit das Gefühl der Sicherheit und Kontrolle, das durch das strukturell bedingte Misstrauen gegenüber der eigenen epistemischen Autorität zu schwinden droht und das in Zeiten der Krise das fundamentale Interesse bedient, sich in einer unsicherer gewordenen Welt zu orientieren.

Diese Dynamik erklärt, warum Menschen nicht deshalb an Verschwörungstheorien glauben, weil sie nicht wissen, was eine gute Theorie ausmacht oder weil sie sich nicht hinreichend epistemische Tugenden angeeignet haben. Sie glauben vielmehr an diese Theorien, da sie ihr bereits vorhandenes und aus ihrer Sicht begründetes Misstrauen in epistemische Autoritäten bestätigen.[50] Eine Person, die misstraut, hält die Akteur_innen, auf die sich ihr Misstrauen richtet, für nicht vertrauenswürdig. Dies ist deshalb der Fall, weil sie glaubt, dass sie ihr keine gleiche Autorität in öffentlichen Rechtfertigungs- und Anerkennungsprozessen zuschreiben. In einer solchen Beziehung, die nicht von wechselseitiger Anerkennung charakterisiert ist, wird Misstrauen angesichts weiterer Herausforderungen, wie einer Pandemie, verstärkt. Wenn Misstrauen aufgrund der nicht zuerkannten Autorität gerechtfertigt scheint, so scheint es gleichzeitig umso gerechtfertigter, alternativen Erklärungen – wie etwa Verschwörungstheorien – zu vertrauen. Bei einer aufgrund der Pandemie unsicheren Evidenzlage wird denjenigen Auffassungen Vertrauen geschenkt, die die Pandemie einfach nachvollziehbar erklären können, im Kontrast zu den misstrauten Autoritäten stehen und der eigenen, nicht anerkannten Perspektive mehr Anerkennung verleihen. Dies geschieht dadurch, dass die Verschwörungstheorie nun auch praktische Bedürfnisse bedient. Wenn wir etwa die Verschwörungstheorien um Bill Gates betrachten, so schaffen diese Kohärenz zu einem eher wirtschaftskritischen Weltbild, das sich sowohl in linke als auch rechte Ideologien fügt. Sie lassen sich auch kohärent in die Sichtweise derjenigen einpassen, die aus Besorgnis um ihre Kinder staatliche Maßnahmen fürchten, die diesen schaden könnten. Verschwörungstheorien lassen sich folglich kohärent in vorhandene Weltauffassungen einfügen. Damit befriedigen sie auch das Bedürfnis, in der eigenen Perspektive gehört und ernst genommen zu werden und verleihen im Gegensatz zu den epistemischen Autoritäten des Staates Anerkennung. Vor diesem Hintergrund struktureller Missachtung der Autorität einer Person im Austausch

---

50 Auch Budnik (2020, S. 24) macht im Kontext von Verschwörungstheorien auf die „Exzesse des Misstrauens" aufmerksam, begegnet diesen jedoch mit einem Plädoyer für Verlässlichkeit statt Vertrauen in die epistemischen Autoritäten.

von Gründen im Kontext politischer Deliberation wird deutlich, dass es perspektivisch rational werden kann, an Verschwörungstheorien zu glauben.

Ich hoffe gezeigt zu haben, dass es die strukturellen Bedingungen sind, die für das ausgewachsene und aus der Sicht der Verschwörungstheoretiker_innen auch begründete Misstrauen gegenüber epistemischen Autoritäten verantwortlich sind und die es in den Blick zu nehmen gilt.

Epistemische Maßnahmen, wie Fakten-Checks und kognitive Infiltration ebenso wie die Verbesserung der Medienkompetenz[51] mögen geeignet sein, diejenigen, die noch nicht völlig von Verschwörungstheorien überzeugt sind, vor diesen zu bewahren. Sie vermögen es aber nicht, die strukturellen Bedingungen zu beseitigen, die konspirazistisches Denken rationalisieren.

Es bedarf hierbei grundlegenderer Maßnahmen, die die Bedingungen der gleichen Partizipation und der Achtung der epistemischen Autorität aller betreffen. Dazu gehören Vorschläge, wie Vertreter_innen unterschiedlichster Herkunft, Bildung, Geschlechts- und Gruppenzugehörigkeit im Kontext politischer Deliberation begegnet wird.

Um Verschwörungstheorien als demokratieunterwandernde Kategorie zu verstehen, müssen wir nicht nur zeigen, was an ihnen in theoretischer Hinsicht fehlerhaft ist. Wir müssen v. a. verstehen, unter welchen Bedingungen sie besonderen Zulauf erhalten und diese Bedingungen verbessern. Im Rahmen dieses Beitrags habe ich v. a. versucht zu begründen, aufgrund welcher Standards wir einen Gutteil konspirazistischen Denkens getrost aus dem Prozess politischer Meinungsbildung verbannen können.[52]

Literatur

Basham, L. (2018). „Social Scientists and Pathologizing Conspiracy Theorizing." In: M.R.X. Dentith (Hg.), *Taking Conspiracy Theories Seriously*. Rowman and Littlefield, S. 95–107.

Boyd, K. (2021). „The Antidote to Fake News is to Nourish Our Epistemic Wellbeing." *Psyche*, Eintrag vom 27. Januar 2021. https://psyche.co/ideas/the-antidote-to-fake-news-is-to-nourish-our-epistemic-wellbeing, letzter Abruf am 24.01.2024.

---

51 Siehe etwa Sunstein und Vermeulen, 2009, S. 202–227.
52 Für hilfreiche Diskussionen zu einer vorgetragenen Version dieses Beitrags danke ich den Zuhörer_innen der Corona Lectures der LMU München, der Ringvorlesung an der Universität Hamburg sowie der Ringvorlesung „Die Zukunft der Gesundheit" am KIT der Universität Karlsruhe. Für wertvolle Hinweise bin ich zudem Christian Budnik, André Chapuis und Simon Stromer zu Dank verpflichtet.

Budnik, C. (2021). „Vertrauen als politische Kategorie in Zeiten von Corona." In: Gesellschaft für politische Philosophie (Hg.), *Nachdenken über Corona. Philosophische Essays über die Pandemie und ihre Folgen.* Reclam, S. 17–29.
Butter, M. (2018). *Nichts ist, wie es scheint. Über Verschwörungstheorien.* Suhrkamp Verlag.
Butter, M., und Knight, P. (Hg.) (2020). *Routledge Handbook of Conspiracy Theories.* Routledge.
Cassam, Q. (2019a). *Vices of the Mind: From the Intellectual to the Political.* Oxford University Press.
Cassam, Q. (2019b). *Conspiracy Theories.* Polity.
Catala, A. (2015). „Democracy, Trust, and Epistemic Justice." *The Monist* 98, S. 424–440. https://doi.org/10.1093/monist/onv022.
Christiano, T. (2008). *The Constitution of Equality: Democratic Authority and its Limits.* Oxford University Press.
Cíbik, M., und Hardoš, P. (2020). „Conspiracy Theories and Reasonable Pluralism." *European Journal of Political Theory* 21 (3), S. 445–465. https://doi.org/10.1177/1474885119899232.
Dentith, M.R.X. (2014). *The Philosophy of Conspiracy Theories.* Palgrave Macmillan.
Dentith, M.R.X. (2018). „The Problem of Conspiracists." *Argumenta* 3 (2), S. 327–343. https://doi.org/10.23811/58.arg2017.den.
Dentith, M.R.X. (2019). „Conspiracy Theories on the Basis of Evidence." *Synthese* 196, S. 2243–2261. https://doi.org/10.1007/s11229-017-1532-7.
Dentith, M.R.X., und Keeley, B.L. (2018). „The applied epistemology of conspiracy theories: An Overview." In: D. Coady und J. Chase (Hg.), *Routledge Handbook on Applied Epistemology.* Routledge, S. 284–294.
Dieleman, S. (2015). „Epistemic Justice and Democratic Legitimacy." *Hypatia* 30, S. 794–810. https://doi.org/10.1111/hypa.12173.
Douglas, K.M., Uscinski, J. Sutton, R.M. Cichocka, A. Nefes, T. Ang, C.S., und Deravi, F. (2019). „Understanding Conspiracy Theories." *Political Psychology* 40, S. 3–35. https://doi.org/10.1111/pops.12568.
Fricker, M. (2007). *Epistemic Injustice: Power and the Ethics of Knowing.* Oxford University Press.
Grundmann, T. (2020). „Fake News: The Case for a Purely Consumer-Oriented Explication." *Inquiry* 66 (10), S. 1758–1772. https://doi.org/10.1080/0020174X.2020.1813195.
Grundmann, T. (2021). „Facing Epistemic Authorities: Where Democratic Ideals and Critical Thinking Mislead Cognition." In: S. Bernecker, A. Floweree und T. Grundmann (Hg.), *The Epistemology of Fake News.* Oxford University Press, S. 134–155.
Harris, K. (2018). „What's Epistemically Wrong with Conspiracy Theorising?" *Royal Institute of Philosophy Supplement* 84, S. 235–257. https://doi.org/10.1017/S1358246118000619.
Hepfer, K. (2015). *Verschwörungstheorien. Eine Philosophische Kritik der Unvernunft.* transcript.
Huneman, P., und Vorms, M. (2018). „Is a Unified Account of Conspiracy Theories Possible." *Argumenta* 3 (2), S. 247–270. https://doi.org/10.23811/54.arg2017.hun.vor.
Ichino, A., und Räikkä, J. (2021). „Non-Doxastic Conspiracy Theories." *Argumenta* 7 (1), S. 247–263. https://doi.org/10.14275/2465-2334/20200.ich.
Keeley, B. (2006). „Of Conspiracy Theories." In: D. Coady (Hg.), *Conspiracy Theories: The Philosophical Debate.* Ashgate, S. 45–60.
Larmore, C. (2008). *The Autonomy of Morality.* Cambridge University Press.
Muirhead, R., und Rosenblum, N. L. (2020). *A Lot of People Are Saying: The New Conspiracism and the Assault on Democracy.* Princeton University Press.

Napolitano, M. G. (2021). „Conspiracy Theories and Evidential Self-Insulation." In: S. Bernecker, A. Floweree und T. Grundmann (Hg.), *The Epistemology of Fake News.* Oxford University Press, S. 82–106. https://doi.org/10.1093/oso/9780198863977.003.0005.

Nguyen, T.C. (2020). „Echo Chambers and Epistemic Bubbles." *Episteme* 17 (2), S. 141–161. https://doi.org/10.1017/epi.2018.32.

Nocun, K., und Lamberty, P. (2020). *Fake Facts: Wie Verschwörungstheorien unser Denken bestimmen.* Quadriga.

Nussbaum, M. (2011). „Perfectionist Liberalism and Political Liberalism." *Philosophy and Public Affairs* 39, S. 3–45.

Peter, F. (2019a). „Political Legitimacy under Epistemic Constraints: Why Public Reasons Matter." In: J. Knight und M. Schwartzberg (Hg.), *Political Legitimacy.* NYU Press, S. 147–173.

Peter, F. (2019b). „Epistemic Self-Trust and Doxastic Disagreements." *Erkenntnis* 84 (6), S. 1189–1205. https://doi.org/10.1007/s10670-018-0004-x.

Peter, F. (2021). „Epistemic Norms of Political Justification." In: M. Hannon und J. de Ridder (Hg.), *Routledge Handbook of Political Epistemology.* Routledge, S. 395–406.

Peter, F. (im Erscheinen). „Truth and Uncertainty in Political Justification." In: E. Edenberg und M. Hannon (Hg.), *Politics and Truth: New Perspectives in Political Epistemology.* Oxford University Press.

Pigden, C. (2007). „Conspiracy Theories and the Conventional Wisdom." *Episteme* 4 (2), S. 219–232. https://doi.org/10.3366/epi.2007.4.2.219.

Prooijen, J.-W. van (2019). „Empowerment as a Tool to Reduce Belief in Conspiracy Theories." In: J. E. Uscinski (Hg.), *Conspiracy Theories and the People Who Believe Them.* Oxford University Press, S. 432–442.

Quong, J. (2004). „The Rights of Unreasonable Citizens." *Journal of Political Philosophy* 12, S. 314–335.

Räikkä, J., und Ritola, J. (2020). „Philosophy and Conspiracy Theories." In: M. Butter und P. Knight (Hg.), *Routledge Handbook of Conspiracy Theories.* Routledge, S. 56–66.

Rawls, J. (1996). *Political Liberalism.* Columbia University Press.

Roose, J. (2020). *Verschwörung in der Krise. Repräsentative Umfragen zum Glauben an Verschwörungstheorien vor und in der Corona-Krise.* Konrad-Adenauer-Stiftung.

Sunstein, C., und Vermeulen, A. (2009). „Conspiracy Theories: Causes and Cures." *Journal of Political Philosophy* 17 (2), S. 202–227. https://doi.org/10.1111/j.1467-9760.2008.00325.x.

Tosi, J., und Warmke, B. (2016). „Moral Grandstanding." *Philosophy and Public Affairs* 44 (3), S. 197–217. https://doi.org/10.1111/papa.12075.

Zick, A., Küpper, B., und Berghan, W. (2018/19). *Verlorene Mitte – Feindselige Zustände. Rechtsextreme Einstellungen in Deutschland.* Hg. von F. Schröter. Friedrich-Ebert-Stiftung.

Daniel Minkin
Verschwörungstheorien und Wissenschaftsleugnung

Einige Lehren aus der Wissenschaftstheorie

Abstract: The text defends two theses on the relationship between science denial and conspiracy theories: (1) That conspiracy theories can be used as tools/techniques of science denial cannot justify a wholesale rejection of conspiracy theories. (2) Conspiracy theories can even help expose cases of harmful science denial which in turn can counteract it. In order to defend these theses, the prevailing program in research on conspiracy theories (General Repressivism) is criticized and an alternative program is outlined.

1 Einleitung

Nicht erst seit dem Beginn der Corona-Pandemie werden Verschwörungstheorien (VTn) in die Nähe der Wissenschaftsleugnung gebracht. So werden sie von diversen Autoren[1] als eine der fünf wichtigsten Techniken der Wissenschaftsleugnung aufgeführt (Vgl. etwa Diethelm und McKee, 2009)[2]. Hieran lässt sich erkennen, dass VTn keinen guten Stand haben; *dass* diese als Mittel der Wissenschaftsleugnung gelten, wird in der Regel als ein Grund (unter vielen) dafür gesehen, sämtlichen VTn ablehnend gegenüber zu stehen. Und diese Haltung ist zunächst auch nachvollziehbar, wenn man sich einige paradigmatische Beispiele für VTn vergegenwärtigt, die dafür benutzt werden, Erkenntnisse, über die wissenschaftlicher Konsens herrscht, in Zweifel zu ziehen:

---

[1] Männliche Formen im Plural und weibliche im Singular stehen stellvertretend für alle Geschlechtsidentitäten.
[2] Diethelms und McKees Arbeit wurde später von John Cook verwendet, um den berühmten FLICC-Rahmen (im Deutschen: PLURV-Rahmen) zu entwickeln, der dabei helfen soll, wissenschaftsskeptische Argumente zu entlarven (vgl. hierzu Cook, 2022). Im Gegensatz zu Diethelm und McKee sieht Cook jedoch VTn als „Fehlschlüsse" an, unter denen die Argumente der Wissenschaftsleugner leiden (vgl. etwa Cook et al., 2018, S. 3). Andere Autoren sehen Wissenschaftsleugnung *als Form eines Verschwörungsdenkens* (vgl. z.B. McIntyre, 2019, S. 7) an. In diesem Text wird es mir nur um die im Haupttext genannte Idee gehen.

Bsp. 1: Leugnung des anthropogenen Klimawandels
Diverse Gruppen[3] und Einzelpersonen[4] erklären den klimawissenschaftlichen Konsens[5] über das Bestehen des menschengemachten (anthropogenen) Klimawandels durch eine Verschwörung, die die durch Regierende angeblich geplanten Einschränkungen im Leben der Bevölkerung ermöglichen und rechtfertigen solle. Diese Verschwörungstheorie (VT) wird dann als Argument für die Zweifel am anthropogenen Klimawandel verwendet.[6]

Bsp. 2: Holocaustleugnung
V. a. in rechtsextremistischen[7] und islamistischen[8] Kreisen wird die millionenfache Ermordung von Juden, Sinti und Roma, Homosexuellen und anderen Personengruppen und Individuen durch die Nationalsozialisten im Holocaust geleugnet. Verbunden mit der Behauptung, dass der wissenschaftliche Konsens über die Realität des Holocausts von und/oder für den Machterhalt der Juden bzw. Israels und damit der Unterdrückung der Nicht-Juden Vorschub leisten solle, stellt eine solche Leugnung eine in Dtl. strafbare VT dar.

Bsp. 3: Corona-Leugnung
Obwohl die Mehrheit der Virologen davon ausgeht, dass das Corona-Virus „Sars-CoV-2" von Fledermäusen über einen Zwischenwirt auf den Menschen gesprungen ist, kursieren zahlreiche mit dem wissenschaftlichen Konsens unvereinbare Erklärungen, die eine durch den Menschen intendierte Entwicklung und/oder Verbreitung des Virus postulieren.[9] Als Gründe für eine solche intendierte Entwicklung/Verbreitung werden u. a. die Dezimierung der Weltbevölkerung oder das Durchsetzen einer Diktatur angeführt, weswegen solche Erklärungen VTn darstellen.

Trotz dieser und ähnlicher Beispiele möchte ich in diesem Text die folgenden beiden Behauptungen verteidigen:
(1) Dass VTn als Mittel/Techniken der Wissenschaftsleugnung verwendet werden können, kann eine grundsätzliche Ablehnung von VTn nicht rechtfertigen.

---

3 So z. B. die AfD (vgl. etwa [AfD] 2016, S. 79).
4 Wie etwa Naomi Seibt (vgl. https://naomiseibt.com, letzter Abruf am 19.05.2024).
5 Je nach Studie beläuft sich der Anteil der Klimawissenschaftler, die vom menschengemachten Klimawandel ausgehen, auf 90 bis 100 %. Zur Übersicht vgl. Cook et al., 2016.
6 Im Einzelnen wird bezweifelt, dass es einen wissenschaftlichen Konsens über das Bestehen des menschengemachten Klimawandel gibt, dass der Klimawandel bedrohlich ist, dass anthropogene Faktoren hauptsächlich verantwortlich für diesen sind und/oder dass es den Klimawandel gibt.
7 Vgl. etwa die Aussagen der mittlerweile verurteilten Holocaustleugnerin Ursula Haverbeck im [Video 1], Min. 2:20.
8 Hierzu gehören etwa die Aussagen des ehemaligen iranischen Ministerpräsidenten Mahmud Ahmadineschād (vgl. [Video 2], Min. 6:45).
9 So z. B. Vertreter der Germanischen Neuen Medizin (vgl. u. a. Pilhar, 2020).

(2) VTn können sogar dabei helfen, Fälle von schädlicher Wissenschaftsleugnung offen zu legen, was dazu beitragen kann, Wissenschaftsleugnung entgegen zu wirken.

Beide Behauptungen speisen sich aus derselben Grundhaltung zum Verhältnis zwischen VTn und Wissenschaftsleugnung: Während eine Ablehnung jeglicher Wissenschaftsleugnung gerechtfertigt ist, lässt sich eine grundsätzliche Abweisung von VTn nicht mit guten Gründen verteidigen (auch wenn einige VTn – wie etwa die drei soeben angeführten – zum Zwecke der Wissenschaftsleugnung verwendet werden).

Ich werde wie folgt vorgehen: In *Abschnitt zwei* sollen zunächst einige für den weiteren Verlauf zentrale Begriffe geklärt und ein Vorschlag zur Strukturierung der interdisziplinären Debatte über VTn gemacht werden. Dies wird dabei helfen, die Positionen zu identifizieren, gegen die ich mich wenden möchte. Ausgehend von diesem Strukturierungsvorschlag möchte ich im *dritten Abschnitt* die These (1) verteidigen, indem ich ein Argument kritisieren werde, dem zufolge VTn abgelehnt werden sollten, weil sie Mittel der Wissenschaftsleugnung sind. Die Einsichten aus dieser Diskussion sollen dann im *vierten Abschnitt* verwendet werden, um die Idee eines Forschungsprogramms zu skizzieren, das eine grundsätzlich ablehnende Haltung gegenüber VTn überwindet. Und schließlich werde ich im *fünften Abschnitt* aus der Perspektive des neuen Programms und mithilfe eines Beispiels für die These (2) argumentieren.

2 Vorbereitung: Klärungs- und Strukturierungsversuche

2.1 Verschwörungstheorien und Wissenschaftsleugnung: Einige Klärungsversuche

Eine wissenschaftliche Auseinandersetzung mit VTn sieht sich bereits an ihrem Beginn der folgenden Herausforderung gegenübergestellt: Mittlerweile existieren unzählige und unvereinbare Definitionen des Ausdrucks „VT", wobei es zur Zeit keinen Konsens darüber gibt, welche Definition adäquat ist. Allerdings scheint es einen gemeinsamen Kern zu geben. Dieser wird sichtbar, wenn man die oben angeführten drei Beispiele betrachtet. In allen drei Beispielen besteht die VT in einer *Erklärung, die ein Ereignis* (Klimawandel, Holocaust, Corona-Ausbruch) *durch geheime und böswillige Machenschaften* (Freiheitseinschränkung, Unterdrückung der Nicht-Juden, Installierung einer Diktatur) *einer Gruppe* (Regierende, Juden) *erklärt*.

In die in der Philosophie übliche Form gebracht, lässt sich der VT-Begriff ausgehend von dieser Beobachtung folgendermaßen also definieren:

(VT_{D1}) T ist eine VT eines oder mehrerer Ereignisse/s E_1 bis E_n dann und nur dann, wenn
    a) T E_1 bis E_n zu erklären beansprucht, und
    b) T zu diesem Zweck postuliert, dass
        i) mindestens zwei Personen die Handlungen H_1 bis H_n im Geheimen geplant und/oder ausgeführt haben, und
        ii) H_1 bis H_n aus böswilliger Absicht geplant und/oder ausgeführt wurden.

Diese Definition ist nicht unproblematisch. In Abschnitt 4 werde ich sie kritisieren und einen neuen Vorschlag machen, der m.E. deutlich angemessener ist. Da die meisten Positionen innerhalb der interdisziplinären Debatte jedoch davon ausgehen, dass zumindest die paradigmatischen VTn (VT_{D1}) erfüllen, möchte ich sie als Minimaldefinition auffassen und dieses Verständnis zunächst voraussetzen.

Ähnlich wie im Falle von „VT" kursieren in wissenschaftlichen Fachdebatten auch verschiedene Definitionen des Begriffs der Wissenschaftsleugnung.[10] Doch auch hier scheint es eine Schnittmenge zu geben, die sich erneut bei der Betrachtung der drei Beispiele zeigt: Die drei vorgestellten Theorien haben gemeinsam, dass sie Behauptungen widersprechen, über die weitgehend *wissenschaftlicher Konsens* existiert (zumindest dort, wo Wissenschaft nicht durch politische und religiöse Repressalien eingeschränkt wird). Allerdings muss eine zusätzliche Bedingung hinzugenommen werden, denn natürlich sind nicht alle Theorien, die dem zu einer Zeit existierenden wissenschaftlichen Konsens widersprechen, unwissenschaftlich oder gar wissenschaftsskeptisch.[11] Die Physik Isaac Newtons bspw. widerspricht dem heutigen physikalischen Konsens, der auf Einsteins Allgemeiner Relativitätstheorie fundiert. Doch natürlich ist diese nicht-relativistische Theorie eine der bedeutendsten wissenschaftlichen Leistungen überhaupt. Aus diesem Grund nehmen die meisten Teilnehmer der besagten Debatten an, dass die wissenschaftsskeptische Abkehr vom wissenschaftlichen Konsens durch eine *sachfremde Motivation* ausgezeichnet ist.[12] Diese Annahme wird durch eine nähere Betrachtung der drei Beispiele ebenfalls nahegelegt: Die Leugnung des anthropogenen Klimawandels (Bsp. 1)

---

10 Vgl. u.a. Diethelm und McKee, 2009, S. 2; Hansson, 2017; McIntyre, 2019, S. 150.
11 Den Ausdruck „skeptisch" verwende ich hier als adjektivische Ableitung von „Wissenschaftsleugnung", weil der Ausdruck „leugnerisch" nicht existiert. In der Fachliteratur wird oftmals dargestellt, dass Wissenschaftsleugnung weder mit einem philosophischen noch mit einem wissenschaftlichen Skeptizismus vereinbar ist (vgl. McIntyre, 2019, S. 156–157). Dieser Darstellung liegen jedoch speziellere Skeptizismusbegriffe zugrunde.
12 Vgl. die Einleitung in diesem Sammelband.

scheint v. a. durch den Versuch motiviert zu sein, Einschränkungen, die mit *politischen* Klimaschutzmaßnahmen einhergehen, zu verhindern. Die Holocaustleugnung (Bsp. 2) ist durch verschiedene Formen des *Antisemitismus* motiviert. Und die Motivation hinter der Corona-Leugnung (Bsp. 3) besteht meistens in dem Verdacht, dass *gesellschaftliche* Grundfreiheiten entzogen werden.

Nimmt man nun die beiden erläuterten Bedingungen zusammen, lässt sich zumindest eine Minimaldefinition von „Wissenschaftsleugnung" formulieren:

(WL_D) T ist eine Theorie der Wissenschaftsleugnung dann und nur dann, wenn
  a) T mit einer Theorie oder Behauptung unvereinbar ist, über die zum Zeitpunkt t wissenschaftlicher Konsens herrscht, und
  b) T aufgrund sachfremder Motive zu t vertreten wird.

Obwohl verschiedene Autoren in ihren Definitionen der Wissenschaftsleugnung jeweils andere Aspekte hervorheben, scheint es in der Fachliteratur keine Einwände gegen (WL_D) zu geben. Aus diesem Grund werde ich diese Definition im Laufe meiner Argumentation ebenfalls voraussetzen.

2.2 Die Debatte um Verschwörungstheorien: Ein Strukturierungsversuch

Nach diesen begrifflichen Klärungen möchte ich einen kurzen Überblick über die interdisziplinäre Debatte zu VTn geben. Hierdurch soll gezeigt werden, wo ich mich in dieser Debatte positioniere, was meine Argumentation in den nächsten Abschnitten leiten wird. Diese Debatte ist mittlerweile so umfassend, dass es diverse Versuche gibt, sie zu strukturieren.[13] Hier möchte ich jedoch einen neueren Versuch unternehmen, da dieser meiner Argumentation besser entsprechen wird.

Der hier gemachte Vorschlag zur Strukturierung der interdisziplinären Debatte geht von der grundlegenden Unterscheidung zwischen deskriptiven und normativen Positionen aus. *Deskriptive Positionen* beinhalten keine Stellungnahme hinsichtlich der Frage ob bzw. welche VTn abgelehnt werden sollten.[14] *Normative Positionen* versuchen dagegen genau diese Frage zu beantworten. Eine nähere Untersuchung der normativen Positionen zeigt, dass diese drei widerstreitende

---

13 Vgl. u. a. Buenting und Taylor, 2010, S. 568–569; Minkin, 2022, S. 414–416; Pfeifer, 2023.
14 Zumindest dem Anspruch nach bietet Bartoschek (2015) eine solche Position an.

Theoriefamilien bilden: Vertreter des *Allgemeinen Repressivismus*[15] argumentieren für die Ablehnung von bzw. Skepsis gegenüber sämtlichen VTn.[16] *Partielle Repressivisten* lehnen ein solches pauschales Urteil ab und nehmen an, dass VTn nur einer bestimmten Klasse ablehnungswürdig sind.[17] Dementsprechend versuchen sie ein Abgrenzungskriterium zu finden, das ablehnungswürdige von nicht-ablehnungswürdigen VTn trennt. *Permissivisten*[18] schließlich lehnen sowohl allgemein- als auch partiell-repressivistische Argumentationen ab. Ob eine bestimmte VT abgelehnt werden sollte, hat dieser Sichtweise zufolge nichts damit zu tun, dass sie eine VT ist oder zu einer speziellen Klasse von VTn gehört. Stattdessen müsse dies von Fall zu Fall entschieden werden.[19]

Sowohl im Falle der deskriptiv-normativ-Unterscheidung als auch bei der Unterscheidung der drei normativen Theoriefamilien lässt sich nicht immer eindeutig bestimmen, zu welcher Kategorie eine bestimmte Position gehört. Nichtsdestoweniger lassen sich fast immer klare Tendenzen identifizieren.

Im nun kommenden Abschnitt möchte ich ein allgemein-repressivistisches Argument besprechen und zurückzuweisen versuchen. Dieses Argument nimmt auf die Tatsache bezug, dass VTn als Mittel der Wissenschaftsleugnung benutzt werden, um eine grundsätzliche Ablehnung von VTn zu begründen. Die Einsichten aus dieser Besprechung werde ich dann im vierten Abschnitt verwenden, um eine permissivistische Position zu entwickeln.

---

15 Den Ausdruck „Repressivismus" übernehme ich von Oliver Kuhn (2014). Mir scheint dieser Ausdruck sehr problematisch zu sein, da er suggeriert, dass die Argumentation der genannten Vertreter eine gesellschaftliche Repression darstellt, was keineswegs der Fall ist. Der Einheitlichkeit halber benutze ich ihn jedoch weiterhin.

16 Dies ist mit Abstand die meist vertretene Position in der Wissenschaft und den traditionellen Medien. Zu den wissenschaftlichen Vertretern zähle ich Michael Butter (2018), Ted Goertzel (1994), Lee Basham (2001), Jovan Byford (2011), Karl Hepfer (2015), Karen Douglas et al. (2017), Holm Hümmler (2019), Katharina Nocun und Pia Lamberty (2020, 2021). Auch Karl Popper (1945, 1949) sowie Richard Hofstadter (1964) wird eine solche Position zugeschrieben, was jedoch weniger klar ist.

17 Eine solche Position findet sich hauptsächlich in der Philosophie, sie wird bzw. wurde etwa von Brian Keeley (1999), Steve Clarke (2002) und Juha Räikkä (2009) vertreten. Trotz allgemein-repressivistischer Anklänge scheint auch Armin Pfahl-Traughber (2002) sich dieser Position anzuschließen. Auf Keeleys Arbeit werde ich in Abschnitt 3.3 näher zu sprechen kommen.

18 Auch diesen Ausdruck übernehme ich von Kuhn. Und auch dieser Ausdruck ist nicht unproblematisch. V. a. sollte die unter diesem Namen beschriebene Position nicht mit der erkenntnistheoretischen Position namens „Permissivism" verwechselt werden. Vgl. hierzu Dormandy, 2019, S. 182.

19 Die Gemeinde der Permissivisten wächst, die einflussreichsten Vertreter sind Charles Pigden (1995), Joel Buenting und Jason Taylor (2010), David Coady (2012, S. 110–137; 2019) sowie M Dentith (2014, 2021).

3 Wissenschaftstheoretische Lehren

3.1 Das allgemeine Argument

Ausgehend von der Beobachtung, dass VTn als Technik der Wissenschaftsleugnung verwendet werden, scheint das Argument, das den allgemein-repressivistischen Vertretern dieser Vorstellung vorschwebt, das folgende zu sein:

(A) (P_1) Wissenschaftsleugnung sollte grundsätzlich abgelehnt werden.
(P$_2$) Wissenschaftsleugner verwenden VTn zwecks ihrer Wissenschaftsleugnung.
(P$_3$) Würden VTn Wissenschaftsleugnern nicht zur Verfügung stehen, wäre diese Art von Wissenschaftsleugnung nicht möglich.

(K) Daher sollten VTn grundsätzlich abgelehnt werden.

Die einzelnen Prämissen (die begründenden Annahmen (P_1) bis (P_3)) müssen erläutert und (selbst) begründet oder zumindest motiviert werden:

Ad (P_1): Ich setze diese Prämisse als richtig voraus. Philosophische und empirische Studien haben gezeigt, dass Wissenschaftsleugnung (im Sinne der Definition (WL$_D$)) zu diversen nachteiligen Effekten führt.[20]

Ad (P_3): In der Fachliteratur zur Wissenschaftsleugnung scheint Konsens zu herrschen, dass VTn *ein unverzichtbares Element* der Wissenschaftsleugnung darstellen. Führende Wissenschaftsleugner, so konstatiert etwa Sven Ove Hansson, sehen den Grund dafür, dass ihre Thesen nicht in Fachjournalen, die ein Peer-Review Verfahren nutzen, erscheinen würden, in einer Verschwörung, „which has also prevented them more generally from gaining the recognition they deserve."[21] Aufgrund dieser Expertenmeinung und um des Arguments willen werde ich im Folgenden von der Wahrheit der Prämisse (P_3) ausgehen.

Ad (P_2): Für den weiteren Verlauf meiner Argumentation ist jedoch diese zweite Prämisse zentral. So wie (P_2) im Argument (A) formuliert ist, kann sie die Konklusion (K) nicht begründen – selbst wenn man annimmt, dass (P_1) und (P_3) zutreffend sind. Denn Wissenschaftsleugner verwenden auch bspw. Computer zwecks ihrer Leugnung. Es scheint aber eingestanden zu sein, dass wir *allein deswegen* Computer nicht ablehnen sollten. Damit (P_2) zusammen mit den beiden anderen Prämissen die Konklusion begründen kann, muss weiterhin angenommen werden, dass es keinen Grund gibt, an VTn zu glauben, der die schädlichen Konsequenzen, welche durch

---
20 Für eine Übersicht vgl. McIntyre, 2019, S. 149–184.
21 Hansson, 2017, S. 44, vgl. auch Diethelm und McKee, 2009, S. 2.

die Verwendung zwecks Wissenschaftsleugnung entstehen, überwiegt. Eine solche Annahme muss jedoch selbst begründet werden. Mit anderen Worten: Es muss ein allgemein-repressivistisches Argument dafür gefunden werden, dass VTn keinen Nutzen haben oder gar schädlich sind.

In den folgenden beiden Abschnitten möchte ich zwei solcher Argumente prüfen und zurückzuweisen versuchen. In Teil 5 dieses Textes möchte ich dann sogar nachweisen, dass es einen positiven Grund dafür gibt, an bestimmte VTn zu glauben und *hierdurch* Wissenschaftsleugnung entgegenzuwirken.

3.2 Der Mythos der Falsifizierbarkeit

Ein erstes Argument, das ich in diesem Abschnitt besprechen möchte, besagt, dass VTn das Kriterium der sog. Falsifizierbarkeit nicht erfüllen, was ihre schädliche Wirkung für die Wahrheitssuche offenbart. Ich werde es „das Falsifikationsargument" nennen.

Nach Popper, dem einflussreichsten Verteidiger der allgemeinen Idee des Falsifizierbarkeitskriteriums, ist eine Theorie dann falsifizierbar, wenn es eine Menge von möglichen (aber nicht notwendigerweise vorliegenden) empirischen Belegen gibt, die zeigen (können), dass die Theorie falsch ist und wenn die Vertreter dieser Theorie nach dem Erkennen dieser Belege die Theorie tatsächlich aufgeben (würden).[22] Nahezu alle Vertreter des Allgemeinen Repressivismus glauben, dass VTn „keine Theorien im wissenschaftlichen Sinne und daher auch *nicht falsifizierbar* [sind], *das heißt, sie lassen sich nicht widerlegen*" (Harder 2010, S. 87, meine Herv.)[23] Entscheidend ist, dass diese Vertreter nicht (bloß) feststellen, dass VTn nicht-falsifizierbar sind. Vielmehr sind solche Äußerungen als *Vorwürfe* an die Adresse der Verschwörungstheoretiker gemeint. Denn Nicht-Falsifizierbarkeit wird für gewöhnlich als eine Form von *Kritikimmunität* interpretiert, was mit den Regeln eines wissenschaftsorientierten Diskurses unvereinbar sei, insofern wissenschaftliche Erkenntnis nur durch kritische Prüfung möglich werde. So schreiben Katharina Nocun und Pia Lamberty etwa über Debatten allgemein:

---

22 Locus classicus ist natürlich Popper, 1935.
23 Aussagen mit derselben Stoßrichtung finden sich u. a. in Barkun (2003, S. 7), Heins (2007, S. 792), Wood et al. (2012, S. 767), Douglas et al. (2017, S. 538), Nocun und Lamberty (2020, S. 21). Manche Autoren lehnen solche Behauptungen ab und verweisen darauf, dass VTn sehr wohl falsifizierbar sind, dass ihre Vertreter sich jedoch weigern, ihre bereits falsifizierte Theorie aufzugeben (Vgl. etwa Butter, 2018, S. 54). Wie Popper (1963) mit Blick auf den Wissenschaftlichen Marxismus allerdings gezeigt hat, muss die jeweilige Theorie auch in diesem Fall als nicht-falsifizierbar angesehen werden.

> Verschwörungs[theoretiker] behaupten häufig, sie würden von Debatten ausgeschlossen werden. [...] Dabei ist die Voraussetzung dafür, dass man als Gesprächspartner bei einem Thema ernst genommen wird, eben auch die Bereitschaft, sich mit Kritik auseinanderzusetzen. Dies findet allerdings im verschwörungs[theoretischen] Milieu kaum statt. [...] Selbst wenn Thesen zweifelsfrei widerlegt worden sind, werden entsprechende Inhalte oft noch sehr lange weiterverbreitet. (Nocun und Lamberty, 2021, S. 42–43, vgl. auch McIntyre, 2019, S. 41)

Schließlich läuft das Falsifikationsargument darauf hinaus, dass VTn den wissenschaftsorientierten Diskurs hemmen, weil sie seine Regeln zwar brechen, die Gesprächsteilnehmer in ihrer Überzeugungsbildung dennoch beeinflussen könnten.

Dieses Argument soll in allgemein-repressivistischer Manier somit zeigen, dass VTn mit Blick auf die Wahrheitssuche schädlich sind. Denn – wie oben gesagt – nur so lässt sich die zweite Prämisse des Arguments (A) begründen, was nötig ist, um (A) überzeugend zu machen. Allerdings ist dieses Falsifikationsargument nicht überzeugend, weil es auf einer Ignoranz gegenüber der wissenschaftstheoretischen Debatte der letzten 80 Jahre über die Falsifizierbarkeit basiert.[24] Ein solches Ausklammern ist in manchen Fällen legitim. Das Hauptproblem liegt jedoch darin, dass dieses Ausklammern zu einem verzerrenden Bild *sowohl* der wissenschaftlichen Forschung *als auch* der VTn führt. Denn spätestens seit der „Todeserklärung des Demarkationsproblems"[25] durch Larry Laudan und dank zahlreicher wissenschaftstheoretischer und -historischer Studien gehört zur philosophischen Grundbildung die Einsicht, dass Wissenschaft von Nicht-Wissenschaft *allein* durch Falsifizierbarkeit *nicht* abgegrenzt werden kann. Das liegt daran, dass dieses Kriterium immer etwas zur Wissenschaft zählen wird, was klarerweise nicht-wissenschaftlich ist – wie etwa Alltagsüberzeugungen –, oder etwas aus der Wissenschaft verbannen wird, was einen paradigmatischen Fall von Wissenschaftlichkeit darstellt – wie z. B. Newtons Theorie der Schwerkraft.

Geht man also davon aus, dass VTn keinen Nutzen haben oder sogar Schaden mit sich führen, *allein weil* sie nicht-falsifizierbar sind, dann sollte man zumindest sagen, weshalb wir an den besten wissenschaftlichen Theorien festhalten sollten,

---

24 Die meisten der Texte, aus denen ich zitiert habe, erwähnen nicht einmal Popper.
25 Vgl. Laudan, 1983. Das allgemeine Demarkationsproblem besteht in der Abgrenzung der Naturwissenschaft von Nicht-Naturwissenschaft, das spezielle in derjenigen der (Natur)Wissenschaft von Pseudowissenschaft.
 Laudans Standpunkt wird heute nicht mehr geteilt. Obwohl die Vorstellung, dass Wissenschaft von Nicht-Wissenschaft bzw. Pseudowissenschaft klar abgegrenzt werden kann, v. a. in den 1980er und 90er Jahren und teilweise aufgrund von Laudans „Todeserklärung" zunächst aufgegeben wurde, erlebte die Debatte hierzu eine Renaissance. (Für eine Übersicht vgl. Hansson, 2021). Mittlerweile gibt es wieder zahlreiche Vorschläge für eine solche Abgrenzung (für einen aktuellen Vorschlag vgl. z. B. Boudry, 2022). Doch keiner dieser Vorschläge nimmt an, dass Falsifizierbarkeit allein diese Leistung erbringen kann.

obwohl auch diese das Falsifizierbarkeitskriterium nicht immer erfüllen. Eine solche Auskunft sucht man zumindest in allgemein-repressivistischen Texten zum Thema jedoch vergeblich.[26]

3.3 Institutioneller Skeptizismus

Ich komme nun zu einem zweiten Argument für die Ansicht, dass VTn nicht nützlich oder gar schädlich sind. Ganz grob besagt dieses Argument, dass VT „oft mit einem *Vertrauensverlust in Institutionen einher[gehen], wie beispielsweise Medien, Wissenschaft und Politik.*" (Nocun und Lamberty, 2021, S. 66, meine Herv.) Diese Institutionen sind dafür zuständig, zuverlässige Informationen zu sammeln und zu verwalten. Ich werde solche Institutionen daher „epistemische Institutionen" nennen und das Misstrauen in sie „institutionellen Skeptizismus". Obwohl diverse allgemein-repressivistische Texte auf das angesprochene Misstrauen hinweisen[27], findet sich in ihnen kein ausformuliertes Argument dafür, dass ein solcher institutioneller Skeptizismus problematisch ist. Auch diese Ansicht muss jedoch begründet werden. Schließlich zählt in demokratischen Gesellschaften zumindest blindes Vertrauen in solche Institutionen als intellektuelles Laster.

Die einzige im Detail ausgearbeitete Argumentation gegen den institutionellen Skeptizismus von VTn hat (meines Wissens) Brian Keeley in seinem Text „On Conspiracy Theories" erarbeitet. Keeley ist jedoch kein Allgemeiner Repressivist. Er gesteht zu, dass es durchaus VTn gibt, die gut belegt sind und die man deswegen glauben sollte. Mit seinen Argumenten wollte er eher im Geiste des Partiellen Repressivismus begründete von nicht-begründeten VTn abgrenzen. Allerdings spricht er an diversen Stellen seiner Arbeit ganz allgemein von „conspiracy theories" (Keeley, 1999, S. 57) und führt Gründe gegen den Verschwörungsglauben an, sodass sein Text auch allgemein-repressivistisch interpretiert werden kann.[28] Ich kann Keeleys komplexe Argumentation hier nicht in Gänze darstellen. Stattdessen werde ich das für meine weitere Darstellung zentrale Argument aus seinem Text herausgreifen, dieses zugunsten des Allgemeinen Repressivismus deuten und in diesem Lichte auch diskutieren.

Keeley wirft dem durch die VTn geforderten institutionellen Skeptizismus vor, ein „thoroughly outdatet worldview" (Keeley, 1999, S. 57) zu implizieren. Dieses

---

[26] Texte aus der Philosophie weisen ebenfalls dieses Begründungsdefizit auf (vgl. z. B. Skudlarek, 2019).
[27] Für weitere Aussagen in diese Richtung vgl. Einstein und Glick, 2015, S. 679; Douglas et al., 2017, S. 540, Skudlarek, 2019, S. 159; Hümmler, 2019, S. 200 und Lamberty, 2022, S. 540.
[28] Aus meiner Sicht macht Coady (2003) dies.

Weltbild beinhaltet nämlich, dass die von Verschwörungstheoretikern postulierte Gruppe der Verschwörer – ganz gleich wie groß – kontrollierbar sei, was nachweislich nicht zutreffe, da moderne Bürokratien zu komplex seien, um eine solche Kontrolle zuzulassen. (vgl. Keeley, 1999, S. 57) Zur Begründung seiner Annahme, dass Verschwörungstheoretiker an ein anachronistisches Weltbild glauben, mobilisiert er die durch die psychologische Forschung – allem Anschein nach – gestützte These, dass VTn eine *Strukturierungsfunktion* ausüben. Damit ist gemeint, dass Menschen, die an VTn glauben nach Mustern suchen, die von anderen Personen nicht gesehen würden.[29] Der Glaube an VTn helfe dabei „Komplexität zu reduzieren und einfache Ursache-Wirkungs-Modelle herzustellen" (Bartoschek, 2015, S. 192). Diese Reduktion und diese Modelle sollen dann zur Reduktion der subjektiv empfundenen Unsicherheiten beitragen. Genau in diesem Sinne ist Keeleys folgende Aussage zu lesen: „Conspiracy theorists are [...] some of the last believers in an *ordered universe*." (Keeley, 1999, S. 57, meine Herv.)

Ich möchte Keeleys allgemeine Kritik am Verschwörungsglauben zurückzuweisen versuchen, indem ich wie im Falle des Falsifikationsarguments zeigen möchte, dass auch Keeley grundlegende Einsichten aus der Wissenschaftstheorie nicht berücksichtigt.

Was bei Keeleys psychologischer Erklärung auffällt ist, dass er die Frage, aus welchen *Gründen* Verschwörungstheoretiker an eine strukturierte Welt glauben, nicht thematisiert. Denn die Ausübung der Strukturierungsfunktion ist ein *arationales* Phänomen – sie ist nicht durch vernünftige Gründe, sondern durch psychische Mechanismen bestimmt.[30] Eine solche Erklärung von Glaubensannahmen und Handlungen wurde allerdings schon in den 1980er Jahren von Wissenschaftsphilosophen als unvollständig ausgewiesen. So hat etwa der bereits erwähnte Laudan eine Kritik am sog. Strong Programm in the Sociology of Knowledge geübt, welches ebenfalls annimmt, dass die Modellierung arationaler Mechanismen hinreichend für die Erklärung von rationalem wie auch irrationalem Verhalten (vgl. Bloor, 1976, S. 6) sei. Laudan zufolge laufe das Strong Program auf die Behauptung hinaus, dass „reasoning processes have no causal efficacy in the production of any beliefs." (Laudan, 1981, S. 187). Seine Bewertung dieser Sichtweise ist eindeutig: „Such a claim is far too strong to be taken seriously." (Laudan, 1981, S. 187).

Obwohl Laudan dies in seinem Text nicht erwähnt, möchte ich seine Kritik dahingehend weiterentwickeln, dass das Strong Programm, den Unterschied zwi-

---

[29] Diese Ansicht hat sich in der Psychologie v. a. durch die Studie Whitson und Galinsky, 2008, durchgesetzt.
[30] Das bedeutet aber natürlich nicht, dass die Mechanismen unvernünftig – also irrational – sind. „Psychologische Mechanismen" meint, dass sie zwar durch natürliche Bedürfnisse wie etwa Sicherheitsbedürfnis erklärt werden können, dass sie aber keine Gründe erfordern, um zu wirken.

schen dem *Rechtfertigungs- und dem Entdeckungskontext* nicht beachtet. Diese Unterscheidung gehört ebenfalls zu den Grundkenntnissen der Wissenschaftsphilosophie. Sie besagt, dass die Umstände, unter denen eine Hypothese *aufgestellt* wird, völlig irrelevant für die Frage sind, ob die Hypothese *gut begründet* ist. Das paradigmatische Beispiel hierfür ist die Entdeckung der Ringstruktur des Benzolmoleküls. Die Legende besagt, dass August Kekulé im Traum die Ringstruktur entdeckt hat. Ob das stimmt, ist nicht geklärt. Doch selbst wenn das stimmen würde, ist diese nette Geschichte irrelevant für die Frage, mit welchen Gründen, Kekulé und die gesamte nach ihm kommende Chemie die Ringstruktur annahm. Diese Gründe wurden nämlich durch die streng regulierte experimentelle Laborpraxis geliefert. Und innerhalb dieser Praxis spielte Kekulés Traum keine Rolle.

Mit Laudan und gegen Keeley lässt sich also sagen: Es könnte durchaus sein, dass das Bedürfnis nach Struktur die Menschen dazu bringt, an VTn zu glauben. Doch als Antwort auf die Frage, weshalb Menschen an ein strukturiertes Universum glauben, scheint eine solche Auskunft im besten Falle unvollständig zu sein, weil sie sich allein auf den Entdeckungskontext bezieht. Hinzu kommt, dass Keeley auch nicht nachweist, dass alle Verschwörungstheoretiker in dieser Weise denken. Hierfür sind nämlich umfassende empirische Studien nötig, die nicht schon auf allgemein-repressivistischen Annahmen beruhen. Solche Studien gibt es meines Wissens aber bislang nicht. Insofern ist sein Vorwurf eines anachronistischen Weltbildes unbegründet.

4 Ein neues Programm für die Forschung zu VTn

Wenn meine Kritik an Keeleys Argument und am Falsifikationsargument auch nur ansatzweise richtig ist, stellt sich die Frage, in welcher alternativen Weise die Prämisse (P_2) in Argument (A) begründet werden kann. Statt jedoch nach weiteren Argumenten zu suchen, möchte ich den Vorschlag machen, ein neues Forschungsprogramm zu formulieren, das eine repressivistische Haltung überwindet und stattdessen im permissivistischen Geiste für eine Einzelfallprüfung von VTn plädiert. Ein solches Programm kann hier nur in seinen gröbsten Umrissen dargestellt werden. Dies wird jedoch ausreichend sein, um im nächsten Teil einen Vorschlag zur Konzeption des Verhältnisses zwischen VTn und Wissenschaftsleugnung zu formulieren.

Wie könnte also ein solches permissivistisches Programm aussehen? Der Ausdruck „Forschungsprogramm" ist der wissenschaftstheoretischen Position Imre

Lakatos' entnommen.³¹ Bei Lakatos bestehen Forschungsprogramme u. a. aus Grundannahmen, auf denen alle Theorien einer bestimmten Forschungstradition aufbauen.³² Diese Grundannahmen bezeichnet Lakatos zusammengenommen auch als „harten Kern". Der harte Kern des hier skizzierten Programms besteht in der folgenden Grundannahme:

(HK) Die Annehmbarkeit einer Theorie ist unabhängig von ihrem Status als VT.

Die These (HK) besagt, dass sich aus der Tatsache, dass die Theorie T eine VT ist, nichts über die Glaubwürdigkeit von T ableiten lässt.

Um (HK) näher zu qualifizieren und den permissivistischen Geist des Programms zu bewahren, ist eine *neutrale Definition* des Ausdrucks „VT" nötig, d. h. eine Definition, die nicht schon impliziert, dass VTn unglaubwürdig sind oder dass der Glaube an sie irrational ist. Ausgehend von den drei Beispielen in Abschnitt 1 habe ich oben, auf S. 120, die folgende Definition des Ausdrucks „VT" gegeben:

(VT_{D1}) T ist eine VT eines oder mehrerer Ereignisse/s E_1 bis E_n dann und nur dann, wenn
a) T E_1 bis E_n zu erklären beansprucht, und
b) T zu diesem Zweck postuliert, dass
   i) mindestens zwei Personen die Handlungen H_1 bis H_n im Geheimen geplant und/oder ausgeführt haben, und
   ii) H_1 bis H_n aus böswilliger Absicht geplant und/oder ausgeführt wurden.

Diese Charakterisierung ist jedoch aus mehreren Gründen unbefriedigend. Das wird deutlich, wenn man ein weiteres Beispiel für eine VT betrachtet.

Bsp. 4: Elvis Presley
Obwohl die US-amerikanische Sängerlegende Elvis Presley laut Autopsieberichten am 16. 8. 77 aufgrund von Drogen- und Alkoholkonsum starb, glaubt eine Vielzahl von Personen (vgl. z. B. Brewer-Giorgio, 1988), dass er seinen Tod vorgetäuscht hat, um ein ruhiges Leben führen zu können.

Obwohl diese Vermutung als paradigmatische VT gilt (vgl. etwa Harder, 2010), liegt hier keine böswillige Absicht vor.³³ (VT_{D1}) scheint also nicht notwendig zu sein.

---

31 Locus classicus ist Lakatos, 1970.
32 So bauen etwa alle oder zumindest nahezu alle Theorien der klassischen Physik auf den Newton'schen Axiomen und Newtons Gravitationsgesetz auf.
33 Allerdings gibt es andere Versionen dieser Theorie, nach denen Gruppen wie etwa die CIA Elvis ermordet haben sollen, was natürlich als böswillig ausgelegt wird.

Die folgende Definition, die ich an anderer Stelle (und aus anderen Gründen) vorgeschlagen habe (vgl. Minkin, 2022, S. 412–413), scheint diesem Punkt dagegen Rechnung zu tragen:

(VT_{D2}) T ist eine VT eines oder mehrerer Ereignisse/s E_1 bis E_n dann und nur dann, wenn
  a) T E_1 bis E_n zu erklären beansprucht, und
  b) T zu diesem Zweck postuliert, dass
    i) mindestens zwei Personen die Handlungen H_1 bis H_n im Geheimen geplant und/oder ausgeführt haben, und
    ii) H_1 bis H_n *zum Nachteil Dritter* geplant und/oder ausgeführt wurden.

Zwar hat Elvis in den Augen der Vertreter der Elvis-Theorie nicht aus böswilliger Absicht gehandelt. Dennoch muss gesagt werden, dass er zum Nachteil dritter gehandelt hat – etwa zum Nachteil seiner Fans, die alles für einen weiteren Auftritt des „Kings" gegeben hätten.

Doch auch (VT_{D2}) scheint mit Gegenbeispielen konfrontiert werden zu müssen.[34] Man stelle sich etwa vor, dass die Firmen A und B in derselben Branche miteinander konkurrieren. Die Mitarbeiter der Firma A beobachten, dass die Angestellten der Firma B sich merkwürdig verhalten – sie kommen sehr spät nach Hause, vernachlässigen den Sport und ihre Ehepartner. Dies führt die Mitarbeiter von A zur Vermutung, dass B an einem neuen Produkt arbeitet, das, wenn es auf den Markt kommt, die Gewinne von A deutlich senken wird. Auch diese Vermutung erfüllt alle Bedingungen der Definition (VT_{D2}), aber ist sie eine VT? Sicherlich nicht.

Aufgrund der angesprochenen (und einiger weiteren Probleme) möchte ich hier einen neuen Definitionsvorschlag machen:

(VT_{D3}) T ist eine VT eines oder mehrerer Ereignisse/s E_1 bis E_n dann und nur dann, wenn
  a) T E_1 bis E_n zu erklären beansprucht, und
  b) T zu diesem Zweck postuliert, dass
    i) mindestens zwei Personen die Handlungen H_1 bis H_n im Geheimen geplant und/oder ausgeführt haben, und
    ii) H_1 bis H_n *in betrügerischer Absicht* geplant und/oder ausgeführt wurden.

Legale Tätigkeiten von Konkurrenzfirmen – egal wie geheim sie sind – gelten nicht als Betrug. Natürlich müsste die Definition (VT_{D3}) noch weiter erläutert und verteidigt werden. Da sie aber viel besser mit den aufgeworfenen Problemen zurecht zu kommen scheint, möchte ich sie hier voraussetzen.

---

[34] Dieses und weitere Gegenbeispiele verdanke ich Alexander Christian.

Eine Definition wie (VT_{D3}) scheint eine weitgehend vorurteilsfreie Bewertung von VTn zu erlauben. Und genau eine solche Bewertung fordert das neue Programm. Ich möchte nun an zwei weiteren Beispielen verdeutlichen, wie solch eine Bewertung innerhalb dieses Programms begründet gewonnen werden kann. Dies kann ich allerding ebenfalls nur sehr skizzenhaft tun, die Ausarbeitung dieses Programms ist eine Aufgabe für die Zukunft.

Bsp. 5: Reichsbürger

Obwohl Deutschland spätestens seit der Unterzeichnung der Zwei-Plus-Vier-Verträge als souveräner Staat gilt, zweifeln diverse Gruppen diese Souveränität an. So glauben sog. Reichsbürger[35], dass fremde Mächte wie etwa die USA die Politik in Deutschland diktieren würden. Die Gründe hierfür werden etwa in dem Fehlen eines Friedensvertrags oder in der vermeintlichen Gleichartigkeit der Interessen von Dtl. und USA gesehen.[36]

Gemäß der Definition (VT_{D3}) gilt die Theorie der Reichsbürger als VT, da diese postuliert, dass etwa die USA im Geheimen die deutsche Politik bestimmt und die Deutschen hierdurch um ihre Souveränität betrügt.

Bsp. 6: NSU-Komplex

Der Ausdruck „NSU-Komplex" bezieht sich auf die Straftaten der rechtsterroristischen Gruppe „Nationalsozialistischer Untergrund" („NSU"), die Hintergründe dieser Straftaten sowie den Ermittlungsverlauf dazu. Der NSU ermordete neun als fremd wahrgenommene Personen sowie eine Polizistin. Nach geltendem Rechtsspruch bestand er aus Uwe Mundlos, Uwe Böhnhardt und Beate Zschäpe. Hinterbliebenenanwälte, Journalisten und andere Personen zweifeln diesen jedoch an. Sie verweisen auf Hinweise, die nahelegen, dass der NSU absichtlich und/oder unabsichtlich von Staatsbehörden unterstützt wurde.[37]

Anders als mit Blick auf das Bsp. 5 ergibt die Anwendung der vorgeschlagenen Definition, dass sowohl die Theorie der Hinterbliebenenanwälte als auch der offizielle Rechtsspruch VTn darstellen. Beide Versionen erklären nämlich die begangenen Straftaten durch das geheime und betrügerische[38] Wirken einer Gruppe.

---

35 Genaugenommen ist dies die Argumentation der sog. Souveränisten, da Reichsbürger die weitere Behauptung machen, dass das Deutsche Reich noch besteht (vgl. hierzu Rathje, 2017, S. 240–241). Neuere wissenschaftliche Beiträge zur Reichsbürger-Bewegung finden sich in Schönberger und Schönberger (2020).

36 Dies vertritt etwa die sog. Exilregierung des Deutschen Reichs, vgl. http://web.archive.org/web/20071011200031/http://friedensvertrag.info/cont/cms/front_content.php?idcat=3, letzter Abruf am 18.05.2024.

37 Für eine Übersicht vgl. Kreitwolf, 2015.

38 „Betrügerisch", weil der NSU einige der Opfer aus einem Hinterhalt ermordete. Das wird in allen Versionen angenommen.

Wie lässt sich nun die Grundidee des neuen Programms auf diese Beispiele anwenden? Ein erster Schritt besteht in der Feststellung, dass in beiden Beispielen ein *Dissens* zwischen einer offiziellen und einer alternativen Erklärung vorliegt. Ausgehend von dieser Feststellung lässt sich nun fragen, was es heißt, dass eine Position bzw. Theorie besser (epistemisch) gerechtfertigt ist als ihre Konkurrentin. Eine solche Frage lässt sich nicht durch empirische Studien beantworten, denn die *Definition* von grundlegenden Begriffen wie „(epistemische) Rechtfertigung" sowie das Formulieren der Rechtfertigungs*kriterien* muss *vor* jeglicher empirischen Arbeit erfolgen. Insofern erkannten Philosophen diese beiden Aufgaben als philosophisch und machten diverse Vorschläge, sie zu erfüllen. Beispielhaft möchte ich hier nur denjenigen Vorschlag ansprechen, den ich befürworte: Dem (modernen) Evidentialismus zufolge gilt, dass die Position P einer Person A zum Zeitpunkt t (epistemisch) gerechtfertigt ist, dann und nur dann, wenn P zu t auf hinreichend guten Belegen basiert, die A zu t besitzt. Abgesehen von der Tatsache jedoch, dass diese Idee innerhalb der erkenntnistheoretischen Debatte oftmals abgelehnt wird (vgl. z. B. Moon, 2012), bleibt sie so lange unbestimmt, so lange ungeklärt bleibt, was mit „Beleg" gemeint ist, inwiefern Belege Positionen „stützen" können und was es heißt, dass A Belege „besitzt". Auch hierfür bietet die neuere Philosophie diverse Vorschläge an (vgl. u. a. McCain, 2014).

Um das neue permissivistische Programm operationalisierbar zu machen, reicht die Beantwortung der gerade aufgeworfenen Fragen jedoch nicht aus. Es müssen Kriterien formuliert werden, die eine Bewertung der Überzeugungskraft der in Frage stehenden VTn ermöglichen. Hierbei muss berücksichtigt werden, dass bestimmte Belege nicht allen Personengruppen zur Verfügung stehen. Einige Belege – v. a. wissenschaftliche Belege – sind nur Experten zugänglich.[39] Aus diesem Grund haben sich einige Philosophen der Aufgabe zugewandt, *Belege zweiter Stufe* zu bestimmen, d. h. Belege, die darauf hindeuten, dass es Belege für die eine oder die andere Position in einem Dissens gibt. Fasst man die Vorschläge dieser Philosophen zusammen, lässt sich sagen, dass eine Position umso besser gerechtfertigt ist, je…

- … größer *die Anzahl* der Vertreter der jeweiligen Position ist,
- … größer die Anzahl der *Experten* ist, die die jeweilige Position vertreten,
- … *unabhängiger* die Experten voneinander zur Position gelangt sind,
- … *zuverlässiger die Methoden* sind, die die Experten verwendeten,
- … je weniger *sachfremde Interessen* die Wahrheitssuche beeinflussten
- usw.

---

39 Wobei die Frage, was Experten sind, ebenfalls erkenntnistheoretisch beantwortet werden muss.

Diese Liste darf nicht als vollständig aufgefasst werden. Entscheidend ist, dass es sich bei diesen Kriterien um *formale Rechtfertigungskriterien* handelt, da bei ihrer Formulierung kein Bezug auf real existierende Positionen, Prozesse oder Personen getätigt wird. Die philosophische Aufgabe beinhaltet nicht nur das Aufstellen solcher Kriterien, sondern auch ihre Gewichtung.

Hier endet aber die philosophische und beginnt die empirische Arbeit innerhalb des neuen Forschungsprogramms. Denn um zu bewerten, welche VT in einem gegebenen Fall glaubwürdig ist, muss geprüft werden, ob die durch die Philosophie aufgestellten formalen Kriterien *in diesem Fall* erfüllt sind. Ich möchte dies abschließend an den eingeführten Beispielen 5 und 6 in aller Kürze demonstrieren:

Bsp. 5 (Reichsbürger): Die Belege erster Stufe bestehen in diesem Fall aus Rechtstexten sowie internationalen Verträgen. Insofern man keine Expertin für Recht, Rechtsgeschichte und Geschichte der internationalen Politik ist, ist man auf Belege zweiter Stufe angewiesen. Und hier zeigt sich folgendes Bild: Eine gemeinsam durchgeführte Studie des Bundeskriminalamts und des Bundesverfassungsschutzes identifizierte im Jahr 2022 ca. 23000 Personen in der Szene der Reichsbürger (vgl. [Bundesministerium des Innern und für Heimat], 2022). Im Vergleich zur deutschen Gesamtbevölkerung ist das ein verschwindend geringer Anteil. Es liegt also nahe anzunehmen, dass mehr Personen die offizielle Version vertreten, nach der Deutschland souverän ist. Doch sicherlich vertreten auch mehr Experten diese Ansicht, da sie Konsens innerhalb der Rechts- und Geschichtswissenschaft ist[40] (vgl. Rathje, 2017). Mit Blick auf die weiteren Belege zweiter Stufe ist die Lage nicht mehr so eindeutig. Doch bereits die aufgeführten Belege rechtfertigen die offizielle Theorie gegenüber derjenigen der Reichsbürger deutlich besser.

Bsp. 6 (NSU-Komplex): Das Bild ist jedoch ganz anders im Falle des NSU-Komplexes. Denn in diesem Fall gibt es keinerlei empirische Studien zur Frage, wie viele Personen welche Theorie vertreten. Es ist unklar, wer in diesem Fall als Expertin gelten soll, wie viele Experten welche Theorie vertreten usw. Dasselbe gilt für die weiteren Belege zweiter Stufe. Der NSU-Komplex scheint also ein Fall zu sein, in dem weder Belege erster noch Belege zweiter Stufe in die Richtung einer der beiden konkurrierenden VTn zeigen. Somit lässt sich nicht sagen, welcher der beiden VTn wir glauben sollten, solange nicht weitere empirische Belege gefunden werden.

Dieses Ergebnis legt drei entscheidende Aspekte des neuen Programms offen: Zum einen unterstreicht es die Wichtigkeit der Einzelfallprüfung, die der Permissivismus fordert. Des weiteren zeigt es das Potential der interdisziplinären Forschung zu VTn. Und schließlich macht es deutlich, dass auch innerhalb eines sol-

---

[40] Hier wird natürlich vorausgesetzt, dass ein hinreichend gutes Verständnis von „Expertin" möglich ist und dass die genannten Experten nach diesem Verständnis auch als solche gelten.

chen permissivistischen Programms VTn, die für Gewöhnlich als ungerechtfertigt erachtet werden, begründet zurückgewiesen werden können. Ich vermute, dies gilt nicht nur für die Theorie der Reichsbürger (Bsp. 5), sondern auch für VTn zum Klimawandel (Bsp. 1), Holocaustleugnung (Bsp. 2), Corona-Leugnung (Bsp. 3) und Elvis' Verschwinden (Bsp. 4).

5 VTn und Wissenschaftsleugnung: Ein neuer Blick

Wie lässt sich nun das Verhältnis zwischen Wissenschaftsleugnung und VTn im Rahmen des neuen Programms konzipieren? Meine zweite Behauptung, die ich in Abschnitt 1 formuliert habe und die ich nun verteidigen möchte, lautet wie folgt:

> (2) VTn können dabei helfen, Fälle von schädlicher Wissenschaftsleugnung offen zu legen, was dazu beitragen kann, Wissenschaftsleugnung entgegen zu wirken.

Um diese Behauptung im Rahmen des neuen Programms zu begründen, möchte ich auf ein letztes Beispiel zu sprechen kommen.

Bsp. 7: Tabakindustrie

Seit den 1950er Jahren herrscht in den medizinischen Wissenschaften ein Konsens darüber, dass Rauchen (von Tabak) die Wahrscheinlichkeit für Lungenkrebs signifikant erhöht. In den 70er Jahren haben Tabakfirmen wie R. J. Reynolds jedoch diesen Konsens mit dem Ziel in Zweifel zu ziehen versucht, die öffentliche Meinung zugunsten des Rauchens zu beeinflussen und hierdurch auch Klagen abzuwenden. Hierfür finanzierten sie die Forschung von Wissenschaftlern, die zeigen sollten, dass der wissenschaftliche Konsens auf methodischen Fehlern beruhte. Hinzu kam eine umfassende Werbekampagne, die die Risiken des Tabakgenusses verharmloste. In den 90er Jahren wurden die an diesen Aktivitäten beteiligten Tabakfirmen in mehreren Gerichtsverfahren wegen verschwörerischen Aktivitäten und Betrugs der Amerikanischen Öffentlichkeit verurteilt.[41] (vgl. [U.S. Department of Justice, 1999])

---

[41] Die Belege wurden im Rahmen dieser Gerichtsverfahren gesammelt und durch die University of California San Francisco im Internet bereitgestellt. Die über fünfzig Millionen Seiten, die auch Originalaussagen von Vertretern der Tabakindustrie enthalten, sind einsehbar unter: https://www.industrydocuments.ucsf.edu/tobacco, letzter Abruf am 18.05.2024.

Dass wir heute von den Machenschaften der Tabakindustrie wissen, verdanken wir hauptsächlich Wissenschaftshistorikern wie Naomi Oreskes und Erik Conway[42], die interne Dokumente der Tabakindustrie und Protokolle von Gerichtsverfahren ausgewertet haben (vgl. u. a. Oreskes und Conway, 2010). Diese Arbeit fällt in das interdisziplinäre Forschungsfeld der Agnotologie, auf dem die Genese und Verbreitung von Nicht-Wissen untersucht wird.[43] Auch aufgrund ihrer Bemühungen zählen Oreskes und Conway zu den führenden wissenschaftlichen Experten auf diesem Gebiet.

Aus der Perspektive des skizzierten permissivistischen Programms ist diese Tatsache jedoch vereinbar damit, dass die Forschungsergebnisse dieser Forscher eine VT darstellen. Dies wird deutlich, wenn man die auf S. 130 erarbeitete Definition (VT_{D3}) auf Beispiel 7 anwendet: Mit ihrer Theorie erklären Oreskes und Conway die Aktivitäten der Tabakindustrie zwischen 1970 und 2000. (Bedingung a)) Sie weisen nach, dass die Tabakindustrie, die aus mehreren Personen besteht, im Geheimen bestimmte Handlungen geplant oder ausgeführt hat (Bedingung b), i)). Und geht man davon aus, dass die Urteile in den besagten Gerichtsverfahren angemessen waren – was Oreskes und Conway nicht bestreiten – dann sind die Absichten hinter diesen Handlungen betrügerisch (Bedingung b), ii)).

Diese Anwendung macht noch einmal deutlich, dass die permissivistische Haltung in dem Plädoyer besteht, den Ausdruck „VT" von seinen pejorativen Konnotationen zu befreien. Sicherlich lassen sich Oreskes und Conway nicht in dieselbe Reihe stellen wie Holocaust-, Corona- oder Klimawandelleugner. Doch aus der Perspektive des neuen Programms unterscheiden sie sich von diesen Gruppen nur dadurch, dass sie eine unfassbar gut belegte VT anbieten, während die genannten Leugnergruppen dies nicht tun.[44]

Wie lässt sich nun Oreskes und Conways Arbeit zur Verteidigung der Behauptung (2) nutzen? Wendet man zunächst die Definition der Wissenschaftsleugnung (WL_D) auf die Handlungen der Tabakindustrie an, wird klar, dass es sich bei diesen Handlungen um einen Fall von Wissenschaftsleugnung handelt. Denn einerseits hat die Tabakindustrie den wissenschaftlichen Konsens mit Blick auf die

---

42 In diesem Zusammenhang ist auch Robert Proctor zu nennen, der eine ähnliche Untersuchung vorgelegt hat (vgl. Proctor, 2011). Da ich mit dieser Studie jedoch nicht vertraut bin, konzentriere ich mich auf diejenige Oreskes' und Conways. Ich danke Alexander Christian für den Hinweis auf Proctors Arbeit.
43 Proctor gilt zusammen mit Londa Schiebinger als Begründer dieses Forschungsfeldes. Repräsentative Arbeiten verschiedener Agnotologen und zu weiteren Themen finden sich in Proctor und Schiebinger (2008) sowie in Kourany und Carrier (2020).
44 Was Oreskes und Conway für den Fall der Klimawandelleugnung selbst gezeigt haben (vgl. Oreskes und Conway 2010, S. 169–215).

Risiken des Rauchens in Zweifel gezogen (Bedingung a)) und andererseits haben Oreskes und Conway detailliert aufgezeigt, dass sie dies mit sachfremden Motiven tat (Bedingung b)). Die Annahme liegt nahe, dass das Wissen um die Möglichkeit solcher Handlungen die Wissenschaft, Politik und Bevölkerung wachsamer gegenüber der Tabakindustrie werden lässt und dass es hierdurch schwieriger wird, solche Handlungen erfolgreich auszuführen.

Bilden somit die Ergebnisse von Oreskes und Conway eine VT, liegt nun offensichtlich ein Fall vor, in dem eine VT einen Beitrag dazu geleistet hat, in hohem Maße schädigender Wissenschaftsleugnung entgegen zu wirken. Die Behauptung (2) scheint damit begründet zu sein.

6 Schluss

In diesem Text habe ich für ein Umdenken hinsichtlich des Verhältnisses zwischen VTn und Wissenschaftsleugnung plädiert: Daraus, dass VTn als Technik der Wissenschaftsleugnung verwendet werden können, folgt offensichtlich nicht, dass sie grundsätzlich abzulehnen sind. Und weiterhin scheint es Fälle zu geben, in denen VTn sogar Wissenschaftsleugnung offenlegen können. Insofern plädiert dieser Text auch dafür, nach gut begründeten VTn zu suchen, um Wissenschaftsleugnung entgegenzuwirken.

Literatur

[AfD] (2016). „Programm für Deutschland. Das Grundsatzprogramm der Alternative für Deutschland." https://www.afd.de/wp-content/uploads/sites/111/2017/01/2016-06-27_afd-grundsatzprogramm_web-version.pdf, letzter Abruf am 19.05.2024.

Barkun, M. (2003). *A Culture of Conspiracy. Apocalyptic Visions in Contemporary America*. University of California Press.

Bartoschek, S. (2015). *Bekanntheit von und Zustimmung zu Verschwörungstheorien – eine empirische Grundlagenarbeit*. JBM Verlag.

Basham, L. (2001). „Living with the Conspiracy." In: D. Coady (Hg.), *Conspiracy Theories. The Philosophical Debate*. Ashgate, S. 61–75.

Bloor, D. (1976). *Knowledge and Social Imagery*. Routledge & Kegan Paul.

Boudry, M. (2022). „Diagnosing Pseudoscience – by Getting Rid of the Demarcation Problem." *Journal for General Philosophy of Science* 53 (2), S. 83–101. https://doi.org/10.1007/s10838-021-09572-4.

Brewer-Giorgio, G. (1988). *Is Elvis Alive?*. Tudor.

Buenting, J., und Taylor, J. (2010). „Conspiracy Theories and Fortuitous Data." *Philosophy of the Social Sciences* 40 (1), S. 567–578. https://doi.org/10.1177/0048393109350750.

[Bundesministerium des Innern und für Heimat] (2022). „‚Reichsbürger‘ und ‚Selbstverwalter‘ – eine zunehmende Gefahr?" https://www.bmi.bund.de/SharedDocs/schwerpunkte/DE/reichsbuerger/topthema-reichsbuerger.html, letzter Abruf am 19.05.2024.
Butter, M. (2018). *„Nichts ist, wie es scheint." Über Verschwörungstheorien.* Suhrkamp.
Byford, J. (2011). *Conspiracy Theories. A Critical Introduction.* Palgrave Macmillan.
Clarke, S. (2002). „Conspiracy Theories and Conspiracy Theorizing." In: D. Coady (Hg.), *Conspiracy Theories. The Philosophical Debate.* Ashgate, S. 77–92.
Coady, D. (2003). „Conspiracy Theories and Official Stories." In: D. Coady (Hg.), *Conspiracy Theories. The Philosophical Debate.* Ashgate, S. 115–127.
Coady, D. (2012). *What To Belief Now: Applying Epistemology to Contemporary Issues.* Wiley-Blackwell.
Coady, D. (2019). „Psychology and conspiracy theories." In: D. Coady und J. Chase (Hg.), *Routledge Handbook of Applied Epistemology.* Routledge, S. 166–175.
Cook, J. (2022). „PLURV Taxonomie und Definitionen." https://skepticalscience.com/PLURV-Taxonomie-und-Definitionen.shtml, letzter Abruf am 19.05.2024.
Cook, J., et al. (2016). „Consensus on consensus: a synthesis of consensus estimates on human-causen global warming." *Environmental Research Letters* 11 (4), S. 1–7. https://doi.org/10.1088/1748-9326/11/4/048002.
Cook, J., et al. (2018). „Deconstructing climate misinformation to identify reasoning errors." *Environmental Research Letters* 13 (2), S. 1–7. https://doi.org/10.1088/1748-9326/aaa49f.
Dentith, M R. X. (2014). *The Philosophy of Conspiracy Theories.* Palgrave Macmillan.
Dentith, M R. X. (2021). „Debunking conspiracy theories." *Synthese* 198 (10), S. 9897–9911. https://doi.org/10.1007/s11229-020-02694-0.
Diethelm, P., und McKee, M. (2009). „Denialism: what is it and how should scientists respond?" *European Journal of Public Health* 19 (1), S. 2–4.
Dormandy, K. (2019). „Evidentialismus." In: M. Grajner und G. Melchior (Hg.), *Handbuch Erkenntnistheorie.* Metzler, S. 178–186.
Douglas, K. M., et al. (2017). „The Psychology of Conspiracy Theories." *Current Directions in Psychological Science* 26 (6), S. 538–542. https://doi.org/10.1177/0963721417718261.
Einstein, K. L., und Glick, D. M. (2015). „Do I Think BLS Data are BS? The Consequences of Conspiracy Theories." *Political Behavior* 37 (3), S. 679–701. https://psycnet.apa.org/doi/10.1007/s11109-014-9287-z.
Goertzel, T. (1994). „Belief in Conspiracy Theories." *International Society of Political Psychology* 15 (4), S. 731–742.
Harder, B. (2010). *Elvis lebt! Lexikon der unterdrückten Wahrheiten.* Verlag Herder.
Hansson, S. O. (2017). „Science denial as a form of pseudoscience." *Studies in History and Philosophy of Science* 63, S. 39–47. https://doi.org/10.1016/j.shpsa.2017.05.002.
Hansson, S. O. (2021). „Science and Pseudo-Science." In: E. N. Zalta (Hg.), *Stanford Encyclopedia of Philosophy.* https://plato.stanford.edu/entries/pseudo-science, letzter Abruf am 19.05.2024.
Heins, V. (2007). „Critical theory and the traps of conspiracy thinking." *Philosophy and Social Criticism* 33 (7), S. 787–801. https://doi.org/10.1177/0191453707081675.
Hepfer, K. (2015). *Verschwörungstheorien. Eine philosophische Kritik der Unvernunft.* transcript.
Hofstadter, R. (1964). „The Paranoid Style in American Politics." In: *Paranoid Style and Other Essays.* Harvard University Press, S. 3–40.
Hümmler, H. G. (2019). *Verschwörungsmythen. Wie wir mit verdrehten Fakten für dumm verkauft werden.* Hirzel Verlag.

Keeley, B. L. (1999). „Of Conspiracy Theories." In: D. Coady (Hg.), *Conspiracy Theories. The Philosophical Debate*. Ashgate, S. 45–60.

Kourany, J., und Carrier, M. (Hg.) (2020). *Science and the Production of Ignorance: When the Quest for Knowledge Is Thwarted*. MIT Press.

Kreitwolf, S. (2015). „Die sieben Mysterien des NSU-Prozesses." *Handelsblatt* [(online)]. https://www.handelsblatt.com/politik/deutschland/terrorgruppe-die-sieben-mysterien-des-nsu-prozesses-/11678032-all.html, letzter Abruf am 19.05.2024.

Kuhn, O. (2014). „Spekulative Kommunikation und ihre Stigmatisierung." In: A. Anton et al. (Hg.), *Konspiration. Soziologie des Verschwörungsdenkens*. Springer, S. 327–347.

Lakatos, I. (1970). „Falsification and the Methodology of Scientific Research Programmes." In: *Philosophical Papers*. 2 Bde., Bd. 1. Cambridge University Press, S. 8–101.

Lamberty, P. (2022). „Die Ursachen des Glaubens an Verschwörungserzählungen und Empfehlungen für eine gelungene Risikokommunikation im Gesundheitswesen." *Bundesgesundheitsblatt – Gesundheitsforschung – Gesundheitsschutz* 65 (5), S. 537–544. https://doi.org/10.1007/s00103-022-03524-z.

Laudan, L. (1981). „The Pseudo-Science of Science?" *Philosophy of the Social Sciences* 11 (2), S. 173–198.

Laudan, L. (1983). „The Demise of the Demarcation Problem." In: R. S. Cohen und L. Laudan (Hg.), *Physics, Philosophy and Psychoanalysis. Essays in Honor of Adolf Grünbaum*. Reidel, S. 111–127.

McCain, K. (2014). *Evidentialism and Epistemic Justification*. Routledge.

McIntyre, L. (2019). *The Scientific Attitude. Defending Science from Denial, Fraud, and Pseudoscience*. MIT Press.

Minkin, D. (2022). „Philosophie der Verschwörungstheorien. Eine kommentierte Übersicht über die philosophische Debatte." *Zeitschrift für philosophische Forschung* 76 (3), S. 404–436. https://doi.org/10.3196/004433022835885681.

Moon, A. (2012). „Three Forms of Internalism and the New Evil Demon Problem." *Episteme* 9 (4), S. 345–360. https://doi.org/10.1017/epi.2012.26.

Nocun, K., und Lamberty, P. (2020). *Fake Facts. Wie Verschwörungstheorien unser Denken bestimmen*. Quadriga.

Nocun, K., und Lamberty, P. (2021). *True Facts. Was gegen Verschwörungserzählungen wirklich hilft*. Quadriga.

Oreskes, N., und Conway, E. M. (2010). *Merchants of Doubt. How a Handful of Scientists Obscured the Truth on Issues from Tobacco Smoke to Global Warming*. Bloomsbury Press.

Pfahl-Traughber, A. (2002). „‚Bausteine' zu einer Theorie über ‚Verschwörungstheorien': Definitionen, Erscheinungsformen, Funktionen und Ursachen." In: H. Reinalter (Hg.), *Verschwörungstheorien. Theorie – Geschichte – Wirkung*. StudienVerlag, S. 30–44.

Pfeifer, N. (2023). „Towards a conceptual framework for conspiracy theory theories." *Social Epistemology* 37 (4), S. 510–521. https://doi.org/10.1080/02691728.2023.2172698.

Pigden, C. (1995). „Popper Revisited, or What is Wrong with Conspiracy Theories?" In: D. Coady (Hg.), *Conspiracy Theories. The Philosophical Debate*. Ashgate, S. 17–43.

Pilhar, H. (2020). „Coronavirus – der Heiligenschein vom Deep State." *germanische-heilkunde.at*. https://germanische-heilkunde.at/coronavirus-der-heiligenschein-vom-deep-state, letzter Abruf am 19.05.2024.

Popper, K. R. (1935). *Logik der Forschung*. 11., durchgesehene u. erg. Aufl. Mohr Siebeck.

Popper, K. R. (1945). *The Open Society and Its Enemies (One-Volume Edition)*. Princeton University Press.

Popper, K. R. (1949). „The Conspiracy Theory of Society." In: D. Coady (Hg.), *Conspiracy The Philosophical Debate*. Ashgate, S. 13–16.

Popper, K. R. (1963). „Wissenschaft und Pseudowissenschaft." In: J. Pfister (Hg.), *Texte zur Wissenschaftstheorie*. Reclam, S. 188–201.
Proctor, R. N., und Schiebinger, L. (Hg.) (2008). *Agnotology. The Making and Unmaking of Ignorance*. Stanford University Press.
Proctor, R. N. (2011). *Golden Holocaust. Origins of the Cigarette Catastrophe and the Case for Abolition*. University of California.
Räikkä, J. (2009). „The Ethics of Conspiracy Theorizing." *Journal of Value Inquiry* 43 (4), S. 457–468. https://doi.org/10.1007/s10790-009-9189-1.
Rathje, J. (2017). „‚Reichsbürger' – Verschwörungsideologie mit deutscher Spezifik." In: [Amadeu Antonio Stiftung] (Hg.), *Wissen schafft Demokratie. Schriftenreihe des Instituts für Demokratie und Zivilgesellschaft*. o. V., S. 239–248.
Schönberger, C., und Schönberger, S. (Hg.) (2020). *Die Reichsbürger: Verfassungsfeinde zwischen Staatsverweigerung und Verschwörungstheorie*. Campus Verlag.
Skudlarek, J. (2019). *Wahrheit und Verschwörung. Wie wir erkennen, was echt und wirklich ist*. Reclam.
[U.S. Department of Justice] (1999). „Litigation Against Tobacco Companies at Home." https://www.justice.gov/civil/case-4, letzter Abruf am 19.05.2024.
[Video 1]: „Holocaust-Leugner: Justiz läuft hinterher." Das Erste, 2015. https://daserste.ndr.de/panorama/aktuell/Holocaust-Leugner-Justiz-laeuft-hinterher,holocaustleugner116.html, letzter Abruf am 19.05.2024.
[Video 2]: „Heute ZDF – Irans Präsident Mahmud Ahmadinedschad – Interview mit Claus Kleber part 1." Gerd Wagemutis, 2013. https://www.youtube.com/watch?v=B_PBH-_Q3gs, letzter Abruf am 19.05.2024.
Wood, M. J., et al. (2012). „Dead and Alive: Beliefs in Contradictory Conspiracy Theories." *Social Psychological and Personality Science* 3 (2), S. 737–773. https://doi.org/10.1177/1948550611434786.
Whitson, J. A., und Galinsky, A. D. (2008). „Lacking Control Incrases Illusory Pattern Perception." *Science* 322 (5898), S. 115–117. https://doi.org/10.1126/science.1159845.

Thomas A.C. Reydon
Weltbilder, Dissens und Wissenschaftsleugnung: Die Perspektive der guten akademischen Praxis

Abstract: This chapter highlights the role of worldviews as causes underlying science denialism. It is argued that worldviews do not only play a crucial role on the side of receivers of science communication (i. e., the general public), but also on the side of senders (i. e., scientists and academics more generally). On both ends of science communication worldviews provide interpretations of scientific knowledge, and to counteract science denialism it is important to be aware of the role of worldviews and to communicate about them in a clear and open way. The chapter ends with formulating an ideal for science in this respect.

1 Einleitung

Das Phänomen der Wissenschaftsleugnung ist sicherlich nicht neu: Seit dem Aufkommen der modernen Wissenschaft in der frühen Neuzeit gab es immer Menschen, die sich weigerten, etabliertes wissenschaftliches Wissen anzuerkennen, und stattdessen lieber alternativen Ansätzen Glauben schenkten. Insbesondere wenn es um wissenschaftliche Erkenntnisse geht, die unser Selbstverständnis als Menschen tangieren oder sich schlecht mit weit verbreiteten religiösen oder politischen Weltbildern vertragen, werden wissenschaftliche Erkenntnisse nicht selten als falsch, als irrelevant oder als „nur eine Theorie und keine bewiesene Tatsache" beiseite geschoben.

Dass die Weltbilder, die Menschen als Grundlage für ihre Lebensführung verwenden, bei der Annahme und Ablehnung wissenschaftlicher Erkenntnisse eine wichtige Rolle spielen, sollte weder eine neue, noch überraschende Feststellung sein. In welcher Weise Weltbilder diesbezüglich eine Rolle spielen und welche Möglichkeiten Wissenschaftler:innen haben um mit dem Faktor „Weltbild" als Ursache von Wissenschaftsleugnung umzugehen, sind allerdings weitgehend noch unbeantwortete Fragen. Im vorliegenden Aufsatz möchte ich diese Fragen erörtern und aus Sicht des Themenbereichs der guten akademischen Praxis einige Empfehlungen bzw. Verhaltensrichtlinien formulieren.[1] Zur guten akademischen Praxis

---

1 Ich spreche von der guten *akademischen* Praxis statt der guten wissenschaftlichen Praxis, weil der

gehört nicht nur der „Blick nach innen", d.h. die verantwortungsvolle Arbeit im täglichen Wissensproduktionsprozess, aber auch der „Blick nach außen", also eine verantwortungsvolle Tätigkeit in den Bereichen der Wissenschaftskommunikation und der Rechenschaft der Gesellschaft gegenüber über die Ergebnisse der eigenen Arbeit (Shamoo und Resnik 2009, S. 6; Reydon, 2013). Die Frage nach einer effektiven und gesellschaftlich angemessenen Kommunikation über neue wissenschaftliche Erkenntnisse muss dementsprechend Teil der Frage nach einer guten akademischen Praxis sein.

Ich werde diesbezüglich versuchen zu zeigen, dass Weltbilder (verstanden in einem sehr breiten Sinne als persönliche Sichtweisen, die aus religiösen, politischen, gesellschaftlichen, moralischen, wissenschaftlichen usw. Elementen aufgebaut sind) sowohl in der Dynamik zwischen Wissenschaft und Gesellschaft als auch innerhalb der Wissenschaft eine wichtige Rolle spielen. Auf dieser Grundlage möchte ich dann vorschlagen, dass Wissenschaftler:innen in mindestens zwei Weisen zu einen besseren gesellschaftlichen Umgang mit neuen wissenschaftlichen Erkenntnissen sowie insbesondere zu derer gesellschaftlichen Akzeptanz beitragen können, nämlich (1.) durch eine klare und offene Kommunikation über ihr *eigenes* Weltbild und die daraus folgende Interpretation von wissenschaftlichem Wissen, und (2.) durch den aktiven Versuch, wissenschaftliche Erkenntnisse im Kontext *anderer* Weltbilder, die nicht mit ihren eigenen Weltbildern übereinstimmen, zu interpretieren. Während der erste Punkt bereits in der Literatur zur guten akademischen Praxis wahrgenommen wird[2], möchte ich auch den zweiten Punkt in den Bereich der guten akademischen Praxis positionieren. Aus Platzgründen wird es nicht möglich sein, diese Thematik in einer ausreichenden Tiefe zu erörtern, aber ich hoffe, mit dem vorliegenden Aufsatz einen Anstoß für weitere Überlegungen zu liefern.

2 Weltbilder und Wissenschaftsleugnung

Ein viel diskutiertes Beispiel von Wissenschaftsleugnung auf Grund von Unverträglichkeit mit weit verbreiteten Welt- und Menschenbildern ist die Ablehnung der darwinschen Evolutionstheorie auf Grund vermeintlicher Inkompatibilitäten mit dem religiös fundierten Verständnis des Menschen als ein Produkt – oder gar

---

Begriff ‚Wissenschaft' zu stark suggeriert, dass es in diesem Themenbereich nur um die *sciences*, also die Natur- und Lebenswissenschaften geht. Allerdings treten Fragen zur guten Praxis in allen akademischen Disziplinen auf, sodass ‚gute akademische Praxis' m.E. eine mehr angemessene Benennung für diesen Themenbereich ist.

2 Dazu z.B. Reydon, 2013, S. 43–45, sowie Abschnitt 4 weiter unten im vorliegenden Aufsatz.

die Krone – einer göttlichen Schöpfung.³ Darwins Evolutionstheorie – und insbesondere die in ihr enthaltene These der gemeinsamen Abstammung aller Lebewesen, die oft in der Form eines „*Tree of Life*" visualisiert wird (dazu z.B. Voss, 2007) – zeigt uns die menschliche Spezies als lediglich eine Art von Lebewesen unter Abermillionen anderer Spezies, die nah mit anderen Primatenarten verwandt und ebenso ein Produkt natürlicher Prozesse ist wie alle anderen Spezies es auch sind. Aus evolutionsbiologischer Sicht ist *Homo sapiens* überhaupt nichts Besonderes – und eine solche Aussage kann aus der Perspektive eines Weltbildes, dass den Menschen als Ergebnis der göttlichen Schöpfung versteht, schwer zu verdauen sein.

Ein Beispiel wie dieses kann leicht zu einem Bild von Wissenschaftsleugnung führen, das es als Konflikt zwischen einerseits objektivem (d.h. nicht durch subjektiven Weltbildern beeinflusstem) wissenschaftlichen Wissen und andererseits subjektiven Weltbildern vorstellt. So verstanden wäre Wissenschaftsleugnung ein Phänomen, das auf ein verzerrtes Verständnis der Welt auf Seiten der „Empfänger" von wissenschaftlichem Wissen zurückzuführen wäre: Das Problem wäre dementsprechend, dass bestimmte Weltbilder Hindernisse für die angemessene Auseinandersetzung mit wissenschaftlichen Erkenntnissen aufwerfen, und die Lösung wäre die Bekämpfung solcher Weltbilder. Ein Buch wie Richard Dawkins' *Der Gotteswahn* (Dawkins, 2006) ist ein gutes Beispiel einer solchen Konzeption des Verhältnisses zwischen Wissenschaft und Weltbildern.

Dieser Konzeption liegt allerdings ein falsches Verständnis des Phänomens der Wissenschaftsleugnung zugrunde. Die Philosophin Mary Midgley (2002) hat diesbezüglich hervorgehoben, dass Weltbilder sowohl in der Rezeption wissenschaftlicher Erkenntnisse durch Personen und Institutionen außerhalb der Wissenschaft als auch in ihrer Produktion und Präsentation durch Wissenschaftler:innen eine sehr wichtige Rolle spielen. Midgley wies darauf hin, dass wissenschaftliche Erkenntnisse immer von Geschichten – Midgley nennt sie „Dramen" – umgeben sind, die als Kontexte, in denen diese Erkenntnisse verstanden werden können, wissenschaftlichem Wissen für uns eine Bedeutung verleihen. Wissenschaftliche Aussagen und Vermutungen, Theorien und Hypothesen, Befunde und Daten, Erklärungen und Beschreibungen usw. begegnen uns nicht als einzelne, selbstevidente „Wissensbausteine", die an und für sich bewertet und angenommen bzw. abgelehnt werden können. Vielmehr sind sie immer in ein Netzwerk von Annahmen und Überzeugungen eingebettet, in dem sie durch andere „Bausteine" gestützt oder mit diesen in Konflikt treten können. Dieses Netzwerk von Annahmen und Überzeugungen ermöglicht es uns, neue Erkenntnisse zu kontextualisieren, zu

---

3 Es gibt sehr viele gute Überblickswerke zu dieser Thematik. Nennen möchte ich die Bücher von Bowler (2007) und Ruse (2005).

bewerten und zu verstehen.⁴ Es ist dabei wichtig zu sehen, dass es hier nicht nur um in einem strikten Sinne wissenschaftliche Annahmen und Überzeugungen geht: Erkenntnisse bekommen für eine Person erst eine Bedeutung durch die Einbettung in das Gesamtbild, das diese Person von der Welt hat.

Midgley spricht diesbezüglich nicht von einem Netzwerk, sondern von Dramen, Geschichten und Weltbildern, in die wir neue Erkenntnisse einordnen und in dieser Weise für uns als bedeutsam erscheinen lassen. Midgley erläutert ihre Sichtweise wie folgt:

> Facts will never appear to us as brute and meaningless; they will always organize themselves into some sort of story, some drama. These dramas [...] can distort our theories, and they have distorted the theory of evolution perhaps more than any other. (Midgley, 2002, S. 4)

So hat z. B. die bloße Tatsache, dass die menschliche Spezies mit anderen Primatenarten nah verwandt ist und einen gemeinsamen Vorfahren teilt, an und für sich genommen kaum eine Bedeutung. Sie wird erst bedeutsam, wenn sie mit Auffassungen über die Stellung des Menschen in der Welt und über den „Sinn des Lebens", mit religiösen Lehren und Überzeugungen, mit metaphysischen und moralischen Weltbildern usw. verbunden wird. So wird für eine Person, die stark an die biblische Schöpfungsgeschichte glaubt, die Tatsache der gemeinsamen Abstammung von Menschen und anderen Primaten eine ganz andere Bedeutung haben als für eine Atheistin oder für eine Person, die zwar gläubig ist, es aber überhaupt nicht als verstörend empfindet, wenn die menschliche Spezies eigentlich nur eine Spezies unter vielen ist.⁵

Midgleys Gebrauch der Begriffe ‚Geschichten' und ‚Dramen' zeigt, dass es ihr nicht primär oder gar ausschließlich um Weltbilder in einem religiösen oder metaphysischen Sinne geht. Vielmehr geht es ihr um die Rolle von allen möglichen Sys-

---

4 Die Metapher des Netzwerks von Überzeugungen („*web of belief*") wurde durch Willard V. Quine (Quine, 1951; Quine und Ullian, 1970) geprägt. Der philosophischen Präzision wegen muss angemerkt werden, dass Quine mit „*web of belief*" nicht genau dasselbe meinte wie Midgley mit „Dramen". Für Quine lag der Fokus auf die interne Verbindung zwischen den Elementen des epistemischen Netzwerks, die dafür sorgen, dass Elemente nicht isoliert voneinander empirisch geprüft und begründet werden können. Stattdessen wird das Netzwerk als Ganzes mit der Empirie konfrontiert. Für Midgley lag der Fokus vielmehr auf den Verbindungen zwischen wissenschaftlichen Aussagen und außerwissenschaftlichen Überzeugungen und Sichtweisen. Beide Aspekte sind im Kontext des vorliegenden Aufsatzes relevant, aber ich werde aus Platzgründen hier nicht im Detail auf die Unterschiede zwischen Quines und Midgleys philosophischen Positionen eingehen können.

5 Ich spreche hier von der *Tatsache* der gemeinsamen Abstammung aller Lebewesen, aber man könnte hier auch von einer wissenschaftlichen *Hypothese* oder gar einer *Theorie* (Mayr, 2004, S. 97–115) sprechen. Für meine Zwecke im vorliegenden Aufsatz ist der wissenschaftstheoretische Unterschied zwischen Tatsachenaussagen, Theorien, Hypothesen usw. jedoch nicht von Bedeutung.

temen von Überzeugungen und Auffassungen, die als Kontext für wissenschaftlichen Erkenntnissen dienen können. Es geht um die Geschichten, die wir uns selbst darüber erzählen, wie die Welt beschaffen ist. Die Bandbreite solcher Weltbilder ist vielfältig: Religiöse Weltbilder sind diesbezüglich genauso relevant wie wissenschaftliche Weltbilder, politische und soziale Positionen, oder gar persönliche Meinungen. Oft geht es bei den durch einzelne Personen akzeptierten Weltbildern auch nicht um theoretisch gut ausgearbeitete Gedankensysteme, sondern um Ansammlungen von – zum Teil überhaupt nicht artikulierten – Annahmen und Überzeugungen, die nicht notwendigerweise alle miteinander verträglich sind. Midgley möchte primär darauf aufmerksam machen, dass sowohl auf Seiten von „Wissensproduzent:innen" als auch auf Seiten der „Empfänger" von Kommunikation über Wissen und Wissenschaft wissenschaftliche Erkenntnisse mit persönlichen Annahmen und Überzeugungen in Bezug gebracht werden und so für eine Person eine Bedeutung erhalten.

Für Midgley ist diese Tatsache eine Folge der menschlichen Natur: Als Menschen haben wir einen „Hunger nach Bedeutung" (Midgley, 2002, S. 157) und dementsprechend ist die Verwendung unserer persönlichen Weltbilder um Erkenntnisse einzuordnen eine für uns sehr natürliche Verhaltensweise: „The choice is not between integrating facts into one's world-picture and keeping them detached from it. It is between good and bad world-pictures" (Midgley, 2002, S. 158). Wir können als Menschen gar nicht anders als neue Erkenntnisse in unseren persönlichen Weltbildern einzuordnen, weil wir kognitiv nicht in der Lage sind, uns außerhalb unserer Weltbilder zu positionieren und einen neutralen Standpunkt einzunehmen.

Aber wie bereits angedeutet geht es Midgley nicht nur um die Seite der „Empfänger" von neuen wissenschaftlichen Erkenntnissen. Auch behauptet sie nicht, dass die Einordnung wissenschaftlicher Erkenntnisse durch Nicht-Wissenschaftler:innen in ihren eigenen Weltbildern die „objektive" wissenschaftliche Bedeutung solcher Erkenntnisse verzerren und dadurch zu Missverständnissen führen würde. Vielmehr weist Midgley darauf hin, dass die Einordnung neuer Erkenntnisse auch ein wesentlicher Bestandteil von guter Wissenschaft und guter Wissenschaftskommunikation selbst sind. Forschende brauchen Weltbilder, um ihnen eine Motivation und insbesondere eine Richtung für die Forschung zu geben – d.h. um entscheiden zu können, welche Forschungsthemen und -fragen wichtig sind, welche Theorien es wert sind, weiter zu verfolgen, welche Forschungsansätze gut funktionieren könnten und welche Ansätze eher nicht zu brauchbaren Ergebnissen führen werden.

Darüber hinaus geben gute Wissenschaftler:innen die Ergebnisse ihrer Forschung durch die Einbettung in ein Weltbild eine Interpretation und eine Perspektive, die als Grundlage für die Trennung der (zumindest aus der betreffenden Perspektive betrachtet) wichtigen Aussagen von den Nebensächlichkeiten dienen kann (Midgley, 2002, S. 3–4).[6] Wissenschaft besteht nicht nur aus Datenerhebung und der Feststellung von Sachverhalten, sondern zu einem sehr wesentlichen Teil aus der Interpretation von Daten und Sachverhalten im Lichte wissenschaftlicher Theorien, Ansätzen und Annahmen. In diesem Interpretationsmodus spielen religiöse, soziale, politische und persönliche Weltbilder zwar auch eine Rolle (und können und sollen dabei auch nicht ausgeschlossen werden),[7] aber es sind insbesondere *wissenschaftliche* Weltbilder, die in der Forschung und Kommunikation über neuen Erkenntnissen einen wichtigen Faktor darstellen. Die „Schule", zu der eine Wissenschaftlerin oder ein Wissenschaftler sich zählt, oder das Paradigma (Kuhn, 1962; Kuhn, 1970), in dem sie oder er als Wissenschaftler:in sozialisiert wurde und arbeitet, bestimmt maßgeblich mit, in welche Richtung geforscht wird, welche Faktoren als Erklärungen der untersuchten Phänomene hervorgehoben werden, mit welchen Begriffen die untersuchten Phänomene und die unterliegenden Ursachen beschrieben werden, wie neue Ergebnisse interpretiert werden und wie über diese nach außen kommuniziert wird.

Der Wissenschaftshistoriker und -philosoph Thomas Kuhn hat mit seiner These der „Inkommensurabilität" von wissenschaftlichen Theorien bereits vor 60 Jahren darauf hingewiesen, dass es sehr leicht vorkommen kann, dass Wissenschaftler:innen, die in unterschiedlichen Paradigmen arbeiten und unterschiedliche Theorien oder Interpretationen von Theorien anhängen, aneinander vorbeireden (Oberheim und Hoyningen-Huene, 2018). Sie können nicht gut miteinander kommunizieren, weil sie unterschiedliche Begriffe und Methoden verwenden, die dafür sorgen, dass ihre Aussagen nicht mit dem gleichen Maßstab messbar – also, „inkommensurabel" – sind. Um wissenschaftliche Aussagen von außerhalb ihres eigenen Paradigmas zu verstehen, muss oft eine Übersetzung der Begriffe des Para-

---

6 Midgley kann diesbezüglich als Vertreterin einer langen Tradition in der Wissenschaftsphilosophie gesehen werden, die die wichtige Rolle von Perspektiven in den Wissenschaften beleuchtet (z. B. Giere, 2006; Massimi und McCoy, 2020). Vertreter:innen dieser Tradition legen Nachdruck darauf, dass wir die Welt – auch in den exakten Wissenschaften – immer aus einem bestimmten Blickwinkel betrachten, der einige Aspekte der Welt hervorhebt und andere in den Hintergrund zwängt. Auch kann Midgleys Hervorhebung der Rolle von Weltbildern in der Wissenschaft als Teil der langen wissenschaftsphilosophischen Debatte über die Rolle nicht-epistemischer Werte in den Wissenschaften (z. B. Rudner, 1953; Longino, 1990; Douglas, 2009) gesehen werden. Ich werde aus Platzgründen diese beiden Themenbereiche der Wissenschaftsphilosophie jedoch weiter nicht besprechen.

7 Siehe dazu die neuere Debatte zu nicht-epistemischen Werten in den Wissenschaften. Dass nicht-epistemische Werte nicht aus der Wissensproduktion ausgeschlossen werden können, ist bereits seit längerer Zeit deutlich. Neuerdings wird allerdings auch dafür argumentiert, dass sie in der Wissenschaft eine Rolle spielen *sollen* (Longino, 1990; Intemann, 2001; Douglas, 2007; Douglas, 2009; Douglas, 2017; Elliott und McKaughan, 2014).

digmas, innerhalb dessen die Aussagen produziert wurden, in Begriffe des Paradigmas, aus dem heraus sie verstanden werden sollen, stattfinden. Auch auf der Seite der „Produzenten" von neuen Erkenntnissen und den „Sendern" von Wissenschaftskommunikation spielen Weltbilder also eine wichtige Rolle, indem sie mitbestimmen, welches Wissen produziert wird, wie dieses Wissen interpretiert wird, und die Art der Rezeption neuen Wissens beeinflussen.

Abschließend kann festgestellt werden, dass Weltbilder, Perspektiven, Interpretationen, Paradigmen usw. – Midgleys „Dramen" – sowohl innerhalb der Wissenschaft selbst bei der Produktion, der Bewertung und der Interpretation von Erkenntnissen als auch außerhalb der Wissenschaft in der Präsentation von Erkenntnissen durch Wissenschaftler:innen und ihrer Rezeption durch Nicht-Wissenschaftler:innen eine wichtige Rolle spielen. Im folgenden Abschnitt möchte ich erläutern, wie diese Überlegungen mit dem Phänomen der Wissenschaftsleugnung verknüpft sind. Mein Vorschlag wird sein, dass Wissenschaftsleugnung maßgeblich aus der Kollision von Weltbildern hervorgeht, die sowohl in der Wissenschaft als auch in der Gesellschaft vorhanden sind, und nicht aus einer einfachen Kollision von etabliertem Wissen auf der Seite der Wissenschaft und Weltbildern auf der Seite der Gesellschaft.

3 Dissens durch die Kollision von Weltbildern

Im vorigen Abschnitt hoffe ich gezeigt zu haben, dass Midgleys Arbeit uns einen Blick auf das Phänomen der Wissenschaftsleugnung ermöglicht, der das Phänomen facettenreicher und komplizierter erscheinen lässt als es auf den ersten Blick der Fall war. Wissenschaftsleugnung kann als Ablehnung von wissenschaftlichen Erkenntnissen entgegen einem wohlbegründeten wissenschaftlichen Konsens aufgefasst werden.[8] Einer solchen Sichtweise folgend, wäre die zentrale Frage, wie auf Seiten der Personen und Gruppen, die einen wissenschaftlichen Konsens auf Grund eines Konflikts mit ihren persönlichen Überzeugungen und Sichtweisen ablehnen, die Bereitschaft zur Annahme der betreffenden wissenschaftlichen Erkenntnisse gesteigert werden kann. Auf der Hand liegt dann, die betreffenden persönlichen Überzeugungen und Sichtweisen als Ursache der Problematik zu sehen.

Aber bei einer genaueren Betrachtung ist dies lediglich eine Seite des Phänomens. Eine andere Seite ist die Rolle, die Weltbilder auf Seiten dieses wissenschaftlichen Konsens spielen und dabei auch in Erwägung zu ziehen, dass der Konsens auf Seiten der Wissenschaft weniger deutlich ausgeprägt sein könnte als

---

8 Siehe die Einleitung der Herausgebenden dieses Bandes.

es auf den ersten Blick scheint. Die Tatsache, dass auch der begründete wissenschaftliche Konsens inhärent wertgeladen – d. h., mit bestimmten Weltbildern verbunden – ist, muss m. E. neben den persönlichen Überzeugungen und Sichtweisen der „Empfänger" von wissenschaftlichen Erkenntnissen als wichtige Ursache des Auftretens von Wissenschaftsleugnung wahrgenommen werden.

Wissenschaftsleugnung geht, so möchte ich zumindest behaupten, grundsätzlich aus einem Konflikt zwischen einer *aus der Perspektive eines bestimmten Weltbildes interpretierten und präsentierten* wissenschaftlichen Erkenntnis und einer *Weise des Verstehens von Erkenntnissen aus der Perspektive eines anderen Weltbildes* hervor. Das Phänomen der Wissenschaftsleugnung sollte m. E. dementsprechend nicht als den einfachen Konflikt zwischen einem begründeten wissenschaftlichen Konsens einerseits und einer unbegründeten persönlichen Meinung aufgefasst werden. Eine solche Auffassung würde das Phänomen zu stark vereinfachen und es somit verzerren. Insbesondere spielen auf Seiten des wissenschaftlichen Konsenses auch unbegründete oder schlechter begründete Sichtweisen eine Rolle. Umgekehrt kann man Weltbilder auf Seiten der Gesellschaft nicht pauschal als unbegründet zur Seite schieben: Weltbilder sind meistens durch wissenschaftliche Entwicklungen beeinflusst und enthalten durchaus Elemente, die als wissenschaftlich begründet gelten können. Das Phänomen der Wissenschaftsleugnung ist, so möchte ich vorschlagen, besser als Folge von Kollisionen zwischen Weltbildern zu verstehen.

Diesbezüglich ist es sinnvoll eine weitere Unterscheidung einzuführen, nämlich die Unterscheidung zwischen (1.) Kollisionen innerhalb der Wissenschaft und (2.) Kollisionen zwischen Weltbildern von Wissenschaftler:innen einerseits und innerhalb der Gesellschaft verbreiteten Weltbildern andererseits. In der letzteren Kategorie von Fällen geht es um Kollisionen zwischen den Weltbildern, die auf Seiten der Wissenschaft die Interpretation und Präsentation von Erkenntnissen prägen, und den Weltbildern, die die Rezeption von Wissen in der Gesellschaft mitbestimmen. Ich spreche diesbezüglich bewusst nicht von *wissenschaftlichen* Weltbildern und *gesellschaftlichen* Weltbildern, weil auf beiden Seiten die gleichen Weltbilder eine Rolle spielen können und auch tatsächlich spielen. Zu denken wäre hier beispielsweise an eine bestimmte Teilgruppe christlicher Weltbilder, die sowohl die Ablehnung der Evolutionstheorie in Teilen der Gesellschaft als auch die Interpretation und Präsentation von wissenschaftlichem Wissen durch Vertreter des sogenannten „*Intelligent Design*" motivieren.[9] Es wäre falsch, die Dynamik

---

9 Obwohl „*Intelligent Design*" zweifellos als Pseudowissenschaft eingestuft werden muss, wirken viele Vertreter dieses Ansatzes innerhalb der Wissenschaft. Prominente Vertreter des „Intelligent Design", wie William Dembski oder Michael Behe haben bzw. hatten Stellen an legitimen Universitäten inne und haben Aufsätze in respektierten Fachzeitschriften und Bücher bei prominenten wissenschaftlichen Verlagen veröffentlicht. Dies heißt zwar nicht, dass es innerhalb der Wissen-

zwischen Wissenschaft und Gesellschaft schlicht als Kollision zwischen den „richtigen" Weltbildern, die in der Wissenschaft vertreten werden, und den „falschen" Weltbildern, die in der Gesellschaft vorgefunden werden, zu sehen und das Phänomen der Wissenschaftsleugnung in dieser Weise zu verstehen. Das Phänomen ist komplizierter und durch eine Diversität von Weltbildern auf beiden Seiten bestimmt.

Aus der Existenz einer Diversität von Weltbildern innerhalb der Wissenschaft ergibt sich auch die oben erwähnte erste Kategorie von Fällen. Innerhalb der Wissenschaft können konfligierende Weltbilder zu stark divergierende Interpretationen von – oftmals zwischen den betreffenden Wissenschaftler:innen geteilten – Erkenntnissen führen. Solche innerwissenschaftliche Divergenzen können indirekt zum Phänomen Wissenschaftsleugnung beitragen, wenn sie durch Wissenschaftler:innen nach außen als das Fehlen eines Konsens kommuniziert oder auch nur von außen durch ein breites Publikum als Fehlen eines Konsens wahrgenommen werden.

Diesbezüglich stellt die – zum Zeitpunkt des Schreibens dieses Aufsatzes immer noch andauernde – SARS-CoV-2-Pandemie ein besonders einschlägiges Beispiel dar. In der Pandemie hat sich das Vorliegen von Dissens *innerhalb* der für die Problematik einschlägigen Wissenschaften als ein besonders wichtiger Faktor für das Auftreten von Wissenschaftsleugnung in Teilen der Gesellschaft gezeigt. Man denke hier an die Leugnung der Notwendigkeit des Tragens von Masken, von Lockdowns und *social distancing*, Leugnung der Effektivität von Impfungen als Maßnahmen zur Bekämpfung der Pandemie und Schutz der eigenen Gesundheit, oder an die Behauptung, dass COVID-19 nicht viel mehr als eine einfache Erkältung wäre. Einerseits waren in diesen Fällen Faktoren auf der „Empfängerseite", wie gesellschaftliche und politische Positionen, psychologische Faktoren (z. B. der menschliche Drang, die Kontrolle über die eigene Lebensführung zu behalten), sowie die aktive Verbreitung von Fehlinformationen und falsch verstandenen wissenschaftlichen Erkenntnissen für die Leugnung einschlägiger Erkenntnisse verantwortlich (Aghagoli et al., 2020; Siegrist und Bearth, 2021; Taylor und Asmundson, 2021).

Andererseits zeigte sich in der SARS-CoV-2-Pandemie aber auch, wie Dissens innerhalb der relevanten Wissenschaften zu mehreren Aspekten der Problematik

---

schaft systematisch Platz für Pseudowissenschaft gibt oder geben sollte. Aber es gibt innerhalb der Wissenschaft, wie in der Gesellschaft, eine große Diversität von Weltbildern und es ist darüber hinaus für den wissenschaftlichen Fortschritt durchaus förderlich, wenn divergierende Ansätze nebeneinander verfolgt werden. Mein Punkt ist, dass auch innerhalb des Wissenschaftsbetriebs pseudowissenschaftliche sowie nicht-wissenschaftliche Weltbilder vorgefunden werden, die Interpretationen und Präsentationen von Wissen prägen.

(z. B. zur Effektivität von Maßnahmen wie *social distancing* oder das Tragen von Masken, zur Effektivität und Sicherheit der neu entwickelten Impfstoffe, zur benötigten Anzahl von Impfungen und zur Möglichkeit des Erreichens einer sogenannten Herdenimmunität) dazu beigetragen haben, dass „Wissenschaftsleugner: innen" ihre Haltung teilweise durch einen Bezug auf abweichende Meinungen innerhalb der Wissenschaft rechtfertigen konnten (Boyd, 2021). Solche Fälle können als Instanzen *selektiver Wissenschaftsleugnung* verstanden werden: Es geht hier weniger um fehlendes Vertrauen in die Wissenschaft insgesamt oder um eine pauschale Ablehnung wissenschaftlicher Erkenntnisse. Vielmehr werden Aussagen von Wissenschaftler:innen und wissenschaftliche Veröffentlichungen (die oftmals eine Minderheitsmeinung im betreffenden Fach darstellen), die das eigene Weltbild unterstützen oder „ungewolltes Wissen" entkräften könnten, durchaus akzeptiert. Charakteristisch für solche Fälle von Wissenschaftsleugnung ist, dass Wissenschaft gegen Wissenschaft eingesetzt wird und „Querdenken" durch diejenigen, die bestimmte Erkenntnisse ablehnen wollen, als mindestens genauso wissenschaftlich begründet angesehen wird wie die Behauptungen des wissenschaftlichen *„Mainstreams"*.

Ein eklatantes Beispiel ist die Kontroverse über den Gebrauch von Chloroquin und Hydroxychloroquin als Mittel gegen COVID-19. Der angesehene französische Biomediziner Didier Raoult propagierte den Gebrauch dieser Stoffe, die als Mittel gegen Malaria zugelassen sind, in Verbindung mit Azithromycin (ein Antibiotikum, das bei Haut- und Atemwegserkrankungen eingesetzt wird) als Medikamente gegen COVID-19 (Gautret et al., 2020). Diese – wie sich herausstellte, schlecht begründete – Behauptung wurde durch Teile der Bevölkerung sowie einflussreiche Politiker als Grundlage für die Ablehnung wissenschaftlicher Erkenntnisse zur Notwendigkeit von Impfungen und anderen Maßnahmen zur Eindämmung der Pandemie genommen (Bertin et al., 2020; Berlivet und Löwy, 2021). Die Argumentation war, dass zusätzliche Maßnahmen zur Prävention von Infektionen mit dem SARS-CoV-2-Virus und von der Entwicklung der Krankheit COVID-19 nicht notwendig seien, wenn die Krankheit mit sehr einfachen und breit verfügbaren Mitteln bekämpft werden könne und diese Mittel sogar präventiv eingenommen werden könnten. Insbesondere umstrittene – weil tief in die persönliche Lebenssphäre eingreifende – Maßnahmen, wie Lockdowns, Kontaktverfolgung und Impfungen mit neu entwickelten und noch nicht ausreichend geprüften Impfstoffen würden in diesem Falle nicht gerechtfertigt sein, weil ja eine viel weniger eingreifende Maßnahme verfügbar wäre. Wie Berlivet und Löwy argumentierten, spielten im Hintergrund dieser Kontroverse nicht nur unterschiedliche politische und gesellschaftliche Auffassungen eine zentrale Rolle, sondern auch unterschiedliche Meinungen innerhalb der Wissenschaft zu methodologischen Fragen und zur „richtigen" Weise des Betreibens von Wissenschaft (Berlivet und Löwy, 2021). Auch legitime Meinungsverschiedenheiten zu solchen Metafragen, die als Teil der Selbstreflexion von Wissenschaftler:innen auf ihre eigene Tätigkeit durchaus eine wichtige Funktion mit Bezug zur Verbesserung der wissenschaftlichen Praxis haben, können also nachteilige Folgen mit sich bringen.

Ein ähnliches Problem wurde durch Barker und Kitcher angesprochen (Barker und Kitcher, 2014, S. 142). Barker und Kitcher nehmen ein Beispiel aus der Landwirtschaft, nämlich die Frage, wie der Ertrag eines Ackers oder eines landwirtschaftlichen Betriebes gesteigert werden könnte. Die Autor:innen weisen darauf hin, dass eine solche Frage aus den verschiedenen Fächern als kategorisch ganz verschiedene Probleme wahrgenommen werden können. Für eine Genetikerin stellt diese Frage nicht das gleiche Forschungsproblem dar als für einen Ökologen oder eine Chemikerin: „Geneticists, chemists, and ecologists will have very different recommendations about what kind of research to pursue" (Barker und Kitcher, 2014, S. 142). Dieser Effekt ist auch in der SARS-CoV-2-Pandemie deutlich wahrnehmbar: Eine Virologin wird eine andere Perspektive auf die Problematik haben als ein Epidemiologe, und Spezialist:innen für Atemwegserkrankungen werden eine weitere Perspektive einbringen. Und die nicht-biomedizinischen Wissenschaften – die Wirtschaftswissenschaften, die Soziologie, die Politologie, die Ethik usw. – werden ganz andere Aspekte der Problematik hervorheben. Wichtig ist diesbezüglich zu sehen, dass es hier nicht lediglich um unterschiedliche, sich ergänzende Aspekte des gleichen Problems geht, sondern um unterschiedliche Sichtweisen darauf, was das Problem *eigentlich ist*, die zu unterschiedlichen Antworten auf die Frage führen, wie das Problem erforscht werden soll und gelöst werden kann (Reydon, 2020). Diesbezüglich spielen nicht nur das wissenschaftliche Fachgebiet und die Spezialisierung einer Person eine Rolle, sondern im Hintergrund auch deren gesamtes Weltbild – die Geschichte (oder das „Drama", wie Midgley es nannte), die die Person sich selbst erzählt, um die Welt und die vielfältigen Phänomene, die sie in der Welt vorfindet, für sie verständlich zu machen.

Ich nehme die SARS-CoV-2-Pandemie hier lediglich als Illustration meiner allgemeineren Behauptung, dass Unterschiede in Weltbildern (in einem sehr breiten Sinne verstanden), die sowohl innerhalb der Wissenschaft als auch zwischen Wissenschaft und Gesellschaft auftreten, eine wesentliche Ursache von Wissenschaftsleugnung sein können. Was folgt aus dieser These nun für den Themenbereich der guten akademischen Praxis? Diese Frage werde ich im folgenden Abschnitt kurz erörtern.

4 Richtlinien für die gute akademische Praxis

Wie im ersten Abschnitt bereits kurz angedeutet wurde, wird die Rolle von Weltbildern bei der Interpretation von wissenschaftlichen Erkenntnissen bereits gelegentlich in der Wissenschaftsethik thematisiert (z. B. Reydon, 2013, S. 43–45). Bekannt ist in diesem Kontext die Forderung des Soziologen Max Weber, Erkenntnisse und Wertungen deutlich von einander zu zu trennen.

Weber reagierte auf eine wachsende Tendenz in den Sozialwissenschaften, normative Aussagen über gesellschaftliche Sachverhalte und Prozesse zu machen. In seinem bekannten Aufsatz über die Objektivität der Sozialwissenschaften, der 1904 veröffentlicht wurde, plädiert Weber für „eine prinzipielle Scheidung von Erkenntnis des „Seienden" und des „Seinsollenden"" (Weber, 1985a, S. 148) – also eine strikte Trennung von faktischen und wertenden Aussagen. Er schreibt, „dass es niemals Aufgabe einer Erfahrungswissenschaft sein kann, bindende Normen und Ideale zu ermitteln, um daraus für die Praxis Rezepte ableiten zu können" (Weber, 1985a, S. 149). Später, in einem 1917 veröffentlichten Aufsatz, formuliert er seine Forderung so:

> die an sich höchst triviale Forderung: dass der Forscher und Darsteller die Feststellung empirischer Tatsachen […] und seine praktisch wertende, d. h. diese Tatsachen […] als erfreulich oder unerfreulich beurteilende, in diesem Sinn: „bewertende" Stellungnahme unbedingt auseinanderhalten solle, weil es sich da nun einmal um heterogene Probleme handelt. (Weber, 1985b, S. 500)

Dementsprechend soll laut Weber in schriftlichen sowie mündlichen Äußerungen

> der akademische Lehrer sich zur unbedingten Pflicht [setzen], in jedem einzelnen Falle, auch auf die Gefahr hin, seinen Vortrag dadurch reizloser zu gestalten, seinen Hörern und, was die Hauptsache ist, sich selbst unerbittlich klar zu machen: was von seinen jeweiligen Ausführungen entweder rein logisch erschlossen oder rein empirische Tatsachenfeststellung und was praktische Wertung ist. Dies zu tun allerdings scheint mir direkt ein Gebot der intellektuellen Rechtschaffenheit, wenn man einmal die Fremdheit der Sphären zugibt. (Weber, 1985b, S. 490–491)

Obwohl Webers Forderung sich auf die Situation in den Sozialwissenschaften am Anfang des 20. Jahrhunderts bezieht, kann sie als Inspiration für eine allgemeine Verhaltensrichtlinie für Wissenschaftler:innen genommen werden. Erstens möchte ich im Sinne von Webers Forderung vorschlagen, dass Wissenschaftler:innen in der Kommunikation über ihre Forschungsergebnisse und in Aussagen als Expert:innen versuchen sollten, so deutlich wie möglich darzustellen, wie ihre Aussagen durch ihr Weltbild (das ich hier als die Gesamtheit von theoretischen, methodologischen, gesellschaftlichen, politischen, moralischen usw. Annahmen der betreffenden Person verstehe) gefärbt sind. Es ist selbstverständlich nicht leicht, eine solche Verhaltensrichtlinie zu befolgen: Wissenschaftler:innen müssen sich nicht nur ausreichend ihrer eigenen Weltbilder bewusst sein (was einiges an Selbstreflexion braucht, da viele der betreffenden Annahmen impliziter Natur sein werden) sondern sie müssen auch in der Lage sein, den Einfluss ihrer Weltbilder auf ihre Interpretation wissenschaftlicher Erkenntnisse zu analysieren und explizit zu machen. Daher würde ich diese Richtlinie als erstrebenswertes aber unerreichbares Ideal verstehen wollen (vgl. Reydon, 2013, S. 127–128; Reydon, 2020): Es geht primär darum, dass Wissenschaftler:innen sich diesbezüglich bemühen, und nicht darum, dass eine Regel vorgegeben wird, die strikt befolgt werden muss.

Hinzu kann eine zweite Verhaltensrichtlinie gesetzt werden, die sicherlich nicht weniger schwierig in der Praxis umsetzbar ist als die erste. Hier geht es nicht um die Reflexion auf das eigene Weltbild und dessen Konsequenzen für die Interpretation wissenschaftlicher Erkenntnisse, sondern um die Reflexion auf das mögliche Weltbild des „Empfängers". Dabei sollen Wissenschaftler:innen nicht nur versuchen, die Weltbilder, die in der Gesellschaft verbreitet sind und die Interpretation von Erkenntnissen auf Seiten der „Empfänger" von Wissenschaftskommunikation beeinflussen, zu verstehen. Wichtig ist außerdem, dass Wissenschaftler:innen versuchen, Diskrepanzen und mögliche Konfliktpunkte zwischen ihrem eigenen Weltbild und in der Gesellschaft verbreiteten Weltbildern zu finden und diese in der Kommunikation über wissenschaftliche Erkenntnisse zu berücksichtigen.

Zusammenfassend ist mein Vorschlag, dass Wissenschaftler:innen zur Bekämpfung von Wissenschaftsleugnung beitragen können durch eine klare, offene und ehrliche Kommunikation über ihr *eigenes* Weltbild und die daraus folgende Interpretation von wissenschaftlichen Erkenntnissen und durch den aktiven Versuch, wissenschaftliche Erkenntnisse im Kontext *anderer* Weltbilder zu interpretieren und zu präsentieren. Ist ein solcher Vorschlag aber nicht gänzlich unrealistisch? Eine vertiefte Reflexion auf das eigene Weltbild und daraus hervorgehenden Interpretationen von Erkenntnissen ist bereits eine gewaltige Aufgabe und eine solche Reflexion auf die vielfältigen Weltbilder, die in der Gesellschaft vorhanden sind, scheint schier unmöglich.

Als Antwort möchte ich wiederholen, was weiter oben bereits gesagt wurde: Obwohl mein Vorschlag ein unerreichbares Ideal beinhaltet, ist es dennoch besonders wichtig, dass sich Wissenschaftler:innen bemühen, ihre Tätigkeit auf dieses Ideal auszurichten. Wenn sich Wissenschaftler:innen der Rolle von Weltbildern in der Dynamik zwischen Wissenschaft und Gesellschaft sowie innerhalb der Wissenschaft bewusst sind, wenn sie sehen, dass in der Wissenschaftskommunikation Weltbilder sowohl auf Seiten der „Empfänger" als auch auf Seiten der „Sender" eine wichtige Rolle spielen, und sie sich bemühen, diese Rolle offenzulegen, ist bereits sehr viel gewonnen.

Literatur

Aghagoli, G., Siff, E. J., Tillmann, A. C., und Feller, E. R. (2020). „COVID-19: Misinformation can kill." *Rhode Island Medical Journal* 103 (5), S. 12–14.
Barker, G., und Kitcher, P. (2014). *Philosophy of Science: A New Introduction.* Oxford University Press.
Berlivet, L., und Löwy, I. (2021). „Hydroxychloroquine controversies: Clinical trials, epistemology, and the democratization of Science." *Medical Anthropology Quarterly* 34 (4), S. 525–541. https://doi.org/10.1111%2Fmaq.12622.
Bertin, P.,Nera, K., Delouvée, S. (2020). „Conceptual replication-extension in the COVID-10 pandemic context." *Frontiers in Psychology* 11. https://doi.org/10.3389/fpsyg.2020.565128.
Bowler, P. J. (2007). *Monkey Trials and Gorilla Sermons: Evolution and Christianity from Darwin to Intelligent Design.* Harvard University Press.
Boyd, K. (2021). „Beyond politics: Additional factors underlying skepticism of a COVID-19 vaccine." *History and Philosophy of the Life Sciences* 43, Artikelnr. 12. https://doi.org/10.1007%2Fs40656-021-00369-8.
Dawkins, R. (2006). *The God Delusion.* Houghton Mifflin Company.
Douglas, H. E. (2007). „Rejecting the ideal of value-free science." In: H. Kincaid, J. Dupré und A. Wylie (Hg.). *Value-Free Science? Ideals and Illusions.* Oxford University Press, S. 120–139.
Douglas, H. E. (2009). *Science, Policy, and the Value-Free Ideal.* University of Pittsburgh Press.
Douglas, H. E. (2017). „Why inductive risk requires values in science." In: K. C. Elliott und D. Steel (Hg.). *Current Controversies in Values and Science.* Routledge, S. 81–93.
Elliott, K. C., und D. J. McKaughan (2014). „Nonepistemic values and the multiple goals of science." *Philosophy of Science* 81, S. 1–21. https://doi.org/10.1086/674345.
Gautret, P., Lagier, J.-C., Parola, P., et al. (2020). „Hydroxychloroquine and azithromycin as a treatment of COVID-19: Results of an open-label non-randomized clinical trial." *International Journal of Antimicrobial Agents* 56 (1), Artikelnr. 105949. https://doi.org/10.1016/j.ijantimicag.2020.105949.
Giere, R. N. (2006). *Scientific Perspectivism.* University of Chicago Press.
Intemann, K. (2001). „Science and values: Are value judgments always irrelevant to the justification of scientific claims?" *Philosophy of Science* 68, S. S506-S518. https://doi.org/10.1086/392932.
Kuhn, T. S. (1962). *The Structure of Scientific Revolutions.* University of Chicago Press.
Kuhn, T. S. (1970). *The Structure of Scientific Revolutions (Second Edition, With Postscript).* University of Chicago Press.
Longino, H. E. (1990). *Science as Social Knowledge: Values and Objectivity in Scientific Inquiry.* Princeton University Press.
Massimi, M., und McCoy, C. D. (Hg.) (2020). *Understanding Perspectivism: Scientific Challenges and Methodological Prospects.* Routledge.
Mayr, E. (2004). *What Makes Biology Unique? Considerations on the Autonomy of a Scientific Discipline.* Cambridge University Press.
Midgley, M. (2002). *Evolution as a Religion: Strange Hopes and Stranger Fears (Revised Edition, With a New Introduction by the Author).* Routledge.

Oberheim, E., und Hoyningen-Huene, P. (2018). „The Incommensurability of Scientific Theories." In: E. N. Zalta (Hg.), *The Stanford Encyclopedia of Philosophy*, https://plato.stanford.edu/archives/fall2018/entries/incommensurability, letzter Abruf am 24.01.2024.

Quine, W. V. (1951). „Two Dogmas of Empiricism." *Philosophical Review* 60, S. 20–43.

Quine, W. V., und Ullian, J. S. (1970). *The Web of Belief.* Random House.

Reydon, T. A. C. (2013). *Wissenschaftsethik: Eine Einführung.* Eugen Ulmer.

Reydon, T. A. C. (2020). „How can science be well-ordered in times of crisis? Learning from the SARS-CoV-2 pandemic." *History and Philosophy of the Life Sciences* 42, Artikelnr. 53. https://doi.org/10.1007/s40656-020-00348-5.

Rudner, R. (1953). „The scientist *qua* scientist makes value judgments." *Philosophy of Science* 20, S. 1–6.

Ruse, M. (2005). *The Evolution-Creation Struggle.* Harvard University Press.

Shamoo, A. E., und Resnik, D. B. (2009). *Responsible Conduct of Research.* 2. Aufl. Oxford University Press.

Siegrist, M., und Bearth, A. (2021). „Worldviews, trust, and risk perceptions shape public acceptance of COVID-19 public health measures." In: *Proceedings of the National Academy of Sciences of the United States of America* 118 (24), Artikelnr. e2100411118. https://doi.org/10.1073/pnas.2100411118.

Taylor, S., und Asmundson, G. J. G. (2021). „Negative attitudes about facemasks during the COVID-19 pandemic: The dual importance of perceived ineffectiveness and psychological reactance." *PLoS ONE* 16, Artikelnr. e0246317. https://doi.org/10.1371/journal.pone.0246317.

Voss, J. (2007). *Darwins Bilder: Ansichten der Evolutionstheorie 1837–1874.* Fischer Taschenbuch Verlag.

Weber, M. (1985a). „Die „Objektivität" sozialwissenschaftlicher und sozialpolitischer Erkenntnis." In: M. Weber, *Gesammelte Aufsätze zur Wissenschaftslehre.* 6. Auflage. J.C.B. Mohr (Paul Siebeck), S. 146–214.

Weber, M. (1985b). „Der Sinn der „Wertfreiheit" der soziologischen und ökonomischen Wissenschaften", in: M. Weber, *Gesammelte Aufsätze zur Wissenschaftslehre.* 6. Auflage. J.C.B. Mohr (Paul Siebeck), S. 489–540.

David Stöllger
Anspruch auf wissenschaftlichen Konsens – Untersuchung eines Vorwurfs wissenschaftsinterner Wissenschaftsleugnung

Abstract: In a selected case study, set in the beginnings of the SARS-CoV-2 pandemic, I will look at accusations of inner-scientific science denialism as reactions to claims to scientific consensus positions. In the case, I am scrutinizing a claim of scientific consensus by the WHO, which culminated in a public and – to this day – unrevised Tweet (as of Oct. 1st, 2022). Their positioning can merely be partially distinguished from inner-scientific science denialism. Scientific consensus may only be claimed, if there indeed is one. Even the claim of scientific consensus must not inhibit critical vetting. And, falsely claimed consensus positions ought to be revised in a Lakatosian step forward.

1 Einleitung

Angesichts der raschen globalen Ausbreitung einer neuartigen Krankheit gegen Ende des Jahres 2019 waren viele Blicke in der Gesellschaft auf die Wissenschaft gerichtet. Die Hoffnung: Wissenschaft liefere sicheren, wissenschaftlichen Konsens auf den sich Öffentlichkeit, Medien, Politik, und Rechtsprechung berufen können. Solche Ansprüche an *die* Wissenschaft sind sicherlich überzogen. Wissenschaft ist nicht uniform, sondern eine Sammlung vieler Teilwissenschaften, die mit unterschiedlichsten Methodiken und teils divergierenden Standards die unterschiedlichsten Objekte und Prozesse in der Welt studieren. Dennoch lieferten zum Beispiel die Epidemiologie, klinische Medizin und Infektionsbiologie (darunter speziell die Virologie) einige wichtige Erkenntnisse: Der CoVID-19 verursachende Erreger SARS-CoV-2 ist beispielsweise sequenzier- und nachweisbar (vgl. Corman et al., 2019, S. 25). Er ist auch ohne das Zeigen von Symptomen bzw. in der präsymptomatischen Phase übertragbar (vgl. Rothe et al., 2020, S. 2). (etc.) Die Berufung auf einen wissenschaftlichen Konsens ist in vielen politischen Diskursen, in denen diese Erkenntnisse relevant sind, eine viel genutzte Formel das beste verfügbare Wissen zu

---

Anmerkung: Gefördert durch die Deutsche Forschungsgemeinschaft (DFG) – Projekt 254954344/ GRK2073/2.

benennen auf dessen Grundlage Entscheidungen gefällt werden können. Als ‚Konsens' bezeichnet man vereinfacht eine einhellige oder zumindest überwältigende Einigung in einer Personengruppe. Im Folgenden werde ich mich mit wissenschaftlichen Erkenntnisbehauptungen beschäftigen. Das sind jene Einigungen, die nicht nur wissenschaftlichen Inhalt haben, sondern die einer wissenschaftlichen Auseinandersetzung und Einigung zwischen im relevanten Feld ausgebildeten und anerkannten Wissenschaftler*innen entspringen. Eine genauere Bestimmung des ‚wissenschaftlichen Konsenses' folgt in Abschnitt 2. Doch wie muss mit dem Anspruch auf wissenschaftlichen Konsens umgegangen werden, damit sich hinter dem Verweis auf einen solchen nicht doch ein dogmatisch gehaltener Glaubenssatz verbirgt, zu dessen Gunsten andere wissenschaftliche Erkenntnisse verworfen werden? Dies soll die leitende Frage dieser Untersuchung anhand eines Fallbeispiels eines solchen Vorwurfs sein.

Ziel der folgenden Argumentation ist es anhand eines Fallbeispiels im Kontext der Coronapandemie einen Vorwurf zu untersuchen, nach dem Wissenschaftler*innen selbst, die Auszeichnung als und den Verweis auf wissenschaftliche Konsenspositionen nutzten, um die eigenen Behauptungen vor innerwissenschaftlicher Kritik zu schützen. Hierzu werde ich im nächsten Abschnitt, neben dem Begriff ‚wissenschaftlicher Konsens', auch dessen Verbindungen zu Expertise, Vertrauen, Vertrauenswürdigkeit und nicht-epistemischen Werteinflüssen genauer beleuchten. Im dritten Abschnitt werde ich anschließend ein Fallbeispiel betrachten in dem wissenschaftlichen Institutionen vorgeworfen wurde, wissenschaftliche Erkenntnis sei gezielt ignoriert worden. Im letzten, vierten Abschnitt werde ich die wichtigsten Einsichten kurz zusammenfassen.

2 Konzept des ‚wissenschaftlichen Konsenses' in der Wissenschaftsphilosophie und der sozialen Epistemologie

‚Konsens' wurde eingangs als einhellige oder zumindest überwältigende Einigung in einer Personengruppe dargestellt, die im Falle des ‚wissenschaftlichen Konsenses' eine Einigung unter Wissenschaftler*innen des jeweilig relevanten Fachgebiets ist. Nun möchte ich auf ‚wissenschaftlichen Konsens' weiter eingehen: Zunächst ist festzuhalten, dass das Vorliegen eines Konsenses innerhalb einer Forschungsgemeinschaft keine generelle Einhelligkeit anzeigt (vgl. Goldenberg, 2021, S. 126). Denn jede Einigung, die einem wissenschaftlichen Konsens zugrunde liegt, ist in ihrer Tiefe („depth") begrenzt, und zwar entlang gemeinsam geteilter Standards und Einschätzung der Relevanz (vgl. Miller, 2019, S. 231). Es sind diese gemeinsam geteilten Standards und Einschätzungen der Relevanz, die einen wissenschaftlichen Konsens bezüglich Aussagen in einem Teilbereich der Wissenschaft gerade an Wissenschaftler*innen binden, die in jenem Feld tätig, ausgebildet und anerkannt sind. Zum Beispiel kann eine anerkannte Epidemiologin gerade deshalb berechtigt sein einen epidemiologischen Konsens mitzugestalten, da sie nicht nur bestehende Konsenspositionen verstehen und wiedergeben können sollte, sondern weil sie auch die Methoden und Standards ihres Teilbereiches annimmt und an innerwissenschaftlichen Diskursen teilnimmt. Das heißt aber auch, dass die Epidemiologin nicht allen Einigungen innerhalb ihrer Forschungsgemeinschaft zustimmen muss, solange ihre Ablehnung nicht in bedeutendem Maße davon abhängt sich den geteilten Standards ihres Feldes zu widersetzen. Dennoch, auch wissenschaftliche Standards können und müssen innerwissenschaftlich kritisiert werden. Sollten aber, damit eine solche Kritik aufrechterhalten werden kann, immer weitere Standards fallen müssen, ist zunehmend Vorsicht geboten. Dass berechtigte Kritik an Standards im Begründungskontext – also dann, wenn entschieden werden soll, ob eine Hypothese als begründeterweise wahr angenommen werden kann – trotzdem möglich sein muss und ein Beharren auf unveränderlichen Konsens in Bezug auf Standards zur Begründung von Erkenntnisbehauptungen problematisch sein kann, wird im Fallbeispiel dargestellt werden.

Neben der Tiefe der Einigung als Dimension eines Konsenses ist auch der Geltungsbereich des Zustimmungsanspruches wichtig. So kommen Einigungen zunächst nur innerhalb jener Gruppe zustande, die diese Einigung erzielt hat und diese somit konstituiert. Eine *bloße* Einigung gibt als solches zunächst nur ein deskriptives Meinungsbild wieder. Ein Konsens im weiteren Sinne ist aber nicht nur eine deskriptive Information über bloße Einigungen innerhalb eines Personenkreises. Dessen Verkündung oder der Bezug auf solche Einigungen ist auch ein illokutionärer Sprechakt (vgl. Austin, 1962, S. 98). Das heißt, dass indem ein Konsens verkündet oder auf einen solchen verwiesen wird, eine weitere Handlung ausgeführt wird. Zum Beispiel kann damit der Anspruch an andere nicht-konstituierende Personen einhergehen, der getroffenen Einigung zuzustimmen oder dieser zumindest besonderes Vertrauen entgegenzubringen. Zu beachten ist aber, dass die anschließende Überzeugungsarbeit durch einen somit auch perlokutionären Sprechakt (vgl. Austin, 1962, S. 101) nicht zwangsläufig im intendierten Sinne erfolgreich sein muss. Es hängt auch von den Empfängern ab, ob sie der Aufforderung folgen oder diese überhaupt als solche anerkennen. Somit ist die Aufstellung oder der Bezug auf einen Konsens möglicherweise gleichzeitig illokutionärer und perlokutionärer Sprechakt. Ein Konsens, der eine solche Verwendung beinhaltet, geht über eine bloße Einigung hinaus, indem gleichzeitig ein Zustimmungsanspruch über die konstituierende Gruppe hinaus vermittelt wird und Effekte in Empfängern erzeugt werden (können).

Eine Einigung an sich erlaubt aber zunächst keinen größeren Zustimmungsanspruch über den konstituierenden Personenkreis hinaus. Jede Ausdehnung des Zustimmungsanspruches über die konstituierende Gruppe hinaus verlangt eine Begründung. Diese kann dadurch erzielt werden, dass darauf verwiesen wird, dass die Einigung auf eine bestimmte Weise und durch einen relevant beschränkten Personenkreis zu Stande gekommen ist. Im Falle des ‚wissenschaftlichen Konsens' wird die Ausdehnung des Zustimmungsanspruches eben durch die Anwendung wissenschaftlicher Methodiken, Einhaltung spezifischer Standards und die Begrenzung auf anerkannte Wissenschaftler*innen begründet. Es ist dabei wichtig zu beachten, dass eine Begrenzung des konstituierenden Personenkreises ein Risiko von Diskriminierung birgt. Dies kann gerade der Fall sein, wenn der konstituierende Personenkreis entlang einer Eigenschaft (z. B. dem Geschlecht einer Person) begrenzt wird, die keine berechtigten Rückschlüsse über deren Fachkenntnisse und Fähigkeiten zulässt. Der anhaltende Einfluss der Arbeiten im Themenbereich der *epistemischen Ungerechtigkeit* leistet hier einen großen Beitrag, verschiedenste Formen der Ungerechtigkeit offenzulegen (vgl. Fricker, 2007, S. 9, 147; Kidd et al., 2017, S. 27 ff., 41 ff., 53 ff.).

Bis hierhin könnte es als ausreichend für die Bildung eines wissenschaftlichen Konsenses verstanden werden, dass der konstituierende Personenkreis besondere theoretische und praktische Kenntnisse, ein tieferes Verständnis und bestimmte Zugänge zu Ressourcen (z. B. zu Daten, Methoden, Forschungsgemeinschaften) im Vergleich zu Nicht-Expert*innen vorweisen kann. In der Tat, die Beschränkung des konstituierenden Personenkreises einer Konsensbildung kann so begründet werden. Und sogar wenn sich eine genaue Bestimmung der notwendigen und hinreichenden Voraussetzung von einer solchen Expertise schwierig gestaltet (vgl. Scholz, 2016, Abschn. 3.1), können wir dennoch festhalten, dass der konstituierende Personenkreis wissenschaftlich anerkannte Kenntnisse und Fähigkeiten mitbringen muss. Erst mit dem Verweis auf Expertise ist einer wichtigen Unterscheidung aus der sozialen Epistemologie, nämlich dem Unterschied zwischen bloßer Einigung und kenntnisbasiertem Konsens (vgl. Miller, 2019, S. 231), Rechnung getragen. Diese Konstellation erlaubt es Personen außerhalb der konstituierenden Gruppe, berechtigtes Vertrauen haben zu können bzw. kein berechtigtes Misstrauen zu hegen, dass jene Zustimmung – trotz mangelnder Möglichkeiten der direkten Überprüfung ihrerseits – entsprechend zustande gekommen ist.[1]

Dennoch sind damit aber noch nicht alle Aspekte ausgemacht, die die tatsächliche Anerkennung eines wissenschaftlichen Konsenses durch Nicht-Expert*innen,

---

[1] Mögliche Problemstellungen in dieser Konstellation sind vielseitig und werden im ersten Teil dieses Sammelbandes, insbesondere im Beitrag von Scholz thematisiert.

trotz oder gerade wegen des Mangels der Möglichkeiten der direkten Überprüfung, zumindest begünstigen. Gilt es zu bedenken, dass nur weil bestimmte Kriterien für Vertrauenswürdigkeit erfüllt sind, sich diese nicht unbedingt in vorgebrachtes Vertrauen ummünzen lassen müssen.

2.1 Vertrauenswürdigkeit und Vertrauen

Dass Menschen sich gegenseitig vertrauen und dass andere Menschen – zwar nicht in jedem Fall, aber prinzipiell – vertrauenswürdig sein müssen, stellt Hardwig als epistemisch grundlegend und unausweichlich dar (vgl. Hardwig, 1994, S. 89). Da – so begründet er – es immer mehr zu wissen gäbe, als eine Person jemals wissen könne. Um trotz dieser Begrenztheit des individuellen Wissens, Entscheidungen auf Grundlage einer Breite verfügbarer Erkenntnisse fällen zu können, müssen wir zu dem Wissensschatz anderer Zugang haben. Wir müssen gerade jenen vertrauen, die Wissen bereitstellen, zu dem wir selbst keinen Zugang haben. Wir befinden uns deshalb in den Bereichen, zu denen wir nur indirekten Zugang zu Überprüfungsmöglichkeiten haben, in einer epistemischen Abhängigkeit zu den Personen, die einen direkteren Zugang haben.[2] Im Angesicht der Expertise der Expert*innen[3] eines Feldes bleibt Nicht-Expert*innen gegebenenfalls nichts anderes übrig, als einen *Vertrauensvorschuss* („leap of faith") zu gewähren (vgl. Goldenberg, 2021, S. 129).

Trotz der Notwendigkeit für ein gewisses, teils blindes, Vertrauen und gerade im Lichte der Abhängigkeit, die sich daraus ergibt, kann jeder Vertrauensvorschuss aber auch enttäuscht werden (vgl. Hardwig, 1994, S. 89). Es kann jedoch schwierig sein herauszufinden, ob jemand nicht vertrauenswürdig ist, wenn wir auf das Wissen anderer, welches uns selbst fehlt oder zu dem wir nur indirekten Zugang haben, angewiesen sind; insbesondere, wenn uns die Möglichkeit fehlt die Vertrauenswürdigkeit dieser Quellen eingehend zu prüfen (vgl. Hardwig, 1994, S. 85). Um so schwieriger wird es, wenn sich nun zwei Expert*innen gegenüberstehen und Nicht-Expert*innen entscheiden sollen, wem Vertrauen zu schenken ist. Nach Goldman blieben Nicht-Expert*innen dennoch andere Gründe eine*n der Expert*innen als vertrauenswürdiger anzuerkennen: Nämlich je nachdem wie andere Expert*innen (abgesehen von den jeweils Konkurrierenden) deren Vertrauenswürdigkeit einschätzen (vgl. Goldman, 2001, S. 93).

---

[2] Für eine detaillierte Aufstellung zu Positionen und Ursprung des Konzepts der ‚epistemischen Abhängigkeit' siehe Kutrovátz (2010, S. 58–59).
[3] Nicht jede*r Wissenschaftler*in ist auch Expert*in (in der und für die Öffentlichkeit). Kollidierende Ansprüche auf Vertrauenswürdigkeit treten prinzipiell aber bei beiden Rollen auf.

Für Nicht-Expert*innen bleibt dann weiterhin problematisch, dass auch das Hinzuziehen weiterer Expert*innen zur Einschätzung widersprechender Expert*innen eine Einschätzung eben jener hinzugezogenen Expert*in notwendig macht. Ein Problem, dass uns auch in Bezug auf wissenschaftlichen Konsens nicht loslässt. Ist es doch genau diese zusätzliche Vertrauenswürdigkeit, verliehen durch weitere Mitglieder der wissenschaftlichen Forschungsgemeinschaft, die eine Ausweitung des Anspruchs auf Geltung einer wissenschaftlichen Erkenntnis begründen soll. Im Falle des wissenschaftlichen Konsenses kann es eine relevante Forschungsgemeinschaft in Gänze oder in großen Teilen sein, die eine Ausweisung als wissenschaftlichen Konsens ermöglichen soll. Das heißt aber nicht, dass jedem einzelnen Mitglied einer Forschungsgemeinschaft die gleiche Arbeit zukommt. Die Menge der Aufgaben ist innerhalb jedes wissenschaftlichen Teilbereiches so gewaltig, dass nicht jedes Mitglied einer Forschungsgemeinschaft alle Erkenntnisse in Gänze überblicken und überprüfen kann.

Eine gewisse Form der Arbeitsteilung scheint daher unausweichlich. Eine Idee die Philip Kitcher mit *epistemischer Arbeitsteilung* („epistemic division of labor") (vgl. Kitcher, 2011, S. 17–18) und – in expliziter Referenz zu Kuhn – mit *kognitiver Arbeitsteilung* („cognitive division of labor") (Kitcher, 1990, S. 5–6, 8; Kitcher, 2011, S. 199) im Kontext von Wissenschaft in demokratischen Gesellschaften aufgreift. Unter epistemischer Arbeitsteilung sollen die Erkenntnisse verschiedenster Gruppen und Personen,[4] mit divergierenden Annahmen, Werten, Perspektiven und Interessen zu Gunsten öffentlichen Wissens zusammengefasst werden. Unter kognitiver Arbeitsteilung sollen die unterschiedlichen Ansätze, die die verschiedenen Gruppen und Personen – gerade wegen der verschiedenen gehaltenen Annahmen, Werte, Perspektiven und Interessen – verfolgen, gemeinsame Probleme aus verschiedenen Richtungen angehen können.

Dennoch sind die Formen der Arbeitsteilung hilfreich, um zu verstehen, wie wissenschaftliche Erkenntnisproduktion, Konsensbildung und gegenseitige Kritik überhaupt zustande kommen können, obwohl sich auch Wissenschaftler*innen selbst in epistemischer Abhängigkeit zueinander befinden: Wissenschaftler*innen sind nur Expert*innen in ihrem anerkannten Forschungsbereich. Die vorgestellten Arbeitsteilungen erlauben das Erbringen von Erkenntnissen, die aus verschiedensten Forschungsbereichen und Ansätzen zusammengetragen und nicht von einzelnen Personen erbracht werden können. Gleichzeitig können individuelle Erkenntnisansprüche aber von weiteren Expert*innen, aus unterschiedlichen Ansätzen heraus, überprüft und hinterfragt werden. Etwas das sich bereits in Robert

---

4 Kitcher zählt hierzu nicht nur Wissenschaftler*innen; bezieht sich aber insbesondere auf die Arbeitsteilung innerhalb der Wissenschaften (vgl. Kitcher, 2011, S. 23, 200).

Mertons ‚Ethos der Wissenschaft' als *organisierter Skeptizismus* („organized skepticism"), d. h. als eine für jeden Beitrag offene und unvoreingenommene Untersuchung, wiederfindet (Merton, 1942, S. 118, 126). Wenden wir aus also dieser konstruktiven Streitkultur zu.

Es scheint gerade dieser Widerspruch zwischen dem Prozess der offenen, unvoreingenommenen Untersuchung auf der einen Seite und dem Ergebnis des wissenschaftlichen Konsenses auf der anderen Seite zu sein, der eine Ablehnung des wissenschaftlichen Konsenses hervorruft. So kann unter anderem die voreilige Verkündung bestimmter Erkenntnisse als Konsens durch eine exklusive Gruppe von Wissenschaftler*innen und die anschließende Revision durch selbige, von skeptischen Teilen der Öffentlichkeit als Indikator dafür genommen werden, dass die wissenschaftliche Konsensbildung kein offener, unvoreingenommener Prozess sei. Solche Wissenschaftsleugnung ist von radikalem oder nicht-wissenschaftlichem Pseudoskeptizismus dahingehend zu unterscheiden, dass nicht einzelne wissenschaftliche Prozesse und Methoden abgelehnt oder nicht verstanden werden, sondern, dass wissenschaftliche Erkenntnis zu Gunsten des Erhalts eigener unumstößlicher Glaubensätze aufgegeben wird (Torcelli, 2016, S. 20–21).

Ich möchte gerade diese Formulierung von Wissenschaftsleugnung hervorheben, da eine solche Ablehnung wissenschaftlicher Ergebnisse zu Gunsten eigener Glaubensätze auch innerhalb der Wissenschaften denkbar ist, gerade wenn wissenschaftliche Prozesse und Methoden selbst nicht angezweifelt werden. Ein Vorwurf, der uns im Fallbeispiel weiter beschäftigen wird und in etwa so formuliert werden könnte: Der Konsens eines Forschungsbereichs sei, zu guter Letzt, auf eine bereits vorhandene, im Vorhinein gegebene und unumstößliche Einstimmigkeit zurückzuführen. Gemeinsame Ausbildung, gemeinsames Lernen, gemeinsame Fördermittel, gemeinsame Werte, Perspektiven, Interessen und gegenseitige kritische Überprüfung sind dann nicht mehr Qualitätsmerkmal, sondern führen zu wenig überraschenden Übereinstimmungen, die besondere Vorsicht gebieten und auf Augenhöhe mit den eigenen gehaltenen Glaubensätzen verstanden werden können. Deshalb bedürfen diese möglichen Gemeinsamkeiten einer genaueren Betrachtung im folgenden Abschnitt.

2.2 Kuhns Paradigmen und Lakatossche Forschungsprogramme

Auch wenn blinde Übereinstimmung als notwendiges Resultat jener Gemeinsamkeiten überzogen ist, kann diese Sorge in Kuhns historischer Rekonstruktion wissenschaftlicher Revolutionen als Paradigmenwechsel (vgl. Kuhn, 1962, S. 23–24, 174–175) wiedergefunden werden. Kuhns Paradigmen sind die innerhalb einer Forschungsgemeinschaft eines wissenschaftlichen Teilbereiches gehaltenen, gemeinsamen Lösungsstrategien und informellen Regeln. Ein Paradigma ist dabei weniger nur eine Sammlung von Theorien oder Behauptungen, sondern eine Menge an Begriffsbedeutungen, formaler Operationen, metaphysischer Grundsätze, heuristischer Modelle, impliziten Wissens, impliziter Annahmen, aber auch gemeinsamer Grundlagen durch Bildung, Sprache, Erfahrung und Kultur, die in einem Bereich vorausgesetzt werden (vgl. Kuhn, 1962, S. 175, 182–183, 191, 193), die im regulären Wissenschaftsbetrieb aber nicht immer kritisch überprüft würden (vgl. Kuhn, 1962, S. 141). Das Paradigma beeinflusse Wahrnehmung und Beobachtung durch die bereitgestellten Konzepte, während systematisches Vorgehen nur eine gewisse Abhilfe schaffen könne (vgl. Kuhn, 1962, S. 113ff.). Paradigmen würden von Wissenschaftler*innen erst dann hinterfragt und potenziell ersetzt, sobald sie zunehmend als Problemlösungsstrategie scheiterten, und einen Paradigmenwechsel oder eine wissenschaftliche Revolution notwendig machten (vgl. Kuhn, 1962, S. 62ff.)

Zwei Einsichten sollen hier festgehalten werden: Erstens, Kuhn zeigt auf, dass der wissenschaftliche Prozess keineswegs nur wohl-strukturiert, rational und kumulativ sein muss (vgl. Kuhn, 1962, S. 50, 175). Nicht jeder wissenschaftliche Ablauf ist formalisiert und festgehalten. Wissenschaftler*innen halten sehr wohl an ihren Lieblingsprojekten gegen viele Widerstände fest, die teilweise fast revolutionär ersetzt werden müssen. Zweitens zeigt Kuhn, dass neben Kognitivem, also grob, ob ein Konsens auf bestem verfügbarem Wissen und Begründungen aufgebaut ist, auch Soziales eine wichtige Rolle spielen kann. Wissenschaftler*innen sind wie andere Menschen soziale Wesen, die sich in sozialen Strukturen organisieren und in gesamtgesellschaftlichen Strukturen eingebettet sind. Ob eine Erkenntnisbehauptung in einer Forschungsgemeinschaft anerkannt und zum Konsens erklärt werden kann, kann unter Umständen auch von Informellem und persönlichen Beziehungen abhängen.

Ich möchte Kuhns Rekonstruktion zum Anlass nehmen, bereits hier zunächst zwei Formen des Konsenses auszumachen: Einmal ‚wissenschaftlicher Konsens' in Form einzelner oder einer überschaubaren Menge von expliziten Einzelaussagen, die von Mitgliedern einer bestimmten Forschungsgemeinschaft angenommen werden. Im Folgenden möchte ich dies als *partikulären* Konsens bezeichnen. Andererseits gibt es wissenschaftliche Konsenspositionen, die – als grundlegende Einigkeit über eine gewisse Systematik und Strategie – gemeinsame Startpunkte für weitere Forschung auszeichnen. Dieser soll als *systematischer* Konsens bezeichnet werden. Der systematische Konsens kann auch zunehmend implizit sein. Das heißt, dieser tritt zwar als gemeinsame Systematik auf, kann teils aber auf Nachfrage entweder gar nicht benannt oder bei Benennung nur ohne weitere Begründung bezüglich des Status als Konsens behauptet werden. So teilen Wissenschaftler*innen gegebenenfalls Fertigkeiten, Methoden und Annahmen, die nicht vollständig expliziert werden (oder überhaupt expliziert werden können).

Partikulärer und systematischer Konsens hängen hierbei in interessanter Weise zusammen: So kann ein partikulärer Konsens, gerade wenn dieser in einer Forschungsgemeinschaft lange als solcher gehalten wird, Teil des systematischen Konsenses werden. So wird die Existenz von Viren[5] in den Infektionswissenschaften nicht nur als zu Genüge begründet und zentral vorausgesetzt, sondern ist im Gegensatz zu anderen spezifischeren Hintergrundannahmen[6] tief in bestehenden Theoriegebilden verankert. Andersherum bietet der systematische Konsens eine Sammlung möglicher bereits anerkannter Unterstützungen für den Status eines neuen, möglichen partikulären Konsenses. Sollte sich beispielsweise ein Erreger als viral herausstellen, müsste, damit eine neue Konsensposition bezüglich dessen R_0 aufgestellt werden kann, die systematisch vertretene Hintergrundannahme, dass Viren existieren, nicht gesondert und explizit begründet werden.

Im günstigsten Fall bildet der systematische Konsens den Hintergrund der offenen, unvoreingenommenen Untersuchung vor dem weitere partikuläre Konsenspositionen als kohärent, fruchtbar und zuverlässig gelten können. Im ungünstigen Fall weisen (Teil-)Wissenschaften bereits einen ungesehenen, nicht-hinterfragten, eben impliziten systematischen Konsens auf. Aus diesem impliziten, systematischen Konsens könnten aber gegebenenfalls nur bestimmte partikuläre Konsenspositionen entspringen, denen dann die erkenntnis-förderliche Eigenschaft fehlt unter wirklich offener und unvoreingenommener Untersuchung produziert worden zu sein. Ein Problem, dass uns im Fallbeispiel, in der Diskussion um Grenzwerte für Aerosolbildung, beschäftigen wird, da dort eine veraltete Annahme, die nicht mehr explizit gemacht werden konnte, eine offene und kritische Überprüfung und Diskussion erschwerte.

Sichergeglaubte Erkenntnisse mussten in der Geschichte der Wissenschaft immer wieder revidiert werden. Dies muss einen wissenschaftlichen Konsens aber nicht untergraben, solange gezeigt werden kann, dass die Unterstellung *eines* Paradigmas über die Vielfältigkeit des wissenschaftlichen Betriebs hinweg übertrieben ist. Die Wissenschaften sind stattdessen sehr wohl von mehreren koexistierenden, aber durchaus auch konkurrierenden Paradigmen durchzogen (vgl. Kornmesser und Schurz, 2014). Aber gleichzeitig muss anerkannt werden, dass Wissenschaftler*innen durchaus an die historischen und gegenwärtigen Arbeiten ihrer Kolleg*innen anknüpfen.

---

5 Inklusive der damit verbundenen Erkenntnisse über deren mögliche Strukturen, an welchen Prozessen diese teilnehmen können, welche Mechanismen sie aufweisen können, etc.
6 Zum Beispiel: Erreger X zeigt mit einer Wahrscheinlichkeit von 95 % eine Basisreproduktionszahl (R_0) im Intervall.

Die Kritik von Lakatos gegenüber Kuhn und die vorgeschlagene alternative Sichtweise der Forschungsprogramme schlägt genau in diese Kerbe (vgl. Lakatos, 1973, S. 31ff.). Statt eines Paradigmas seien Forschungsprogramme eine differenziertere Einheit, um die gemeinsamen Grundlagen der Wissenschaftler*innen zu benennen. Ein Forschungsprogramm zeichne sich durch einen harten Kern, einen schützenden Gürtel und eine passende Heuristik aus. Im harten Kern sind die Theorien, fundamentalen Prinzipien und Annahmen wiederzufinden, die, sollten sich Widersprüche ergeben, eben nicht sofort aufgegeben, sondern zunächst vehement verteidigt werden. Im schützenden Gürtel um diesen Kern finden sich zusätzliche Annahmen, die im Falle von Widersprüchen zuerst aufgegeben oder zumindest modifiziert werden. Aus dieser Kombination ergeben sich Heuristiken, d. h. bestimmte Problemlösungsstrategien, die den Forschungsprozess innerhalb eines Forschungsprogramms anleiten (vgl. Lakatos, 1973, S. 4). Eine negative Heuristik, die den harten Kern schützt, lege fest, welche Pfade in weiterer Forschung zu vermeiden seien (vgl. Lakatos, 1970, S. 48–49). Eine positive Heuristik wiederum lege fest, welche weitere Forschung zu betreiben sei. Nämlich den harten Kern zur Lösung von Problemen anzuwenden und den schützenden Gürtel entsprechend der Revision preiszugeben (vgl. Lakatos, 1970, S. 49–50). Somit müssen Wissenschaftler*innen zentrale Annahmen nicht bei bereits geringstem Widerspruch aufgeben, solange stattdessen weniger zentrale Hilfsannahmen verworfen oder modifiziert werden können.

Bis hier hin scheint Kuhns Einwand aber noch nicht begegnet, da nun weiterhin – wenn nicht ein gesamtes Paradigma – sehr wohl aber ein harter Kern gegen alle Widerstände und Kritik verteidigt werden könnte. Doch die Lakatosschen Forschungsprogramme zeigen eine Möglichkeit auf solchen Forderungen zu entgegnen. So unterscheidet Lakatos zusätzlich zwischen *fortschrittlichen* und *degenerativen Problemverschiebungen* (vgl. Lakatos, 1971, S. 110). Eine Problemverschiebung sei nur so lange fortschrittlich, wie die Modifikationen am schützenden Gürtel neuartige Behauptungen produzieren, die wenigstens teilweise empirisch bestätigt werden können. In degenerativen Problemverschiebungen wiederum bleibt genau dieser zusätzliche Inhalt aus. Es gäbe nur ein verspätetes Nachliefern, ein rückwirkendes Anpassen. Ein solches Forschungsprogramm müsse, wenn nicht verworfen, zumindest in den Ruhestand geschickt werden (vgl. Lakatos, 1971, S. 112).

Der Wissenschaft im Allgemeinen oder den Infektionswissenschaften im Speziellen nun eine solche Degeneration in diesem Sinne vorzuwerfen unterschlägt, dass Lakatos Forschungsprogramme die Möglichkeit der Parallelität mehrerer, verschiedener Forschungsprogramme innerhalb der Wissenschaften, innerhalb verschiedener wissenschaftlicher Felder und auch innerhalb wissenschaftlicher Forschungsgemeinschaften explizit erlaubt. So bilden beispielsweise *die Infektionswissenschaften* nicht *ein* Forschungsprogramm. Sondern jede Forschungsgruppe, ja sogar innerhalb dieser bilden verschiedene Forschungsansätze eigene aber mit anderen in Konkurrenz stehende Forschungsprogramme. Diese gleichzeitig vertretenen Forschungsprogramme erlauben eine Pluralität nicht nur in der Festlegung, welche Annahmen und Theorien den harten Kern oder den schützenden Gürtel ausmachen, sondern auch welche resultierenden Heuristiken angewendet werden. Die Pluralität der Ansätze und die Systematik der Forschungsprogramme ermöglicht dann gerade die angesprochene kognitive Arbeitsteilung, der zu Folge es von Vorteil sein kann, wenn die Untersuchenden unterschiedliche Lösungsansätze wählen und verfolgen (vgl. Kitcher, 2011, S. 199).

Dennoch, selbst mit diesen Arbeitsteilungen bleibt ein wichtiger Punkt noch unbeleuchtet: Nicht nur der bestehende harte Kern und der schützende Gürtel können die zu verfolgenden Wege bestimmen. So verschreiben sich die Infektionswissenschaften eben nicht nur dem Erlangen von Erkenntnissen an sich, sondern gerade Erkenntnissen mit instrumentellem Nutzen für unser Handeln im Lichte möglicher Risiken für Leben und Gesundheit jedes Individuums (vgl. Sadegh-Zadeh, 2012/2015, S. 831) und ganzer Populationen (vgl. Broadbent, 2013, S. 1). In einer Pandemie steht wissenschaftliche Erkenntnis beispielsweise wohl gerade besonders im Dienst von Menschenleben, Gesundheit, Wohlstand und Zusammenleben. Doch auch eine solche Zielsetzung und grundsätzliche Wertannahme von klinischer Medizin und Epidemiologie muss nicht zwangsläufig im Widerspruch zu einem Anspruch auf Objektivität stehen.

2.3 Werte in und Objektivitätsanspruch der Wissenschaft

Zunächst sei hier angemerkt, dass der soeben berührte Werturteilsstreit in den Wissenschaften – das heißt der Streit um die Frage, ob Wissenschaften frei von nicht-epistemischen Werten sind, sein können oder sein sollten, gegebenenfalls nicht nur in eine bereits dritte Runde geht, sondern weiterhin geführt wird (vgl. Schurz und Carrier, 2013, S. 7–8). Ich möchte dennoch festhalten, dass auch Verfechter der Wertneutralitätsforderung durchaus einen Einfluss von Werten zulassen können: Erstens, sollen unter der Wertneutralitätsforderung nur *nicht-epistemische Werte*, beziehungsweise *„wissenschaftsexterne"*[7] oder *„außerepistemische Wertannahmen"* (Schurz, 2013, S. 311, kursiv im Original) ausgeschlossen werden. Nicht vermieden, sondern explizit verfolgt werden sollten hingegen jene *episte-*

---

[7] Ich werde nur die Bezeichnungen ‚epistemisch' und ‚nicht-epistemisch' verwenden, bzw. ‚außerepistemisch' zulassen, da die Einteilung in ‚wissenschaftsintern' und ‚wissenschaftsextern' als die Wertneutralitätsforderung bereits voraussetzend verstanden werden könnte.

mischen oder „*wissenschaftsinternen*" Werte, die zu dem „obersten Wert" der Generation von „möglichst *wahren* (wahrheitsnahen) *und gehaltvollen* Erkenntnissen" (Schurz, 2013, S. 310–311, kursiv im Original) beitragen. Zweitens sollten jene nicht-epistemischen Werte gerade im Kontext der Begründung vermieden werden, während diese in Kontexten der Entdeckung und Anwendung durchaus auftreten dürfen (vgl. Schurz, 2013, S. 311, kursiv im Original). Soll heißen, dass Wissenschaftler*innen ausschließlich epistemische Werte einbringen dürfen, wenn es darum geht, welche Hypothesen als begründet angenommen werden können oder abgelehnt werden müssen. Zum Beispiel kann der Wert der Wiederholbarkeit im Begründungskontext verfolgt werden, da dieser instrumentell dem Erreichen von wahrer Erkenntnis dient. Ein nicht-epistemischer Wert, wie zum Beispiel, ein Wert, der die Vermeidung negativer Konsequenzen fordert, müsse bei der Annahme einer Hypothese als begründet wiederum vermieden werden. Nicht-epistemische Werte könnten in dieser Verwendung eben nicht gerechtfertigt werden, da diese eingesetzten Werte weder deduktiv aus Tatsachen abgeleitet noch ihre Voraussetzung ohne weitere Begründung vorausgesetzt werden könne oder sie durch Erfahrung überprüfbar sein müssten, was jedoch umstritten ist (vgl. Schurz, 2013, S. 315–316).

Auch wenn ich dem Werturteilsstreit hier in keiner Weise gerecht werden kann, möchte ich herausstellen, dass die obigen Argumente durchaus eine Norm begründen können, die uns auffordert, den Einfluss von nicht-epistemischen Werten im Begründungszusammenhang zu vermeiden oder so gering wie möglich zu halten. Eine solche Norm hilft uns aber im weiteren Umgang mit nicht-epistemischen Werteinflüssen kaum weiter, falls diese bereits in der Vergangenheit Einfluss gefunden haben oder sich herausstellen sollte, dass Wissenschaftler*innen diese Norm selbst bei bestem Willen nur unzufriedenstellend einhalten können. Weiterhin setzen die Argumente die klare Trennbarkeit der Kontext der Entdeckung und Anwendung von dem der Begründung – insbesondere bezüglich des Einflusses nicht-epistemischer Werte – voraus. Gerade wenn nicht-epistemische Werte im Entdeckungszusammenhang zugelassen sind und diese somit beeinflussen was entdeckt wird, würde das nicht nur einschränken welche Hypothesen den Begründungskontext überhaupt erreichen. Sondern dann könnte sich diese Einschränkung auch auf weitere, bereits angenommene Hypothesen erstreckt haben, die zu einer neuen Begründung, die eigentlich frei von nicht-epistemischen Einflüssen bleiben sollte, herangezogen werden. Die Wissenschaften und ihre Teilbereiche sind so komplex und so verwoben mit vergangenen Erkenntnisgewinnen, dass der Einfluss von nicht-epistemischen Werten, ob gewollt oder nicht, gegebenenfalls anerkannt werden muss. Ein Aufruf angenommene und verwendete Werte offenzulegen, den Umgang mit Werteinflüssen nicht nur zu untersuchen, sondern auch den Umgang in den Wissenschaften zu reflektieren und zu erlernen, kann hier meines Erachtens hilfreicher sein als der alleinige Aufruf zu einer gegebenenfalls kaum erfüllbaren Norm. Gerade wenn die

Wertfreiheitsnorm nicht eingehalten wird oder werden kann, brauchen wir weitere Normen, die dazu auffordern bestehende Werteinflüsse offenzulegen, zu reflektieren, zur Diskussion zu stellen und demokratischer Kontrolle zu übergeben.[8]

Wissenschaftler*innen konnte bis hier nur epistemische bzw. kognitive Autorität zugeschrieben werden. Darunter fallen neben dem Zugriff auf theoretisches Wissen auch geschulte Fähigkeit des kritischen Denkens, Vertrautheit mit Methoden, Standards und Heuristiken. Gleichzeitig ist aber eine Expertise über nicht-epistemische Werte nicht grundsätzlich gedeckt. Obliegt es doch auch jedem Einzelnen und der gesamten Gesellschaft zu entscheiden, welche Probleme als relevant, welche Lösungswege als signifikant erachtet, wie welche Ziele gewichtet werden, wie der Umgang mit Werteinflüssen aussehen sollte; und letzteres auch im Kontext der Begründung, falls sich Werteinflüsse dort nicht vollständig vermeiden lassen. Dabei bleiben nicht-epistemische Wertentscheidungen von vertieften theoretischen Kenntnissen und eingehenden praktischen Fähigkeiten keineswegs unberührt. Umgekehrt, bleiben auch theoretische Kenntnisse und Fähigkeiten nicht unberührt von Wertentscheidungen. Trotzdem gilt es normative oder politische Autorität über nicht-epistemische Werte von kognitiver und epistemischer Autorität zu unterscheiden. Umso wichtiger ist es das Konzept des ‚wissenschaftlichen Konsenses' in diesem Spannungsfeld zu betrachten. Welche Autorität beim Vorbringen eines wissenschaftlichen Konsenses aufgerufen wird, ist in jedem Fall explizit zu machen.

Auch der Begriff ‚Konsens' selbst bleibt gegebenenfalls nicht von nicht-epistemischen Werten unbeeinflusst: So setzt universeller Konsens voraus, dass es keine einzige Gegenstimme gibt. Doch sei gerade diese Forderung zunehmend unrealistisch, je größer die Gruppe ist, deren Übereinstimmung abgefragt wird (vgl. Miller, 2019, S. 230). Ist die Bezeichnung Konsens also irreführend? Auch wenn nur eine einhellige Einigung der Bedeutung von Konsens im idealen Sinne gerecht wird, würde eine solche Einengung darüber hinwegtäuschen, dass trotz alternativer Ansätze, divergierender Motivationen und gehaltener Werte in vielen Hinsichten überwältigende Einigkeit herrschen kann. Wie überwältigend diese Einigkeit für einen wissenschaftlichen Konsens sein sollte, ist dabei eine Frage, die von nicht-epistemischen Werten nicht unberührt bleibt. Und selbst wenn überwältigender Konsens in der Wissenschaft ausreichen kann, ist es mitunter immer noch ein aufwendig erkämpftes Gut (vgl. Oreskes, 2019, S. 128–129).

---

8 Auf den Diskurs zur Wertneutralität der Wissenschaft, in dem die Wertfreiheitsthese bzw. die Wertneutralitätsthese kontrovers diskutiert wird, kann im Folgenden nicht detailliert eingegangen werden.

3 Umgang mit wissenschaftlichem Konsens in der Pandemie anhand eines Fallbeispiels

Wir haben nun das Rüstzeug, um eine Fallstudie zu betrachten, in der der Umgang mit dem Anspruch auf wissenschaftlichen Konsens eine Rolle gespielt hat. Wichtig wird es dabei sein, die in der Literatur auch implizit vorausgesetzten Grundlagen zu belegen. Damit soll auch vermittelt werden, dass ein Großteil dieser Grundlagen keiner rückwirkenden Anpassung unterzogen wurde, sondern sich als Mittel zur Problemlösung, aber auch zur Beschreibung der Probleme selbst bewährt haben. Wenn sich eine Bewährung nicht eingestellt hat, wird es nötig sein genau zu schauen, ob und in welcher Form eine nachträgliche Anpassung erfolgt und inwieweit diese im Lakatosschen Sinne inhaltserweiternd und zumindest teilweise empirisch bestätigt worden ist.

Im Folgenden Fallbeispiel wird uns ein Anspruch auf eine vermeintliche Konsensposition beschäftigen, die sich nicht nur als umstritten und unhaltbar herausgestellt hat, sondern deren Beanspruchung durch die WHO nur mit Mühe von Wissenschaftsleugnung unterschieden werden kann. Im Mittelpunkt steht hier der Übertragungsweg von SARS-CoV-2 über Aerosole. Es gibt eine Vielzahl möglicher Übertragungswege und diese sind unter anderem[9] erregerspezifisch. Neben der klassischen Schmierinfektion oder direktem Austausch von Körperflüssigkeiten, kann auch eine Übertragung in der Luft über Tröpfchen und Aerosole stattfinden (Krämer, 2010, S. 95). Ich möchte zunächst auf diese Übertragung über Aerosole genauer eingehen.

Aerosole sind Suspensionen flüssiger oder fester Partikel in einer Gasphase, die unter anderem beim Zerstäuben von Flüssigkeiten entstehen können (vgl. Kulkarni et al., 2011, S. 3). Kulkarni et al. (2011) ist zu entnehmen, dass die Größe der Partikel in Suspension dabei eine wichtige Eigenschaft sei, die aber auf Grund der möglichen Variabilität der Form und Verteilung der Größe der Partikel oft *zugeordnet* wird. So wird den Partikeln, wenn ein äquivalenter Durchmesser bestimmt wird, die Größe einer Sphäre zugeordnet, die einer relevanten physikalischen Eigenschaft entspricht. So sei zum Beispiel der aerodynamisch äquivalente Durchmesser hilfreich bei der Beschreibung von Partikeln größer als 0,3–0,5 µm, wie sie in Atemwegen und Filteranlagen auftreten. Erst bei kleineren Partikeln, in der Größenordnung weniger Nanometer, trete Trägheit und der Einfluss der Schwerkraft hinter erhöhte Brownsche Molekularbewegung, für die ein mobilitätsäquivalenter Durchmesser

---

9 Grundsätzlich kann jede Komponente des Dreigestirns, bestehend aus Wirt, Erreger und Umwelt, eine Rolle spielen.

genutzt werde. Partikel größer als 100 μm setzten sich – unter zunehmendem Einfluss der Schwerkraft – zu schnell, um eine Suspension über einen relevanten Zeitraum bilden zu können (vgl. Kulkarni, 2011, S. 6–7). Erreger und Aggregationen von Erregern viraler, aber auch bakterieller oder fugaler Natur, in dieser Größenordnung könnten also prinzipiell durchaus als Aerosole auftreten und einen Angriffspunkt für Präventionsmaßnahmen bieten.

War die Übertragung via Aerosole also auch für SARS-CoV-2 relevant? Der verifizierte Hauptaccount der WHO twitterte am 28. März 2020, dass es Fakt sei, dass SARS-CoV-2 *nicht* über Aerosole übertragen werde (WHO, 2020, original: „FACT: #COVID19 is NOT airborne."). Auch wenn nicht nachvollziehbar ist, welche*r Mitarbeiter*in der WHO den Tweet verfasst und veröffentlicht hat, ist dieser Tweet bis dato nicht revidiert oder gelöscht worden. Der Tweet wurde darüber hinaus neununddreißigtausend Mal geteilt, vierundvierzigtausend Mal positiv markiert, und unter anderem vom Hauptaccount der UN verbreitet. Regionale Sekretariate (PAHO, Europe, EMRO, SEARO, WPRO, AFRO) und Leiter Tedros Adhanom Ghebreyesus sind bis heute verlinkt (Stand: 01.10.2022). Nur letzterer weist explizit darauf hin, dass weitergeleitete Tweets (hier handelt es sich aber um eine Markierung) keine Zustimmung bedeuten müssen. Nur auf Nachfrage in Interviews soll die WHO auf die Wichtigkeit von Lüften verwiesen und ihrer Webseite erst im Dezember 2021 teilweise überarbeitet haben. Dies kann zur langsamen Anerkennung von Aerosoltransmission beigetragen, das Eingreifen in das Infektionsgeschehen erschwert und einen Fokus auf besonders effektive Interventionen verhindert haben (vgl. Jiminez et al., 2022, S. 2–3).

Doch auch über diesen Tweet hinaus haben einige Aerosolforscher*innen bereits zu diesem Zeitpunkt Bedenken gehabt und die WHO im April 2020 warnen wollen, dass eine veraltete Annahme über die Große von Aerosolpartikeln involviert ist (vgl. Molteni, 2021, Abs. 2). Diese Warnung blieb darüber hinaus kein Einzelfall, denn noch im Juli 2020 richteten 239 Wissenschaftler*innen einen Appell – unter anderem – an die WHO, die Möglichkeit der Aerosolübertragung von SARS-CoV-2 in der Luft explizit anzuerkennen. Dieser Übertragungsweg sei, bis auf Aerosole im klinischen Betrieb, nicht berücksichtigt (vgl. Morawska und Milton, 2020, S. 3). Gerade ohne eine (zu dem Zeitpunkt) verfügbare und wirksame Schutzimpfung, komme der Unterbrechung aller Infektionswege ein besonderes Gewicht zu (vgl. Morawska und Milton, 2020, S. 4). Die Behauptung der WHO in ihrem Tweet und eine Ausweisung als Konsensposition, durch die Behauptung eines Faktes, sind höchst problematisch. Gerade auch deshalb, weil die WHO eine leitende internationale Rolle in Gesundheitsfragen beansprucht; unter anderem – Forschungsagenda mitzugestalten, Erkenntnisse zu vermitteln, und Normen, wie auch ethische und evidenzbasierte Richtlinien zu verfassen (vgl. Krause, 2010, S. 75).

Doch war eine ablehnende Haltung bezüglich der Übertragung via Aerosole zu Beginn der Pandemie vollends unbegründet? Zwei Studien aus dem Jahr 2020 stellen beispielsweise (zum Zeitpunkt der jeweiligen Untersuchung) nur begrenzte Evidenzen bezüglich der Transmission SARS-CoV-2 über Aerosole in der Luft fest (vgl. Anderson et al., 2020, S. 902; Leung et al., 2020, S. 676). Bei Leung et al. liegt die begrenzte Aussagekraft zum Beispiel in der Untersuchung von bekannten, saisonalen Corona-, Influenza- und Rhinoviren, statt spezifisch SARS-CoV-2. Gleichzeitig verweisen aber beide Studien auf eine Unterscheidung zwischen großen und kleinen Partikeln mit einem Grenzwert von 5 µm bzw. einem Grenzwertbereich von 5–10 µm, die auf William F. Wells in den 1930er-Jahren zurückgehen sollen (vgl. Anderson et al., 2020, S. 902; vgl. Leung et al., 2020, S. 676). Unterhalb dieses Grenzwertes bzw. Grenzwertbereichs solle von Aerosolen gesprochen werden, darüber von Tröpfchen. Bei einer Größe von über 20 µm sei ein Einatmen nicht mehr anzunehmen und bei Größen zwischen 10 und 20 µm könnten sie sich sowohl absetzen als auch kurz in Suspension bleiben (vgl. Anderson et al., 2020, S. 902; vgl. Leung et al., 2020, S. 676). Zumindest die genannten Artikel reproduzieren damit die von einigen als problematisch bezeichnete Annahme zur Partikelgröße. Trotz allem verweisen beide Artikel darauf, dass die Übertragung via Aerosole weiter untersucht werden müsse, da Aerosole gerade bei asymptomatischen Trägern durch Sprechen und Atmen, statt nur durch Tröpfchen durch Husten und Niesen, auftreten könne (vgl. Anderson et al., 2020, S. 906)

Weiterhin ließen Untersuchungen, die in Folge des SARS-CoV-1 Ausbruchs 2003 in Hong Kong veröffentlicht wurden, darauf schließen, dass Aerosolpartikel sogar über das obere Ende des Grenzwertes (10µm) hinaus minutenlang in der Luft als Aerosole suspendiert bleiben könnten (vgl. Tang et al., 2006, S. 105 in Anderson et al., 2020, S. 905). Die Grenzwerte aus den 1930-igern werden damit wenigstens in Frage gestellt. Dass diese alten Grenzwerte relevante Aerosolproduktion vorzeitig ausschließen könnten, zeigt sich, wenn wir uns die Größe der Partikel ansehen, die bei einer SARS-CoV-2 Übertragung auftreten müssten. Eine Berechnung zeigt, dass Partikel in ihrer Größe durchaus über dem klassisch akzeptierten Grenzwert liegen müssten, damit sie SARS-CoV-2 enthalten können. So wird in einer Studie eine *minimale* Partikelgröße von 9.3µm berechnet, wenn der Anteil an Viruslast dem empirisch-bestätigten Maximum von $8.97 \times 10^{-5}\%$ entspricht. Liegt dieser Anteil darunter (z.B. $2.67 \times 10^{-7}\%$), müssten die Partikel sogar größer (65µm) sein (vgl. Lee, 2020, S. 3; Lee, 2021, S. 1).

Die in den 1930er Jahren formulierten Grenzwerte und -bereiche galten scheinbar trotzdem für die WHO bis spät in das Jahr 2020 als wissenschaftlicher Konsens, obwohl diese zunehmend kritisiert wurden. Gegebenenfalls waren diese Grenzwerte in den 1930-igern, im Vergleich zu alternativen Grenzwerten und damit verbundenen Konzeptionen von Aerosolen, durchaus besser begründet. Problematisch ist vielmehr, dass die heutige Auszeichnung als Konsens, die kritische Betrachtung der involvierten Annahmen, wenn nicht verhinderte, dann aber zumindest verzögerte. Die Situation, dass engagierte Wissenschaftler*innen, auch wenn sie – zum Teil – in der Physik und nicht in den klassischen Infektionswissenschaften tätig waren, mitunter ignoriert oder zum Schweigen gebracht wurden (vgl. Molteni, 2021, Abs. 4), stößt dabei besonders auf. Diese Wissenschaftler*innen hatten über ihren Bereich hinaus anerkannte Autorität spezifische Kenntnisse und Fähigkeiten bezüglich der physikalischen Aspekte der Aerosolbildung und Mobilität bereitzustellen, die in kognitiver und epistemischer Arbeitsteilung hätten genutzt werden können. Weiter noch waren diese Wissenschaftler*innen Teil eines fruchtbaren Forschungsprograms (auch innerhalb der Infektionswissenschaften), das mindestens seit dem SARS-CoV-1 Ausbruch 2003 in Hong Kong unermüdlich weitergehende Behauptungen produzierte, die in bedeutendem Umfang empirisch bestätigt waren. Die Menge der betrachteten, möglicherweise aerosolübertragenen Erreger und die Aufarbeitung verschiedenster empirischer Daten durch Tang et al. 2006 (vgl. Tang et al., 2006, S. 102–103, 105ff.), aber auch die Aufarbeitung über den Kontext infektiöser Krankheiten hinaus (vgl. Kulkarni et al., 2011, S. 5), kann hier ein Indiz sein.

Währenddessen bleiben die Annahmen des festen Grenzwertes oder -bereichs aus den dreißiger Jahren nicht selten ohne weitere Belege. So verweisen zum Beispiel Anderson et al. (2020) zwar auf WHO-Guidelines aus dem Jahr 2014 (vgl. Anderson et al., 2020, S. 902). Dort werden die Grenzwerte im Glossar aber mit definitorischer Sicherheit aufgestellt und nicht weiter begründet oder auf deren Ursprung verwiesen (vgl. WHO, 2014, Glossar xvii). Folgend werden aber dann im Bezug auf aerosolgenerierende Prozesse und deren Definitionen Forschungslücken benannt und weitere Forschung gefordert (vgl. WHO, 2014, S. 35, 37). Die Annahmen im Glossar blieben davon aber scheinbar unberührt; an ihnen wurde noch bis spät ins Jahr 2020 scheinbar unumstößlich festgehalten. Ganz entsprechend der Sorge Kuhns konnte so eine nicht- oder kaum hinterfragte, immer wieder reproduzierte und verfestigte Annahme trotz begründeter Widerstände als wissenschaftlicher Konsens behauptet werden.

Zum einen bleibt uns nun festzustellen, dass diese zugrundeliegende Annahme der klassischen Grenzwerte, die zu jenem verhängnisvollen Tweet der WHO geführt hat, keinen wissenschaftlichen Konsens darstellte oder dieser Status in Folge der weiteren Untersuchungen nach SARS-CoV-1 im Jahr 2003 zunehmend unhaltbar wurde. Das würde aber darüber hinwegtäuschen, welche Rolle es gespielt hat, dass die Annahme, jedenfalls in einer so zentralen und – ihrem eigenen Anspruch nach – auf wissenschaftliche Erkenntnisse berufende Organisation, lange als Konsens galt und gelten konnte. Wichtig ist die Einsicht, dass, was einen Konsens ausmacht – was ihm später seine Überzeugungskraft verleihen soll – nicht unberührt bleibt: Die guten Begründungen, die einen Konsens absichern sollen, altern unter Umständen nicht besonders gut. Die weite Akzeptanz unter Personen mit relevanter kognitiver und epistemischer Autorität, die dem Konsens Gewicht geben soll, kann trügerisch sein, wenn sich trotz der Kenntnisse und Fähigkeiten doch ein nicht-hinterfragtes Festhalten einstellt. Das ist dramatisch, da Wissenschaftsleugnung, wie zuvor dargestellt, unter anderem die Ablehnung wissenschaftlicher Erkenntnis zu Gunsten eigener Glaubenssätze umfasst.

Zum einen kann die Unterscheidung sowie Verbindungen zwischen partikulärem Konsens, und systematischem Konsens hier hilfreich sein: Der Tweet der WHO stellt nicht nur eine Behauptung auf, sondern dass dieser Fakt, also Abbildung eines wissenschaftlichen Konsenses sei. Wenn dem so wäre, würde es sich zunächst um einen Konsens bezüglich einer partikulären Behauptung handeln. Der signifikante Widerstand einer beträchtlichen Anzahl renommierter Wissenschaftler*innen lässt dies aber nicht zu. Der Widerstand bezog sich dabei auf eine Annahme, die in den Artikeln der WHO mehrfach wiederholt wurde, deren Ursprung nun aber schon einige Jahrzehnte zurückliegt. Durch die wiederholte Reproduktion schien die Annahme Teil des systematischen Konsenses geworden zu sein. Die WHO konnte aber auf Nachfrage die Explikation des behaupteten systematischen Konsenses nicht erbringen. So blieb der systematische Konsens an dieser Stelle implizit, die WHO beharrte auf ihrer Position und weigerte sich konstruktive Kritik zur Kenntnis zu nehmen.

Doch muss die Nichtbeachtung von Kritik nicht in allen Fällen problematisch sein. Denn nicht jede Kritik, die gegenüber Wissenschaftler*innen vorgebracht wird, ist konstruktiv. Die Liste der Versuche Wissenschaft mit gezieltem Streuen von Zweifeln auszubremsen ist lang; der Umgang mit schädlichem Dissens (zum Beispiel auch in den Klimawissenschaften) mitunter eigener Forschungsgegenstand der Wissenschaftsphilosophie (vgl. Leuschner, 2018, S. 1255–1256; vgl. Intemann und De Melo-Martín, 2014, S. 2761–2762). Dennoch, die Kritik an den klassischen Grenzwerten ist nicht mit dem absichtlichen Streuen von Zweifeln zu vergleichen. Sondern war zunehmend das, was als wohlbegründeter, empirisch belegter und innerwissenschaftlicher Dissens bezeichnet wird (vgl. Oreskes, 2019, S. 128). Stattdessen scheint ein Problem bei der WHO vorzuliegen, die eben nicht auf eine gute Grundlage ihrer Annahme verweisen konnte und demnach an etwas festhielt, was eher einem Glaubenssatz glich als einer Erkenntnis. Dass der Tweet unkorrigiert fortbesteht und die aufgeführten Grenzwerte auch in Berichten der WHO unbelegt bleiben, weist auf ein systematisches Versagen hin, dass nicht auf einzelne Mitarbeitende abgewälzt werden sollte. Ich möchte aber auch aufzeigen, dass das Problem tiefgreifender ist: Obwohl sich schon vor der SARS-CoV-2 Pandemie Zweifel gegenüber den Grenzwerten auftaten, wurden diese als grundsätzlich akzeptiert angesehen und auch in der Literatur mit Zitationen weit in die 1970er belegt (vgl. Tellier et al., 2019, S. 2).

Somit waren innerhalb dieser Wissenschaften bestimmte Grenzwerte möglicher Aerosolgrößen als Teil des systematischen Konsenses verstanden worden und in entsprechenden Artikeln auch als Teil des Lakatosschen harten Kerns, wenn nicht sogar als Kuhnsches Paradigma in Monopolposition, dargestellt worden. Als allemal definitorisch festgelegte Annahme wäre ein Platz im schützenden Gürtel wohl passender. Gerade Grenzwerte, die konventionell festgelegt werden, müssen regelmäßig auf eben jene pragmatisch geleitete Auszeichnung überprüft werden. Denn hier liegt ein möglicher Schwachpunkt, der sich durch die Berufung auf einen Konsens ergeben kann: Es ist dem Konsens und den belegenden Zitationen mitunter nicht anzusehen, ob und inwiefern die aufgerufene Begründung explizit gemacht und weiterhin ausreichend ist. Mit Sicherheit wäre es ideal, wenn Wissenschaftler*innen die Kette der Referenzen nachverfolgen würden, der Aufwand wäre aber – angesichts der Komplexität moderner Forschungsvorhaben – zunehmend groß. Arbeitsteilung kann hier zwar zum Tragen kommen, dieses Beispiel soll aber auch deren Limitationen aufzeigen, wenn sich Annahmen zunehmend als impliziter Konsens der kritischen Betrachtung entziehen.

So ist es durchaus nachvollziehbar, dass Wissenschaftler*innen in ihrer aufgeteilten Arbeit einen gewissen systematischen Konsens nicht nur voraussetzten, sondern diesen auch, um Wissenschaft als Prozess ausführen zu können, zeitweise als operativ wahr annehmen mussten. Nach Habermas nimmt das Konzept der Wahrheit hier eine zweite, nicht-epistemische Rolle ein. Um Handlungen durchzuführen und damit diese überhaupt als Erfolg oder Misserfolg im Erreichen bestimmter Zwecke gelten können, müssen die zugrundeliegenden Annahmen als wahr angenommen werden. Das Postulieren der Annahmen als wahr ist hier „nur operativ" (Habermas, 1999, S. 49) und „[e]rst mit dem Übergang vom Handeln zum Diskurs nehmen die Beteiligten eine reflexive Einstellung ein und streiten sich über die zum Thema gemachte Wahrheit kontroverser Aussagen im Lichte der pro und contra vorgebrachten Gründe" (Habermas, 1999, S. 48). Eine entsprechende reflexive Haltung müsste dann auch im Übergang vom vorangegangenen Diskurs hin zum Handeln für den Moment abgelegt werden.

Im anschließenden Diskurs, in der kritischen Reflexion an und über diesen Prozess, hätte aber eine Rückkehr dieser Annahmen als dauerhaft fallibel stattfinden müssen. Im Umgang mit wissenschaftlichem Konsens ist es also wesentlich, dass Wissenschaftler*innen ein Bewusstsein dafür entwickeln, dass der wissenschaftliche Prozess als eine Menge von Aktivitäten über die Zeit dazu beitragen kann, dass aus einem seinerzeit gut belegten expliziten systematischen Konsens ein zunehmend schwächer belegter, undurchsichtiger und kaum kritisierter impliziter systematischer Konsens werden kann. Letzterer kann, wenn dieser von vielen Experten bestätigt, wiederholt und mit vielen Referenzen abgesichert scheint, einzelne Behauptungen produzieren, die nicht dem Anspruch auf den Status eines wissenschaftlichen Konsenses gerecht werden. Etwas, dass gegebenenfalls nur schwer von ideologisch geprägter Wissenschaftsleugnung unterschieden werden kann. In dieser Hinsicht ist der Tweet der WHO nur Symptom eines tiefgehenden Problems im Umgang mit wissenschaftlichem Konsens.

Wenn Gesundheitsexpert*innen in privaten Konversationen bemängeln, dass eine Möglichkeit gebraucht wird, die es ihnen erlaubt Gesicht zu bewahren (vgl. Jimenez, 2022, S. 12), sollte das Mittel der Wahl darin liegen, die eigenen Annahmen kritisch zu überprüfen und ‚wissenschaftlichen Konsens' als Auszeichnung gesicherter und begründeter Erkenntnis mit Vorsicht zu verwenden. Dies kann bedeuten auch in unangenehmen Situationen eine Abkehr von den problematischen Grenzwerten zur innerwissenschaftlichen Diskussion zu stellen und in der Öffentlichkeit[10] transparent zu machen. Wissenschaftler*innen und deren Institutionen wahren ihr Gesicht im Lakatosschen Schritt nach vorn. Das heißt, die Fortschrittlichkeit des neuen, von den veralteten Grenzwerten befreiten, Forschungsprojekts anzuerkennen und damit unaufhörlich zu zeigen, dass es wissenschaftliche Erkenntnis – und bei entsprechender Übereinstimmung unter vielen Wissenschaftler*innen auch wissenschaftlichen Konsens – trotz, oder gerade wegen, wertvoller und wissenschaftlicher, d. h. fortschrittlicher und nicht degenerativer Kritik geben kann.

Das Fallbeispiel zeigt uns, dass das Ausweisen einer umstrittenen Erkenntnis als wissenschaftlicher Konsens und die anschließende Ablehnung abweichender Erkenntnis nur schwer von Wissenschaftsleugnung unterschieden werden kann. So hat die WHO auf der einen Seite abweichende, wissenschaftliche Erkenntnisse, trotz des Anerkennens wissenschaftlicher Prozesse und Methoden, zu Gunsten des Festhaltens an veralteten Grenzwerten, verworfen und ignoriert. Gleichzeitig wurden diese Grenzwerte aber nicht (nur) aus ideologischen Gründen beibehalten. Die WHO und ein beträchtlicher Teil Wissenschaftler*innen bemerkte stattdessen nicht, dass die Grenzwerte immer mehr zu einem nicht-hinterfragten Teil ihrer gemeinsamen Annahmen wurden, die einer dringenden Überprüfung bedurften, welche innerwissenschaftlich aber durchaus bereits im Gange war.

---

10 Das soll nicht heißen, dass die Diskussion auch unter Teilnahme der Öffentlichkeit stattfinden muss.

4 Lehren für den Umgang mit der Auszeichnung als ‚wissenschaftlicher Konsens'

In diesem Beitrag habe ich anhand einer Fallstudie herausgearbeitet, wie der Vorwurf innerwissenschaftlicher Wissenschaftsleugnung mit dem Umgang mit dem Anspruch auf eine wissenschaftliche Konsensposition verbunden sein kann. Sie sollte aufzeigen, dass jede wissenschaftliche Erkenntnis die Gefahr birgt, als Konsens ausgerufen, sich möglicher Kritik zunehmend zu entziehen. Wenn dann – wie durch die WHO – mit Berufung auf einen dann impliziten, nicht-hinterfragten Konsens eine Ablehnung innerwissenschaftlicher Kritik einhergeht, ist dem Vorwurf der innerwissenschaftlichen Wissenschaftsleugnung nur schwer zu entgegnen. Dennoch konnten engagierte Wissenschaftler*innen mit fortschrittlichen Forschungsprogrammen und Problemverschiebungen die umstrittenen Annahmen in den wissenschaftlichen Diskurs zurückholen. Nur so kann wissenschaftlicher Konsens das Ergebnis kritischer Untersuchung sein.

Angesichts der Leitfrage soll klargeworden sein, dass ein differenzierter Umgang mit wissenschaftlichem Konsens gerade dann wichtig ist, wenn Wissenschaftsleugnung sich dadurch auszeichnet, dass wissenschaftliche Erkenntnis wegen des Festhaltens an gehaltenen – wenn auch nicht nur politischen oder religiösen – Glaubenssätzen abgelehnt wird. Es zeigt sich, dass auch Wissenschaftler*innen Gefahr laufen, gerade in ihrer Zusammenarbeit mit und in Abhängigkeit von ihren Kolleg*innen, Behauptungen zu übernehmen, deren kritische Betrachtung überfällig sein kann. Das bedeutet, dass die mögliche Überladung des Konzepts ‚wissenschaftlicher Konsens' ernst genommen und über den wissenschaftlichen Diskurs hinaus auf einen differenzierten Umgang gepocht werden muss. Auf die Auszeichnung einer Erkenntnis als ‚wissenschaftlicher Konsens' sollte verzichtet werden, falls es langanhaltende, konstruktive und fortschrittliche Kritik innerhalb der Wissenschaften, zum Beispiel auch aus nahen, relevanten Forschungsbereichen gibt. Weiter, wenn etwas begründeterweise als ‚wissenschaftlicher Konsens' bezeichnet werden kann, darf weitere kritische Überprüfung nicht verhindert werden.

Literatur

Anderson, E. L., Turnham, P., Griffin, J. R., und Clarke, C. C. (2020). „Consideration of the Aerosol Transmission for COVID-19 and Public Health." *Risk Analysis* 40 (5), S. 902–907. https://doi.org/10.1111/risa.13500.

Austin, J. L. (1962). *How to Do Things with Words: The William James Lectures delivered at Harvard University in 1955*. Hrsg. v. J. O. Urmson. Oxford University Press.

Broadbent, A. (2013). *Philosophy of Epidemiology.* Palgrave Macmillan.
Corman, V. M., et al. (2019), „Detection of 2019 novel coronavirus (2019-nCoV) by real-time RT-PCR." *Eurosurveillance* 25 (3), S. 23–30. https://doi.org/10.2807/1560-7917.ES.2020.25.3.2000045.
Fricker, M. (2007). *Epistemic Injustice: Power and the Ethics of Knowing.* Oxford University Press.
Goldenberg, M. J. (2021). *Vaccine Hesitancy: Public Trust, Expertise and the War on Science.* University of Pittsburgh Press.
Goldman, A. I. (2001). „Experts: Which Ones Should You Trust?" *Philosophy and Phenomenological Research* 63 (1), S. 85–110. https://doi.org/10.2307/3071090.
Habermas, J. (1999). *Wahrheit und Rechtfertigung.* Suhrkamp.
Hardwig, J. (1994). „Towards an Ethics of Expertise." In: D. E. Wueste (Hg.), *Professional Ethics and Social Responsibility.* Rowman and Littefield, S. 83–101.
Intemann, K., und de Melo-Martín, I. (2014). „Are there limits to scientists' obligations to seek and engage dissenters?" *Synthese* 191, S. 2751–2765. https://doi.org/10.1007/s11229-014-0414-5.
Jimenez, J.-L., et al. (2022). „What were the historical reasons for the resistance to recognize airborne transmission during the COVID-19 pandemic?" *Indoor Air* 32 (8), Artikelnr. e13070. https://doi.org/10.1111/ina.13070.
Kidd, I. J., Medina, J., und Pohlhaus, G. (2017). *The Routledge Handbook of Epistemic Injustice.* Routledge.
Kitcher, P. (1990). „The Division of Cognitive Labor." *The Journal of Philosophy* 87 (1), S. 5–22.
Kitcher, P. (2011). *Science in a Democratic Society.* eBook-Version. Prometheus Books.
Kornmesser, S., und Schurz, G. (2014). *Die multiparadigmatische Struktur der Wissenschaften.* Springer VS.
Krause, G. (2010). „Infectious Disease Control Policies and the Role of Governmental and Intergovernmental Organisations." In: A. Krämer, M. Kretzschmar und K. Krickeberg (Hg.), *Modern Infectious Disease Epidemiology.* Springer, S. 69–82.
Kuhn, T. (1962). *The Structure of Scientific Revolutions.* 3. Edition (1996). University of Chicago Press.
Kulkarni, P., Byron, P. A., und Willeke, K. (2011). „Introduction to Aerosol Characteristics." In: P. Kulkarni, P. A. Byron und K. Willeke (Hg.), *Aerosol Measurement: Principles, Techniques, and Applications.* John Wiley & Sons.
Kutrovátz, G. (2010). Trust in Experts: Contextual Patterns of Warranted Epistemic Dependence. *Balkan Journal of Philosophy* 2 (1), S. 57–68. https://doi.org/10.5840/bjp20102116.
Lakatos, I. (1970). „Falsification and the methodology of scientific research programmes." In: J. Worrall und G. Currie (Hg.) (1978), *The Methodology of Research Programs, Philosophical Papers Volume I.* Cambridge: Cambridge University Press, S. 8–93.
Lakatos, I. (1971). „History of science and its rational reconstructions." In: J. Worrall und G. Currie (Hg.). (1978), *The Methodology of Research Programs, Philosophical Papers Volume I.* Cambridge University Press, S. 102–138.
Lakatos, I. (1973). „Science and pseudoscience." In: J. Worrall und G. Currie (Hg.) (1978), *The Methodology of Research Programs* (Philosophical Papers Volume I). Cambridge University Press, S. 1–7.
Lee, B. Uk. (2020). „Minimum Sizes of Respiratory Particles Carrying SARS-CoV-2 and the Possibility of Aerosol Generation." *International Journal of Environmental Research and Public Health* 17 (6960), S. 1–8. https://doi.org/10.3390/ijerph17196960.
Lee, B. Uk. (2021). „Correction: Lee, B.U. Minimum Size of Respiratory particles Carrying SARS-CoV-2 and the Possibility of Aerosol Generation" Int. J. Environ. Res. Public Health 2020, 17, 6960." *International Journal of Environmental Research and Public Health* 18 (11738), S. 1–2. https://doi.org/doi.org/10.3390/ijerph182211738.

Leung, N. H. L., et al. (2020). „Respiratory virus shedding in exhaled breath and efficacy of face masks." *Nature medicine* 26, S. 676–681. https://doi.org/10.1038/s41591-020-0843-2.

Leuschner, A. (2018). „Is it appropriate to 'target' inappropriate dissent? On the normative consequences of climate skepticism." *Synthese* 195, S. 1255–1271. https://doi.org/10.1007/s11229-016-1267-x.

Merton, R. K. (1942). „A Note on Science and Democracy." *Journal of Legal and Political Sociology* 1 (1–2), S. 115–126.

Miller, B. (2019). „Social Epistemology of Consensus and Dissent." In: M. Fricker, P. J. Graham, D. Henderson und N. J. L. L. Pederson (Hg.), *The Routledge Handbook of Social Epistemology*. Routledge, S. 230–239.

Molteni, M. (2021). „The 60-Year-Old Scientific Screwup That Helped Covid Kill." In: Wired: Backchannel. https://www.wired.com/story/the-teeny-tiny-scientific-screwup-that-helped-covid-kill, letzter Abruf am 01.03.2022.

Morawska, L., und Milton, D. K. (2020). „It is Time to Address Airborne Transmission of COVID-19." *Clinical Infectious Diseases*, S. 1–9. https://doi.org/10.1093/cid/ciaa939.

Oreskes, N. (2019). *Why Trust Science?* Princeton University Press.

Rothe, C. et al. (2020). „Transmission of 2019-nCoV infection from an asymptomatic contact in Germany." *New England Journal of Medicine 382* (10), S. 970–971. https://doi.org/10.1056/NEJMc2001468.

Sadegh-Zadeh, K. (2012/2015). *Handbook of Analytic Philosophy of Medicine*. 2. Aufl. Springer.

Scholz, O. R. (2016). „Symptoms of Expertise: Knowledge, Understanding and Other Cognitive Goods." *Topoi*, S. 1–9. https://doi.org/10.1007/s11245-016-9429-5.

Schurz, G. (2013). „Wertneutralität und hypothetische Werturteile in den Wissenschaften." In: G. Schurz und M. Carrier (Hg.). *Werte in den Wissenschaften*. Suhrkamp, S. 305–334.

Schurz, G. und Carrier, M. (2013). „Einleitung und Übersicht." In: G. Schurz und M. Carrier (Hg.). *Werte in den Wissenschaften*. Suhrkamp, S. 7–30.

Tang, J. W., Li, Y., Eames, I., Chan, P. K. S., und Ridgeway, G. L. (2006). „Factors involved in the aerosol transmission of infection and control of ventilation in healthcare premises." *Journal of Hospital Infection* 64, S. 100–114. https://doi.org/10.1016/j.jhin.2006.05.022.

Tellier, R., Li, Y., Cowling, B. J., und Tang, J. W. (2019). „Recognition of aerosol transmission of infectious agents: a commentary." *BMC Infectious Disease* 19 (101), S. 1–9. https://doi.org/10.1186/s12879-019-3707-y.

Torcelli, L. (2016). „The Ethics of Belief, Cognition, and Climate Change Pseudoskepticism: Implications for Public Discourse." *Topics in Cognitive Science* 8, S. 19–48. https://doi.org/10.1111/tops.12179.

WHO (2014). „Infection prevention and control of epidemic- and pandemic-prone acute respiratory infections in health care." In: *WHO Guidelines*. WHO Press.

WHO (2020). Tweet des WHO Hauptaccounts vom 28. März 2020. https://twitter.com/WHO/status/1243972193169616898, letzter Abruf am 01.10.2022.

Axel Gelfert
Technofideismus und Wissenschaftsleugnung

Abstract: The term „science denialism" is often understood as the active attempt to undermine evidence-based consensus-building by self-declared „sceptics", who cast excessive doubt on, or engage in outright denial of, established scientific knowledge against their better judgement. However, it has become apparent over the last few years that science denialism is a more multi-faceted phenomenon which can come in degrees of severity and be based on various argumentative mechanisms. The present paper provides an analysis of a hitherto neglected issue in this context: the connection between overly strong trust in technical applications and the playing-down of scientific facts. It might seem counter-intuitive, even inconsistent, to strongly believe in technical applications and at the same time deny the scientific evidence used to develop these applications. Yet, the „technofideism" that is fostering radical science skepticism is not based on a rational consideration of risks and benefits associated with new technologies. Rather, it is an expression of a worldview. To cope with cognitive dissonance, proponents of this worldview would rather deny scientific facts than technological promises. Besides providing a theoretical analysis of technofideism and its mechanism, this contribution will use the examples of „geoengineering" and a historical case-study to discuss the implications of science denialism motivated by technofideism.

1 Einführung

Antiwissenschaftliche Haltungen und das Verleugnen wissenschaftlich fundierter Fakten reichen weit in die Vergangenheit zurück – man denke nur an die Widerstände, gegen die sich seinerzeit (und, je nach Region und kulturellem Milieu, in Teilen bis heute) die Evolutionstheorie durchsetzen musste. Fällt heutzutage das Stichwort „Wissenschaftsleugnung", so dürfte jedoch die erste Assoziation die sogenannte „Klimaskepsis" sein, d. h. die Leugnung des Kausalzusammenhangs zwischen den massiven CO_2-Emissionen durch den Verbrauch fossiler Brennstoffe und dem damit korrelierenden Anstieg der globalen Durchschnittstemperatur seit der industriellen Revolution. In ihrem Buch *Merchants of Doubt* (2010) haben Naomi Oreskes und Eric Conway eine Vielzahl von miteinander verwobenen Episoden nachgezeichnet, in denen einzelne Wissenschaftler ihren sozialen Status als Experten gegen einen sich formierenden wissenschaftlichen Konsens in Stellung brachten; dies reicht von der Leugnung der Gefahren des Tabakkonsums, betrieben von Experten im Dienste der Tabakindustrie, über die Leugnung von Umweltgefahren wie dem sauren Regen und dem Ozonloch bis hin zum anthropogenen Klimawandel. Oft genug war es eine kleine, gut vernetzte Gruppe von „Machiavellis der Wissenschaft" (so der Titel der 2014 erschienenen deutschsprachigen Übersetzung von Oreskes' und Conways Buch), die immer neue Zweifel an sich formierenden wissenschaftlichen Einsichten säten und denen es gelang, das Zerrbild eines tiefgreifenden wissenschaftlichen Dissenses aufrechtzuerhalten.

Dass das aktive Hintertreiben evidenzbasierter Konsensbildung durch selbsternannte „Skeptiker" – die sich noch dazu oft als besonders kritische Denker gerieren – im Falle des Klimawandels maßgeblich dazu beigetragen hat, politische Maßnahmen gegen die globale Klimaerwärmung zu verzögern, dürfte außer Frage stehen. Gepaart mit der Gegenreaktion durch – angesichts der sich entfaltenden Klimakrise immer lauter warnenden – Stimmen, die von Klimaskeptikern (oft zu Unrecht) als „alarmistisch" abgetan werden, hat sich in Teilen der Öffentlichkeit eine „Klimawandelmüdigkeit" (engl. *climate change fatigue*) breitgemacht, die sich in ihrer lähmenden Wirkung kaum von Klimaleugnung und Fatalismus unterscheidet. (Vgl. hierzu Kerr, 2009.)

Die Stimmen derer, die den menschlichen Einfluss auf das Weltklima komplett leugnen, sind in den letzten Jahren ein wenig leiser geworden – wohl auch, weil die realen Auswirkungen des Klimawandels in der Zwischenzeit deutlich spürbarer geworden sind. Selbst in den Vereinigten Staaten stimmt mittlerweile eine Mehrheit der Aussage zu, dass die dortige Bevölkerung bereits „hier und jetzt" durch die globale Klimaerwärmung Schaden erleidet; lag der Anteil derjenigen, die dieser Diagnose zustimmten, 2008 noch bei einem Viertel der Bevölkerung, so stieg er bis 2021 allmählich auf 55%. (Leiserowitz et al., 2021) Wissenschaftlich ist das Bild ohnehin klar und das kollektive Urteil der Klimaforschung eindeutig: Menschliche Aktivität ist die treibende Kraft hinter der gegenwärtig zu beobachtenden globalen Klimaveränderung. Dass sich der de facto außer Frage stehende wissenschaftliche Konsens dabei noch immer nicht in klimapolitisches Handeln umsetzt, hat einerseits mit handfesten wirtschaftlichen Interessen zu tun sowie mit der Trägheit eines krisengeschüttelten politischen Systems, das mit der Reaktion auf eine Abfolge weltpolitischer Notsituationen (Finanzkrise, Covid-19-Pandemie, Ukraine-Krieg) ausgelastet ist, ist andererseits aber auch neuen Formen wissenschaftsfeindlicher Verzögerungstaktik geschuldet. Diese stellen die Existenz des anthropogenen Klimawandels allenfalls indirekt in Frage und schieben stattdessen andere Gründe vor, die gegen konkrete und robuste Schritte zum Klimaschutz sprechen sollen.

Im Folgenden soll eine Spielart dieser „climate delay"-Taktiken erörtert und anhand eines Fallbeispiels illustriert werden. Diese leitet sich nicht in erster Linie aus einer grundlegenden Wissenschaftsskepsis ab, sondern vielmehr aus einer *übertriebenen Technikgläubigkeit*. Dies mag zunächst verwundern, sind doch moderne Technologien ohne ein Grundvertrauen in die Wissenschaft kaum vorstellbar, geschweige denn realisierbar. Insoweit die moderne Klimaforschung sich auf dieselben Grundlagenwissenschaften – u. a. Physik, Chemie, Geologie – stützt und mit identischen Methoden (wissenschaftliche Modellierung, Computersimulation, Satellitentechnik, statistische Analyse, etc.) arbeitet wie die Technik- und Ingenieurswissenschaften, scheint es widersprüchlich oder mindestens problematisch, den Versprechungen letzterer einen höheren Stellenwert einzuräumen als den Ergebnissen der ersteren. Tatsächlich gründet sich der zu diskutierende Technikoptimismus nicht so sehr auf ein rationales Abwägen der Chancen und Risiken neuartiger Technologien und eine evidenzbasierte Analyse von deren Machbarkeit, sondern ist Ausdruck einer weltanschaulichen Grundhaltung, die menschlicher Aktivität eine Vorrangstellung innerhalb der natürlichen Ordnung einräumt – und selbst dann an diesem anthropozentrischen Primat festhält, wenn die Wissenschaft klare Belege dafür findet, dass sich auch die menschliche Zivilisation bestimmten natürlichen Grenzen und Dynamiken nicht auf Dauer entziehen kann.

Ein solcher Technikglaube, der mit zweierlei Maß misst und für die Ergebnisse der Grundlagenwissenschaften die Messlatte signifikant höher legt als für die Versprechungen spekulativer Technologien kann als *Technofideismus* bezeichnet werden, insofern er in letzter Konsequenz auf intersubjektiv überprüfbare Evidenzen und Machbarkeitsnachweise ganz verzichtet. Zugleich spiegelt der Begriff „Technofideismus" einen Grad der *Verinnerlichung* wider: Das Vertrauen auf die problemlösende Allmacht der Technologie wird zu einem Glaubensartikel, dessen Integrität es auf der psychologischen Ebene des Individuums unbedingt zu sichern gilt – zur Not durch kognitive Dissonanzreduktion, indem gegenläufige empirische Befunde in Abrede gestellt werden. Ein Fallbeispiel, das dies illustriert, ist die Diskussion über sog. „Geo-Engineering"-Ansätze, die den menschengemachten Klimawandel nicht durch Reduktion von Treibhausgasemissionen in den Griff kriegen wollen, sondern durch ein Mehr an Interventionen in die planetarische Energiebilanz – z. B. durch einen im All platzierten Sonnenschild, der einen Teil der einfallenden Sonnenstrahlung blockieren soll.

Der Rest dieses Kapitels ist wie folgt aufgebaut: Abschnitt 2 lässt kurz Revue passieren, wie sich die wissenschaftliche Einsicht, dass der Mensch das Klima auf globaler Ebene beeinflusst, durchgesetzt hat. Abschnitt 3 skizziert dann, wie gegenläufige Zukunftsvisionen und Wertorientierungen die Interpretation dieser Ergebnisse – auch vor dem Hintergrund des erwähnten psychologischen Mechanismus der Dissonanzreduktion – beeinflussen können.[1] Abschnitt 4 beschäftigt

---

[1] Teile dieses Kapitels stützen sich auf einen früheren Aufsatz des Verfassers; vgl. Gelfert, 2013.

sich mit dem Nexus von Technofideismus, Solutionismus und dem Vertrauen auf „Techno-Fixes", d. h. leicht skalierbare technologische Lösungen für komplexe soziale, politische und ökologische Probleme. Die beiden letzten Abschnitte widmen sich dem erwähnten „Geo-Engineering" – zum einen auf allgemeiner Ebene (Abschnitt 5), zum anderen (in Abschnitt 6) anhand des Fallbeispiels eines 1997 erschienenen Meinungsbeitrags von Edward Teller, der sich auf der Kippe zwischen Technofideismus (im Hinblick auf mögliche Geo-Engineering-Optionen) und Wissenschaftsleugnung (durch systematisches Herunterspielen der damals schon breit verfügbaren klimawissenschaftlichen Ergebnisse) bewegt. In den zu diskutierenden Beispielen ist es kein objektiver Mangel an wissenschaftlichen Erkenntnissen, der der Anerkennung der Realität der Klimakrise im Wege steht, sondern sind es individuelle, weltanschaulich gefärbte Festlegungen darüber, welche Fakten zur Kenntnis genommen werden (sollen), die den Blick auf die wissenschaftliche Realität verstellen.

2 Wissenschaftsleugnung im Zeitalter des Anthropozäns

Die physikalische Tatsache, dass Kohlendioxid als Treibhausgas wirkt, ist seit dem späten 19. Jahrhundert bekannt, als der schwedische Chemiker und Physiker Svante Arrhenius anhand allgemeiner thermodynamischer Zusammenhänge argumentierte, eine Verdoppelung des atmosphärischen CO_2-Gehalts würde zu einem Anstieg der globalen Durchschnittstemperaturen um rund 5–6 °C führen. Trotz der naheliegenden Schlussfolgerung, dass die industrielle Verbrennung fossiler Brennstoffe mithin langfristig zu einer Klimaerwärmung führen, hielten es bis in die Mitte des 20. Jahrhunderts hinein viele Wissenschaftler für unwahrscheinlich, dass anthropogene CO_2-Emissionen ein solch großes Ausmaß erreichen würden, dass mit signifikanten Klimaveränderungen innerhalb weniger Generationen zu rechnen wäre – zumal man davon ausging, dass die Ozeane als nahezu perfekte CO_2-Senke fungieren würden, die überschüssiges atmosphärisches Kohlendioxid über Jahrhunderte hinweg binden würde. Erst als ein besseres Verständnis des Gasaustauschs zwischen den Weltmeeren und der Atmosphäre zeigte, dass ein Großteil des absorbierten Kohlendioxids unmittelbar wieder in die Atmosphäre freigesetzt wurde, und als genauere Messungen des atmosphärischen CO_2-Gehalts seit den späten 1950er Jahren – darunter die berühmte auf Mauna Loa in Hawaii gemessene „Keeling-Kurve" – verfügbar wurden, wurde deutlich, dass die permanente Akkumulation von anthropogenem CO_2 in der Atmosphäre bereits kontinuierlich voranschritt.[2]

Im Februar 1965 forderte US-Präsident Lyndon B. Johnson in einer Sonderbotschaft die Kongressabgeordneten auf, sich vor Augen zu halten, dass „die großflächige Verschmutzung von Luft und Wasserwegen keine politischen Grenzen respektiert und ihre Auswirkungen weit über diejenigen hinausgehen, die sie verursachen". Insbesondere merkte er an:

> Diese Generation hat die Zusammensetzung der Atmosphäre auf globaler Ebene durch [...] einen stetigen Anstieg des Kohlendioxids aus der Verbrennung fossiler Brennstoffe verändert. (Johnson, 1966, S. 161)

Johnsons Bemerkung spiegelt den sich seinerzeit abzeichnenden wissenschaftlichen Konsens darüber wider, dass die industrielle Tätigkeit des Menschen zu einer allmählichen Anreicherung von Kohlendioxid in der Atmosphäre führt. Doch nicht nur politische Entscheidungsträger, auch die gebildete Öffentlichkeit wurde zunehmend mit der sich allmählich formierenden Klimaforschung konfrontiert. So veröffentlichte Gilbert Plass 1956 in der populärwissenschaftlichen Zeitschrift *American Scientist* einen Artikel über „Kohlendioxid und das Klima", in dem er detailliert die Quellen und Senken für Kohlendioxid in der Atmosphäre erläuterte und Schätzungen zu dessen Einfluss auf die globale Durchschnittstemperatur und sogar den Säuregehalt der Ozeane vorlegte. Plass' Erkenntnisse waren zuvor bereits in der breit rezipierten Zeitschrift *Popular Mechanics* („Growing Blanket of Carbon Dioxide Raises Earth's Temperature", 1953) diskutiert worden und wurden zudem in einer landesweit ausgestrahlten Radiosendung *Excursions in Science* (1956) vorgestellt, die vom Mischkonzern General Electric gesponsert wurde und von entsprechenden Büchern und Schallplatten begleitet war.

Im Laufe der zweiten Hälfte des 20. Jahrhunderts zeichnete sich ein immer umfassenderes wissenschaftliches Bild ab, sowohl hinsichtlich der relativen Stärke der verschiedenen klimawirksamen Faktoren als auch im Hinblick auf die Zeitskalen, innerhalb derer sich die verschiedenen Klimafaktoren und -szenarien abspielen. Richtete sich in der ersten Hälfte des 20. Jahrhunderts das Interesse noch großenteils auf eine mögliche nächste Eiszeit (in der öffentlichen Wahrnehmung bisweilen vermengt mit dem Worst-Case-Szenario eines „nuklearen Winters"), so

---

2 Bereits in seiner ersten Arbeit zum Thema merkte Charles Keeling an: „[T]he observed rate of increase is nearly that to be expected from the combustion of fossil fuel (1.4 p.p.m.), if no removal from the atmosphere takes place" (Keeling, 1960, S. 203); wenige Jahre später war klar, dass es sich um einen kontinuierlichen globalen Anstieg handelte, der zeitlich zurückreichte und durch die Jahreszeiten bloß leicht moduliert wurde (Pales und Keeling, 1965).

schälte sich zunehmend die Einsicht heraus, dass Eiszeiten sich nur sehr langsam entwickeln können, während der Übergang zu Warmphasen in der Erdgeschichte bisweilen sehr schnell erfolgt ist. Als das 1988 gegründete Intergovernmental Panel on Climate Change (IPCC) 1990 seinen ersten Assessment Report vorlegte (Houghton/Jenkins/Ephraums 1990), bestand bereits ein breiter wissenschaftlicher Konsens darüber, dass die anhaltenden Treibhausgasemissionen durch Industrie und Landwirtschaft sowie das Verschwinden von CO_2-Senken wie Wäldern und Mooren langfristig zu irreversiblen Auswirkungen führen würden, darunter ein erheblicher Anstieg des Meeresspiegels, veränderte Niederschlagsmuster sowie zeitliche und geographische Veränderungen bei der Häufigkeit extremer Wetterereignisse.

Wie bei der Erforschung komplexer globaler Prozesse nicht anders zu erwarten, bleibt stets eine Restunsicherheit, die jedoch nicht länger die wesentlichen kausalen und prädiktiven Aussagen der Klimaforschung betrifft, sondern eine Vielzahl von Einzelvorhersagen und relativen Gewichtungen zwischen den beteiligten Faktoren und Prozessen. Die Tatsache, dass wissenschaftliche Kontroversen sich um eng umgrenzte Teilaspekte drehen und dass es möglich ist, offene Fragen – sowohl bei der Modellierung des Klimasystems als auch bei der Einschätzung der mit ihrer Hilfe gewonnenen Ergebnisse – klar zu benennen, ist mithin kein Manko der Klimaforschung, sondern die Kehrseite einer beeindruckenden Konvergenz hinsichtlich der wesentlichen und für das Verständnis des Klimas zentralen wissenschaftlichen Punkte. Mittlerweile sind die vorliegenden Zeitreihen klimarelevanter Beobachtungsdaten und Computersimulationen so umfangreich, dass es nicht nur möglich ist, die Spannbreite klimatischer Szenarien auszuloten, sondern auch, immer verlässlichere Angaben zur Wahrscheinlichkeit des Auftretens von Extremereignissen wie Hitzewellen und Hurrikanen zu machen. Die sogenannte „Attributionsforschung" stützt sich dabei auf den Vergleich zwischen einem beobachteten Extremereignis (z. B. einem Hurrikan mit einer bestimmten Niederschlagsintensität) und Simulationen der Eintrittswahrscheinlichkeit des Ereignisses für verschiedene simulierte Szenarien; daraus kann abgeleitet werden, in welchem Maße ein Extremwetterereignis durch den anthropogenen Klimawandel mitverursacht worden ist. So konnte für die (damalige) Rekordhitzewelle im Juli 2017 in Zentralchina eine Verzehnfachung der Eintrittswahrscheinlichkeit eines solchen Extremereignisses berechnet werden (vgl. Chen et al., 2019). Hingegen ist die Attribution von (einzelnen) Niederschlagsextremen momentan noch nicht im selben Maße erfolgreich – auch wenn die grundlegenden Kausalmechanismen bekannt sind und in keinem Widerspruch zur allgemeinen Feststellung stehen, dass der anthropogene Klimawandel Wetterextreme begünstigt.

Die auf den Einfluss des Menschen zurückgehenden geochemischen Veränderungen haben ein solches Ausmaß erreicht, dass innerhalb der Geologie seit einigen Jahren die Einführung des – informell bereits geläufigen – Begriffs „Anthropozän" als offizielle Bezeichnung unserer geochronologischen Epoche diskutiert wird.[3] Strittig ist dabei nicht die Frage, ob menschliche Emissionen dafür verantwortlich sind, dass die Kohlendioxidkonzentration rund 40 % Prozent höher liegt als in den letzten 650.000 Jahren oder ob der Mensch zu einem geomorphologischen Akteur und Treibhausgasemittenten geworden ist, dessen Einfluss viele traditionell bedeutsame natürliche Faktoren mittlerweile in den Schatten stellt. Lediglich die Frage, welches stratigraphische Signal – das auch noch in Jahrmillionen in den dann vorliegenden Gesteinsschichten erkennbar sein muss – hinreichend spezifisch ist, stand bisher einer offiziellen Anerkennung im Wege.[4]

Vor diesem Hintergrund einer breiten, disziplinübergreifenden Konvergenz, was den Zusammenhang zwischen anthropogenen Treibhausgasemissionen und beobachteten Klimaveränderungen anbetrifft, erscheint die Position der „Klimaskepsis" heutzutage – wie bereits in der Rückschau der letzten Jahrzehnte – geradezu aus der Zeit gefallen. Soweit eine schwindende Zahl von Wissenschaftlern den vermeintlich dogmatischen klimawissenschaftlichen Grundkonsens weiterhin anzweifelt, weisen deren Beiträge alle Merkmale eines degenerativen Argumentationsschemas auf, das die Bezeichnung als „Forschungsprogramm" allein schon aufgrund von Flickschusterei und mangelnder Kohärenz kaum verdient.

Was jedoch aus der überwältigenden Faktenbasis, die die Klimaforschung in den letzten Jahrzehnten zusammengetragen, synthetisiert und für die Erarbeitung möglicher Zukunftsszenarien verfügbar gemacht hat, für praktische Zwecke folgt – ob etwa vermehrt Anstrengungen auf Anpassung statt auf Vermeidung gerichtet werden sollten oder welcher Energiemix in welcher Phase der anstehenden Transformationen vorzuziehen wäre – ist nicht etwas, worüber die Wissenschaft befinden kann, so wichtig auch das Sich-Stützen auf bestmögliche wissenschaftliche Ergebnisse ist. Solange der Slogan „Follow the Science" nur so verstanden wird, dass Nichtstun angesichts einer sich absehbar rapide verschlechternden Klimasituation keine Option ist – da die Verödung ganzer Landstriche, die Überschwemmung küstennaher Regionen und Hungersnöte aufgrund von Ernteausfällen von keinem gängigen Wertesystem als erstrebenswert angesehen werden – mag man sich noch unter seinem Banner versammeln. Spätestens dann jedoch, wenn entschieden werden muss, ob Kernkraftwerke als Brückentechnologie womöglich doch länger betrieben werden sollten oder ob für Windkraftanlagen Naturschutzregelungen aufgeweicht werden sollen, liefert die Wissenschaft keine eindeutigen

---

3 Vgl. hierzu Crutzen und Stoermer, 2000.
4 Die Kontroverse um ein mögliches chrono-stratigraphisches Signal wird in Teilen nachgezeichnet in Lewis und Maslin, 2015.

Handlungsempfehlungen, sondern es muss zwischen den möglichen Handlungsoptionen auf der Basis von Werteentscheidungen abgewogen werden.

So richtet der Begriff „Anthropozän" die Aufmerksamkeit nicht nur auf den Menschen als geochemischen Akteur, sondern wirft zudem die Frage auf, welche mit menschlicher Fortexistenz kompatiblen Szenarien wir kollektiv verfolgen wollen. Unsere Zukunftsentwürfe spiegeln also immer auch unser menschliches Selbstbild wider – und wo konkurrierende Visionen unserer technologischen, gesellschaftlichen und ökologische Zukunft aufeinanderprallen, wird es oft auch zu divergierenden Einschätzungen des Bestehenden kommen.

3 Dissonanzreduktion und die Pluralität technologischer Zukunftsvisionen

Der vielfach empirisch belegten These der motivierten sozialen Kognition zufolge fließen in die Beurteilung von Argumenten und empirischen Befunden immer auch sachfremde Faktoren ein, die zum Beispiel darauf gerichtet sein können, eigene soziale Zugehörigkeiten, Selbstwahrnehmungen und fundamentale weltanschauliche Aspekte zu affirmieren.[5] Eine Behauptung, die zu unserem Selbstbild und unserer Weltanschauung „passt", muss in der Regel geringere Evidenzstandards erfüllen, um von uns als glaubwürdig und akzeptabel angesehen zu werden, während andere Behauptungen, die unseren bestehenden Überzeugungen widersprechen, trotz womöglich besserer objektiver Rechtfertigung von uns als unglaubwürdig eingestuft wird.

Nach Leon Festinger (1957) entsteht ein unangenehmer Spannungszustand – den er als „kognitive Dissonanz" bezeichnet – immer dann, wenn eine Diskrepanz zwischen verschiedenen Kognitionen bzw. zwischen Einstellung und Handeln auftritt; als Reaktion darauf verrichten wir typischerweise

> psychologische Arbeit, um die Inkonsistenz zu verringern. Diese Arbeit ist in der Regel darauf ausgerichtet, diejenige Kognition zu stützen, die am widerstandsfähigsten gegen Veränderungen ist. Um die Dissonanz zu verringern, können Personen konsonante Kognitionen hinzufügen, dissonante Kognitionen aufgeben, die Bedeutung konsonanter Kognitionen erhöhen oder die Bedeutung dissonanter Kognitionen verringern. (Harmon-Jones, 2012, S. 544)

Oft kommt es dabei zu kontraintuitiven Folgeeffekten. Ein an reale Experimente angelehnter Fall soll dies illustrieren: Wirbt man etwa Versuchspersonen mit einer moderaten Geldprämie für die Teilnahme an einem Experiment zum Spracherwerb

---

5 Für einen Überblick siehe z. B. Kruglanski, 1996.

an und teilt ihnen eine halbe Stunde nach Beginn mit, dass die zur Verfügung stehenden Gelder ausgegangen sind, sie also die versprochenen 10 Euro nicht ausgezahlt bekommen können, mag es sein, dass einige der Versuchspersonen ihre Teilnahme abbrechen. Man könnte nun vermuten, dass auch bei denjenigen, die sich aus Gutwilligkeit dazu entschließen, das Experiment zu Ende zu führen, die Motivation absinkt, sich die fremdsprachigen Vokabeln einzuprägen, da sie für ihre Anstrengung nicht mehr belohnt werden. Jedoch: Das Gegenteil ist der Fall. Diejenigen, die das Experiment zu Ende führen, legen im Durchschnitt eine gesteigerte Motivation an den Tag – und das, obwohl ihnen das versprochene Honorar vorenthalten wird. Der Begriff der „Dissonanzreduktion" weist auf eine mögliche Erklärung des Phänomens hin. Durch die kurzfristige Mitteilung, dass doch kein Honorar gezahlt werden kann, wird eine Dissonanz in das Überzeugungssystem derjenigen injiziert, die sich bis dahin als bezahlte Teilnehmer einer wissenschaftlichen Studie gesehen haben, die eine Leistung gegen eine versprochene monetäre Entlohnung erbringen. Diese kognitive Dissonanz kann dadurch reduziert werden, dass die Teilnahme abgebrochen wird – oder aber dadurch, dass der Versuchsteilnehmer sich einredet, die Teilnahme am Experiment sei intrinsisch wertvoller als die vorenthaltenen 10 Euro, z. B. weil sie einen Dienst an der Wissenschaft darstellt, weil bereits sehr viele andere Probanden am Experiment teilnehmen wollten (und deswegen das Geld ausgegangen ist) oder weil das Vokabellernen plötzlich intrinsisch interessanter erscheint als zuvor.

Viele der bekanntesten Beispiele der kognitiven Dissonanztheorie beziehen sich auf das Verhalten (einschl. des Sozialverhaltens), jedoch liegt der Verringerung der Dissonanz in der Regel auch eine Veränderung der Einstellung zugrunde. Es liegt nahe zu vermuten, dass Dissonanzreduktion sich auch – und womöglich gerade – in Verbindung mit kommunikativen Handlungen im Rahmen öffentlicher Debatten niederschlägt, also bei Aktivitäten wie dem Hinterfragen, Bestreiten, Widerlegen, Leugnen usw. von Aussagen Dritter; all diese sind schließlich sowohl Handlungen als auch Ausdruck von Einstellungen und Überzeugungen und können, zumal im Kontext öffentlicher Debatten, sowohl die Quelle von Dissonanz als auch ein Mittel zum Umgang mit wahrgenommener Dissonanz sein. Im Gegensatz zu Situationen mit wohldefinierten Handlungsoptionen – wie sie in psychologischen Experimenten die Regel sind – ist die Teilnahme an öffentlichen Debatten im wirklichen Leben jedoch in der Regel ergebnisoffen, insbesondere wenn es um komplexe langfristige Herausforderungen geht. Der anthropogene Klimawandel, der in seiner Komplexität und Reichweite nahezu alle menschlichen Lebensbereiche berührt und an existentielle Fragen rührt, ist hierfür geradezu ein Paradebeispiel. Was wären denkbare Quellen kognitiver Dissonanz im Hinblick auf die Klimawandel-Debatte? Ein offensichtliches Beispiel wäre eine Situation, in der neue wissenschaftliche Erkenntnisse Druck auf tiefsitzende weltanschauliche Überzeugungen ausüben, etwa wenn eine libertäre Grundhaltung auf die Einsicht trifft, dass international verbindliche Klimaziele („1,5-Grad-Ziel") angesichts eines schrumpfenden CO_2-Budgets vermutlich nicht ohne staatliche Eingriffe erreichbar sind. Gerade dann, wenn wissenschaftliche Ergebnisse – etwa hinsichtlich des Beitrags des Individualverkehrs zur CO_2-Bilanz eines Landes – weltanschaulich unattraktive politische Maßnahmen (z. B. Tempolimit, stärkere Besteuerung bestimmter Fahrzeugtypen zur Subventionierung öffentlicher Verkehrssysteme) nahelegen, kann es zwecks Dissonanzvermeidung zur Leugnung auch der lediglich als Ausgangspunkt dienenden objektiven Fakten (z. B. zum erwartbaren Ausmaß des Klimawandels) kommen.

In dieses Muster passt – wenn auch jede Ferndiagnose der betreffenden Akteure notwendigerweise spekulativ bleiben muss – Oreskes' und Conways Analyse der Beweggründe jener Riege „wissenschaftlicher Machiavellis", die über Jahre hinweg von Positionen innerhalb des Wissenschaftsbetriebs aus einen durch die Datenlage nicht gestützten Klimaskeptizismus Vorschub leisteten. Ein Großteil dieser professionellen Klimaskeptiker – darunter Frederick Seitz, Robert Jastrow, William Nierenberg, allesamt keine Klimaforscher, sondern bestenfalls in Nachbardisziplinen tätig – hegte starke antikommunistische Ansichten und war ideologisch dem Idealbild einer von staatlichen Eingriffen freien Marktwirtschaft verpflichtet, von dem sie bestenfalls abwichen, um staatlich verordnete Maßnahmen des Systemwettbewerbs mit der Sowjetunion – so etwa im Falle von Ronald Reagans „Strategic Defense Initiative" (SDI), die einen Raketenschutzschild aus Hochleistungslasern, die ankommende sowjetische Raketen zerstören sollten, vorsah – das Wort zu reden.[6] Das Vorhandensein starker ideologischer Verpflichtungen in Form eines erbitterten Antikommunismus und das gemeinsame Selbstbild als knallharte „Realisten" (in Bezug auf die sowjetische Bedrohung) verbunden mit dem Gefühl, gegenüber dem – politisch liberaleren – wissenschaftlichen Establishment eine Außenseiterposition einzunehmen, stellt eine Kombination psychosozialer Faktoren dar, die, so wird man plausibel machen dürfen, mit dafür verantwortlich war, dass jegliche Dissonanz zwischen den sich auftürmenden wissenschaftlichen Fakten zum anthropogenen Treibhauseffekt und der ideologischen Festlegung auf einen unregulierten freien Markt zugunsten der letzteren aufgelöst wurde.

Die Frage nach der Rolle des Menschen im globalen Klimasystem aktiviert latente, kulturell wirkmächtige Vorstellungen von der Stellung des Menschen in der Natur allgemein, die von der christlichen Vorstellung, der Mensch sei Bewahrer und Statthalter der Schöpfung, bis hin zur baconschen Umdeutung des Menschen als Bezwinger der Natur reichen. Derlei Vorstellungen reichen bis in die heutige Zeit

---

6 Vgl. hierzu Oreskes und Conway, 2010, Kapitel 2.

hinein, wie an der Gegenüberstellung zweier Grundhaltungen gezeigt werden soll, die exemplarisch das Spektrum möglicher Positionen im gesellschaftlichen Diskurs über unsere technologische und sozial-ökologische Zukunft aufzeigen und die etwas überspitzt als *Cornucopianismus* und *Neo-Malthusianismus* bezeichnet werden sollen. Beide stehen für weltanschauliche Grundausrichtungen im Hinblick auf das Wechselverhältnis von Mensch, Natur und Technik, und können im Falle kognitiver Dissonanz – je nach individueller Orientierung – als Bezugspunkt fungieren.

3.1 Cornucopianismus

Die Vertreter des Cornucopianismus (von lat. *cornu copiae:* „Füllhorn") vertreten die Ansicht, dass die Ressourcen der Erde als für alle praktischen Zwecke unbegrenzt angesehen werden können. Wie der Wirtschaftswissenschaftler Julian Simon es ausdrückt:

> Es gibt keinen Grund zu der Annahme, dass zu irgendeinem Zeitpunkt in der Zukunft die verfügbare Menge einer natürlichen Ressource oder Dienstleistung zu den gegenwärtigen Preisen wesentlich geringer sein wird als heute oder diese gar nicht mehr vorhanden sein wird. (Simon, 1981, S. 48)

Ermutigt durch das Scheitern vergangener Vorhersagen, denen zufolge ein rasches Bevölkerungswachstum zu einer raschen Erschöpfung der knappen Ressourcen führen würde, argumentieren die Anhänger des Cornucopianismus, dass im Gegenteil das Bevölkerungswachstum eine *Lösung* für Ressourcenknappheit und Umweltprobleme biete, da es den menschlichen Einfallsreichtum potenziere und, über den Umweg freier Märkte, mittelbar gewaltige Innovationskraft freisetzen werde. Selbst wenn bestimmte Ressourcen tatsächlich physisch knapp sein sollten – wobei solche Knappheiten generell als übertrieben angesehen würden – so könnten solche Knappheiten durch marktbasierte Innovationen überwunden werden, da die Ressourcennutzung immer effizienter werde und beizeiten Ersatzstoffe verfügbar würden. Der „wichtigste Treibstoff zur Beschleunigung des weltweiten Fortschritts ist der Bestand an menschlichem Wissen" (Myers und Simon, 1993, S. 33), der es der Menschheit ermögliche, „immer weiter zu wachsen" (Myers und Simon, 1993, S. 65).

Wie Sarah Krakoff feststellt, basiert die cornucopianische Sicht auf die Stellung des Menschen in der Natur auf einer eigenwilligen „Ontologie des Planeten", die die Erde als „eine endlos formbare Ressource betrachtet, die, wenn wir unseren schillernden Erfindungsreichtum darauf anwenden, immer mehr Reichtum für die Menschen hervorbringen kann" (Krakoff, 2011, S. 165). Im Hintergrund steht ein ebenso exzentrisches Menschenbild, das den Menschen primär als „die ultimative

Ressource" ansieht – „fähige, temperamentvolle, hoffnungsvolle Menschen, die ihren Willen und ihre Vorstellungskraft einsetzen, um für sich selbst und ihre Familien zu sorgen, und damit unweigerlich zum Nutzen aller beitragen" (Norton und Simon, 1994, S. 33) Mag die Bezeichnung „cornucopianisch" zunächst den Eindruck erwecken, der Mensch sei bloß passiver Konsument dessen, was das „Füllhorn Erde" zu bieten hat, so sind es von der Warte des Cornucopianismus aus in Wirklichkeit die Menschen selbst, denen nahezu magische Innovationskraft und unerschöpfliche Produktivität zugeschrieben werden.

3.2 Neo-Malthusianismus

Dem Cornucopianismus diametral entgegengesetzt ist eine Auffassung, die als *Neo-Malthusianismus* bezeichnet werden kann. Dieser Grundhaltung zufolge hat die Menschheit zwar dank Wissenschaft und Technik bei der Schaffung von Produktions- und Versorgungssystemen große Fortschritte gemacht, so dass es trotz einer stetig wachsenden Weltbevölkerung bisher (meist) möglich war, die Menschheit nicht nur zu ernähren, sondern auch einem immer größeren Anteil der Menschen Teilhabe an wenigstens moderatem Wohlstand zu verschaffen. Dennoch sei die Tatsache unleugbar, dass die materiellen Ressourcen der Erde nun einmal endlich sind und dass kein noch so großer menschlicher Erfindungsreichtum die real existierenden physischen und ökologischen Grenzen dessen, was der Planet verkraften kann, überwinden kann.

Wenn sich vergangene Prognosen – von der von Thomas Malthus Ende des 18. Jahrhunderts vorhergesagten Nahrungsmittelknappheit bis hin zu zeitgenössischen Sorgen über „Peak Oil" – als falsch erwiesen haben, dann nicht deshalb, weil es keine solchen Grenzen gibt, sondern weil lediglich die Obergrenzen der Produktionskapazität unterschätzt wurden. Überdies mache es man sich zu einfach, als die real existierenden „Grenzen des Wachstums" (wie der gängige Terminus seit dem Bericht des Club of Rome 1972 lautet) nur im Sinne einer drohenden Verknappung des Rohstoffangebots zu sehen. Schließlich ist es im Falle des Klimawandels der (z.T. durch neuartige Fördertechniken wie das Fracking produzierte) Überfluss an fossilen Brennstoffen, der alle Versuche, die anthropogenen Treibhausgasemissionen einzudämmen, vor eine große Herausforderung stellt. Schätzungen zufolge übersteigen allein die 425 größten, derzeit (2022) laufenden Vorhaben zur Extraktion von Öl, Gas und Kohle die von der Atmosphäre im Rahmen des 1,5 °C-Ziels noch tolerierbare Menge um etwa das Doppelte (vgl. Kühne et al., 2022). Ein zu enger Fokus auf die angebliche Substituierbarkeit knapper Ressourcen übersieht daher den wichtigen Punkt, dass einige der Grenzen des Wachstums *systemischer* Natur sind. Wie ein Kritiker der cornucopianischen Weltsicht es ausdrückt:

> Viele, darunter auch ich, sind der Meinung, dass man sich bei einem einigermaßen freien Markt im Allgemeinen darauf verlassen kann, dass die Technik einen Ersatz für fast jede knappe materielle Ressource (außer Energie selbst) findet. Es gibt jedoch keinen plausiblen technologischen Ersatz für Klimastabilität, stratosphärisches Ozon, Luft, Wasser, Mutterboden, Vegetation – insbesondere Wald – oder Artenvielfalt. (Ayres, 1993, S. 195)

Im Einklang mit diesem Bild der Erde als „endlichem System mit Ressourcen, die *per definitionem* begrenzt sind" (Krakoff, 2011, S. 165) steht ein Menschenbild, das die Kontingenz und Fragilität unserer eigenen Existenz sowie des Erdsystems als Ganzem hervorhebt und das die Notwendigkeit betont, die Stabilität des Systems Erde zu sichern. Wie Krakoff es ausdrückt:

> Wenn die Erde ein kleines, begrenztes System ist, das, aus welchen Gründen auch immer [...], in unseren Händen gelandet ist, dann ist es Teil des Menschseins, für sie zu sorgen. (Krakoff, 2011, S. 165)

Sollte es dafür erforderlich sein, dass wir beispielsweise auf kurzfristige wirtschaftliche Vorteile verzichten, um im Gegenzug eine bessere Chance auf langfristige Nachhaltigkeit im Sinne der Wahrung stabiler Lebensumstände auf dem Planeten Erde zu haben, dann kann es nicht irrational sein, sondern ist es womöglich geradezu geboten, dies zu tun.

4 Techno-Fixes, Solutionismus und die Ideologie des Technofideismus

Weltanschauliche Grundorientierungen wie der erwähnte Cornucopianismus und der Neo-Malthusianismus spiegeln mehr als nur unterschiedliche intellektuelle Temperamente oder faktisch differierende Einschätzungen des komplexen Zusammenspiels von Mensch und Biosphäre wider. Vielmehr sind sie verwoben mit – und oft selbst Ausdruck von – bestimmten moralischen und politischen Wertorientierungen, die überdies oft zentral für das Selbstbild der betreffenden Akteure sind. Kommt es aufgrund eingehender empirischer Befunde, die mit diesen Wertorientierungen im Konflikt stehen, zu Dissonanzerfahrungen, können diese aufgelöst bzw. minimiert werden, indem die Glaubwürdigkeit der Befunde in Frage gestellt oder ihre Validität geleugnet wird.

Wer ein Menschenbild vertritt, das grenzenlosen Erfindungsreichtum und individuelle Initiative als zentrale Aspekte des Menschseins ansieht, wird eher geneigt sein, empirische Befunde, die für eine Beschränkung des menschlichen Aktionsradius sprechen – z. B. indem sie verdeutlichen, dass die Folgen bestimmter Handlungen und Konsumentscheidungen kaum mit einem schrumpfenden CO_2-Budget vereinbar sind – als zweifelhaft oder ungesichert zurückweisen. Umgekehrt wird, wer der Ansicht ist, dass die natürlichen Ressourcen knapp sind und deren Ausbeutung bereits jetzt die planetarischen Belastungsgrenzen überschreitet, womöglich zu skeptisch gegenüber der Möglichkeit sein, technologische Auswege zu finden – selbst dort, wo die Hoffnung auf technologische Problemlösungen berechtigt sein mag. Die weltanschaulichen Gegensätze kommen am deutlichsten darin zum Ausdruck, wie die Anhänger der jeweiligen Gegenposition charakterisiert werden: So werden die Neo-Malthusianer von Cornucopianern bisweilen als „Technikpessimisten" oder „Untergangstheoretiker" bezeichnet, während jene den Cornucopianismus als „törichten Optimismus" („foolish optimism", Power, 1992) oder Ausdruck verblendeter „Technikhörigkeit" ansehen.

Blickt man über die Gegenüberstellung dieser Extrempositionen hinaus, so zeigt sich, dass beide sich ihrer Funktion nach darin ähneln, dass sie es Individuen erlauben, ein heterogenes Feld empirischer Befunde zu ordnen – nicht immer auf objektiv gerechtfertigte Weise, jedoch aus Sicht des Individuums zumeist erfolgreich. Oft sind individuelle Interpretationsmuster außerdem verknüpft mit kollektiven Vorstellungswelten, die durch soziale und kulturelle Praktiken vermittelt werden und die prägend auf das Individuum einwirken. Auf ein ähnliches Phänomen weisen Sheila Jasanoff und Sang-Hyung Kim (2009) mit ihrem Begriff der soziotechnischen *Imaginaries* hin, die dazu dienen technisch-gesellschaftliche „Visionen zu projizieren", „machbare Zukünfte zu artikulieren" und „das kollektive Bewusstsein zu aktivieren" (Jasanoff und Kim, 2009, S. 123). „Soziotechnische Imaginaries" werden in diesem Zusammenhang definiert als

> collectively held, institutionally stabilized, and publicly performed visions of desirable futures, animated by shared understandings of social life and social order attainable through, and supportive of, advances in science and technology. (Jasanoff, 2015, S. 6)

Einerseits sind soziotechnische Imaginaries eng mit jener Engführung von politischem, moralischem und technologischem Fortschritt verwoben, die spezifisch für politische Systeme der Moderne ist; andererseits beinhalten sie immer auch kollektiv geteilte Annahmen über die Kehrseite des modernen, technologisch vermittelten Fortschrittsversprechens. Damit sind Imaginaries gerade nicht reduzierbar auf explizite „Leitbilder" (wie sie etwa für Organisationen oder politische Initiativen entwickelt werden) oder auf die individuellen Zukunftsvisionen einzelner Charismatiker.

Dispute darüber, welche Rolle die Technik – und zwar bestehende ebenso wie zukünftige Technologien – bei der Bewältigung globaler Herausforderungen spielen kann und soll, sind immer auch Dispute darüber, wie die zu bewältigenden Probleme aufgefasst werden sollen. Beispiel Klimawandel: Betrachtet man die globale Klimaerwärmung als das Resultat menschlicher Hybris, die sich am Zusammenspiel der geochemischen Kreisläufe vergreift, so liegt es nahe, die Ursache an der Wurzel zu packen und auf das radikale Zurückfahren anthropogener CO_2-Emissionen zu drängen. Sieht man dagegen den Klimawandel als das Resultat eines ineffizienten Systems der Energiegewinnung und seine Folgen – wie etwa den Anstieg der Weltmeere – als zu bewältigende Einzelprobleme (z. B. durch den Bau neuer Deiche), wird man eher zu Adaptation und technologischen Problemlösungen neigen.

Birgit Schneider hat darauf hingewiesen, dass gerade im Falle des Klimawandels unser kollektives Vorstellungsvermögen durch standardisierte „Bildwelten" geprägt ist, die sich in den Jahrzehnten der medialen Beschäftigung und der sich entfaltenden Klimakrise immer weiter konsolidiert haben. Dies gilt sowohl für die Darstellung der zu erwartenden Klimafolgen (Waldbrände, Dürren) als auch für die Akteure (Flutopfer, Hungernde) und für symbolische Repräsentationen (vgl. den einsam auf einer Eisscholle treibenden Eisbären).[7] Anhand eines 1979 erschienenen (und zwei Jahre später ergänzten) Comicstrips von Robert Crumb (*A Short History of America*), der in zwölf Panels die Entwicklung Amerikas von einer idyllischen Naturlandschaft in eine dem Menschen unterworfene, von Verkehrsadern und technischen Artefakten durchzogene – und zuletzt völlig zerstörte – Dystopie nachzeichnet (welcher Crumb später noch zwei mögliche Auferstehungsszenarien als futuristische Modellstadt und als kleinteiliges Ökodorf beigesellt), leitet Schneider drei zentrale Zukunftsvisionen ab, die „holzschnittartig die drei logischen Ableitungen aus der Geschichte der Moderne und ihres wissenschaftlichen und technischen Fortschritts" (Schneider 2021, S. 28) repräsentieren: „katastrophaler Kollaps aufgrund weltzerstörender Technik, bunter Technikoptimismus oder aber das Prinzip von Schrumpfung und der Umkehr des Fortschritts" (Schneider 2021, S. 28).

Eng verbunden mit einem cornucopianisch „bunten" Technikoptimismus ist das Narrativ von „Zukunft als *Techno Fix*" (Schneider, 2021, S. 30) – kommt es doch dem kulturell wirkmächtigen anthropozentrischen Selbstbild des Menschen als gütigem und wohlwollenden Bewahrer der Schöpfung am nächsten, bleibt dabei jedoch komplett einem diesseitigen Ideal vollkommener Kontrolle aller irdischen Ressourcen und Variablen verpflichtet. Zugleich gilt, wie Schneider konstatiert:

---

7 Siehe hierzu Schneider, 2021, S. 24–25.

> Nicht alle, die der *Techno-Fix*-Lösung anhängen, streben das gleiche an. So gibt es unterschiedliche Typen von *Techno Fix*, die vom alleinigen Verfolgen der Energiewende bis zu den großskaligen und gezielten Eingriffen in die Atmosphäre durch Geo-Engineering reichen. (Schneider, 2021, S. 30)

Das im nächsten Abschnitt ausführlicher zu diskutierende Geo-Engineering fungiert in diesem Zusammenhang als „Rettungsanker' für eine Welt [...], die es nicht geschafft hat, die Erderwärmung einzudämmen" (Schneider, 2021, S. 30).

Die Fixierung auf technologische Lösungen für komplexe politische, soziale und ökologische Probleme kann vor diesem Hintergrund auch als Kompensationsmechanismus verstanden werden, der die menschliche Unfähigkeit zu kollektiven Verhaltensänderungen und systemischem Umsteuern kompensieren muss. Zugleich halten der Cornucopianismus und verwandte techno-optimistische Strömungen die ideologischen Ressourcen bereit, diese Art kollektiven Prokrastinierens, welche die kollektive Verantwortung für die Folgen menschlichen Handelns an zukünftige (also noch nicht einmal existierende!) Technologien delegiert, umzudeuten als Ausdruck einer höheren Rationalität – indem davon ausgegangen wird, dass dynamisierte Märkte mit zwingender Notwendigkeit zukünftige Innovationen generieren werden, so dass das Diskontieren von – nach heutigem Kenntnisstand unvermeidlichen – Folgeschäden geradezu zwingend erscheint.

Relevant ist in diesem Zusammenhang der von Oreskes und Conway am Rande ihrer Diskussion zeitgenössischer Netzwerke der Wissenschaftsleugnung eingeführte Begriff „Technofideismus" ein, der einen – insbesondere in den Reihen der Cornucopianer verbreiteten – Technikglauben bezeichnet, der durch tatsächliche Belege nicht gestützt wird:

> Cornucopians hold to a blind faith in technology that isn't borne out by the historical evidence. We call it „technofideism." (Oreskes und Conway, 2010, S. 261)

Auch wenn Oreskes und Conway die sich aus dieser Charakterisierung ergebenden Implikationen nicht im Einzelnen ausbuchstabieren, besteht doch eine klare Verbindung zwischen ihrer Analyse und der Vorstellung, „Techno-Fixes" könnten soziale, politische und ökologische Herausforderungen erfolgreich auf die Behebung bloß technischer Mängel reduzieren. Während die Affinität der Techno-Fix-Mentalität zu technokratischen Denkmodellen ausgiebig diskutiert worden ist (vgl. Segal, 2017), so deutet die Bezugnahme auf den Fideismus auch auf ein gewisses Maß an Verinnerlichung hin: Die Hoffnung auf die rettende Kraft der Technologie wird so zu einem Glaubensartikel und manifestiert sich nicht nur auf der Ebene kollektiver Haltungen, sondern findet seine Entsprechung ausdrücklich auch auf der psychologischen Ebene des Individuums. Der Technofideismus einzelner Akteure ist mithin sichtbarer Ausdruck jener Grundhaltung, die der Technik-Kritiker Evgeny

Morozov als „Solutionismus" bezeichnet hat: „An intellectual pathology that recognizes problems as problems based on just one criterion: whether they are ‚solvable' with a nice and clean technological solution at our disposal" (Morozov, 2013). Ob die imaginierten technologischen Lösungen jedoch überhaupt eine Chance auf Erfolg haben, muss angesichts des im nächsten Abschnitt zu diskutierenden Beispiels des „Geo-Engineering" oft genug bezweifelt werden.

5 Mit zweierlei Maß: „Geo-Engineering" als Fallbeispiel des Technofideismus

Als Fallbeispiel dafür, wie Technofideimus technologische Zukunftsvorstellungen prägen und zugleich die Einschätzung der wissenschaftlichen Faktenlage verzerren kann, soll im Folgenden das sog. „Geo-Engineering" betrachtet werden. Der Begriff „Geo-Engineering" ist hierbei als Oberbegriff für groß angelegte technologische Eingriffe zu verstehen, die darauf abzielen, das Klima der Erde auf planetarischer Ebene zu steuern, wobei die fortgesetzte Emission von anthropogenen Treibhausgasen als unabwendbar hingenommen wird. Zwar werden unter Geo-Engineering bisweilen auch rein adaptive Maßnahmen verstanden, mit denen sich die Menschheit dem sich ändernden Klima anpassen kann, ohne dabei die Ursachen desselben zu bekämpfen, doch sind die paradigmatischen Fälle von Geo-Engineering in der Regel ehrgeiziger – zielen sie doch darauf ab, die Energiebilanz des Systems Erde aktiv und kontrolliert zu steuern.

Grundsätzlich gibt es zwei Möglichkeiten, in die Energiebilanz der Erde mit technologischen Mitteln einzugreifen: erstens durch die aktive Entfernung von Kohlendioxid (und anderen Treibhausgasen) aus der Atmosphäre mit Hilfe von Carbon-Removal-Technologien und, zweitens, durch aktive Steuerung des Energiezuflusses in Form von Sonnenstrahlung. Dagegen spielt die mitigierende Option des Senkens unserer Treibhausgasemissionen auf ein sicheres Niveau im Rahmen des Geo-Engineering-Diskurses nur eine untergeordnete Rolle und wird vielfach von seinen Protagonisten als politisch und/oder wirtschaftlich unrealistisch abgelehnt. Angesichts des Ausmaßes und der schieren Menge industrieller Treibhausgasemissionen, die Jahr für Jahr ausgestoßen werden und sich seit Beginn der Industrialisierung akkumuliert haben, liegt es auf der Hand, dass jede vorgeschlagene technische Maßnahme zur Verlangsamung oder Reduktion der daraus resultierenden Erwärmung der Atmosphäre enorm sein müssten – weswegen es den kursierenden Vorschlägen, mit Geo-Engineering dem Problem des Klimawandels zu begegnen, nicht an Ehrgeiz mangelt.

So lautet ein prominenter Geo-Engineering-Vorschlag, man solle mittels einer Vielzahl von Satelliten gewissermaßen einen „Sonnenschirm" im All errichten, der so positioniert sein würde, dass ein Teil der einfallenden Sonnenstrahlung abgeblockt werden würde. So ließe sich der Energiezufluss zur Erde kontrollieren und das Weltklima wie mit einem Thermostat herunterregeln. Einem Modellvorschlag des britisch-amerikanischen Astronomen Roger Angel zufolge sollten 16 Billionen hauchdünne lichtbrechende Scheiben in die Umlaufbahn zwischen der Erde und der Sonne verbracht werden, was, bei einer von Angel veranschlagten Ladung von 800.000 Schirmen pro Transport rund 20 Millionen Raketenstarts in die Umlaufbahn erfordern würde.[8] Was einem außenstehenden Betrachter als *reductio ad absurdum* erscheinen mag – wie groß wäre wohl der CO_2-Fußabdruck von zwanzig Millionen Raketenstarts? – wird vom Technofideismus jedoch als technologische Herausforderung gesehen, die durch nicht näher spezifizierte Fortschritte in den Ingenieur- und Materialwissenschaften gemeistert werden soll. Hierin zeigt sich erneut die Affinität zwischen einem technofideistischen Glauben an die immerwährende Verfügbarkeit technischer Lösungen, der für seinen Gewissheitsanspruch keiner empirischer Evidenz mehr bedarf, und dem cornucopianischen Weltbild, das davon ausgeht, prinzipiell denkbare Problemlösungen unterlägen keinen Beschränkungen bzw. könnten durch eine Kombination von menschlicher Kreativität und technologischer Innovation immer erfolgreich (und rechtzeitig) umgesetzt werden.

In einem vielzitierten Aufsatz in der Zeitschrift *Foreign Affairs* aus dem Jahr 2009 argumentierte ein interdisziplinäres Autorenteam um David Victor, M. Granger Morton, Jay Apt, John Steinbrunner und Katharine Ricke für das Ernstnehmen der „Geo-Engineering-Option", die sie für höchstwahrscheinlich unausweichlich hielten. In einem Postskriptum von 2013 forderten die Autoren sogar noch dringlicher, die Wissenschaft müsse vom bloßen Modellieren möglicher Geo-Engineering-Optionen zur Entwicklung konkret umsetzbarer Technologien fortschreiten. Durch das gemeinsame Auftreten von Vertretern der Politikwissenschaft, Ingenieurswissenschaften und der Klimaforschung (letztere repräsentiert durch Ricke, die damals auf dem Gebiet promovierte), noch dazu in einer breit rezipierten policy-orientierten Zeitschrift, stieß der Aufsatz auf reges Interesse und trug dazu bei, dass das Tabu der absichtlichen technischen Intervention in die planetarische Energiebilanz immer mehr in Frage gestellt und Geo-Engineering-Ansätze zunehmend als realistische Alternative zu mitigierenden Maßnahmen – mindestens jedoch als Ultima

---

8 In einem Bericht der BBC heißt es entsprechend: „Astronomer Roger Angel believes he has the answer: 16 trillion flying space robots. Each would weigh about a gram – the same as a large butterfly – and deflect sunlight with a transparent film pierced with tiny holes." (Gorvett, 2016).

Ratio – diskutiert wurde. Zur wissenschaftlichen Debatte um Geo-Engineering als Option im Umgang mit dem Klimawandel gehört seither auch die Frage, ob es sich bei diesem Tabubruch um ein moralisches Wagnis („moral hazard") oder einen moralischen Imperativ („moral imperative") handelt.[9]

Um die Frage, ob das Ausloten von Geo-Engineering-Optionen zwecks Ausschluss von Worst-Case-Szenarien der Klimaentwicklung moralisch geboten ist oder nicht, soll es hier nicht gehen; vielmehr soll skizziert werden, wie technofideistische Grundhaltungen dazu führen, dass bei der Bewertung wissenschaftlicher Evidenzen mit zweierlei Maß gemessen wird. So liefern die Autoren des *Foreign-Affairs*-Artikels zusammen mit ihrer Überblicksdarstellung über einige der realistischeren Optionen zur Steuerung der Sonneneinstrahlung auch eine Reihe von Einordnungen und Vergleichen, etwa wenn sie über die Anreicherung der Atmosphäre mit Sulfataerosolen schreiben, letztere würden „die Albedo der Erde verändern, indem sie reflektierende Partikel in die obere Atmosphäre bringen, *ähnlich wie es Vulkane bereits tun*" (Victor et al., 2009, S. 68; Kursivsetzung hinzugefügt). Die allgemeine Feststellung, dass Sulfataerosole Lichteinstrahlung in den Weltraum zurückwerfen, ist unumstritten, und daher kann die Betonung der Autoren, dass „Vulkane dies bereits tun" („much as volcanoes do already"), so interpretiert werden, als gäbe es eine Kontinuität zwischen der vorgeschlagenen technischen Geo-Engineering-Intervention und bereits bestehenden natürlichen Prozessen. Unter den Tisch fällt dabei, dass Sulfataerosole nur wenige Jahre in der Atmosphäre verbleiben, während es angesichts des Langzeitcharakters geochemischer Kreisläufe bei der Frage nach Geo-Engineering-Optionen nur um eine langfristige Steuerung der Energiebilanz der Erde gehen kann. Technische Lösungen, denen es an der erforderlichen langfristigen Wirksamkeit fehlt, wären dann problematisch, wenn die Akkumulation von Treibhausgasen unvermindert anhält – wie dies die Autoren selbst an anderer Stelle konzedieren, wenn sie schreiben:

> Wird der Schutzschild nicht aufrechterhalten, könnte dies zu besonders schädlichen Veränderungen des Erdklimas führen, z. B. zu einer so schnellen Erwärmung, dass die Ökosysteme zusammenbrechen, weil sie keine Zeit zur Anpassung haben. (Victor et al., 2009, S. 68)

Offenbar ist den Autoren die Spannung, die sich aus dieser Abhängigkeitsbeziehung für die vorgeschlagene technologische Lösung im Sinne eines „Solar Radiation Management" ergibt, bewusst; jedoch lösen sie diese in bester technofideistischer Manier mit rein rhetorischen Mitteln auf, nämlich dadurch, dass sie zur – bekannten, für die Zwecke eines langfristigen Geo-Engineering jedoch unbrauchbaren – Verbringung von Sulfataerosolen in die Atmosphäre („wie es Vulkane bereits

---

9 Vgl. hierzu Lawrence und Crutzen, 2017.

tun") eine neue, jedoch rein fiktive und jeder Evidenz entbehrende Option hinzufügen:

> Zu den geeigneten Materialien könnten Sulfataerosole (die durch die Freisetzung von Schwefeldioxidgas entstehen würden), Aluminiumoxidstaub oder sogar *selbstschwebende und selbstlenkende Designerpartikel* gehören, *die so konstruiert sind, dass sie in die Polarregion wandern* und dort für längere Zeit verbleiben. (Victor et al., 2009, S. 69; Kursivsetzung hinzugefügt)

Technologien wie „selbstlenkende Designerpartikel", für die es keinen Machbarkeitsnachweis bzw. „proof of concept" gibt, die jedoch – wenn es sie denn gäbe – eine hohe Wirksamkeit versprechen (in diesem Fall die Verringerung der Sonneneinstrahlung dort, wo es besonders wichtig ist, nämlich „in der Polarregion"), werden so in eine Reihe mit wohlbekannten Prozessen gestellt, denen es ihrerseits jedoch an Wirksamkeit mangelt. Damit liefern die Autoren weniger ein Argument *für* die – ja bloß behauptete – Geo-Engineering-Option „selbstschwebender Designerpartikel", sondern nutzen die suggestive Kraft von Science-Fiction-Visionen, um bisher bloß denkbaren technischen Lösungen in den Augen der Leser eine ihnen objektiv nicht zustehende Grundplausibilität zu verschaffen.

Dass es sich hierbei nicht nur um einen harmlosen Appell an das technologische Vorstellungsvermögen der Leserschaft handelt, sondern um eine epistemisch fragwürdige Strategie, zeigt sich daran, dass die bloß behauptete Möglichkeit solch fiktiver Technologien im weiteren argumentativen Verlauf zur realistischen Alternative mutiert. So versuchen die Autoren, ihrer Leserschaft die imaginären Technologien durch Behauptungen über deren relative Kosten schmackhaft zu machen. Ohne die Angabe konkreter Belege oder Argumente wird etwa behauptet, es bestehe

> allgemeines Einvernehmen darüber, dass diese Strategien billig sind; die Gesamtkosten der kosteneffektivsten Optionen würden sich vielleicht auf nur wenige Milliarden Dollar belaufen, also nur ein Prozent (oder weniger) der Kosten für eine drastische Emissionssenkung. (Victor et al., 2009, S. 69)

In Anbetracht der Tatsache, dass niemand wissen kann, was eine bloß imaginierte Technologie, für die jeder Machbarkeitsnachweis fehlt, am Ende kosten wird, ist kaum nachvollziehbar, wie die Autoren meinen, sich auf ein „allgemeines Einvernehmen" in dieser Frage berufen zu können – außer vielleicht in Form einer allgemein vorausgesetzten, gemeinsamen cornucopanischen Überzeugung, dass neue Technologien immer und ausnahmslos Kosten senken und letztlich erschwingliche Lösungen für jedwede Form – auch komplexer – Probleme generieren.

6 Ausblick: Ein Paradoxon des Technofideismus

Wie das im vorigen Abschnitt diskutierte Beispiel des Geo-Engineering eindrücklich zeigt, führt das Privilegieren technologischer Narrative gegenüber wissenschaftlicher Evidenz zu einem Spannungsverhältnis zwischen dem, was zwar wünschenswert, jedoch spekulativ ist und dem, was empirisch machbar erscheint. Nun ist das Auseinanderklaffen von Wunschdenken und Realität für sich genommen noch kein Paradoxon, sondern ein – wenn auch epistemisch betrübliches – Faktum der menschlichen Psychologie. In den Bereich des Selbstwidersprüchlichen gerät der Technofideismus jedoch dann, wenn seine Vertreter einerseits objektiv unwahrscheinliche technologische Lösungen befürworten, dabei jedoch andererseits wissenschaftliche Erkenntnisse herunterspielen, die auf gut bestätigten empirischen Evidenzen beruhen. Findet sich derlei in öffentlichen Stellungnahmen, so lässt dies eigentlich nur zwei Lesarten zu: Entweder sind die Äußerungen Ausdruck der tatsächlichen Überzeugungen des Sprechers, was bedeuten würde, dass dieser empirische Evidenzen auf inkonsistente bzw. verzerrte Weise beurteilt; oder aber, es handelt sich um rhetorische Übertreibungen, die nicht die tatsächlichen Überzeugungen des Sprechers widerspiegeln, sondern dazu dienen sollen, dem adressierten Publikum eine vorgegebene Konklusion schmackhaft zu machen.

Ein Fallbeispiel soll illustrieren, wie der Technofideismus seine Vertreter in die Nähe des Selbstwiderspruchs bzw. der Manipulation ihres Zielpublikums führen kann. In einem am 17. Oktober 1997 im *Wall Street Journal* erschienenen Meinungsbeitrag plädierte der damals 89jährige amerikanische Physiker Edward Teller vehement dafür, in die Erforschung und mögliche Umsetzung von Geo-Engineering-Technologien zu investieren, darunter in die bereits erwähnten (zum Teil spekulativen) Technologien des „Solar Radiation Management", während er gleichzeitig die wissenschaftlichen Beweise für den vom Menschen verursachten Klimawandel herunterspielte. So schreibt Teller: „Es mag sich herausstellen, dass [unsere] Kohlendioxidemissionen etwas mit der globalen Erwärmung zu tun haben oder auch nicht – das Urteil steht noch aus."[10] Diese Aussage war bereits zum damaligen Zeitpunkt empirisch überholt, hatte doch der Weltklimarat IPCC bereits zwei Jahre zuvor in seinem Zweiten Sachstandsbericht konstatiert, dass die empirischen Belege in ihrer Gesamtschau „einen merklichen menschlichen Einfluss auf das globale

---

10 „Society's emissions of carbon dioxide may or may not turn out to have something significant to do with global warming – the jury is still out." (Teller, 1997, S. 10). Alle weiteren Zitate Tellers im weiteren Verlauf dieses Abschnitts stammen aus demselben Meinungsbeitrag.

Klima" nahelegen.[11] Obwohl Tellers Agnostizismus im Hinblick auf den anthropogenen Klimawandel also nicht wissenschaftlich gestützt ist, sondern der damals bekannten Sachlage widerspricht, überhöht er ihn mit rhetorischen Mittel zu einem Ausweis persönlicher Ernsthaftigkeit und vermeintlicher Objektivität: „Als Wissenschaftler muss ich zu diesem Thema schweigen, bis es wissenschaftlich geklärt ist."

Ob Teller sich der vom IPCC dokumentierten Resultate der Klimaforschung lediglich nicht bewusst war, oder ob er diese gegenüber den Lesern des *Wall Street Journals* bewusst unterschlagen hat, lässt sich rückblickend kaum abschließend beurteilen. Jedoch fällt im Verlauf des Artikels auf, dass Teller die Frage der Existenz des anthropogenen Klimawandels systematisch mit nachgeordneten Fragen, etwa nach den wirtschaftlichen Kosten mitigierender Maßnahmen, vermengt: So sei es wundersam zu glauben, ein Land wie die USA könne erwägen „jedes Jahr etwa 100 Milliarden Dollar auszugeben, um ein Problem zu lösen, das womöglich gar nicht existiert". Zugleich spielt er jene realen Unsicherheiten, die den von ihm bevorzugten Geo-Engineering-Technologien anhaften, deutlich herunter. So stellt Teller, ohne dafür Belege anzuführen, die These in den Raum, effektive Geo-Engineering-Maßnahmen „könnten" für lediglich $100 Millionen Dollar pro Jahr umgesetzt werden – was „0,1% bis 1% jener 100 Milliarden pro Jahr" entspreche, die zu veranschlagen wären, wollte man mittels Preisrationierung den Verbrauch fossiler Brennstoffe auf das Niveau des Jahres 1990 zurückfahren. Dass es sich bei diesen Angaben bestenfalls um eine Pi-mal-Daumen-Rechnung handelt, die noch dazu vernachlässigt, dass eine Verteuerung fossiler Brennstoffe natürlich auch technologische Innovationen stimulieren würde, wird nicht erwähnt.

Damit verbinden sich in Tellers Beitrag – ob beabsichtigt oder nicht – mehrere argumentative Strategien, die verschiedentlich für das Hinauszögern effektiver Klimamaßnahmen verantwortlich gemacht worden sind. Da ist zum einen das Säen unberechtigter Zweifel am – prinzipiell bekannten – Forschungsstand, wie es sich in Tellers Bemerkung äußert, es müsse sich erst noch herausstellen, ob die anthropogenen Kohlendioxidemissionen mit der globalen Klimaerwärmung „zu tun haben oder auch nicht". Derlei Äußerungen bewegen sich hart am Rande der Wissenschaftsleugnung, da sie (reale) Unsicherheiten in der wissenschaftlichen Bewertung *des genauen Ausmaßes* anthropogenen Klimawandels zum Vorwand für unberechtigte Zweifel an der seit langem wissenschaftlich bestätigten *Tatsache seiner Existenz* nehmen. Zum anderen – und auf subtilere Weise – schlägt sich in Tellers Beitrag eine Haltung nieder, die erst in jüngster Zeit in den Fokus gerückt ist

---

11 „[T]he balance of evidence suggests that there is a discernible human influence on global climate." (Houghton et al., 1995, S. 10).

und die weniger durch die Leugnung wissenschaftlicher Fakten als durch das Herunterspielen der sich daraus ergebenden globalen Herausforderung geprägt ist, sowie durch das „Hinauszögern effektiver Klimapolitik in politischen Debatten zu konkreten Klimaschutzmaßnahmen" (Levi et al., 2021, S. 89–90).

Als öffentliche Intervention im Bereich *climate policy* lässt sich Tellers Zeitungsartikel als Beitrag zu eben solchen „discourses of climate delay" (Lamb et al., 2020) verstehen, legt er doch nahe, es bedürfe keines transformativen gesellschaftlichen Wandels, um dem Klimawandel zu begegnen. Stattdessen setzt Teller auf eine technologische Scheinlösung, die zwar als eine Art Brückentechnologie vermarktet wird („solange wir noch nicht wissen, ob überhaupt etwas getan werden muss"), jedoch im Erfolgsfall potentiell unendlich verlängert werden müsste – schließlich hätte bei unverminderter CO_2-Anreicherung in der Atmosphäre ein Absetzen zukünftiger Maßnahmen des Solar Radiation Managements umso fatalere Folgen. Auch wenn Teller das Ausbringen stratosphärischer Aerosole als konkrete technologische Maßnahme zum Klimaschutz anpreist, handelt es sich doch bei näherer Betrachtung um ein Instrument zum Abwehren regulatorischer Eingriffe – dabei ist, wie Levi et al. (2021, S. 99) anmerken, die Ablehnung „von politischen Regulierungen aufgrund von Fortschrittsversprechen […] unplausibel, da ein klarer regulatorischer Rahmen notwendig ist, damit Unternehme[n] sicher in hochinnovative treibhausgasneutrale Technologien investieren können".

Die Diskrepanz zwischen Tellers technofideistischem Optimismus und seiner Skepsis gegenüber der Mainstream-Wissenschaft wird vor allem im letzten Teil seines Meinungsbeitrags deutlich, in dem er gegen die – notwendigerweise mit Unsicherheiten behafteten – wissenschaftlichen Erkenntnisse seine eigene subjektive Gewissheit in Stellung bringt, man habe sich noch stets auf den menschlichen Einfallsreichtum verlassen können, um eine technische Lösung zu finden:

> … solange wir noch nicht wissen, ob überhaupt etwas getan werden muss – und schon gar nicht, was genau – sollten wir Innovation und Technologie nutzen, um die globale Erwärmung mit möglichst geringen Kosten auszugleichen. Während die Wissenschaftler die Erforschung der globalen klimatischen Auswirkungen der Treibhausgase fortsetzen, sollten wir nach Wegen suchen, um mögliche negative Auswirkungen auszugleichen. (Teller, 1997, S. 10)

Aus rein erkenntnisorientierter Perspektive erscheint es schlichtweg irrational, einerseits die evidenzbasierte Konsensusmeinung zur Realität des anthropogenen Klimawandels als ungewiss abzulehnen, andererseits jedoch die Umsetzbarkeit spekulativer technischer Lösungen, für deren Wirksamkeit es – über bloßes Wunschdenken hinaus – keine überzeugenden Belege (und vgl. die im letzten Abschnitt erwähnte Science-Fiction-Vision „selbstausrichtender Designerpartikel" nicht einmal einen Machbarkeitsnachweis) gibt – als gesichert vorauszusetzen. Von einem Standpunkt aus, der die kognitionspsychologische Rolle ideologischer Verpflichtungen im Herausbilden individueller Überzeugungen und der öffentlichen Meinungsbildung anerkennt, ist hingegen nachvollziehbar, warum Akteure mit technofideistischen *commitments* typischerweise dem Geo-Engineering zugetan sind: Schließlich spiegelt sich in der Erwartung, der menschliche Erfindungsreichtum werde in der Lage sein, der Klimakrise technologisch Herr zu werden, auch ein Vertrauen auf die Selbstwirksamkeit der Menschheit, die das Klima nicht nur *verändert*, sondern in der Lage sein soll, es *bewusst zu steuern*. Mitigierende Maßnahmen, die darauf abzielen, den menschlichen „Fußabdruck" auf die Umwelt *zu verringern*, werden hingegen als Eingriff in die freien Entfaltungsmöglichkeiten anderer Menschen angesehen – oder, in Tellers drastischer Wortwahl, als „modischer totaler Krieg gegen fossile Brennstoffe und diejenigen, die sie nutzen".

So schließt sich, zumindest im hier diskutierten Fallbeispiel, der Kreis: Welche Haltung zu einer so umfassenden Herausforderung wie dem anthropogenen Klimawandel eingenommen wird, ist nicht allein eine Sache des kollektiv verfügbaren wissenschaftlichen Wissens, sondern hängt auch von ideologischen Neigungen und individuellen Festlegungen darüber ab, welche Fakten zur Kenntnis genommen werden. Wenn selbst ein zeitweilig eminenter Wissenschaftler wie Edward Teller in der Lage ist, weithin verfügbare wissenschaftliche Erkenntnisse wie diejenigen des Zweiten IPCC-Sachstandsbericht zu ignorieren, noch dazu in einem Meinungsbeitrag, der explizit die eigene wissenschaftliche Autorität zu argumentativen Zwecken mobilisiert („Als Wissenschaftler muss ich..."), so zeigt sich exemplarisch, dass es weniger ein Mangel wissenschaftlicher Erkenntnis ist, der einem wirksamen Gegensteuern gegen die Klimakrise im Wege steht, als vielmehr Beharrungskräfte, die sich womöglich aus tiefsitzenden weltanschaulichen Überzeugungen – etwa cornucopianischer Prägung – heraus erklären lassen.

Literatur

Ayres, R. U. (1993). „Cowboys, cornucopians and long-run sustainability." *Ecological Economics* 8, S. 189–207.
Chen, Y., Chen, W., Su, Q., Luo, F., Sparrow, S., Tian, F., Dong, B., Tett, S. F. B., Lott, F. C., and Wallom, D. (2019). „Anthropogenic warming has substantially increased the likelihood of July 2017-like heat waves over central Eastern China." *Bulletin of the American Meteorological Society* 100 (1), S. S591-S595. https://doi.org/10.1175/BAMS-D-18-0087.1.
Crumb, R. (1979). „A Short History of America." *CoEvolution Quarterly* 23, S. 22–25.
Crutzen, P. J., und Stoermer, E. F. (2000). „The ‚Anthropocene'." *IGBP Global Change Newsletter* 41 (Mai 2000), S. 17–18.
Festinger, L. (1957). *A Theory of Cognitive Dissonance.* Row & Peterson.
Gelfert, A. (2013). „Climate scepticism, epistemic dissonance, and the ethics of uncertainty." *Philosophy and Public Issues (New Series)* 3 (1), S. 167–208.

General Electric Research Laboratories (1957). „Climate and Industrial Activity." (*Excursions in Science*, Nr. 646), Audio-Aufnahme (LP).

Gorvett, Zaria (2016). „How a giant space umbrella could stop global warming." *BBC Future* (26. April 2016). https://www.bbc.com/future/article/20160425-how-a-giant-space-umbrella-could-stop-global-warming, letzter Abruf 26.09.2022.

„Growing Blanket of Carbon Dioxide Raises Earth's Temperature" (1953). *Popular Mechanics* (August 1953), S. 119.

Harmon-Jones, E. E. (2012). „Cognitive Dissonance Theory." In: V. S. Ramachandran (Hg.), *The Encyclopedia of Human Behavior* (Bd. 1). Academic Press, S. 543–549.

Houghton, J. T., Jenkins, G. J., und Ephraums, J. J. (Hg.) (1990). *Climate Change: The IPCC Scientific Assessment* (First Assessment Report). Cambridge University Press (published for the IPCC).

Houghton, J. T., Meira Filho, L. G., Callander, B. A., Harris, N., Kattenberg, A., und Maskell, K. (1995). *Climate Change 1995: The Science of Climate Change* (Second Assessment Report). Cambridge University Press (published for the IPCC).

Jasanoff, S., und Kim, S.-H. (2009). „Containing the Atom: Sociotechnical Imaginaries and Nuclear Power in the United States and South Korea." *Minerva* 47, S. 119–146.

Jasanoff, S. (2015). „Future Imperfect: Science, Technology, and the Imaginations of Modernity." In: S. Jasanoff und S.-H. Kim (Hg.), *Dreamscapes of Modernity: Sociotechnical Imaginaries and the Fabrication of Power*. The University of Chicago Press, S. 1–33.

Johnson, L. B. (1966). „Special Message to the Congress on Conservation and Restoration of Natural Beauty." In: *Public Papers of the Presidents of the United States: Lyndon B. Johnson, Vol. 1 (1965)*, S. 161–163. Government Printing Office.

Keeling, C. (1960). „The Concentration and Isotopic Abundances of Carbon Dioxide in the Atmosphere." *Tellus* 12 (2), S. 200–203.

Kerr, R. A. (2009). „Amid Worrisome Signs of Warming, 'Climate Fatigue' Sets In." *Science* 326 (5955), S. 926–928.

Krakoff, S. (2011). „Parenting the Planet." In: D. G. Arnold (Hg.), *The Ethics of Global Climate Change*. Cambridge University Press, S. 145–169.

Kruglanski, A. W. (1996). „Motivated social cognition: Principles of the interface." In: E. T. Higgins und A. W. Kruglanski (Hg.), *Social Psychology: Handbook of Basic Principles*. The Guilford Press, S. 493–520.

Kühne, K., Bartsch, N., Tate, R. D., Higson, J., und Habet, A. (2022). „'Carbon bombs': Mapping key fossil fuel projects." *Energy Policy* 166 (112950), S. 1–10. https://doi.org/10.1016/j.enpol.2022.112950.

Lamb, W. F., Mattioli, G., Levi, S., Roberts, J. T., Capstick, S., Creutzig, F., Minx, J. C., Müller-Hansen, F., Culhane, T., und Steinberger, J. K. (2020). „Discourses of climate delay." *Global Sustainability* 3 (e17), S. 1–5. https://doi.org/10.1017/sus.2020.13.

Lawrence, M. G., und Crutzen, P. J. (2017). „Was breaking the taboo on research on climate engineering via albedo modification a moral hazard, or a moral imperative?" *Earth's Future* 5, S. 136–143. https://doi.org/10.1002/2016EF000463.

Leiserowitz, A., Maibach, E., Rosenthal, S., Kotcher, J., Carman, J., Neyens, L., Marlon, J., Lacroix, K., und Goldberg, M. (2021). „Dramatic increase in public beliefs and worries about climate change." *Yale Program on Climate Change Communication*. https://climatecommunication.yale.edu/publications/dramatic-increase-in-public-beliefs-and-worries-about-climate-change, letzter Abruf 26.09.2022.

Levi, S., Müller-Hansen, F., Lamb, W. F., Mattioli, G., Roberts, J. T., Capstick, S., Creutzig, F., Minx, J. C., Culhane, T., und Steinberger, J. K. (2021). „Klimaschutz-Ausreden: Mit welchen Argumentationsmustern Klimaschutz verzögert wird." In: L. Dohm, F. Peter und K. van Bronswijk (Hg.), *Psychologie der Klimakrise: Handlungshemmnisse und Handlungsmöglichkeiten.* Psychosozial-Verlag, S. 89–104.

Lewis, S. L., und Maslin, M. A. (2015). „A transparent framework for defining the Anthropocene Epoch." *The Anthropocene Review* 2 (2), S. 128–146.

Morozov, E. (2013). „The perils of perfection." *The New York Times* (3. März 2013). https://www.nytimes.com/2013/03/03/opinion/sunday/the-perils-of-perfection.html?smid=url-share, letzter Abruf am 24.01.2024.

Myers, N., und Simon, J. (1994). *Scarcity or Abundance? A Debate on the Environment.* Norton.

Oreskes, N., und Conway, E. (2010). *Merchants of Doubt: How a Handful of Scientists Obscured the Truth on Issues from Tobacco Smoke to Global Warming.* Bloomsbury Press.

Oreskes, N., Conway, E. (2014). *Die Machiavellis der Wissenschaft: Das Netzwerk des Leugnens.* Übersetzt von Hartmut Leipner. VCH-Wiley.

Pales, J. C., Keeling, C. (1965). „The concentration of atmospheric carbon dioxide in Hawaii." *Journal of Geophysical Research* 70 (24), S. 6053–6076.

Plass, G. (1956). „Carbon Dioxide and the Climate." *American Scientist* 44, S. 302–316.

Power, J. (1992). „The Cornucopians' Foolish Optimism." *The Baltimore Sun* (17. April 1992).

Schneider, B. (2021). „Welche Bilder für welche Welt? Zukunftsvorstellungen in Zeiten des Klimawandels zwischen Kollaps, Techno-Fix und Transformation." *Indes: Zeitschrift für Politik und Gesellschaft* 9 (4), S. 23–38.

Segal, H. P. (2017). „Practical Utopias: America as Techno-Fix Nation." *Utopian Studies* 28 (2), S. 231–246.

Simon, J. (1981). *The Ultimate Resource.* Princeton University Press.

Teller, E. (1997). „The Planet Needs a Sunscreen." *The Wall Street Journal* (22. Oktober 1997), S. 10.

Victor, D., Morgan, M. G., Apt, J., Steinbruner, J., und Ricke, K. (2009). „The Geoengineering Option: A Last Resort Against Global Warming?" *Foreign Affairs* 88 (2), S. 64–76.

Victor, D., Morgan, M. G., Apt, J., Steinbruner, J., und Ricke, K. (2013). „The Truth About Geoengineering: Science Fiction and Science Fact." *Foreign Affairs* (25. März 2013), https://www.foreignaffairs.com/articles/global-commons/2013-03-27/truth-about-geoengineering, letzter Abruf am 26.09.2022.

Teil II: **Wissenschaftskommunikation an der Schnittstelle zur Philosophie**

Bettina Bussmann
Warum wissenschaftsorientiertes Philosophieren nicht nur in der Schule notwendig ist

Eine bildungsphilosophische Legitimation und die Klärung von Missverständnissen

Abstract: In philosophy education there are a number of metaphilosophical positions that currently stand side by side on an equal footing and seem to imply equivalence in their significance for the educational mission of schools. This paper argues for greater consideration of the lifeworld-science-oriented approach to philosophy. It analyzes and answers some prevailing misconceptions and misunderstandings and demonstrates how the subject of science in all its facets should be opened up and used in philosophy lessons at school and in higher education.

> Wenn eine Gesellschaft aufgeklärter wird, erkennt sie, dass es ihre Pflicht ist, nicht alle ihre gegenwärtigen Leistungen weiterzugeben, sondern nur diejenigen, die im Sinne einer besseren Gesellschaft der Zukunft wirken. Die Schule ist die wichtigste Einrichtung im Dienste dieser Aufgabe. (John Dewey)

1 Der Philosophieunterricht und sein Verhältnis zu den Wissenschaften

„Unite behind the science!" fordert die Schülerin Greta Thunberg 2019 in ihrem Kampf für die konsequente Umsetzung von Maßnahmen gegen den anthropogenen Klimawandel. Es ist beachtlich, dass es eine Schülerin war, die mit dieser Forderung die globale Fridays for Future–Bewegung ins Leben gerufen hat. Aber noch beachtlicher ist es, dass seitdem kaum jemand betont, dass es eine bestimmte Institution gibt, auf die wir unser Augenmerk legen sollten, wenn es um die Aufklärung und Reflexion all der Fragen geht, die mit den Methoden und Errungenschaften der Wissenschaften zu tun haben: den Bildungssektor. Wenn Schüler*innen dazu befähigt werden sollen, an gesellschaftlich relevanten Diskussionen zu strittigen Themen teilzunehmen, um im Sinne partizipativer demokratischer Teilhabe die Gesellschaft zu einer „besseren Gesellschaft" zu machen, dann ist es notwendig, dass sie hierfür erkenntnistheoretisches und wissenschaftsphilosophisches Grundlagenwissen erwerben müssen. Ohne dieses Grundlagenwissen und ohne

ə Open Access. © 2024 bei den Autorinnen und Autoren, publiziert von De Gruyter. [(cc) BY] Dieses Werk ist lizenziert unter einer Creative Commons Namensnennung 4.0 International Lizenz.
https://doi.org/10.1515/9783110788341-010

eine Anwendung dieses Wissens auf gesellschaftlich strittige Fälle, wie z. B. Gender, Pseudowissenschaft oder Pandemiebekämpfung, droht eine Situation, wie wir sie zurzeit vorliegen haben: Es gibt polarisierende Lager von (oft unkritischen) Wissenschaftsanhänger*innen, von Wissenschaftsskeptiker*innen und von Personen, die sich überwältigt und hilflos fühlen und immer weniger in der Lage sind, autonom Überzeugungen auszubilden und Entscheidungen zu treffen.

Meine These lautet, dass der Philosophieunterricht einen wichtigen Beitrag für die Etablierung wissenschaftsreflexiver Grundkompetenzen leisten kann[1]. Ein solches Konzept genauer auszuarbeiten ist die Aufgabe der Philosophiedidaktik. Sie beschäftigt sich mit dem Lehren und Lernen von Philosophie, insofern philosophische Kompetenzen im Sinne Deweys zu einer aufgeklärteren Gesellschaft führen sollen. Doch was Philosophie ist und soll, wird in der Philosophiedidaktik sehr kontrovers diskutiert, viel kontroverser als in den anderen Fachdidaktiken. Dies zeigt sich z. B. in den Diskussionen darüber, welchen philosophiedidaktischen Ansatz Schulbücher, Rahmenpläne oder einzelne Lehrpersonen ihrem Unterricht zugrunde legen sollten. Es macht einen großen Unterschied, welche philosophischen Disziplinen man präferiert und anhand welcher Inhalte man bestimmte philosophische Kompetenzen schulen möchte. Immerhin blicken wir auf eine 2500 Jahre alte Philosophiegeschichte zurück, die für viele auch ausgeschöpft werden sollte.

In der Philosophiedidaktik werden zurzeit ungefähr acht Ansätze vertreten, die sich zum Teil ergänzen und zum Teil ausschließen (für einen Überblick siehe Peters und Peters, 2019). Ich vertrete einen *lebensweltlich-wissenschaftsorientierten* Ansatz (im Folgenden LW-Ansatz), der Philosophieren mit Ekkehard Martens als eine *Kulturtechnik* versteht, die uns Orientierung (und auch Antworten) gibt, um die komplexen Probleme unserer Lebenswelt philosophisch zu analysieren und zu verstehen (Martens, 2003b). Ein zentraler Bezugspunkt für diesen LW-Ansatz ist die Tatsache, dass unsere globalisierte Welt in zunehmendem Ausmaß vom Wissen über die Methoden, Erkenntnisse, Techniken und Produkte der westlichen, empirisch arbeitenden Wissenschaften geprägt ist. Damit gewinnt die Auseinandersetzung mit wissenschaftlichen Fragestellungen und dem Stellenwert wissenschaftlicher Forschung und Erkenntnis in all seinen Auswirkungen auch auf ethische, politische und anthropologische Fragestellungen an Bedeutung. Der LW–Ansatz wird durch die Betonung der *Integration* und *Reflexion* wissenschaftlicher Befunde allerdings häufig als eine Gefahr betrachtet, die das professionelle Selbstverständnis angreift und von der Befürchtung getragen ist, dass er langfristig das Fach Philosophie auflöst. In meinen zehn Jahren Diskussionserfahrung um diesen An-

---

1 Ich beziehe mich im Folgenden nur auf den Philosophieunterricht, meine damit aber gleichzeitig die gesamte philosophische Fächergruppe (z. B. Werte und Normen, LER, Ethik)

satz in der akademischen und schulischen Landschaft auch in anderen europäischen Kontexten, sind mir oft viele Formen der Ablehnung, Abgrenzung und Angst gegenüber wissenschaftsorientiertem Philosophieren begegnet, die sehr unterschiedliche Wurzeln haben (für einen Einblick zur Kritik aus Sicht der Philosophiedidaktiker*innen siehe *Information Philosophie* 3/2020). Diese Einwände sind zum Teil berechtigt, zum Teil unberechtigt und zum Teil beruhen sie auf gravierenden Missverständnissen.

Ich möchte im Folgenden zunächst den lebensweltlichen Hintergrund schildern, der zur Entwicklung meines fachdidaktischen Ansatzes geführt hat und diesen anhand des Philosophiedidaktischen Dreiecks in seinen Grundzügen vorstellen. Anschließend werde ich mich mit sieben Kritikpunkten und Missverständnissen auseinandersetzen und diese entweder zurückweisen oder deren Berechtigung klären. Abschließend möchte ich die Fruchtbarkeit des Ansatzes belegen, indem ich ein sogenanntes *Basiserkennntiskonzept* bzw. *fachliches Konzept* vorstelle, das aus der Auseinandersetzung mit der postkolonialen und postmodernen Kritik an der westlichen, eurozentristischen Wissenschaft entstanden ist. Als Basiserkenntniskonzept ist es nicht nur für die Philosophiedidaktik von Wichtigkeit, sondern kann auch für andere Schulfächer (insbesondere für Biologie, Geschichte oder Politische Bildung) nutzbar gemacht werden.

2 Die lebensweltliche Grundlage des LW-Ansatzes

Der wissenschaftsorientierte Ansatz steht und fällt mit seiner lebensweltlichen Grundlage. Dies kann nicht deutlich genug betont werden. Nicht, weil das Thema *Wissenschaft* so interessant ist, spielt es eine so große Rolle, sondern weil es in unserer Lebenswelt eine so dominante Rolle einnimmt. Deshalb soll an dieser Stelle ein aktuelles Beispiel aus den Medien folgen. Journalistische Quellen sind ein wichtiger Anzeiger für die aktuellen und zukünftigen gesellschaftlichen Probleme (weshalb sie von Lehrkräften auch gerne als Unterrichtsmaterial verwendet werden, um z. B. in das Thema einer Stunde einzuführen).

In Spiegel online finden wir in einem Bericht von Nina Weber über die Corona-Booster-Impfung z. B. folgende Absätze (Weber, 2021):

> In der Gruppe mit Drittimpfung mussten 29 Menschen wegen Covid-19 ins Krankenhaus, in der Gruppe der doppelt Geimpften waren es 231. Das entspricht einer Wirksamkeit von 93 Prozent der Drittimpfung gegenüber der zweifachen Impfung. (Die Wirksamkeit wird wie folgt berechnet: Die Fälle in der schlechter geschützten, in diesem Fall nur doppelt geimpften, Gruppe entsprechen 100 Prozent. Nun schaut man, wie viel Prozent dann die Fälle in der besser geschützten Gruppe entsprechen. Zieht man diese Prozentzahl von 100 ab, ergibt sich die relative Effektivität beziehungsweise Wirksamkeit. Falls Sie sich jetzt wundern, dass 29 doch 13 Prozent

von 231 entsprechen, und die Wirksamkeit entsprechend 87 Prozent betragen müsste und nicht 93: Die Rechnung in der Studie ist etwas komplexer, sie folgt dem sogenannten Kaplan-Meier-Schätzer, eine detaillierte Beschreibung findet sich im Fachartikel.) [...] Eine weitere wichtige Frage wollen die Studienautoren und -autorinnen nicht beantworten: nämlich ob es sinnvoll oder gerecht ist, Menschen eine dritte Impfung zu geben, während in vielen Ländern noch sehr viele Menschen auf ihre erste Impfung warten. „Es liegt außerhalb des Rahmens dieser epidemiologischen Analyse, auf die komplexen ethischen Fragen einzugehen, die mit dieser Debatte verbunden sind."

Dieser journalistische Auszug wurde gewählt, weil er besonders zwei Entwicklungen zeigt, die für den Philosophieunterricht und damit für die Philosophiedidaktik von Wichtigkeit sind:

1. *Journalistische Wissenschaftsvermittlung:* Wissenschaftliches Denken und wissenschaftliche Fachsprache erhält zunehmend Einzug in den Alltag. Das oben ausgewählte Beispiel ist in seiner Ausführlichkeit sicherlich eher verwirrend als hilfreich, dennoch sind Texte dieser Art keine Seltenheit. Die Corona-Pandemie hat diese Entwicklung lediglich extrem beschleunigt. Neuerdings wird sogar, wie oben, auf wissenschaftliche Fachartikel verlinkt, die früher ausschließlich Bildungsgegenstände der universitären Ausbildung waren. Dies kann als journalistischer Bildungs-Service an die breite Öffentlichkeit verstanden werden, die mit den wissenschaftlichen Methoden, Arbeitsweisen und Folgefragen (hier: ethische Implikationen) nicht vertraut ist. Durch die Unkenntnis bzw. Fremdheit wissenschaftlicher Erklärungsmodelle wird das Abhängigkeitsverhältnis von Expert*innen überdeutlich. Expert*innen, die darüber bestimmen wie sich die Gesellschaft und damit ihr eigenes Verhalten ändern sollen. So diagnostiziert z.B. Matthias Erdbeer dass „die kontrovers geführten Auseinandersetzungen um Pandemie und Klima zunehmend als Streit um wissenschaftliche Modelle wahrgenommen [werden], deren Herkunft unklar scheint und die doch wichtige politische Entscheidungen begründen und legitimieren. Es bestehe deshalb ein „erhebliches Vermittlungsproblem" bezüglich des Wissens darüber, was Modelle sind und leisten können" (Erdbeer, 2021). Dieses Vermittlungsproblem mag eine Ursache dafür sein, dass sich mehr und mehr Menschen bevormundet fühlen und eine wissenschaftskritische oder -ablehnende Haltung einnehmen. Hier sind auch psychologische Mechanismen am Werk, die es künftig aufzuklären gilt. Fest steht jedoch, dass Kernparadigmen wissenschaftlicher Forschung wie Objektivität, Evidenz, Reproduzierbarkeit oder wissenschaftsethische Gesichtspunkte für Personen, die keine wissenschaftsorientierte Bildung genossen haben, kaum eine Bedeutung besitzen. Wissenschaftliche Methoden sind für sie keine (falliblen) Welterschließungsmethoden, sondern Bedrohungen ihrer persönlichen Erlebenswelt sowie auf Grund von Macht durchgesetzter Beschlüsse: „Es ist nicht besonders intelligent, einfach nur zu sagen, was wir reproduzieren können ist die Wahrheit, und alles andere existiert nicht", ist ein

Beispiel aus den Stimmen vieler, die sich wissenschaftsskeptisch nennen und von anderen als Wissenschaftleugner*innen oder -pessimist*innen bezeichnet werden.[2] Kontroversen um den Stellenwert wissenschaftlicher Erkenntnis haben mittlerweile eine derart hohe gesellschaftliche Relevanz erlangt, dass bereits in der Schule damit begonnen werden sollte, systematisch und in frühem Alter wissenschaftsphilosophische Zugänge zu integrieren. Dafür ist der Philosophieunterricht besonders geeignet. Er vermittelt z. B. Kompetenzen, um zwischen Wissenschaft auf der einen und Pseudowissenschaft bzw. Wissenschaftsleugnung auf der anderen Seite (relativ treffsicher) zu unterscheiden. Dies scheint gerade in den Ländern ein wünschenswertes Ziel, in denen etwa Impfskeptiker*innen oder Anhänger*innen von Verschwörungstheorien an Einfluss gewinnen – in Deutschland und Österreich ist das der Fall. Wissenschaftsphilosophische Fähigkeiten, z. B. die Fähigkeit zur Lösung spezieller Demarkationsprobleme (ist diese konkrete Behauptung pseudowissenschaftlich?) kann nicht allein durch den Erwerb naturwissenschaftlicher Grundbildung (*scientific literacy*) durch die anderen Fächer erlangt werden. Ebenso sind das Expert*innenproblem, die Frage, was Evidenz ist, die Frage nach der sozialen Verantwortung der Wissenschaften gegenüber der Gesellschaft oder die Frage nach den moralischen Pflichten von Wissenschaftler*innen keine Themenbereiche, die in ausreichender Tiefe (oder überhaupt) von den Naturwissenschaftsdidaktiken behandelt werden. Es sind klassische Themen z. B. der sozialen Erkenntnistheorie oder der Wissenschaftsethik, die in den letzten zwei Jahrzehnten an akademischer Bedeutung und Einfluss gewonnen haben, die aber im schulischen Unterricht noch keine große Rolle spielen. Philosophiedidaktiker*innen sollten sich der Übernahme dieser gesellschaftlichen Verantwortung für den Schulunterricht daher weder durch das Festhalten an einem konservativen Bildungsverständnis, noch durch die Delegation dieser Aufgabe an die Naturwissenschaftsdidaktiken verweigern. Da eine *wissenschaftsreflexive* Grundbildung sowohl Aufgabe des Philosophieunterrichts, aber ebenso ein erklärtes Bildungsziel der Naturwissenschaftsdidaktiken ist, plädieren Bussmann und Kötter für eine fachdidaktische Zusammenarbeit, in der Themen und Kompetenzen in interdisziplinärer Kooperation erschlossen und bearbeitet werden (Bussmann und Kötter, 2018).

2. *Digitale Lebenswelt:* Digitale Medien werden zunehmend zu Bildungsorten, die ihre Leser*innen umfassend aufklären wollen bzw. müssen. Studien zeigen, dass Schüler*innen und Studierende sich ihr Wissen zunehmend aus den Medien aneignen – wie z. B. dem oben angeführten Spiegel-Bericht über die Wirksamkeit

---

2 Vgl. https://www.spiegel.de/psychologie/coronavirus-dialog-mit-einem-impfgegner-in-sachsen-a-b82f2ac2-2740-4263-9457-5354522f5db4?sara_ecid=soci_upd_KsBF0AFjflf0DZCxpPYDCQgO1dEMph, letzter Abruf am 24.01.2024.

der Impfung (siehe Nationaler Bildungsbericht, 2020, S. 248ff.). Im Internet lassen sich diverse Beiträge für ein junges Publikum finden, die sich mit epistemischen und ethischen Fragen der Wissenschaften beschäftigen – und die von Lehrkräften aufgrund ihrer ansprechenden Gestaltung und gründlichen Recherche häufig als Grundlage für ihren Unterricht verwendet werden (aufgrund des ansprechenden Formats leider oftmals als Ersatz für eine gründliche fachliche Planung des Unterrichts). Hier sollen nur zwei Beispiele aus einem reichen Angebot genannt werden: Till Reiners von der „ZDF Heute Show" über wissenschaftliche Methoden[3] und die promovierte Chemikerin Mai Thi Nguyen-Kim über Homöopathie[4]. Philosophische Bildung, die dem Primat der Lebensweltorientierung verpflichtet ist, muss die philosophischen Probleme in der Lebenswelt identifizieren und analysieren können, damit die zukünftigen Bürger*innen mit diesen Fähigkeiten *autonom* über das eigene Leben bestimmen und informiert in demokratischen Entscheidungsprozesse eingreifen können. Lebensweltorientierung bedeutet *nicht*, dass wir „nur noch mit der Bild-Zeitung" philosophieren sollten[5], dies wäre ein absolutes Fehlverständnis lebensweltlichen Philosophierens. Es geht gerade darum, in dieser nicht stecken zu bleiben, sondern sie anhand philosophischer Methoden und Inhalte so zu analysieren und zu durchdringen, dass Verstehen und Handeln möglich werden. Dazu muss allerdings zuerst die Fähigkeit geschult werden, philosophisch relevante Fragen der Lebenswelt *identifizieren* zu können. Dies ist keine einfache Aufgabe.

Der Philosophiedidaktiker Ekkehard Martens, der den Bildungsdiskurs seit den 1970er Jahren maßgeblich bestimmt hat, geht zwar von problemorientierten Fragen der Lebenswelt aus, bearbeitet diese aber in seinen Werken in der Regel mit dem Gedankengut philosophischer Klassiker; oder aber er stellt klassische Texte vor und identifiziert und diskutiert die zentralen philosophischen Fragen (z. B. in Martens, 2003a, das in der Lehrer*innenausbildung sehr einflussreich war). Welche Relevanz diese Texte bzw. Fragestellungen allerdings für die heutige Zeit haben, diese Transferaufgabe wird oft nur ansatzweise geleistet. Im Vordergrund steht für ihn die Bearbeitung zentraler philosophischer Fragestellungen von philosophischen Texten als „Autoritäten, die uns etwas zu sagen haben, aber nichts vorsagen können" (Martens, 2003a, S. 8). Als Dialogpartner sollen sie die Schüler*innen in einen „Prozess des Nach- und Weiterdenkens" bringen (Martens, 2003a, S. 8ff.). Doch die Bildungsrelevanz einflussreicher Philosoph*innen wie z.B. Martin Heidegger oder G.W.F. Hegel ist keineswegs offensichtlich oder per se gegeben. In einen Prozess des

---

3 Vgl. https://youtu.be/5aVDRdQeBZM, letzter Abruf am 24.01.2024.
4 Vgl. https://youtu.be/7tEoehixGvk, letzter Abruf am 24.01.2024.
5 Dies wurde Ekkehard Martens von seinem Kontrahenten Wulff Rhefus fälschlicherweise vorgeworfen (Quelle: persönliches Gespräch).

Nachdenkens kann man anhand vieler Texte und Medien kommen, das müssen noch nicht einmal philosophische sein. Ich vermute, dass die akademische „Autorität" der Philosoph*innen bei der Auswahl oft eine stärkere Rolle spielt als deren lebensweltliche Bildungsrelevanz.

Lebensweltlich-wissenschaftsorientiertes Philosophieren setzt an dieser Stelle an: Der Prozess des Nach- und Weiterdenkens soll eine stärkere lebensweltliche Anschlussfähigkeit erhalten, indem neben den philosophischen Inhalten und Methoden (auch aus der philosophiegeschichtlichen Tradition) die Ebene der Wissenschaft integriert wird (siehe Abb. 1). Dies macht den bildungsrelevanten Kern des Ansatzes aus.

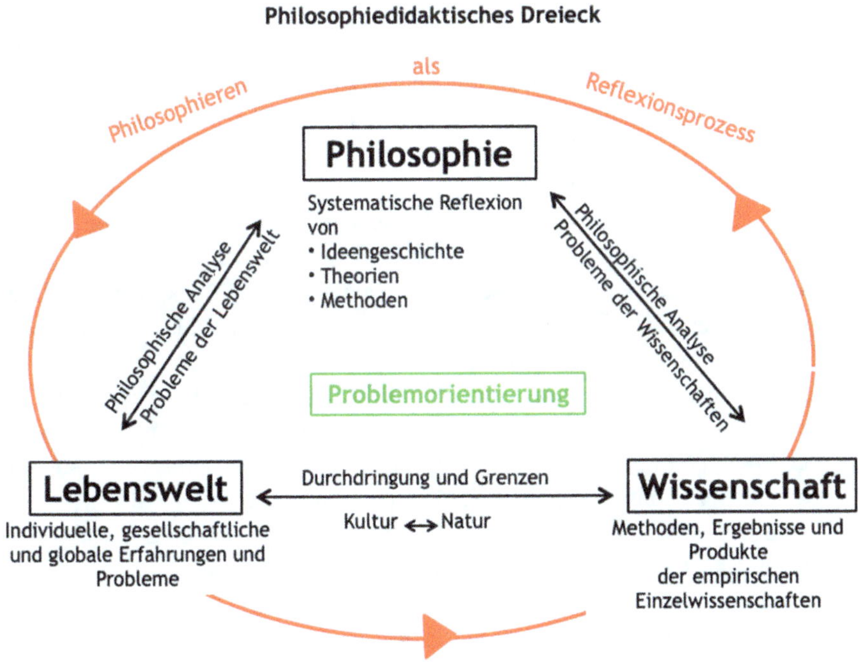

Philosophiedidaktisches Dreieck

Philosophieren als Reflexionsprozess

Philosophie
Systematische Reflexion von
- Ideengeschichte
- Theorien
- Methoden

Philosophische Analyse Probleme der Lebenswelt

Philosophische Analyse Probleme der Wissenschaften

Problemorientierung

Lebenswelt ← Durchdringung und Grenzen → **Wissenschaft**
Individuelle, gesellschaftliche und globale Erfahrungen und Probleme

Kultur ↔ Natur

Methoden, Ergebnisse und Produkte der empirischen Einzelwissenschaften

Abb. 1: Das Philosophiedidaktische Dreieck. © Bussmann.

Da die größeren Zusammenhänge des Dreiecks hier nicht im Einzelnen ausgeführt werden können (siehe hierzu Bussmann, 2014), möchte ich lediglich die Gründe für die Integration der wissenschaftlichen Ebene etwas näher ausführen und zusammenfassen. Das ist deshalb wichtig, weil sich die weiter unten aufgeführte Kritik am LW-Ansatz fast ausschließlich auf diese Ebene bezieht. Warum soll sich der Philosophieunterricht stärker mit den Methoden, Erkenntnisse und Produkte der Wissenschaften auseinandersetzen?

1. *Wissenschaftliche Methoden:* Die Geschichte der Philosophie hat sich durch die enge Verzahnung mit dem jeweiligen Stand der wissenschaftlichen Forschung ihrer Zeit vollzogen. Dabei beschäftigt sie sich mit der philosophischen Klärung wissenschaftlicher Begriffe, Hypothesen und Arbeitsweisen, stellt aber auch immer die Frage, welche Arbeitsweisen die Philosophie selber verwendet und verwenden sollte. Beide Fragestellungen sind heutzutage von großer Wichtigkeit, wenn es z. B. um die Diskussion geht, was unter Evidenz oder unter einem Modell zu verstehen ist. Ebenso steht die philosophische Arbeitsweise selbst unter Beschuss: Experimentelle Philosoph*innen bestreiten den wahrheitsfördernden Wert von Intuitionen oder den Stellenwert von Rationalität, analytische Philosoph*innen bestreiten häufig die Sinnhaftigkeit phänomenologischer Arbeit und klassische Hermeneutiker*innen betonen den vorzüglichen Wert klassischer Textarbeit. Wissenschaftliche Methoden zu verstehen und zu reflektieren sind also nicht nur aufgrund lebensweltlicher Relevanz geboten, sondern sind auch ein zentraler metaphilosophischer Streitpunkt, der das Bildungsverständnis des Philosophieunterrichts bestimmt.
2. *Wissenschaftliche Erkenntnisse:* Neue wissenschaftliche Erkenntnisse haben die philosophische Theoriebildung immer geprägt – man denke nur an den enormen Einfluss der Relativitätstheorie oder der Freudschen Psychoanalyse. Wissenschaftliche Erkenntnisse in den philosophischen Denkprozess zu integrieren, bedeutete zum einen, sie in Bezug auf ihre philosophische Relevanz zu untersuchen. Zum Beispiel: Was sollen wir angesichts der steigenden psychischen Probleme junger Menschen tun (hierzu git es Datenmaterial), die zu einem großen Teil auf unsere digitale Lebenswelt zurückzuführen sind? (hierzu gibt es Daten und Hypothesen, z. B. Haidt, 2024). Es bedeutet zum anderen, erkennen zu können, dass man zur Beantwortung bestimmter Fragestellungen empirische Erkenntnisse benötigt. So reicht es nicht, in Anschuss an Hobbes zu behaupten, der Mensch sei dem Menschen „ein Wolf", er sei durch egoistisches Eigeninteresse und niedere Beweggründe wie Argwohn und Ruhmsucht getrieben, um diese These dann mit Hilfe persönlicher Erfahrungen oder bloß erinnerter Studien zu verteidigen. Besonders anthropologische Fragestellungen laden dazu ein, ohne ein empirisches Fundament in bloße Spekulation auszuarten – ganz abgesehen davon, dass der Großteil der Philosoph*innen bis in 20. Jahrhundert hinein mit „Mensch" stets nur die biologische und soziale Welt des Mannes meinte. Hier gilt es, aus den entsprechenden Einzelwissenschaften die für die Fragestellung notwendigen Erkenntnisse einzubeziehen. Im Fall von Hobbes wären dies beispielsweise Erkenntnisse aus der Evolutionsbiologie, der Psychologie und den Neurowissenschaften. Diese Kompetenz zu schulen, ist im Schulunterricht keineswegs üblich, meistens geben die Schulbücher (wenn sie es tun) Textauszüge bestimmter Einzelwissenschaften

vor. Was das fachliche Fundament klassischer philosophischer Fragestellungen angeht, so ist deshalb zu fordern, dass Schüler*innen und Studierende Kompetenzen erlernen, gesellschaftliche (und philosophische) Probleme in ihren transdisziplinären Bezügen zu erkennen und dafür entsprechendes Wissen aus den anderen Wissenschaften heranzuziehen. Durch das Paradigma der Lebensweltorientierung ergeben sich neue Fragestellungen, die nicht nur mit einer Disziplin bearbeitet werden können. Dazu zählen z.B. Probleme der Migration, des Klimawandels, der Künstlichen Intelligenz und Robotik, Fragen um Gesundheit und Krankheit, Enhancement, Genderfragen u.v.a. Diese Themenfelder eröffnen Probleme, die zu philosophischen Grundlagenfragen führen – z.B. zu Fragen der Gerechtigkeit, des Menschenbildes, der Verantwortung oder ethischer Prinzipien.

3. *Wissenschaftliche Produkte:* Wenn man unsere heutige Welt mit der Welt vor nur 50 Jahren vergleicht, wird deutlich, wie sehr sich wissenschaftliche Erkenntnisse in Erfindungen neuer Produkte niedergeschlagen haben. Insbesondere für die jüngere Bevölkerung sind Begriffe wie *virtual reality* oder *augmented reality* keine Grundlagen philosophischer Spekulationen über die Zukunft mehr, sondern gelebte Realität. Diese Transformation der Lebenswelt hat weitreichende Konsequenzen. Momentan wird im Bereich der Maschinenethik z.B. das Verantwortungsproblem des autonomen Fahrens diskutiert. Dabei zeigt sich, dass Verkehrstote, die aus der Anwendung eines Algorithmus resultieren, mindestens teilweise nicht auf Materialversagen oder Softwarefehler zurückzuführen sind, sondern aus der konsequenten und fehlerfreien Anwendung des Algorithmus selbst resultieren. Die Frage ist, wie wir als Menschen zukünftig Verkehrstote emotional bewältigen sollen, wenn diese die Folge korrekter Berechnungen nach dem bestmöglichen Algorithmus sind. Hier müssen Fragen der Schuld und der Würde philosophisch neu bewertet werden. Ähnliche philosophische Fragestellungen stellen sich für eine Vielzahl weiterer Produkte, z.B. Health Apps, neue medizinische Verfahrensweisen oder neue Umwelttechnologien.

4. *Reflexionsprozess:* Philosophieren, verstanden als Reflexionsprozess der alle drei Bereiche – Lebenswelt, Philosophie und Wissenschaften – umfasst, verlangt nicht nur die Integration wissenschaftlichen Wissens für bestimmte philosophische Themenfelder, sondern es verlangt auch *Wissenschaftskritik*. Wissenschaftskritik kann auf vielen Ebenen geschehen, muss dafür aber auf Kenntnisse aus Wissenschaftsgeschichte, Wissenschaftssoziologie, Wissenschaftsforschung und Wissenschaftsethik zurückgreifen. Bis auf Wissenschaftsethik haben diese Disziplinen bisher keinen Eingang in den Schulunterricht gefunden. Die Transformation unserer Lebenswelt in eine wissenschaftliche macht es deshalb für Bildungsaufgaben notwendig, ihre Irrtümer ebenso zu kennen, wie ihre Errun-

genschaften. Ein eindrückliches Beispiel ist die in den 1940er Jahren in den USA im „Namen der Wissenschaft" propagierte Behauptung Rauchen sei gesund, Umfragen hätten ergeben „more doctors smoke Camel than any other cigarette".[6] Die Tabakindustrie hatte großes Interesse daran, die seit den 1930er Jahren immer wieder bestätigte Tatsache, dass Rauchen Krebs fördert, zu verhindern und entwickelte PR-Strategien, um diese Erkenntnisse zu anzugreifen, damit die Menschen sich das Rauchen nicht abgewöhnen. Dabei wurden häufig auch Wissenschaftler*innen angeworben, um für die Interessen der Tabakindustrie zu arbeiten. Prothero bezeichnet sie als *Wissenschaftsleugner der zweiten Kategorie*: Es sind Wissenschaftler*innen aus fernen Disziplinen und deshalb keine Expert*innen auf diesem Gebiet, die die Fakten zwar kennen, die aber aus politischen oder ökonomischen Gründen alles tun, um diese Fakten zu vernebeln, zu bestreiten und mit schlechten oder fehlerhaften Argumenten anzugreifen. Mit denselben Strategien agieren auch Wissenschaftsleugner des Klimawandels, des Ozonlochs oder anderer Gebiete (Prothero, 2013). Grundkenntnisse solcher Fälle der Wissenschaftsgeschichte und die Analyse ihrer Argumentationsstrategien fördern ein reflektiertes Verständnis von Wissenschaft und entschleunigen die momentan in der Gesellschaft zu beobachtende Polarisierung der Bevölkerung in Wissenschaftspessimist*innen und unkritische Wissenschaftsgläubige. Für diese Aufgabe einer umfassenden Ausarbeitung von Richtlinien und Materialien zur Schulung *epistemischer Kompetenz* ist eine fachdidaktische Kooperation mit den Naturwissenschaftsdidaktiken wünschenswert, die besonders im angelsächsischen Raum Wissenschaftsgeschichte und Wissenschaftsphilosophie viel stärker fordern als im deutschsprachigen Raum (prägend z. B. Matthews, 2014).[7]

Zusammenfassend kann folgende philosophiedidaktische Maxime leitend sein (Bussmann, 2019, S. 243):

„Philosophiere stets so, dass du dich fragst, welches grundsätzliche Problem erkannt und erklärt werden soll. Dieses Problem sollte
1. in unserer heutigen oder zukünftigen Welt eine Rolle spielen,
2. mithilfe der Philosophie und
3. – **wo notwendig** – mithilfe der empirischen Wissenschaften bearbeitet und geklärt werden."

---

6 Vgl. https://www.spiegel.de/geschichte/irre-reklame-a-947183.html#fotostrecke-fcb47b93-0001-0002-0000-000000107052, letzter Abruf am 12.12.2021.
7 Siehe ebenfalls die von Matthews aufgebaute internationale Organisation und Plattform http://www.hpsst.com, letzter Abruf am 24.01.2024.

3 Missverständnisse und Kritikpunkte

Im Folgenden sollen einige wiederkehrende Kritikpunkte an dem oben vorgestellten Ansatz diskutiert werden. Aussagen oder Fragen, die sehr häufig geäußert werden, setze ich kursiv an den Anfang und gebe im Anschluss meine Antwort.

3.1 Das „W" im LW-Ansatz ist überflüssig

„Philosophie ist doch eine Wissenschaft, wieso muss das W noch einmal extra aufgeführt werden?"
Antwort: Selbstverständlich hat jedes Schulfach im akademischen Kontext sein fachwissenschaftliches Äquivalent. Wenn man das Dreieck dahingehend missversteht, dann wäre es bestenfalls eine systematische Aufforderung an alle Schulfächer: Statt Philosophie an der Spitze, kann dort wahlweise Religion, Geschichte oder Sport stehen. Doch es geht nicht darum hervorzuheben, dass das Schulfach stets in Auseinandersetzung mit den Diskursen seiner Fachwissenschaft stattfindet. Das W sollte, wie oben beschrieben, deshalb extra aufgeführt werden, weil a) unsere Lebenswelt zu einer dominant wissenschaftlichen geworden ist und daraus b) Probleme erwachsen, die insbesondere in den Aufgabenbereich des Philosophieunterrichts fallen. Stärker noch: Soll der Bildungsauftrag an die Schulen zur Ausbildung kritischer Urteils- und Reflexionsfähigkeit befähigen, kommt dem Philosophieunterricht hier eine prominente Rolle zu. Es geht also nicht darum, die Studierenden und Schüler*innen daran zu erinnern, dass sie ihre aktuelle akademischen Fachwissenschaft stets im Kopf haben sollten.[8] Es geht darum aufzuzeigen, dass es Aufgabe der Philosophie ist (neben den naturwissenschaftlichen Fächern), sich mit Grundlagenfragen und -problemen wissenschaftlicher Forschung und Lebenswelttransformationen zu beschäftigen. An dieser Stelle sei darauf hingewiesen, dass es zu den ersten Aufgaben gehört, zunächst zu diskutieren, was unter dem Begriff „Wissenschaft" eigentlich verstanden wird und verstanden werden sollte. In der breiten deutschsprachigen Öffentlichkeit wird der Begriff ziemlich inflationär und unreflektiert verwendet. Alles, was an der Universität geschieht, scheint automatisch Wissenschaft zu sein. So möchte ich meinen Wissenschaftsbegriff allerdings nicht verstanden wissen. Natürlich ist die Philosophie eine Wissenschaft in

---

[8] Obwohl die stärkere Beachtung aktueller fachphilosophischer Diskurse für die Philosophieausbildung tatsächlich gefordert werden kann. Siehe zur Kritik an einem veralteten Philosophieverständnis in schulischen Lehrwerken Detel-Seyffahrt und Detel, 2017.

dem Sinne, dass sie an der Universität gelehrt wird, aber ich verstehe sie als eine *Reflexionswissenschaft* und nicht als eine empirisch arbeitende Wissenschaft.[9]

Für viele akademische Philosoph*innen ist das W im Dreieck dagegen deshalb überflüssig, weil sie ohnehin ein wissenschaftsorientiertes Philosophieverständnis vertreten. Sie würden – zu Recht – behaupten, dass Wissenschaftskritik und -Reflexion seit jeher zur Philosophie gehört und man dafür das W nicht extra aufführen müsse. Das Dreieck ist allerdings nicht für Philosoph*innen entwickelt worden, sondern für die Lehramtsausbildung der philosophischen Fächergruppe. Aufgrund eines noch immer vorherrschenden hermeneutischen und historisch orientierten Philosophieverständnisses (siehe dazu weiter unten) ist Wissenschaftsorientierung in der Lehramtsausbildung deshalb keine Selbstverständlichkeit. Und selbst die Fachdidaktiken der naturwissenschaftlichen Fächer stellen hier ein Defizit fest: „Fähigkeit zur Wissenschaftsreflexion, obwohl seit der Aufnahme der naturwissenschaftlichen Fächer in den Kanon der gymnasialen Oberstufe wieder und wieder als zentrales Unterrichtsziel gefordert, ist bis heute weder im didaktischen Diskurs oder in den Curricula noch auf Schulebene verwirklicht worden" (Kötter, 2019, V). Das Problem besteht u. a. auch darin, „dass in Deutschland keine Wissenschaftsphilosophie-Lehrbücher existieren, die über die sehr stark vereinfachten Darstellungen in den Didaktik-Lehrwerken hinausgehen, aber dennoch für ein Laienpublikum verständlich geschrieben sind" (Kötter, 2019, S. 33). Obendrein zeigen praktisch alle internationalen Studien, „dass das Wissenschaftsverständnis von Lehrern, Lehramtsstudierenden sowie Schülern und Schülerinnen verschiedener Schulstufen stark verbesserungsbedürftig ist" (Ledermann, 2007). Dieser grundlegende Mangel einer wissenschaftlichen Grundbildung dürfte auch ein Grund für die nächsten Kritikpunkte am LW-Ansatz sein.

3.2 Der LW-Ansatz führt zur Fachauflösung

„Müssen wir jetzt noch Neurowissenschaften studieren, um Philosophie unterrichten zu können?"

Antwort: Ich kann die Angst vor der Herausforderung verstehen, die sich durch die stärkere Beschäftigung mit Themen der Wissenschaften ergibt. Dies verlangt nach Kompetenzen, die bis jetzt nicht Teil der Lehramtsausbildung sind. Im Zentrum scheint nach wie vor die Beschäftigung mit den Texten klassischer Philosoph*innen zu stehen. So konnte eine erste „Expertenbefragung zu fachwissenschaftlichen Kerninhalten des Studiums Philosophie/Ethik" (Brosow und Luckner,

---

[9] Mit Ausnahme der experimentellen Philosophie und transdiziplinärer Forschungskooperationen.

2018) zeigen, dass die jetzt habilitierten und promovierten Lehrenden an deutschsprachigen Hochschulen die Relevanz bestimmter Denker besonders hervorheben, insbesondere Immanuel Kant, gefolgt u. a. von Aristoteles, Descartes, Platon und Hume (Brosow und Maisenhölder, 2019)[10]. Der LW-Ansatz ist deshalb eine Herausforderung, weil das Selbstverständnis von Philosophielehrkräften durch dieses traditionell philosophisch-ethische Grundlagenwissen geprägt wird – und nicht durch ein interdisziplinäres Studium, für das die Philosophie zwar die Grundlagenwissenschaft bildet, das aber in Anwendung und Analyse konsequent Erkenntnisse aus anderen Wissenschaften mit einbezieht.[11] Es ist deshalb kein Wunder, dass das Thema „Fachlichkeit" und „Fachidentität" zunehmend diskutiert wird (Torkler, 2020). Man sollte allerdings vorsichtig sein mit der Behauptung, dass die Güte philosophischen Unterrichts ausschließlich auf philosophisches Fachwissen zurückgeführt werden kann. Die einflussreiche COACTIV-Studie, die das fachdidaktische und fachwissenschaftliche Wissen von Mathematiklehrkräften getestet hat, kommt zu dem Ergebnis, dass die Unterrichtsqualität maßgeblich von der Begeisterung für das *Unterrichten* abhängt – und nicht von der Begeisterung für das Fach (Kunter, 2007). Nun kann man die These vertreten, dass sich die Ergebnisse für das Fach Mathematik auf keinen Fall auf die Philosophie übertragen lassen. Die Studie behauptet allerdings nicht, dass das Fachwissen *keine* Rolle spielt. Und selbst, wenn man meint, guter Philosophieunterricht benötige mehr Begeisterung durch Fachwissen, dann ist immer noch offen, was unter Fachwissen verstanden werden sollte. Es dürfte ein Konsens darüber bestehen, dass wir Schüler*innen nicht zu Expert*innen eines Faches ausbilden, sondern zu aufgeklärten Laien, die über bestimmte philosophische Kompetenzen verfügen, die für Orientierung in ihrem persönlichen Leben und für die autonome Teilhabe an demokratischen Gesellschaftsprozessen hilfreich sind.

Man muss als angehende Lehrkraft also nicht Neurowissenschaften studieren, um Philosophie zu unterrichten. Aber man sollte in der Lage sein, z. B. für eine Einheit über Maschinenethik, Emotionen oder Migration die entsprechenden Daten und Erkenntnisse zu recherchieren, die wesentlichen Ergebnisse zu identifizieren und deren Implikationen für die philosophische Fragestellung ableiten und problematisieren zu können.

---

10 Aus diesem Ergebnis folgt natürlich nicht zwingend, dass die befragten Expert*innen ihre Lehrveranstaltungen auch danach ausrichten.
11 Obwohl dies von vielen Lehrplänen gefordert wird, so z. B. vom Lehrplan „Ethik" in Österreich oder „Werte und Normen" in Niedersachsen. Der Ethiklehrplan Österreich führt 16 Bezugsdisziplinen auf (https://www.brg-woergl.at/wp-content/uploads/2021/06/Lehrplan-Ethik.pdf)

3.3 Der LW-Ansatz führt zu einer unerwünschten Wissenschaftsdominanz

„Mit diesem Ansatz wird die philosophische Bildung zu Grabe getragen"

Antwort: Wenn man es falsch macht und kein fundiertes Philosophieverständnis entwickelt hat, dann kann das tatsächlich passieren. Doch was ist mit „Wissenschaftsdominanz" gemeint? Ich möchte drei Interpretationen aufgreifen, die oft geäußert werden.

1. *Wissenschaft ist einfacher und spannender:* Eine empirische Studie unter österreichischen Psychologie-Philosophielehrkräften (beide Fächer werden von ein und derselben Lehrperson unterrichtet) hat gezeigt, dass sowohl Lehrkräfte als auch Schüler*innen das Fach Psychologie lieber mögen als das Fach Philosophie (Kögel et al., 2019). Warum? Die Psychologie, so der Tenor, liefert spannende Studien und Theorien über das Denken, Fühlen und Verhalten von Menschen, welche direkt auf das persönliche Leben angewendet werden können, die Schüler*innen in der Regel mehr Spaß machen und deshalb für die Lehrkräfte motivierenderen Unterricht bedeutet. Die Philosophie hingegen sei anstrengend, da sie abstraktes, systematisches und komplexes Denken schult. Wenn man als Lehrkraft den Wert philosophischen Denkens und Wissens also nicht erkannt hat, dann kann es tatsächlich dazu führen, dass die philosophische Arbeit auf der Strecke bleibt. Die anderen Wissenschaften könnten mehr und mehr Raum einnehmen und den „reinen" Philosophieunterricht verdrängen. Ich denke allerdings, dass der LW-Ansatz langfristig genau das Gegenteil bewirkt: Philosophische Reflexionsprozesse sollen angesichts der Herausforderungen, die durch die Wissenschaften entstehen, gerade gestärkt werden. Die Philosophie begegnete dem „Gegner", indem sie ihn ernst nimmt und sich mit ihm auseinandersetzt. Außerdem müsste die häufig anzutreffende mangelnde Begeisterung für das Fach Philosophie, über die viele ehemalige Schüler*innen berichten, empirisch erforscht werden, bevor man die Schuld der Philosophie gibt. Sie könnte nämlich ebenso gut auf einen unzeitgemäßen, langweiligen oder schlecht durchgeführten Unterricht zurückgeführt werden.

2. *Bildungsverständnis:* Ein weiterer Grund für die Ablehnung des W im Dreieck ist ein bestimmtes Bildungsverständnis. Es ist ein Bildungsverständnis, das die empirischen Wissenschaften grundsätzlich als Gefahr bzw. Konkurrenz betrachtet. Historisch könnte man hier z. B. Adorno nennen. Er bezeichnet die Philosophie in der der Epoche von 1790 bis 1830 als einen „über die blosse psychologische Einzelperson hinausgehenden Charakter des Geistes", welche Bildung „als das eines Geistigen, das nicht unmittelbar einem anderen dienstbar, nicht unmittelbar an seinem Zweck zu messen ist" festschreibt (Adorno, 1979, S. 106). Der später einsetzende unwiderrufliche Sturz der „Geistesmetaphysik" habe die Bildung unter sich begraben. Als dominante Hauptursache dieses *Bildungsverfalls* wird auch der Sie-

geszug der Wissenschaften gesehen, die sich dem kapitalistischen Nutz- und Verwertbarkeitsdenken nicht entziehen könne und – in Anlehnung an Dilthey – eben nur erklärendes, aber nicht verstehendes Denken fördere. Die Philosophie sei deshalb die wichtigste Bastion gegen einen wild gewordenen Kapitalismus, dem sich die wissenschaftliche Forschung längst unterworfen hätte. Diese Auffassung ist unter geisteswissenschaftlichen Lehrkräften und Bildungsphilosoph*innen auch heute noch aktuell (z. B. Liessmann, 2014).

Die Kritik am LW-Ansatz ist demnach von der Sorge getragen, er könne zu einer unerwünschten Dominanz *empirischer Forschung* in der Philosophiedidaktik führen und die Philosophie – quasi als letzte Instanz zweckunabhängiger Vernunft, die noch in der Lage ist, fundiert Gesellschaftskritik zu üben – unter sich begraben. Der LW-Ansatz bedeutet für viele langfristig die Abkehr von einer Erziehung zur Freiheit. So warnte der Philosophiedidaktiker Volker Steenblock in den letzten Jahren davor, nicht der „Eigendynamik einer „Messbarkeit", zu erliegen, die sich im szientistischen Zeitgeist immer mehr zu einem Vernunftkriterium aufspielt". Die empirische Unterrichtsforschung spiele sich in der Fachdidaktik als großer Bruder auf, an den „essentielle Elemente der Identität ihre Fächer" preisgegeben werden (Steenblock, 2016, S. 26).

Der LW-Ansatz impliziert keine Aufforderung für mehr empirische Bildungsforschung in der Philosophiedidaktik. Allerdings halte ich es *aus anderen Gründen* dennoch für wichtig, mehr empirische Unterrichtsforschung zu betreiben. Man wird nicht automatisch zur „Szientistin", wenn man wissen möchte, ob bestimmte Unterrichtsmaterialien und Lehrformen erfolgreich sind oder welche Methoden der Argumentationsschulung zu größeren Lernerfolgen beitragen.

3. *Gleichwertige Weltzugänge:* In der Philosophiedidaktik wird in Anschluss an Ekkehard Martens (2003b) und Johannes Rohbeck (2000) ein *Methodenpluralismus* vertreten. Das bedeutet, dass alle philosophischen Methoden – phänomenologische, hermeneutische, dekonstruktivistische oder analytische – gleichermaßen als Analyseinstrumente zugelassen werden. So denken Lehrkräfte im Anschluss an den Methodenpluralismus, den sie in der Lehramtsausbildung gelernt haben, dann häufig: Alle Weltzugänge sind gleichwertig. Diese *Gleichwertigkeitsdoktrin* (Boghossian, 2013, S. 10), die insbesondere auch von postmodernen und sozialkonstruktivistischen Theorien vertreten wird, halte ich für problematisch. Wenn sie stimmen sollte, dann hätten wir unsere gesellschaftliche Ordnung fundamental missverstanden. Ob Wettervorhersage, Wirtschaftsbericht, medizinisches Wissen oder Kindererziehung: Wir befragen weder die Sterne, noch konsultieren wir Heiler, noch sollte man sich aussuchen, woran man glauben will, weil Wissen „nur" relativ und zeitabhängig ist. Wir haben die besten Gründe dafür, wissenschaftliche Prinzipien zu schätzen: Wir stützen uns auf Beobachtungsdaten, verlangen Rechtfertigungen, stellen Hypothesen auf, bevorzugen Einfachheit in Erklärungen, entschei-

den auf Grundlage von Evidenz etc. Der wissenschaftliche Weltzugang ist faktisch eben nicht nur einer unter vielen. Genau aus diesem Grund wird auch für eine stärkere Wissenschafts*reflexion* plädiert. Wer also aus dieser Argumentation heraus Wissenschafts*dominanz* fürchtet, bringt damit entweder eine Form von Wissenschaftsfeindlichkeit zum Ausdruck oder formuliert die Angst, dass persönliche Erfahrungen – die phänomenologische „Erste-Person-Perspektive" – sowie die Vielfalt an Weltzugängen durch eine zu starke Konzentration auf wissenschaftliche Themen und Fragestellungen in Bildungsprozessen nicht mehr genügend Raum erhalten. Der LW-Ansatz selbst impliziert das nicht. Wer, wenn nicht das Subjekt selbst, *durchdenkt* und *prüft* die komplexen Zusammenhänge von Lebenswelt, Wissenschaft und Philosophie? Der LW-Ansatz verlangt lediglich, dass Philosophie nicht ohne wissenschaftliche Fakten geschehen und sich vermehrt wissenschaftsreflexiver Fragen widmen sollte. Gleichwohl kann natürlich nicht garantiert werden, wohin sich die zukünftige Generation entwickelt und ob sie den Ansatz möglicherweise nicht einseitig interpretiert.

3.4 Der LW-Ansatz ist zu anspruchsvoll

„Das kann man höchstes in der Oberstufe machen."

Antwort: Wenn damit gemeint ist, dass wissenschaftliche und metawissenschaftliche Fragen für alle Altersklassen außer der Oberstufe zu schwierig sind, dann ist das meines Erachtens falsch. Altersadäquat relevante Fragen und Aufgaben zu entwickeln, die von Anfang an wissenschaftsreflexive Kompetenzen fördern, ist eine zentrale Aufgabe der Fachdidaktik. Es geht darum, in Anlehnung an den Wissensstand der Schüler*innen Stufen- bzw. Spiralmodelle zu entwickeln. So kann man z. B. in der Unterstufe, in der in vielen Fächern Tiere im Zentrum stehen (auch, weil viele Kinder Haustieren haben), im Philosophieunterricht die Frage diskutieren: „Können Tiere denken?" (Bussmann, 2014, S. 96ff.). Anhand von Filmausschnitten, in denen bestimmte Tiere eine Reihe von Tests bestehen müssen, können Schüler*innen bereits erfolgreich Fragen entwickeln, die sich kritisch auf die Entwicklung von Tests zur Messung von Denkprozessen beziehen. Ebenso kann die Testdurchführung selber, die Ableitung bestimmter Ergebnisse und natürlich die Frage, ob die Handlungen, die in den Tests durchgeführt wurden, als Denken zu bezeichnen sind, diskutiert werden. Anhand des Films „Hund oder Katze – wer ist klüger?" (Birmelin und Arzt, 2011) warfen die ca. zwölfjährigen Schüler*innen z. B. folgende Fragen auf: Sollten nicht immer die gleichen Rassen gegeneinander antreten (taten sie im Film nicht)? Kann man ausschließen, dass die Tiere dressiert oder einige älter waren und dadurch mehr Lebenserfahrung hatten? Welche Bezugsperson führte den Test durch? Wenn sie dem Tier bekannt ist, kann das zu

Verzerrungen im Ergebnis führen. Besonders der „Zähltest" geriet durch seinen fehlerhaften Aufbau und die nicht überzeugende Interpretation in die Kritik: Das, was dem Kater Harry als „Zählen können" im Film unterstellt wurde, hätte laut Schüler*innenauffassung auch als Schließen auf das Unbekannte durchgehen können. Daraufhin wollten sie einen Versuchsaufbau entwickeln, der diesen Fehler ausschließen kann.

Dies ist nur ein Beispiel, das deutlich macht, dass es vielen Personen möglicherweise nur an didaktischer oder philosophischer Kreativität und Expertise fehlt, um den LW-Ansatz gewinnbringend in allen Altersstufen umzusetzen.

3.5 Der LW-Ansatz gibt keine konkreten Hilfestellungen für die Unterrichtspraxis

„Wie soll ich denn damit den Unterricht gestalten?"

Antwort: Leider zeigt sich hier ein immer noch vorherrschendes gravierendes Fehlverständnis von Fachdidaktik. Fachdidaktiker*innen arbeiten auf drei Ebenen: der theoretisch-konzeptionellen, der methodisch-praktischen und der empirisch-kritischen (siehe z. B. Nida-Rümelin et al., 2015). Der LW-Ansatz ist ein Modell der theoretisch-konzeptionellen Ebene. Unterrichtseinheiten, Kompetenz- bzw. Lernziele werden *auf Grundlage* des Ansatzes entwickelt. Ein Ansatz entwirft ein Big Picture, das für die Forschung und für Entwicklung von Unterrichtspraxis neue Aufgaben formuliert, die zukünftig umgesetzt werden sollten (Lehrwerke, Kompetenzraster, Medien, Fortbildungen etc.). Er ist also in erster Linie nicht für den sofortigen Einsatz am Montagmorgen gedacht.

In einer zweiten Antwort kann man in der oben gemachten Aussage allerdings noch ein zweites Fehlverständnis identifizieren: Inhalte und Methoden für die schulische Unterrichtsplanung sollten immer auf Basis eines Ansatzes ausgewählt werden, nur ist vielen Lehrpersonen ihr eigenes Verständnis von Philosophie(unterricht) oft nicht bewusst. Sie orientieren sich in der Regel an ihrem eigenen Unterricht, den sie früher in ihrer Schulausbildung erhalten haben oder sie verlassen sich auf Lehrwerke. Ohne ein fundiertes Verständnis des eigenen Philosophiebegriffs (Professionswissen) kann allerdings auch der Unterricht nicht optimal gelingen. Hierauf muss die Hochschulausbildung für Lehrkräfte verstärkt reagieren und Veranstaltungen anbieten, die in das interdisziplinäre und wissenschaftsreflexive Arbeiten einführen.

3.6 Der LW-Ansatz führt zu einer Infragestellung und Modifikation des Kanons

„Und wo bleibt dann noch die klassische philosophische Bildung?"

Antwort: Die klassische philosophische Bildung bleibt unangetastet. Sie muss allerdings stärker auf die lebensweltlichen Herausforderungen und die Diskurse in der aktuellen Fachphilosophie angepasst werden. Experimentelle Philosophie, feministische Philosophie, interkulturelle Philosophie und empirische informiertes Philosophieren sind bis jetzt nicht in der Schule angekommen. Die Frage, ob der (unautorisierte) Kanon, der sich in vielen Schulbüchern findet, grundlegend revidiert werden sollte, stellt sich deshalb nicht erst mit dem LW-Ansatz und wird zurzeit in der Philosophiedidaktik-Community ohnehin kontrovers diskutiert. Grundsätzlich halte ich die personale Grundstruktur vieler Lehrwerke, d.h. die Orientierung an einzelnen Philosophen (der Geschichte)[12], neben deren Textauszügen häufig noch ein Portraitfoto abgebildet ist für nicht optimal. Ziel sollte eine an philosophischen, problemorientierten Fragestellungen angelehnte Grundstruktur sein, in der alle Dialogpartner – je nach Thema – zu Wort kommen, sobald sie Substanzielles zur Fragestellung beitragen.

Bezüglich der Kanonfrage ist ein weiterer Punkt auffällig: Wieso wird z.B. interkulturelle Philosophie relativ unkontrovers als Kanonerweiterung akzeptiert, während Wissenschaftsorientierung als „Fachauflösung" befürchtet wird? Mir erschließt sich das nicht ganz, denn konfuzianische oder afrikanische Philosophie ist aufgrund des fremden kulturellen Kontexts sicherlich nicht einfacher zu verstehen als (natur)wissenschaftliches Wissen, welches den Schüler*innen in der Schule durch die anderen Fächer immer präsent ist.

3.7 Der LW-Ansatz bedeutet eine Neuorientierung der Lehramtsausbildung

„Wollen Sie etwa das ganze Schulsystem umkrempeln?"

Antwort: Inter-, Trans- und Multidisziplinarität sind im universitären Bereich seit langem gefordert und durch neue Studiengänge oder Forschungskooperationen vielfach erfolgreich etabliert. In schulischen Kontexten stößt man mit dieser Forderung jedoch auf gravierende schul- und ausbildungsorganisatorische Probleme.

---

12 Ich habe hier bewusst nur das männliche Geschlecht gewählt, da weibliche Philosophen in der Regel kaum vorkommen. Das ist historisch bedingt und natürlich nicht Absicht der Schulbuchautor*innen. Dem sollte und kann aber auf mehreren Ebenen begegnet werden.

Hier gibt es viele Rahmenbedingungen, die eine wirklich wissenschaftsorientierte Bildung – jenseits der oben aufgeführten inhaltlichen Gesichtspunkte – behindern: die klassische Aufteilung in einzelne Fächer, in der die Lehrkraft als Einzelkämpfer*in unterrichtet, die zeitliche Fixierung auf Unterrichtseinheiten von 45 oder 90 Minuten, Unterrichtsräume, die den Anforderungen an ein selbstgesteuertes, mediengestütztes Lernen mit Möglichkeiten für eine Vielzahl von Unterrichtsformaten nicht gerecht werden u.v.m. Neue Lehrkonzepte ziehen neue Rahmenbedingungen zur Umsetzung nach sich. Wenn der LW-Ansatz zur Veränderung einiger dieser Missstände beitragen könnte, dann wäre es ein Gewinn. Letztlich könnte man die Aufgabe von Fachdidaktiker*innen gerade darin sehen, das Schulsystem kontinuierlich „umzukrempeln" – solange man die von John Dewey im Eingangszitat genannte „bessere Gesellschaft der Zukunft" im Auge behält.

4 Wissenschaftsreflexion: Ein fachdidaktisches Basiskonzept für die Unterrichtspraxis und ein konkretes Beispiel

4.1 Ein philosophisches Basiserkenntniskonzept zur Schulung epistemischer Grundlagenunterscheidungen

Es gibt viele Themenfelder, die sowohl in der breiten Öffentlichkeit als auch in akademischen Diskursen kontrovers diskutiert werden und die in den Aufgabenbereich des LW-Ansatzes fallen, da hier in fundamentaler Weise über den Stellenwert bestimmter wissenschaftlicher Erkenntnisse und Methoden gestritten wird. An den Universitäten sind es besonders postmoderne und postkoloniale Theorien, die die empirischen Wissenschaften als ein soziales und westliches Konstrukt betrachten, die ihren Erfolg in erster Linie ihrer globalen, gesellschaftlichen Machtausübungen verdanken. In der Auseinandersetzung um den Stellenwert westlicher Wissenschaft in diesen und in interkulturellen Kontexten (Wissenschaftsimperialismus/Wissenschaftsablehnung), habe ich folgendes *Basiserkenntniskonzept (core concept)*[13] entwickelt (siehe Abb. 2), das zwei philosophische Grundlagenunterscheidungen sichtbar machen soll:
1. Die Unterscheidungen zwischen Wahrheitsfragen und Machtfragen
2. Die Unterscheidung zwischen deskriptiven und normativen Fragen

---

[13] Auch das Philosophiedidaktische Dreieck ist ein solches Konzept. Zu Basiserkenntniskonzepten allgemein siehe z. B. Mayer und Land (2003 und 2005).

Der schwarze Pfeil soll deutlich machen, dass sehr häufig epistemische Behauptungen aufgestellt werden, ohne sich folgender Problematik bewusst zu sein:
a) Sehr häufig werden auf Grundlage bestimmter *Fakten* vorschnell normative Forderungen abgeleitet[14]
b) Sehr häufig werden auf Grundlage *falscher* oder *unvollständiger* Fakten normative Forderungen abgeleitet
c) Sehr häufig werden *ohne* Kenntnis der Fakten normative Forderungen erhoben[15]

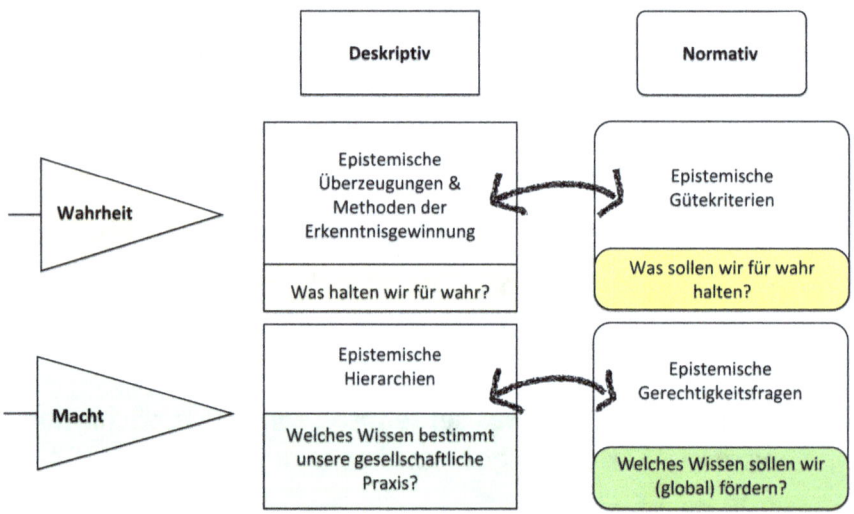

Abb. 2: Philosophisches Basiserkenntniskonzept „Epistemische Grundlagenunterscheidungen".
© Bussmann. (Für eine weitere Anwendung siehe Bussmann/Mayr 2023, 295–320).

Die Nichtbeachtung dieser Unterscheidungen, so meine These, ist maßgeblich mit dafür verantwortlich, dass sich Formen von Wissenschaftspessimismus, -angst, -ablehnung-, oder -leugnung momentan relativ stark verbreiten. Echte Wissenschaftsleugnung, so muss allerdings angemerkt werden, ist in Schul- und Hochschulkontexten sehr selten anzutreffen. Hier fehlt es meistens an grundlegendem Wissen über die Ziele und Methoden wissenschaftlichen Arbeitens überhaupt, so dass in der Folge bei Schüler*innen eher Formen des Skeptizismus, der unreflektierten Ablehnung und der Angst vorliegen – oder auf der anderen Seite ein unreflektierter Szientismus vorherrscht. In der Regel liegen also Mischformen von

---

[14] Üblicherweise wird dieser Fehlschluss als naturalistischer bezeichnet.
[15] Dieses Prinzip (kein Fehlschluss) ist unter der Formulierung „Sollen impliziert Können" bekannt.

Wissenschaftsablehnung vor, die manchmal stärker psychologisch, manchmal eher politisch und manchmal ideologisch motiviert sind. Ziel einer philosophischen Reflexion ist deshalb auch eine Sensibilisierung für diese Unterscheidungen und Überschneidungen. Das folgende Basiserkenntniskonzept sollte also nicht als Checkliste missverstanden werden, in der Fehlformen des Denkens identifiziert und abgehakt werden. Das gilt im Übrigen ebenfalls für jede Form von Demarkationskriterien, die ja meistens als Listen oder Tabellen vorliegen (z. B. Hansson, 2008; Bussmann, 2014; Mahner, 2013). Basiserkenntniskonzepte ordnen eine (unübersichtlich gewordene) Menge an Wissensbeständen nach zentralen fachlichen (hier: philosophischen) Grundlagenkategorien und -unterscheidungen und zeigen neue Zusammenhänge auf. Mit diesem Konzept müssen Lehrkräfte eigenständig Unterrichtseinheiten entwickeln.

Bevor man jedoch in die unten vorgestellte konkrete Fallanalysen einsteigt, sollte man zunächst den Missstand thematisieren, dass in den meisten Fällen – in gesellschaftlichen, persönlichen, aber auch in akademischen Diskursen – meistens nur von „der" Wissenschaft gesprochen wird (z. B. Ladenthin, 2011). Zwar benötigen wir sprachlich häufig eine pragmatische Kurzform, wenn wir z. B. wissenschaftliche Arbeitsweisen von künstlerischen abgrenzen wollen oder ähnliches. Für solche neutralen Fälle scheint die Bezeichnung unproblematisch. Aber sehr häufig wird mit dieser Formulierung ein undifferenziertes Feindbild aufgebaut. Ähnliches passiert, wenn man von „den" Frauen oder Männern spricht, von „den" Deutschen oder Franzosen. Wie dringend notwendig diese Sprachkritik ist, zeigt sich an dem Einfluss des russischen Chefideologen Wladimir Putins – Alexander Dugin –, der „dem" Westen bescheinigt „antitraditionelle" Werte zu vertreten, die er als globale Diktatur imperialistisch über die ganze Welt verbreitet. Daher müsse man den Westen „vernichten" (Dugin, 2013). Ähnliche Mechanismen treffen auf die Verwendung des Begriffs „Wissenschaft" zu. Aber es gibt nicht „die eine", „die wahre" oder „die westlich autoritäre" Wissenschaft, sondern gute, schlechte und viele weitere Formen von Wissenschaft. Diese Differenzierungen müssen bekannt gemacht werden. Zunächst sollte man deshalb sichtbar machen, welche Alltagsvorstellungen Schüler*innen bzw. Studierende mit dem Begriff „Wissenschaft" verbinden[16]. Im weiteren Verlauf kann dann das Basiserkenntniskonzept zum Einsatz kommen, indem man es auf bestimmte Aussagen, Fälle, Theorien usw. anwendet.

---

16 Empirische Erhebung von Schüler*innenvorstellungen gehören in den Naturwissenschaftsdidaktiken seit langem zur fachdidaktischen Grundlagenrepertoire in der Lehramtsausbildung. In der Philosophiedidaktik wird deren Fruchtbarkeit zwar (zu Recht) umstritten diskutiert, mir erscheint die Wichtigkeit einer systematischen Erhebung von Alltagsvorstellungen zum Thema „Wissenschaft" allerdings als gewinnbringend. Im Sinne des *Conceptual Change* Ansatzes könnten Fehl-

4.2 Analyse eines fiktiven Gesprächsausschnitts

Der folgende Gesprächsausschnitt ist zwar frei erfunden, aber lebensweltlich gesättigt. Einzelne Aussagen sind verschiedenen Quellen entnommen (Medien, persönliche Gespräche, akademische Aufsätze u.v.m.) und hier so zusammengestellt, dass ein Faden sichtbar wird, der relativ komplex ist, aber unserer Alltagserfahrung eines Gesprächs gerecht wird. In Gesprächen müssen wir in kurzer Zeit eine Fülle von Informationen aufnehmen und verstehen. Wenn wir darauf kritisch antworten wollen, muss man sehr schnell die Punkte identifizieren können, mit denen man nicht einverstanden ist. Zwar sagt uns unser Bauchgefühl bereits vorher, dass etwas nicht stimmt, aber eine argumentative Auseinandersetzung bedarf ganz genauen Zuhörens – und das ist in der Realität extrem schwierig. Man benötigt sehr viel Übung und Erfahrung, um in *konkreten Diskurssituationen* angemessen reagieren zu können. Deshalb bietet es sich an, diese Kompetenzen zunächst in schriftlicher Form zu erlernen. Der folgende Gesprächsausschnitt ist in drei Abschnitte gegliedert, die im Anschluss analysiert werden. Selbstverständlich kann nicht das gesamte Potential ausgeschöpft, sondern nur stichpunktartig angedeutet werden (siehe Abb. 3).

Hast du gehört? Ein zwölfjähriger Junge starb neulich nach einer Impfung – schrecklich! Die Wissenschaftler halten ja die ganzen Nebenwirkungen sowieso zurück. Wenn so etwas passiert, dann muss man die Impfung sofort verbieten! (1)

Soweit ist es schon gekommen mit der Macht der Wissenschaft und der Pharmaindustrie. Sie ist ein totalitäres System, dem wir alle unterworfen sind. Jahrtausendealtes Naturwissen der Menschheit ist durch die Wissenschaften zerstört worden! (2)

Wir müssen endlich die Entscheidung über unsere Gesundheit und unsere Lebensweise wieder selbst treffen. In der Schule sollten Naturheilverfahren, Homöopathie und alternative Lebensweisen verbindlicher Unterrichtsstoff werden. Mehr Feng-Shui und weniger Chemie wäre mir echt lieber! Nicht nur, weil es die gesündere Alternative zur Wissenschaft ist, sondern auch um ein Gegengewicht zu schaffen für eine immer stärker werdende normierte Schulbildung nach starren Wissenschaftskriterien. (3)

Abb. 3: Fiktiver Gesprächsausschnitt „Wissenschaftsablehnung". © Bussmann.

(1) Epistemische Überzeugungen: Was halten wir für wahr?
- *Überzogene Ansprüche an die Erkenntniskraft von Wissenschaft*: Viele Menschen haben die Fehlvorstellung, dass die Wissenschaften insbesondere Naturphänomene vollständig erklären können und damit automatisch hundertprozentige Präventionsmaßnahmen, Prognosen etc. möglich sind. Treten Probleme oder Nebenwirkungen auf, wird häufig – wie hier – mit einem unzulässigen Sprung ins Normative reagiert: Verbieten!

---

vorstellungen systematisch identifiziert und für die philosophische Unterrichtspraxis systematisch aufgearbeitet werden.

- *Personifizierung:* Die Einzelwissenschaftler*in hält in der Regel keine Nebenwirkungen zurück. Hier wird unterstellt, dass Wissenschaftler*innen nicht uneigennützig und neutral Forschung betreiben. Auch wenn diese Gefahr besteht (z. B. durch bestimmte externe Finanzierung), ist diese Form der Verallgemeinerung abzulehnen.

(2) Epistemische Hierarchien: Welches Wissen bestimmt unsere gesellschaftliche Praxis?
- Die *Wortwahl* ist bezeichnend: Als „totalitäres System" steht die Wissenschaft an der Spitze einer epistemischen Hierarchie. In Laiendiskussionen bleibt meistens unklar, welche Form von Wissenschaft gemeint ist, in akademischen, z. B. vielen soziologischen Diskursen ist das Feindbild eine als positivistisch bezeichnete Wissenschaft, der häufig ein zweifelhaftes Rationalitätsverständnis zugrunde liegt.
- *Problemfall Pharmaindustrie:* Dies ist in der Tat ein schwieriges Thema und es gibt Belege, dass die gute wissenschaftliche Praxis in diesem Sektor häufig nicht eingehalten wird (z. B. Goldarcre, 2012; Mortis, 2018). Dies als Paradebeispiel für die Bestechlichkeit des gesamten wissenschaftlichen Systems zu sehen ist jedoch falsch.
- *Zerstörung von Wissen:* Hier wird die berechtigte Sorge ausgedrückt, dass wertvolles Wissen durch das dominante wissenschaftliche Paradigma vergessen oder zerstört werden kann. Tatsächlich entsteht Nicht(mehr)-Wissen auch durch bewusste und unbewusste politische und kulturelle Praktiken. So können z. B. Forscher*innen aus dem Bereich der *Indigenous Studies* viele konkrete Beispiele nennen, in denen indigenes Wissen andere Zugänge zu Problemen anbietet als die Standardwissenschaften, dass dieses Wissen aber kaum noch jemand kennt und folglich vom Verschwinden bedroht ist (z. B. Kimmerer, 2015). Dennoch ist hier auch eine unbelegte verdeckte, evaluative Prämisse vorhanden, nämlich dass altes Naturwissen automatisch gutes und deshalb auch besseres Wissen ist. Der Begriff „Naturwissen" suggeriert den Gegensatz zwischen natürlichem und zum wissenschaftlich-künstlichen Wissen. Natur ist gut, weil sie im Einklang mit dem Leben des Menschen steht, Wissenschaft ist schlecht, weil sie diese Harmonie zerstört. Daran ist nicht alles falsch, aber man sollte die Fülle von Gegenbeispielen ist Spiel bringen: Wer möchte heute noch mit Quecksilber behandelt oder zur Ader gelassen werden?

(3) Epistemische Gütekriterien und Gerechtigkeitsfragen
- *Selbstermächtigungswünsche:* Wieso können wir als Individuen bessere Entscheidungen über unsere Lebensweise treffen? Diese unbelegte Behauptung führt zur unberechtigten normativen Forderung bestimmter Alternativ- und Pseudowissenschaften als notwendige Bildungsinhalte.
- *Keine Kenntnis epistemischer Gütekriterien:* Hier müssten die wichtigsten Unterscheidungen zwischen Wissenschaft, Nicht-Wissenschaft, schlechter Wissenschaft, Pseudowissenschaft, Protowissenschaft und Szientismus erklärt werden. Homöopathie ist als Pseudowissenschaft ziemlich eindeutig zu analysieren. Matthews zählt auch Feng-Shui zu den Pseudowissenschaften (Matthews, 2019), andere betrachten es eher als Lifestyle und damit als nicht-wissenschaftlich. Die Gegenüberstellung mit Chemie ist jedenfalls irreführend. Ein gänzliches Ausblenden der Erfolge der Wissenschaften ist im gesamten Gesprächsausschnitt vorhanden.
- *Normierung durch Wissenschaft:* Normierungsprozesse garantieren Qualitätsstandards, können in fehlerhafter Anwendung aber auch schädliche Auswirkungen haben. Die Verwissenschaftlichung des Bildungssektors – in Schule und Hochschule – steht seit langem im Zentrum harscher Kritik. So bemängeln z. B. Braches-Chyrek et al., dass eine Vielzahl an Studien eine bestimmte Form kognitiver Förderung als „effizient" belege und dadurch Standards für die Praxis abgeleitet werden. Dadurch werde „Bildung auf empirisch fassbare, abrechenbare Leistungen in vorher definierten gesell-

schaftlich relevanten Kompetenzen reduziert. [Dies muss] kritisch hinterfragt werden." (Braches-Chyrek et al., 2022, S. 106). Aus berechtigter Kritik an einer möglicherweise fehlgeleiteten Praxis folgt jedoch nicht, dass die angeführten Alternativfächer in die Schulbildung gehören.

Der wissenschaftsfeindliche Gesprächsausschnitt zeigt, dass in ihm nicht alle Aussagen als falsch zu bewerten sind – und das ist durchaus intendiert. Philosophische Reflexion zeigt sich nicht allein in der Diagnose falscher Annahmen, sondern bedarf der Fähigkeit, komplexe und kontroverse Fragen in all ihren lebensweltlichen und wissenschaftlichen Verflechtungen zu analysieren und zu bewerten.

5 Fazit

Dieser Beitrag hat den wissenschaftlich-lebensweltorientierten Philosophieansatz in seiner Bedeutung für Bildungsprozesse vorgestellt und in Grundzügen erklärt, aus welchen Gründen seine verstärkte Implementierung und Weiterentwicklung im Bildungssystem notwendig ist. Der Philosophieunterricht kann in seiner Funktion als Reflexionswissenschaft dazu beitragen gesellschaftlich schädliche Entwicklungen wie Wissenschaftsleugnung und Wissenschaftsfeindlichkeit zu analysieren, zu verstehen und in seinen Ansprüchen und Konsequenzen zu beurteilen. Da dieser Ansatz in der Philosophiedidaktik auf Widerstand stößt, wurden sieben häufig genannte Kritikpunkte vorgestellt und auf sie geantwortet. Welche zukünftigen Möglichkeiten der Weiterentwicklung und Umsetzung des Ansatzes bestehen, wurde anhand eines erkenntnistheoretischen Basiserkenntniskonzepts gezeigt, dessen philosophische Fruchtbarkeit durch Anwendung auf einen fiktiven Gesprächsausschnitt eines Wissenschaftsgegners gezeigt werden konnte.

Literatur

Adorno, T. W. (1959). „Theorie der Halbbildung." In: T. W. Adorno (1979), *Soziologische Schriften I*. Suhrkamp Verlag, S. 93–121.
Birmelin, I., und Arzt, V. (2011). „Hund oder Katze – wer ist klüger?" *WDR Abenteuer Wildnis*.
Boghossian, P. (2013). *Angst vor der Wahrheit. Ein Plädoyer gegen Relativismus und Konstruktivismus*. Suhrkamp Verlag.
Braches-Chyrek, R., Franke-Meyer, D., und Kasüschke, D. (2022). *Zugänge zur Geschichte der Pädagogik der frühen Kindheit. Eine Einführung*. Verlag Barbara Budrich GmbH.
Brosow, F., und Luckner, A. (2018). *Ergebnisse der Expertenbefragung zu fachwissenschaftlichen Kerninhalten des Studiums Philosophie/Ethik*. https://www.tu-braunschweig.de/index.php?eID=dumpFile&t=f&f=67779&token=b033089878c38c24b8b7c307ba08beaef835a6e8, letzter Abruf am 02.12.2021.

Brosow F., und Maisenhölder, P. (2019). „Der Alleszermalmer. Zur dominanten Rolle Kants für das Philosophieverständnis an deutschsprachigen Hochschulen." *Kant-Studien* 110 (4), S. 618–621. https://doi.org/10.1515/kant-2019-4004.

Bussmann, B. (2014). *Was heißt: sich an der Wissenschaft orientieren? Untersuchungen zu einer lebensweltlich-wissenschaftsbasierten Philosophiedidaktik am Beispiel des Themas „Wissenschaft, Esoterik und Pseudowissenschaft.* LIT Verlag.

Bussmann, B. (2019). „Der wissenschaftsorientierte Ansatz." In: M. Peters und J. Peters (Hg.), *Moderne Philosophiedidaktik: Basistexte.* Meiner, S. 231–143

Bussmann, B., und Kötter, M. (2018). *Between scientism and relativism. Epistemic competence as an important aim in science and philosophy education.* http://bettinabussmann.info/wp-content/uploads/2018/09/Bußmann_Kötter_End.pdf, letzter Abruf am 24.01.2024.

Bussmann, B./Mayr, P. (2023). Theoretisches Philosophieren und Lebensweltorientierung. Ein Wegweiser für Schule und Hochschule. Metzler Verlag.

Detel-Seyffahrt, H., und Detel, W. (2017). „Zur Vermittlung philosophischen Wissens in der Schule. Neue Aspekte der Philosophiedidaktik." *Information Philosophie* 1/2017, S. 94–98.

Dugin, A. (2013). *Die Vierte Politische Theorie.* Arktos.

Erdbeer, M. (2021). *Einführungsvortrag am 1.11.2021 zur Ringvorlesung „Kulturtechnik Modell. Entwurfsprozesse zwischen Idee und Objekt" am Zentrum für Wissenschaftstheorie.*

Goldacre, B. (2012). *Bad Pharma: How Drug Companies Mislead Doctors and Harm Patients.* Fourth Estate.

Haidt, J. (2024). The Anxious Generation. How the Great Rewiring of Childhood is Causing an Epidemic of Mental Illness. Penguin LLC US.

Hansson, S. O. (2008). „Science mad Pseudoscience." In: E. Zalta (Hg.), *The Stanford Encyclopedia of Philosophy.* Stanford University. First published Mon Aug 25, 2014; substantive revision Fri Oct 30, 2020. https://plato.stanford.edu/entries/pseudo-science, letzter Abruf am 02.03.2022.

Harris, R. (2018). *Rigor Mortis: How Sloppy Science Creates Worthless Cures, Crushes Hope, and Wastes Billions.* Basic Books.

Information Philosophie 3/2020, S. 104–114. https://www.information-philosophie.de/?a=1&t=9083&n=2&y=4&c=147, letzter Abruf am 24.01.2024.

Kämmerer, R. W. (2015). *Branding Sweetgrass: Indigenous wisdom, scientific knowledge and the teachings of plants.* Penguin Books.

Kögel, M., Bussmann, B., und Tulis, M. (2019). „Der Psychologie- und Philosophieunterricht in Österreich: Die (Nicht-)Verknüpfung zweier Wissenschaften in einem Schulfach. Zwischenbericht einer qualitativen Interviewstudie." In: B. Bussmann (Hg.), *Tier – Mensch. Zeitschrift für die Didaktik der Philosophie und Ethik* (= ZDPE) 4/2019, S. 113–116.

Kötter, M. (2020). *Epistemische Kompetenz: Befähigung zur Wissenschaftsreflexion als Bildungsaufgabe.* Wissenschaftliche Schriften der WWU Münster VI.

Kunter, M. (2007). „Lehrer auf dem Prüfstand: Die professionelle Kompetenz von Mathematik Lehrkräften." In: *Forschungsbericht. Max-Planck-Gesellschaft für Bildungsforschung.* https://www.mpg.de/393446/forschungsSchwerpunkt1, letzter Abruf am 12.01.2022.

Ladenthin, V. (2011). „Wissenschaft und Bildung." In: L. Honnefelder und G. Rager (Hg), *Bildung durch Wissenschaft?* Verlag Karl Albers, S. 101–120.

Ledermann, N. G. (2007). „Nature of science: Past, present, and future." In: S. K. Abell und N. G. Ledermann (Hg.), *Handbook of research on science education.* Lawrence Erlbaum Associates, S. 831–880.

Liessmann, K. P. (2014). *Geisterstunde. Die Praxis der Unbildung. Eine Streitschrift.* Zsolnay.

Mahner, M. (2013). „Science and Pseudoscience. How to demarcate after the (alleged) demise." In: M. Pigliucci und M. Boudry (Hg.), *Philosophy of Pseudoscience: Reconsidering the demarcation problem.* The University of Chicago Press, S. 29–44. https://doi.org/10.7208/9780226051826-003.

Matthews, M. R. (Hg.) (2014). *International Handbook of Research in History, Philosophy and Science Teaching.* Springer Netherlands. https://doi.org/10.1007/978-94-007-7654-8.

Matthews, M. R. (2019). *Feng Shui: Teaching about science and pseudoscience.* Springer nature Switzerland.

Martens, E. (2003a). *Ich denke, also bin ich. Grundtexte der Philosophie.* C. H. Beck.

Martens, E. (2003b). *Methodik des Ethik- und Philosophieunterrichts. Philosophieren als elementare Kulturtechnik.* Siebert Verlag.

Meyer J. H. F., und Land, R. (2003). „Threshold Concepts and Troublesome Knowledge 1 – Linkages to Ways of Thinking and Practising." In: C. Rust (Hg.), *Improving Student Learning – Ten Years On.* OCSLD, S. 412–424.

Meyer, J. H. F., und Land, R. (2005). „Threshold Concepts and Troublesome Knowledge 2 – Epistemological Considerations and a Conceptual Framework for Teaching and Learning." In: *Higher Education vol. 49. Issues in teaching and learning from a student learning perspective: A tribute to Noel Entwistle.* Springer, S. 373–388. https://www.doi.org/10.1007/s10734-004-6779-5.

Nida-Rümelin, J., Spiegel, I., und Tiedemann, M. (2015). *Handbuch Philosophie und Ethik. Band 1: Didaktik und Methodik.* Ferdinand Schöningh Verlag.

Nationaler Bildungsbericht (2020). *Bildung in Deutschland 2020. Ein indikatorengestützter Bericht mit einer Analyse zu Bildung in einer digitalisierten Welt.* https://www.bildungsbericht.de/de/bildungsberichte-seit-2006/bildungsbericht-2020/bildung-in-deutschland-2020, letzter Abruf am 24.01.2024.

Peters, M., und Peters, J. (2019). *Moderne Philosophiedidaktik. Basistexte.* Meiner Verlag.

Prothero, D. (2013). „The Holocaust Denier's Playbook and the Tobacco Smokescreen Common Threads in the Thinking and Tactics of Denialists and Pseudoscientists." In: M. Pigliucci und M. Boudry (Hg.), *Philosophy of Pseudoscience. Reconsidering the Demarcation Problem.* University of Chicago Press, S. 341–358.

Rohbeck, J. (2000). *Methoden des Philosophierens.* Thelem Verlag.

Steenblock, V. (2016). „Didaktik der Philosophie und Philosophie Didaktik." In: *Seminar 02/2016. Ethische Dimensionen des Lernens und Lehrens.* bak-lehrerbildung. https://bak-lehrerbildung.de, letzter Abruf am 24.01.2024.

Torkler, R. (2020). *Fachlichkeit und Fachdidaktik. Beiträge zur Lehrerausbildung im Fach Ethik/Philosophie.* Springer Nature Switzerland.

Weber, N. (2021). „Wie wirksam schützt die Booster Impfung?" In: Der Spiegel online 1.11.2021. https://www.spiegel.de/gesundheit/coronavirus-studie-aus-israel-zeigt-hohen-schutz-durch-booster-impfung-a-a6341ffe-e092-4b4a-8f52-cfe3051abb67?sara_ref=re-xx-cp-sh, letzter Abruf am 24.01.204.

Martin Carrier
Wissenschaft im Zwielicht der Öffentlichkeit: Kommerzialisierung, Agnotologie und populistische Wissenschaftsleugnung

Abstract: The former belief in science has given way to skepticism among parts of the public towards areas of science that are practice-related. This is partly due to justified criticism of the constitution of the scientific system, but also partly due to ignorance and deliberately misleading allegations. The question is accordingly where research itself should be improved and where science communication should be enhanced. In the former respect, I explore procedures of methodological quality control; with regard to populist denial of science, I identify methodological fallacies, the exposure of which should become part of science communication.

Einleitung: Wissenschaft im Zwielicht

Die Wissenschaft steht im Zwielicht der Öffentlichkeit. Die vormalige Wissenschaftsgläubigkeit, also das starke Vertrauen in die Richtigkeit wissenschaftlicher Ergebnisse, ist zum Teil einer stärker kritischen und nicht selten ablehnenden Haltung des breiten Publikums gewichen. Zwar genießt in Umfragen die Wissenschaft generell großes Vertrauen, aber wenn nach stärker praxisrelevanten Wissenschaftsbereichen oder der Rolle von Expertise gefragt wird, dann zeigt sich die öffentliche Meinung nicht selten im Zweifel. Wenn Forschungsresultate relevant für die persönliche Lebensführung werden, dann werden schnell Vorbehalte sichtbar. Das betrifft im Besonderen Bereiche wie Gesundheit und Krankheit, Ernährung und Umwelt (darunter prominent das Klima). Die zum Teil geringe Überzeugungskraft der Wissenschaft zeigt sich konkret in Distanzierungen im Verhalten. Viele Menschen folgen nur unzulänglich ärztlichen Verschreibungen und passen ihr Mobilitätsverhalten nicht an die Bedrohung durch den Klimawandel an.

Hinter dieser mangelnden Glaubwürdigkeit steckt zum Teil die Befürchtung einer zu engen Verflechtung der Wissenschaft mit gesellschaftlichen Mächten wie der Wirtschaft und der Politik. Umfragen legen nahe, dass in den Augen gerade

---

Anmerkung: Institute for Interdisciplinary Studies of Science (I²SoS), Universität Bielefeld, Postfach 100 131, 33501 Bielefeld, martin.carrier@uni-bielefeld.de.

Open Access. © 2024 bei den Autorinnen und Autoren, publiziert von De Gruyter. Dieses Werk ist lizenziert unter einer Creative Commons Namensnennung 4.0 International Lizenz.
https://doi.org/10.1515/9783110788341-011

einer wissenschaftsnahen Öffentlichkeit Forschung von Sponsoren aus Wirtschaft und Politik abhängt und dass diese Abhängigkeit eine Einseitigkeit erzeugt, die die Erkenntniskraft der Untersuchungen und die Verwendbarkeit der Ergebnisse beeinträchtigt. In Europa und den USA sehen Teile der Öffentlichkeit viele Forschungsvorhaben nicht vom Erkenntnisinteresse, sondern von Profitstreben und dem Andienen an dominante gesellschaftliche Gruppen geleitet. Entlang dieser Linien wird die Vertrauenswürdigkeit von Universitätsforschung deutlich höher eingeschätzt als von Industrieforschung. Auffallend ist, dass die Vertrautheit mit wissenschaftlichen Sachverhalten das Vertrauen in die Wissenschaft nicht steigert. Solche Umfragen legen jedenfalls den Schluss nahe, dass das Vertrauen in den praktisch wirksamen wissenschaftlichen Sachverstand in Teilen der Öffentlichkeit Schaden genommen hat und in einer Krise steckt (Scientific American, 2010; Eurobarometer, 2017, T16, T50-T52, T91; Williams et al., 2017, S. 98; Wissenschaft im Dialog / Kantar Emnid, 2017).

Eine zweite Kategorie von Problemen mit der Vertrauenswürdigkeit der Wissenschaft ist die sog. Replikationskrise, die die Verlässlichkeit experimenteller Forschung unterhöhlt. Diese ist in der Sozialpsychologie und der Biomedizin besonders ausgeprägt, wo scheinbar etablierte Wissenselemente der Nachprüfung nicht standhielten (Open Science, 2015; McIntyre, 2019, Kap. 5; Hudson, 2021). Die pharmazeutische Forschung gilt in diesem Zusammenhang oft als Paradebeispiel oberflächlicher Forschung, die durch Imitation erfolgreicher Medikamente („Me-too drugs") oder durch voreingenommene Untersuchungen in erster Linie den Profit ihrer Finanziers befördern will. Teile der Öffentlichkeit sehen einzelne Bereiche der Wissenschaft durch Kommerzialisierung und Politisierung in ihrer Verlässlichkeit und Relevanz beeinträchtigt.

Ein drittes Problem ist der gezielte Einsatz von prima-facie wissenschaftlichen Argumenten zur Irreführung der Öffentlichkeit. Robert Proctor hat für solche absichtliche und gezielte Herbeiführung von Unwissenheit 1992 den Ausdruck „Agnotologie" geprägt, der aus dem griechischen „agnosia" für „Unwissenheit" gebildet wurde (Proctor, 2008, S. 27–28). Proctors zentrales Beispiel ist die vorsätzliche Vernachlässigung und Verzerrung von Forschungsergebnissen zu den Gesundheitsgefährdungen des Tabakrauchens durch die Zigarettenindustrie (Proctor, 2011). Naomi Oreskes und Erik Conway haben diese Analyse auf den Klimawandel ausgedehnt. Sie diagnostizierten eine mutwillige Missachtung des wissenschaftlichen Konsenses zu dessen menschengemachtem Ursprung. Diese bewusste Abweichung vom Stand der Forschung war von politischen Motiven getrieben und zielte auf die Verwirrung der breiteren Öffentlichkeit (Oreskes und Conway, 2008).

Eine vierte Manifestation der Glaubwürdigkeitskrise der Wissenschaft besteht im Aufstieg der populistischen Wissenschaftsleugnung. Eine globale Bewegung der Abkehr von der Wissenschaft weist wissenschaftlich akzeptierte Methoden und

Theorien zurück und ersetzt sie durch empirisch ungestützte und irreführende Sichtweisen. Dabei liegen oft politische Motive zugrunde (Hotez, 2017). Diese populistische Szene umfasst Rebellen an vielen Fronten, darunter Impfungen und Klimawandel, und verlässt sich gern auf Verschwörungstheorien. Diese toxische Mischung populistischer Irrtümer besitzt ein hohes Schadenspotenzial bei der politischen Regulierung von Risiken.

In diesem Beitrag will ich die vier genannten Ursachen der Glaubwürdigkeitskrise der Wissenschaft untersuchen und Mittel der Wissenschaftskommunikation zu ihrer Neutralisierung betrachten. Ich unterscheide dabei zwei Gruppen von Ursachen. Die Probleme der Kommerzialisierung und Politisierung einschließlich agnotologischer Strategien sowie die Replikationskrise gehen zum Teil auf Fehlsteuerungen innerhalb der Wissenschaft zurück. Diese Aspekte der Glaubwürdigkeitskrise zielen auf reale methodologische Probleme der Forschung. Es versteht sich, dass hier Wechselwirkungen mit dem breiteren gesellschaftlichen Umfeld ebenfalls eine wichtige Rolle spielen, aber es sind Irrtümer und Irrgänge im System der Erkenntnisproduktion, die für die Glaubwürdigkeitskrise wesentlich mitverantwortlich sind. Wissenschaft wird gezielt für die Nutzenmehrung gesellschaftlicher Gruppen instrumentalisiert und gerät dadurch in Misskredit. Entsprechend verlangt die Rückgewinnung von Glaubwürdigkeit Verbesserungen im Prozess der Wissensgewinnung. Eine methodologische Qualitätskontrolle ist angezeigt. Die zugehörige Strategie der Wissenschaftskommunikation besteht in der Anerkennung von Defiziten und ihrer öffentlich transparenten Beseitigung. Ein pauschales Weißwaschen der Wissenschaft in ihren gegenwärtigen Strukturen ist nicht Erfolg versprechend und nimmt die Öffentlichkeit nicht als Partner der Wissenschaftskommunikation ernst.

Populistische Wissenschaftsleugnung richtet sich hingegen absichtsvoll gegen die Wissenschaft. Die Wissenschaft wird nicht als Mittel der Erkenntnisgewinnung anerkannt. Vielmehr sind die betreffenden gesellschaftlichen Kräfte bereits aus wirtschaftlichen und politischen Gründen auf bestimmte Überzeugungen festgelegt und dann bestrebt, diesen Überzeugungen auch gegen einen wissenschaftlichen Konsens Nachdruck zu verleihen. Dabei werden Versatzstücke der wissenschaftlichen Methode herausgegriffen, und es wird mit Begriffen wie „gesichertes Wissen" und „skeptische Haltung" eine wissenschaftliche Zugangsweise simuliert. Tatsächlich besteht aber keine Bereitschaft, aus der Wissenschaft zu lernen. Es fehlt eine epistemische Haltung im Sinne einer Orientierung an der Erfahrung und an Geltungsgründen (Carrier, 2013, S. 2562–2563; McIntyre, 2019, S. 47–51). Für diese Glaubwürdigkeitsprobleme ist die Wissenschaft nicht verantwortlich; in dieser Hinsicht ist die Wissenschaft Opfer. Die angemessene Kommunikationsstrategie besteht im Aufdecken der betreffenden methodologische Irrgänge.

Im folgenden Abschnitt analysiere ich die genannten innerwissenschaftlich erzeugten Glaubwürdigkeitslücken sowie den Missbrauch der Wissenschaft durch gesellschaftliche Kräfte. Anschließend diskutiere ich die populistische Wissenschaftsleugnung. Im Zentrum der Betrachtung stehen Missverständnisse wissenschaftlicher Methoden. Abschließend erörtere ich Strategien der Wissenschaftskommunikation, die zu einer Heilung der Glaubwürdigkeitskrise beitragen könnten.

Die gesellschaftliche Instrumentalisierung der Wissenschaft

Die Wissenschaft als System des Wissens stützt sich auf die wissenschaftliche Methode als einer Sammlung von Erkenntnisstrategien, die Vorzüge wie Stützung durch Tatsachen, Verallgemeinerungsfähigkeit, begriffliche Vernetzung, Objektivität und Vollständigkeit in den Mittelpunkt rückt. Bei der Untermauerung von Erkenntnisansprüchen spielen methodische Strategien wie experimentelle Eingriffe und Gegenproben eine wichtige Rolle. In den vergangenen Jahrzehnten hat die soziale Erkenntnistheorie die Wichtigkeit von wechselseitiger Kontrolle und Kritik hervorgehoben. Ungestützte Annahmen offenbaren sich dem prüfenden Blick anderer oftmals schneller als dem eigenen Nachsinnen, und deshalb ist die kritische Würdigung durch die wissenschaftliche Gemeinschaft von zentraler Bedeutung für die Transformation individueller Vermutungen in intersubjektives Wissen (Merton, 1942, S. 275–276; Longino, 1990, S. 66–75). Auseinandersetzungen in der wissenschaftlichen Gemeinschaft sind daher ein wichtiges Mittel der Erkenntnisgewinnung. Durch die wissenschaftliche Kontroverse werden Wissensansprüche immer wieder auf die Probe gestellt und sind im Falle des Bestehens solcher Herausforderungen besser gestützt. Dieses Muster der Wissensdynamik zeigt zugleich, dass Wissenschaft nicht einfach nur geprüftes Wissen aufschichtet, sondern auch Lücken und Irrtümer aufdeckt und zuvor akzeptierte Lösungen verwirft. Die wissenschaftliche Methode ist auf Verbesserung und Fortschritt gerichtet und setzt damit auf die Revision des hergebrachten Wissens. Die Wissenschaft lernt dazu, indem sie nicht auf Biegen und Brechen an vermeintlichen Einsichten festhält.

Dies sind Elemente der wissenschaftlichen Methode, wie sie sich in den Augen vieler Wissenschaftler und Wissenschaftsphilosophinnen darstellen. So also sollte Wissenschaft vorgehen – und so geht sie auch in der Regel vor. Durch sorgfältige und systematische Prüfungen erweist sich wissenschaftliches Wissen immer wieder als tragfähige Grundlage für ein Verstehen der Welt und für den technischen Eingriff.

Allerdings werden immer wieder Fälle bekannt, in denen die wissenschaftliche Prüfung hinter solchen Ansprüchen zurückbleibt. Es versteht sich, dass zu allen Zeiten Nachlässigkeiten und Fehler bei der wissenschaftlichen Geltungsprüfung auftreten. Allerdings drückt sich in den eingangs erwähnten Umfragen die Befürchtung aus, Wissenschaft sei eng mit wirtschaftlichen (eher in Europa) und politischen (eher in den USA) Mächten verflochten, und aus diesem Grunde sei ihre Unabhängigkeit und ihr kritisches Potenzial vermindert. Es herrscht der Verdacht, dass diese gesellschaftlichen Mächte die traditionelle Erkenntnisautorität der Wissenschaft für ihre Zwecke zu nutzen suchen und entsprechend Wissenschaft instrumentalisieren. Ich kann hier nur auf enge Ausschnitte dieses sehr breiten Themenspektrums eingehen.

Eines der weithin beklagten Versäumnisse besteht in der Oberflächlichkeit der Forschung und der Voreiligkeit von Veröffentlichungen. Die eingangs erwähnte Replikationskrise wird nicht selten als ein solches Beispiel von Flüchtigkeit herangezogen. Für die biomedizinische oder pharmazeutische Forschung lautet der Vorwurf, dass es in dieser weniger um Erkenntnisgewinn als um den materiellen Gewinn der betreffenden Firmen gehe. Tatsächlich sind in der Vergangenheit spektakuläre Fälle von Datenunterdrückung zu Tage getreten, bei denen das Profitinteresse alle wissenschaftlichen Ansprüche übertrumpfte. Dazu zählt das Schmerzmittel Vioxx, dessen Nebenwirkungen von der Herstellerfirma verheimlicht wurden, und das Grippemedikament Tamiflu, dessen Wirksamkeit von der Herstellerfirma durch Nichtbeachtung entgegenstehender Daten krass übertrieben wurde (Biddle, 2007; *Cochrane*, 2014; Jefferson et al., 2014; Christian, 2017). Die Unzulänglichkeit der kritischen Prüfung zeigt sich auch an der auffallend engen Korrelation zwischen den Ergebnissen von Medikamentenprüfungen und den Interessen der Sponsoren dieser Prüfungen (Sismondo, 2008a; Sismondo, 2008b; Lundh et al., 2012).

Solche Beispiele methodologischen Versagens werden gern auf Interessenkonflikte zurückgeführt. Diese verleiten dazu, bestimmte Annahmen weniger intensiv zu untersuchen, als es erforderlich wäre. Der methodologische Fehler besteht darin, nicht die Gesamtheit der verfügbaren Daten für eine Beurteilung heranzuziehen. In den genannten Fällen tritt das bekannte Leitmotiv der Kommerzialisierung der Forschung zu Tage, dem zufolge ökonomische Interessen im Einzelfall im Gegensatz zu Erkenntnisinteressen stehen und daher den epistemischen Blick trüben. Danach operiert privat finanzierte Arzneimittelforschung wegen ihrer Kommerzialisierung mitunter vorschnell und ist aus diesem Grunde nicht verlässlich (Krimsky, 2003, S. 2–4, 75–79, 143–150; Ziman, 2002; Ziman, 2003).

Ich will diesem bekannten Leitmotiv hier nicht weiter nachgehen und nur ergänzen, dass umgekehrt auch eine große Zahl von Medikamenten, die aus privatwirtschaftlich finanzierter Forschung hervorgegangen sind, exzellent ihre Wirkung entfalten. Es verdient Beachtung, dass gerade innovative Impfstoffe gegen SARS-CoV-2 solcher Forschung entstammen, während staatlich finanzierte Forschung in Russland und China eher traditionelle und wenig effektive Wirkstoffe hervorgebracht hat. Ich will stattdessen auf einen anderen Mechanismus der Verzerrung hinaus, der auch und gerade in öffentlichen Universitäten zum Tragen kommt, nämlich das akademische Karrieresystem. Ein schlagendes Beispiel für Voreiligkeit in der Grundlagenforschung, und damit unabhängig vom Anwendungsdruck, ist die vermeintliche Entdeckung von Gravitationswellen in der kosmischen Hintergrundstrahlung im Jahr 2014 (nicht zu verwechseln mit den 2015 am LIGO gefundenen Gravitationswellen). Ein solcher Befund wäre unzweifelhaft nobelpreisträchtig gewesen, wenn er denn Bestand gehabt hätte. Es wurde aber schnell deutlich, dass die Forschergruppe Störsignalen von kosmischem Staub aufgesessen war und dass die Ergebnisse keine Beziehung zu Gravitationswellen aufwiesen. Im vorliegenden Zusammenhang besteht die Bedeutung dieser Episode darin, dass die Forschergruppe ihre Ergebnisse unter ausdrücklichem Verzicht auf eine Gegenprobe der Öffentlichkeit präsentierte und dies auch noch auf einer Pressekonferenz statt in einer Fachpublikation. Der Grund ist, dass dieser Gruppe andere Forscher im Nacken saßen, denen man auf jeden Fall zuvorkommen wollte. Für ausgreifende Prüfungen blieb keine Zeit (Baker, 2014; Cowen, 2014; Reichert, 2014; vgl. Carrier, 2014, S. 56; Carrier, 2022a, S. 36). Dahinter steckt die politisch gewollte starke Konkurrenz um Stellen in der akademischen Wissenschaft, welche Oberflächlichkeit durch Übereilung begünstigt.

In die gleiche Richtung weisen Beobachtungen der biomedizinischen Forschung. Das herkömmliche Narrativ der Kommerzialisierung der Forschung setzt voraus, dass öffentliche Universitätsforschung sorgfältig vorgeht und vertrauenswürdig ist. Aber dieses Urteil ist im vergangenen Jahrzehnt erschüttert worden. Inzwischen beklagen sich Forscher der Pharmaindustrie über die mangelnde Belastbarkeit angeblicher Befunde universitärer Untersuchungen. Biomedizinische Firmen versuchen nicht selten, Ergebnisse universitärer Grundlagenforschung praktisch nutzbar zu machen und in Medikamente umzusetzen. Dazu greifen sie Befunde auf, wie sie in medizinischen Fachzeitschriften veröffentlicht sind. Aber solche Versuche scheitern nicht selten; viele Befunde stellen sich als nicht reproduzierbar heraus (Begley und Ellis, 2012; Harris, 2017, S. 9–11; Errington et al., 2021, S. 5). Die gewöhnliche Erklärung für dieses Versagen lautet, dass Universitätskarrieren Publikationen in hochrangigen Zeitschriften verlangen; ob sich die Ergebnisse in der Praxis bewähren, ist von geringerem Belang. Das Anreizsystem für beruflichen Erfolg in der Grundlagenforschung favorisiert spektakuläre Resultate, die an wichtigen Publikationsorten erschienen sind (Harris, 2017, S. 172–176). Dies gilt auch bei zweifelhafter Geltungsprüfung und unterhöhlt damit die Vertrauenswürdigkeit der Wissenschaft.

Diese Beispiele sollen verdeutlichen, dass Teile wissenschaftlicher Forschung unter einer Verlässlichkeitslücke leiden. Diese entspringt zum Teil aus der Kommerzialisierung der Forschung (dem traditionellen und breit akzeptierten Narrativ), zum Teil aber auch aus dem Anreizsystem der akademischen Forschung. Das Problem entsteht aus der Voreiligkeit und mangelnden Sorgfalt der Geltungsprüfung und untergräbt die Überlegenheit des wissenschaftlichen Erkenntnisanspruchs.

Neben solche Mängel der Geltungsprüfung tritt der Vorwurf der Einseitigkeit bei der Auswahl von Forschungsthemen. Arzneimittelforschung ist einseitig auf patentierbare Produkte ausgerichtet, mit der Folge, dass bestimmte Fragen überhaupt nicht gestellt werden. So werden etwa Medikamente zur Behandlung einer bestimmten Krankheit gesucht, aber Auswirkungen des Lebensstils – und heilende Wirkungen von Änderungen desselben – bleiben außerhalb des Blickwinkels. Ähnliches gilt für das weitgehende Fehlen privatwirtschaftlicher Forschung zu Bakteriophagen als möglichen Nachfolgemedikamenten für die von Resistenzen stark bedrohten Antibiotika. Bakteriophagen sind Viren, die Bakterien zerstören, und die sich entsprechend gegen bakterielle Infektionen einsetzen lassen. Solche Phagen wirken sehr spezifisch und richten sich jeweils nur gegen ein ganz bestimmtes Bakterium. Die Forschungsaufgabe bestünde hier darin, in der Natur geeignete Phagen für jeden möglicherweise relevanten Typus von Bakterien aufzuspüren. Das ist jedoch kein wirtschaftlich lohnendes Vorhaben, da das Auffinden geeigneter Lebensformen nicht patentierbar ist (Kourany und Carrier, 2020, S. 13). Ähnlich vernachlässigt ist Forschung zu Krankheiten der Dritten Welt. Zu Ebola, Schlafkrankheit, tropischen Wurmkrankheiten, Tuberkulose oder Malaria unternimmt die Industrie kaum Forschungsanstrengungen. Die betreffenden Initiativen wurden von Stiftungen, öffentlich geförderten Forschungsinstituten übernationalen Einrichtungen wie der WHO[1] ergriffen (Carrier, 2011, S. 28).

Unter dem Einfluss wirtschaftlicher Motive ist das Spektrum der untersuchten Probleme verengt und verzerrt. Nur bestimmte Zusammenhänge werden aufgedeckt, während andere unbeachtet bleiben. Obwohl nichts Falsches gesagt wird, wird durch die bevorzugte Bearbeitung bestimmter Themen ein spezifischer Standpunkt betont und eine besondere Interessenlage ins Licht gerückt, so dass unter Umständen ein unausgewogenes und lückenhaftes Bild entsteht. Diese Einseitigkeit beeinträchtigt die Relevanz wissenschaftlicher Forschungsergebnisse für die Lebenspraxis. Wissenschaft wird dabei für parteiliche gesellschaftliche Zwecke benutzt, und diese Instrumentalisierung unterhöhlt im Einzelfall die Glaubwürdigkeit der Wissenschaft.

Eine derartige Instrumentalisierung der Wissenschaft wird bei den eingangs erwähnten agnotologischen Bestrebungen auf die Spitze getrieben. Dabei geht es um bewusste Irreführung der Öffentlichkeit mit dem Ziel, unliebsame politische Regulierungen zu verhindern. Ein breit rezipiertes Beispiel ist die Gesundheitsprüfung von Bisphenol A durch den Hersteller. Bisphenol A wird als Weichmacher

---

1 Siehe https://www.who.int/teams/control-of-neglected-tropical-diseases, letzter Abruf 24.01.2024.

für Plastik eingesetzt, und wegen seiner chemischen Ähnlichkeit mit dem Hormon Östrogen wird befürchtet, dass es den menschlichen und tierischen Hormonhaushalt stört. Der Hersteller von Bisphenol A griff für die Gesundheitsprüfung auf einen Rattenstamm zurück, der vergleichsweise unempfindlich für Östrogen ist. Es ist daher keine Überraschung, dass keine Gesundheitsrisiken von Bisphenol A zu Tage traten. Das Studiendesign war also für die Klärung der ausgewiesenen Frage gar nicht geeignet, ein methodologischer Missgriff, den ich irreführende Etikettierung („False Advertising") nenne (Carrier, 2018, S. 160–166).

Eine andere Strategie hat Proctor für den Kampf der Tabaklobby gegen die Anerkennung der Gefahren des Rauchens herausgearbeitet. Epidemiologische Untersuchungen zum vermehrten Auftreten von Krankheiten sollten danach nicht aussagekräftig sein, weil diese Untersuchungen nicht gegen Störeinflüsse abgesichert seien. Diese Einflüsse könnten durch experimentelle Untersuchungen kontrolliert werden. Solche Untersuchungen zu Ratten seien jedoch nicht stichhaltig, weil sie sich nicht auf Menschen bezögen. Nur Menschenversuche wären danach geeignet, die Schädlichkeit des Rauchens zu klären, aber diese sind natürlich aus ethischen Gründen ausgeschlossen. Deshalb muss die Frage offen bleiben (Proctor, 2008, S. 11–18; Michaels, 2008, S. 91, 96). In diesem Fall liegt der methodologische Irrtum im Heranziehen eines juristischen Verständnisses von empirischer Bestätigung. Die Tabaklobby verlangt einen Beweis jenseits vernünftigen Zweifels, aber Tatsachen erlauben niemals eine solche apodiktische Beweisführung. Es werden also unmögliche Ansprüche erhoben, an denen die Wissenschaft zwangsläufig scheitert (McKee, 2009, S. 3). Aber auch bei fehlender Gewissheit bestehen Unterschiede in der Verlässlichkeit. Geprüfte und gegengeprüfte Hypothesen gelten nicht zweifelsfrei, sind aber doch weit verlässlicher als die interessengeleiteten Alternativen parteiischer Kritik. Diese unterscheidet nur zwischen Sicherheit und Unwissen und lässt den eigentlich relevanten Bereich besserer und schlechterer Stützung außer Betracht. Für die Praxis von Erkennen und Handeln ist gerade dieser graduelle Zwischenbereich von stärkerer und schwächerer Bestätigung von Belang.

In diesen Fällen suchen gesellschaftliche Kräfte die Wissenschaft für ihre Zwecke einzusetzen und nutzen dabei Schwächen wie eine einseitige Festlegung der Forschungsagenda und das Eindringen von Interessenkonflikten in empirische Prüfungen aus. Ich halte zwei Typen von Maßnahmen für geeignet, um die gesellschaftliche Instrumentalisierung der Wissenschaft zu erschweren und die Glaubwürdigkeit der Wissenschaft zu steigern. Erstens sind Anreizsysteme in privater und öffentlicher Forschung so zu gestalten, dass den Imperativen der wissenschaftlichen Methode vermehrt Geltung verschafft wird. Datenunterdrückung, einseitige Studiendesigns und irreführende Ansprüche an empirische Bestätigung sind grobe methodologische Fehler. Dieses Rezept einer Stärkung der methodologischen Qualitätskontrolle sollte zugleich gegen die Folgen von Kommerzialisierung, missgestalteten Karrieresystemen und Agnotologie wirksam sein. Für klinische Studien sind entsprechende Lehren bereits gezogen worden; diese sind inzwischen von Testprotokollen reguliert. Breiter gesprochen gehört die methodologische Qualitätskontrolle auch zu den Aufgaben des Peer-Review-Verfahrens. Dieses hat in seiner gegenwärtigen Form zu Recht Kritik auf sich gezogen[2] und würde von einer Professionalisierung und Optimierung sicher profitieren.[3] Trotz aller Einwände im Detail, im Grundsatz ist die Kontrolle durch die Fachgemeinschaft ein guter Weg, um Voreiligkeit und Einseitigkeit einzuschränken. Die zweite Lehre betrifft die Sicherstellung einer hinreichenden Breite der Forschungsagenda. Wenn etwa die Pharmaindustrie nur patentierbare Antworten untersucht, dann ist die öffentliche Hand gefordert, Forschungsanstrengungen zu fördern, mit deren Resultaten kein Geld zu verdienen ist. Der Einseitigkeit einer kommerzialisierten Forschungsagenda ist also durch öffentliches Gegensteuern entgegenzuwirken.

Meiner Erwartung nach sind solche Maßnahmen geeignet, die Glaubwürdigkeit der Wissenschaft zu erhöhen. Die intensivierte methodologische Qualitätskontrolle lässt hoffen, dass die Öffentlichkeit die Anstrengungen der Forschung um die Geltungsprüfung von Hypothesen würdigt, und durch die vermehrte Breite des Fragenspektrums sollten sich größere und unterschiedliche Teile der Gesellschaft in der Forschung repräsentiert finden. Diese beiden Maßnahmen sind geeignet, öffentliches Vertrauen zu bilden, und meine Hoffnung ist, dass diese Wahrnehmung von Verlässlichkeit und Relevanz auch tatsächlich die Reputation der Wissenschaft in der Öffentlichkeit zu steigern vermag.

Populistische Wissenschaftsleugnung

Populistische Wissenschaftsleugnung fasse ich als ein andersartiges gesellschaftliches Phänomen auf. Wissenschaft wird nicht in den Dienst gesellschaftlicher Zwecke genommen, sondern wissenschaftliche Erkenntnisinhalte und Vorgehens-

---

2 Das Peer-Review-Verfahren ist ein dorniges Feld. Zum Beispiel ist es schwierig, die richtige Balance zu finden zwischen dem Aussieben nicht haltbarer Resultate und der Annahme von innovativen Ergebnissen außerhalb des hergebrachten Denkens. Die Kritik konzentriert sich darauf, dass Fälschungen nicht entdeckt wurden (wie Datenmanipulationen in der Alzheimerforschung [Falzeder, 2022]), aber nicht darauf, dass bahnbrechende Befunde als zu unbedeutend für eine Veröffentlichung fehlinterpretiert wurden (wie Katalin Karikos Resultate zu modifizierter RNA [Kariko, 2022]).
3 Dazu gehört der Einsatz technisch unterstützter Verfahren zur Aufdeckung von Bild- und Datenmanipulationen in Einreichungen an Zeitschriften vor der inhaltlichen Prüfung.

weisen werden explizit und politisch getrieben zurückgewiesen und durch ungestützte und absichtlich irreführende Narrative ersetzt (Hunemann und Vorms, 2018, S. 252–253; Hotez, 2018, S. 1). Zwar sind auch hier, wie bei allen Erfahrungsbegriffen, die Übergänge fließend, aber das Erscheinungsbild ist doch hinreichend verschieden, um von Phänomenen unterschiedlicher Art zu sprechen. Im Unterschied zu Kritik an Verzerrungen und Schwächen im Erkenntnisprozess ist das Ziel nicht eine verbesserte Wissenschaft, und im Gegensatz zu agnotologischen Ansätzen ist Wissenschaftsleugnung nicht von etablierten gesellschaftlichen Kräften gesteuert (wenn man einmal vom Geschwätz abgewählter US-Präsidenten absieht), sondern erwächst stärker anarchisch aus der breiten Bevölkerung.

Diese Zurückweisung der Wissenschaft hat starke Beunruhigung ausgelöst. Sie wird als eine Bedrohung der internationalen Sicherheit betrachtet, in dieser Hinsicht vergleichbar mit dem Terrorismus und der Verbreitung von Atomwaffen (Hotez, 2018, S. 1). Allerdings richtet sich Wissenschaftsleugnung meinem Verständnis nach gar nicht primär, sondern nur derivativ gegen die Wissenschaft. Es geht meist nicht in erster Linie um einen Angriff auf ein Lehrgebäude, sondern um konkretes Verhalten, das aus diesem Lehrgebäude abgeleitet wird. Die Vorstellung ist, häufig durchaus zu Recht, dass Wissenschaft herangezogen wird, um spezifische Verhaltensvorgaben oder politische Regelungen zu begründen. Die Bekämpfung des Klimawandels und von SARS-CoV-2 führen diesen Zusammenhang unzweideutig vor Augen.

Beim Klimawandel haben Untersuchungen zu Tage gefördert, dass besonders im amerikanischen Kontext Wissenschaftsleugnung und Marktfundamentalismus eng zusammenhängen. Die Wahrnehmung ist, dass die Bekämpfung des Klimawandels höhere gesellschaftliche Kosten mit sich brächte als der Klimawandel selbst. Seine Bekämpfung würde nämlich politischen Regulierungen der Wirtschaft Tür und Tor öffnen, dadurch die Regierungsbürokratie aufblähen und am Ende die Konkurrenzfähigkeit der Industrie zerstören und das Bekenntnis zu freien Märkten außer Kraft setzen. Angesichts solcher verheerenden Konsequenzen sei das Bestreiten des zugrunde liegenden Faktums das mildere Mittel (Collomb, 2014). Für SARS-CoV-2 ist eine gleichartige Verknüpfung diagnostiziert worden. Danach beruft sich die Politik für den Umgang mit dem Virus auf die Wissenschaft und stellt politische Maßnahmen wie Lockdown, Maskenpflicht und Impfung als alternativlose Folge des Erkenntnisstands dar. Einwände gegen diese Politik können sich dann nur durch Angriffe auf die zugrunde liegende Wissensbasis Gehör verschaffen. Die Gegnerschaft zu einer Politik drückt sich dadurch am Ende als Absage an den wissenschaftlichen Konsens aus (Bogner, 2021, S. 94–97, 105–106, 114).

Die Annahme eines solchen engen Zusammenhangs von Wissenschaft und Politik wird unter Umständen durch wissenschaftliche Empfehlungen gestützt. Die deutsche Nationalakademie Leopoldina formulierte in ihrer „Ad-hoc-Stellungnahme" vom 8. Dezember 2020 sehr ins Einzelne gehende politische Ratschläge. Die Schließung von Schulen und Geschäften wurde detailliert empfohlen. Die Stellungnahme schließt mit dem Appell, „entschlossen und solidarisch zu handeln" (Leopoldina, 2020), was eher an eine Wahlkampfplattform als an eine wissenschaftliche Stellungnahme erinnert. Hier erweckt die Wissenschaft selbst den Eindruck, der Stand des Wissens beinhalte besondere politische Maßnahmen. Dazu passen Umfrageergebnisse, denen zufolge Macht und Einfluss der Wissenschaft tendenziell für zu groß gehalten werden (Eurobarometer, 2017, T49).

Tatsächlich besteht aber keineswegs ein solcher alternativloser Übergang vom Stand des Wissens zu politischen Maßnahmen. Hinzu treten in jedem Fall politische Werte. Im Falle der Bekämpfung von SARS-CoV-2 besteht die bekannte Triade solcher Wertvorgaben in der Bewahrung der Gesundheit, der Erhaltung der Wirtschaftskraft und dem Schutz der psychischen Integrität. Zwischen diesen Wertvorgaben kann man auf unterschiedliche Weise abwägen und entsprechend zu jeweils andersartigen Empfehlungen gelangen. Das gilt in gleicher Weise für die Bekämpfung des Klimawandels. Diese ließe sich wohl auch so gestalten, dass durch entsprechende wirtschaftliche Anreize die Wettbewerbsfähigkeit der Wirtschaft gesteigert würde und dass Marktmechanismen zum Tragen kämen (Lewandowsky, 2021, S. 10). Der Stand des Wissens allein vermag keine Politik auszuzeichnen; politische Wertungen müssen auf jeden Fall hinzutreten (Carrier, 2022b, S. 16–19).

Die Folgerungsbeziehung zwischen Wissenschaft und Politik besteht also in dem wahrgenommenen Sinne nicht, und das nimmt der Wissenschaftsleugnung ihr Ziel: Es ist gar nicht erforderlich, die Wissenschaft anzugreifen, um gegen eine bestimmte Politik zu opponieren. Politische Opposition kann und sollte politisch argumentieren. Es ist aber nicht nur der Übergang von der Wissenschaft zur Politik, der von der Wissenschaftleugnung falsch aufgefasst wird; auch die inhaltlichen Behauptungen der Wissenschaftsverächterinnen und -verächter sind haltlos. Zum Teil handelt es sich einfach um absichtliche Täuschung. Dazu zählen freie Erfindungen, Manipulation von Daten, Texten und Bildern, das Reißen von Äußerungen aus dem Zusammenhang oder die Verschiebung der Wahrnehmung durch anhaltende Wiederholung bestimmter Thesen (Götz-Votteler und Hespers, 2020, S. 295). Hinzu treten Fehlschlüsse (zum Beispiel von der Nicht-Widerlegung einer Behauptung auf deren Gültigkeit), unerfüllbare Ansprüche (wie bereits bei agnotologischen Ansätzen), die Berufung auf vorgetäuschte Expertise, nämlich auf Sachverstand in einem ganz anderen Gebiet als dem anstehenden, und auf Außenseiterstudien, die sich dem anerkannten Stand des Wissens entgegenstellen (McKee, 2009). Bei solchen Strategien handelt es sich zum Teil um elementare Fehler und zum Teil um gezielte Desinformation. Allerdings tritt Wissenschaftsleugnung gern im Gestus des kritischen wissenschaftlichen Geistes auf, und deshalb ist es wichtig zu erkunden, worin genau der Verstoß gegen wissenschaftliche Erkenntnisansprüche und wissenschaftliche Skepsis besteht. Natürlich ist hier in erster Linie die Forderung maßgeblich, die Gesamtheit der Daten zu berücksichtigen. Wissenschaftsleugnung greift günstige Daten heraus und betreibt sog. „Rosinenpickerei", die weder gegen Stichprobenverzerrung (*selection bias*) noch Bestätigungsfehler (*confirmation bias*) abgesichert ist. Dieser Verstoß gegen das Gebot der Gesamtevidenz verletzt die genannte epistemische Haltung, Behauptungen dem Urteil der Erfahrung auszusetzen. Aber ich denke, dass darüber hinaus stärker charakteristische Fehlleistungen von Belang sind. Die Frage ist also, welche weiteren methodologischen Regeln die populistische Wissenschaftsleugnung verletzt.

Einer ihrer auffallendsten Züge ist der Rückgriff auf Verschwörungstheorien. Danach ist Wissenschaft ein Projekt von Eliten, bei dem sich wenige Schlüsselfiguren hinter dem Rücken der Öffentlichkeit zusammentun und die breite Bevölkerung hinters Licht führen (Götz-Votteler und Hespers, 2020, S. 299). Als Verschwörungstheorie gilt dabei ein Narrativ, das den verborgenen Einfluss einer Gruppe übelwollender Akteure unterstellt. Von solchen Narrativen sind viele ungerechtfertigt und aus der Luft gegriffen, aber einige durchaus nicht (Hunemann und Vorms, 2018, S. 251). Die „Macchiavellis der Wissenschaft" (Oreskes' und Conways *Merchants of Doubt*) bildeten eine Verschwörung zur bewussten Verdunkelung der Wahrheit (Hunemann und Vorms, 2018, S. 253). Eine Verschwörungstheorie ist dann haltlos, wenn sie keine spezifischen Gründe zu ihren Gunsten geltend machen kann. Sie erweckt insbesondere dann Misstrauen, wenn sie Vorstellungen enthält, die sich bereits zuvor in ähnlichen Fällen als gegenstandslos erwiesen haben. Zum Beispiel kann die Plausibilität von großformatigen Verschwörungen durch Hinweis darauf unterhöhlt werden, wie schwierig es ist, schon Verabredungen einer kleinen Zahl von Menschen geheimzuhalten und umzusetzen. Nach früheren Erfahrungen kommen Verschwörungen ans Licht und scheitern an der Vielzahl von Störfaktoren (Dentith, 2022, S. 6). Schließlich sind auch die agnotologischen Machenschaften der Tabakindustrie und der politisch motivierten Klimaleugnung aufgedeckt worden. Auch die Verabredungen der Zuckerindustrie zur gezielten Verschleierung der Gesundheitsrisiken von Zuckerkonsum haben ihren Weg in die Öffentlichkeit gefunden (Dönges, 2016). Es ist nicht einfach, eine Verschwörung erfolgreich ans Werk zu setzen, und deshalb bedarf die Annahme einer solchen Verschwörung der Stützung durch geeignete Gründe. Solche Gründe werden aber von Wissenschaftsleugnern nicht beigebracht.

Ein weiterer spezifischer methodologischer Fehler der Wissenschaftsleugnung besteht darin, keine Vergleiche zwischen unterschiedlichen Erklärungen vorzunehmen. Die Verschwörungshypothese muss sich gegen die Nullhypothese der üblichen Mischung von Zufall, absichtlichen Eingriffen, Störfaktoren und unbeabsichtigten Nebenwirkungen durchsetzen. Verschwörungstheoretiker*innen müssten also geltend machen, dass die fraglichen Phänomene nicht den natürlichen

Wirkungen und den Unzulänglichkeiten allen menschlichen Strebens entspringen. Das aber geschieht gerade nicht. Vielmehr wird mit der Hypothese der Verschwörung begonnen und dann nach bestätigenden Gründen gesucht. Wer aktiv nur nach Bestätigungen sucht, wird diese finden – wie Karl Popper prominent hervorgehoben hat (Huneman und Vorms, 2018, S. 263). Es ist entsprechend die Geringschätzung der kritischen Auseinandersetzung und die Missachtung der Vielgestalt kausaler Einflussfaktoren, die eine zentrale methodologische Fehlleistung der Wissenschaftsleugnung darstellen.

Diese Fehlleistung vereitelt den Anspruch der Wissenschaftsleugnung, das skeptische Fragen der Wissenschaft für sich in Anspruch zu nehmen. Immanuel Kant sieht in der selbstständigen Benutzung des eigenen Verstandes ein Kernmerkmal der Aufklärung, und „organisierte Skepsis" ist bei Robert Merton Teil wissenschaftlichen Fragens (Merton, 1942, S. 277–278). Diese Tugend reklamiert populistische Wissenschaftsleugnung für sich und schimpft den Bezug auf den etablierten Stand der Forschung als gefügiges Hinnehmen von Täuschungen. Entsprechend wird in der Wissenschaftsforschung geurteilt, statt der oft hochgeschätzten skeptischen Haltung und der Übung im Selbstdenken sei das Hören auf Expertinnen zu empfehlen. Bei der populistischen Wissenschaftsleugnung bestehe das Problem gerade nicht darin, dass zu wenig eigenständige Untersuchungen durchgeführt würden, sondern dass diese Untersuchungen inkompetent seien und dass besser Experten vertraut werden sollte (Levy, 2022, S. 1–2). Selbstbescheidung statt Selbstdenken sollte das Motto sein.

Zwar ist richtig, dass Laien bei vielen Fragen überfordert sind und dass sich bei vielen Untersuchungen von Wissenschaftsleugnerinnen und -leugnern diese Überforderung unverwechselbar zeigt. Niemand kann alle Streitfragen aus dem Fundus eigener Forschung sachkundig beurteilen. Es schießt jedoch über das Ziel hinaus, das eigenständige Denken und die skeptische Haltung generell in Zweifel zu ziehen. Vielmehr unterliegt, wie gerade erläutert, das skeptische Fragen von Wissenschaftsleugnerinnen und -leugnern starken Einschränkungen und bedürfte umgekehrt einer Vertiefung. Organisierte Skepsis der Wissenschaft besteht nicht einfach darin, Unverständnis zu äußern, sondern spezifische Einwände und Fragen zu formulieren und in eine Auseinandersetzung mit der Kritik einzutreten. Die Parallelisierung von Wissenschaftsleugnung mit der Opposition Galileo Galileis verkennt, dass dessen alternative Erklärungen erfahrungsgestützt waren, aus detaillierten Auseinandersetzungen mit dem etablierten Forschungsstand erwuchsen und Teil einer kritischen Diskussion waren. Wissenschaftliche Skepsis vergleicht die Erklärungsleistungen unterschiedlicher Denkansätze, während Wissenschaftsleugnung starr auf die Verteidigung einmal gefasster Sichtweisen setzt. Auf diese also wird die skeptische Haltung gerade nicht angewendet. Wissenschaftsleugnung geht es nicht um die Debatte alternativer Erklärungsansätze oder um alternative Wissenschaft generell, sondern um die Verteidigung vorgegebener Sichtweisen.

Diese starre Festlegung auf bestimmte Sichtweisen stammt daraus, sich die Richtung des Denkens von politischen Werten vorgeben zu lassen. Es ist aus politischen Gründen ausgemacht, dass es keinen menschengemachten Klimawandel gibt und dass SARS-CoV-2 nicht existiert. Neuere Vorstellungen vom Verhältnis von epistemischen oder erkenntnisorientierten Werten auf der einen Seite und nicht-epistemischen oder politischen und wirtschaftlichen Werten auf der anderen laufen darauf hinaus, dass letztere zwar die Anwendung jener anleiten dürfen, dass sich aber nicht-epistemische Werte niemals über epistemische Werte hinwegsetzen dürften (Koskinen und Rolin 2022, S. 193). Bei einem Primat nicht-epistemischer Werte im Rechtfertigungskontext sind epistemische Fehlleistungen die zwangsläufige Folge (Reutlinger, 2022, S. 154–156). Insbesondere fällt man dann leicht einem Wunschdenken zum Opfer und passt seine Annahmen nicht an die Tatsachen an. Man immunisiert seine Vorstellungen gegen Einwände und büßt dadurch die Verbindung zur Erfahrung ein (Derksen, 1993, S. 23–24). Verschwörungstheoretikerinnen und -theoretiker neigen dazu, an ihren einmal gefassten Überzeugungen gegen alle Einwände festzuhalten und verlieren damit eine der zentralen Tugenden wissenschaftlichen Denkens, nämlich die Fähigkeit zur Revision früherer Auffassungen und zur Selbstkorrektur. Damit fällt gerade ein zentrales Merkmal wissenschaftlicher Skepsis.

Die breit geteilte Diagnose lautet entsprechend, dass die populistische Wissenschaftsleugnung unzulänglich gestützt ist. Durch den Primat und die wesentliche Abhängigkeit von nicht-epistemischen Wertvorgaben bleibt deren empirische Bestätigung gering, und durch die Immunisierung und die daraus folgende Absage an die Revision und das Fehlen einer Anpassung solcher Behauptungen an neue Erfahrungsbefunde schneidet Wissenschaftsleugnung hinsichtlich ihrer Erklärungskraft miserabel ab. Politische Vorgaben übertrumpfen Erkenntnisansprüche, und das ist die Ursünde der populistischen Wissenschaftsleugnung. Entsprechend gibt es einen deutlichen Unterschied zwischen der Herausforderung einer Behauptung durch wissenschaftliche Alternativen oder innerwissenschaftlichen Pluralismus und der Konfrontation der Wissenschaft mit Wissenschaftsleugnung. Wissenschaftliche Kontroversen und entsprechend die Auseinandersetzung zwischen einer Vielfalt von Erkenntnisansprüchen gehören zum Lebenselixier der Wissenschaft (s. o.), aber diese verlangt überdies eine epistemische Haltung, also die Orientierung an der Erfahrung und Standards der Erkenntnisgewinnung.

Ich habe hier drei methodologische Irrgänge der Wissenschaftsleugnung beleuchtet. Erstens stützen sich deren Ansprüche nicht selten auf Verschwörungstheorien, die nicht empirisch untermauert und im Licht der Lebenserfahrung unplausibel sind. Zweitens werden alternative Erklärungen nicht vergleichend geprüft, sondern es werden nur Belege für die eigene Sichtweise gesucht. Und drittens werden politische Werte zum Teil des Rechtfertigungszusammenhangs. Bestimmte

Behauptungen werden akzeptiert, weil sie den eigenen Sichtweisen entsprechen. Die Schlussfolgerung lautet, dass Wissenschaftsleugnung der Sache nach keine ernsthafte Herausforderung der Wissenschaft darstellt. Allerdings ist sie geeignet, das öffentliche Vertrauen in die Wissenschaft als Institution zu untergraben, und dies stellt eine erstrangige gesellschaftliche Herausforderung dar.

Wissenschaftskommunikation: Wissenschaft und Öffentlichkeit

Die Überlegenheit der Wissenschaft als Erkenntnisprojekt ist eine Sache, dieser Überlegenheit zur breiten Anerkennung zu verhelfen, ist eine andere. Ich möchte in diesem Abschnitt Strategien des Umgangs mit der populistischen Wissenschaftsleugnung skizzieren. Zunächst sind auf dieser Ebene rhetorische Kniffe des Entlarvens von Belang. Lewandowsky et al. (2020) empfehlen den Vierschritt: Feststellen der Tatsachen, Aufzeigen der Fehlinformation, Erklärung ihrer Falschheit, erneutes Feststellen der Tatsachen. Ich will hier einige stärker wissenschaftsbezogene Aspekte untersuchen und die Ebene der Argumentation ins Auge fassen. Solche Argumente richten sich direkt an Wissenschaftsleugner*innen, falls sich diese darauf einlassen. Andernfalls können die gleichen Ansätze zur Bloßstellung von Wissenschaftsleugnung vor dem breiten Publikum und zur Neutralisierung ihres Einflusses dienen. Das Ziel ist, Wissenschaftsleugnung in den Augen eines nicht bereits festgelegten Publikums zu diskreditieren (McKee, 2009, S. 3–4). Generell gesprochen sind drei Vorgehensweisen zu vermeiden. Erstens hat es sich als wirkungslos herausgestellt, Wissenschaftsleugnerinnen und -leugnern den Stand der Forschung zu erklären. Die Vermittlung wissenschaftlicher Inhalte trägt wenig zur vermehrten Akzeptanz der Wissenschaft bei. Im Gegenteil, ein Predigen besseren Wissens vom Podest erzeugt nur weitere Distanz. Es versteht sich, dass wissenschaftliche Inhalte dem interessierten Publikum nahegebracht werden sollen; hier geht es nur um die Tauglichkeit von Populärwissenschaft als Mittel gegen Wissenschaftsleugnung. Zweitens verspricht Schönfärberei des wissenschaftlichen Geschäfts keinen Erfolg bei Wissenschaftsverächtern. Fehlerhafte, einseitige und oberflächliche Untersuchungen sind Teil der Forschungspraxis, und Behauptungen der Art, dass Wissenschaft nichts als die Tatsachen feststellt, überzeugen nicht. Drittens ist der Verweis auf parteiische Interessenlagen von Wissenschaftsleugner*innen wenig wirkungsmächtig. Zwar ist Wissenschaftsleugnung nicht selten durch einseitige Ziele und Werte motiviert, mit dem klassischen Fall der Klimawandelleugners, der guten Gewissens seinen SUV weiter fahren will, aber die betreffende Vorhaltung wird erwartbar sofort durch den Verweis auf die Kommerzialisierung und Politisierung der Wissenschaft gekontert. Reines Erkenntnisinteresse ist auf allen Seiten selten.

Stattdessen liegt ein wichtiger Angriffspunkt in der methodologischen und der internen Kritik. Untersuchungen zeigen, dass viele der einschlägigen Irrtümer auf Fehlschlüssen und ungültigen Argumenten beruhen (Pennycook und Rand, 2021). Solche Ansichten können daher durch die sanfte Gewalt der Vernunft bekämpft werden. Viele der betreffenden Behauptungen sind inkohärent oder völlig ungestützt, und diese mangelnde Untermauerung durch Tatsachen und Schlussfolgerungen kann im öffentlichen Diskurs aufgewiesen werden. Diese Vorgehensweise setzt entsprechend auf interne Kritik: Man erfragt Prämissen des betreffenden Überzeugungssystems und prüft im Dialog die empirische Bestätigung oder die Kohärenz des Systems. Die Religionskritik der Aufklärung enthält Beispiele für solche subversive interne Kritik. Christian Thomasius argumentierte im frühen 18. Jahrhundert gegen die Existenz von Hexen, indem er vortrug, dass der christliche Glaube dem Teufel Körperlichkeit absprach, was dann aber sexuelle Akte zwischen dem Teufel und Frauen ausschloss. Solche interne Kritik unterhöhlte erfolgreich den Hexenglauben (Schleichert, 2007, S. 93–96). Zu den Inkohärenzen zählt auch die fehlende Stützung der eigenen Behauptungen durch Tatsachen bei gleichzeitigem Einfordern empirischer Beweise für wissenschaftliche Ergebnisse. Insbesondere wird der Angriff auf die Wissenschaftsleugnung Belege für die eingesetzten hanebüchenen Verschwörungstheorien einfordern, die empirisch völlig unbelegt bleiben oder unter Umständen widerlegt sind.

Dabei versteht sich, dass sich die Überzeugungen von Wissenschaftsleugner*innen nicht auf das Studium der Tatsachen gründen. Für die These der „Chemtrails", also den Ausstoß bewusstseinsverändernder Substanzen in den Kondensstreifen von Flugzeugen, ist nie auch nur der Schatten einer empirischen Stützung erbracht worden. Gleichwohl ist diese These in den einschlägigen Kreisen weiterhin beliebt. Vielmehr besteht die Grundlage der Wirkungsmacht von Wissenschaftsleugnung in einem alternativen Narrativ des Kampfes mächtiger böser Kräfte gegen eine kleine Gruppe ausgewählter Streiter für das Gute. Dieses Narrativ hebt den Vorhang der Irreführung und rettet die Welt vor dem Untergang. Die Wissenschaft ist danach Teil des Machtkartells oder der Elite, denen es durch Meinungsstärke und beherztes Auftreten beizukommen gilt. Die Überzeugungskraft solcher Narrative stammt vor allem daraus, dass die Verhältnisse in ihrem Lichte plötzlich Sinn zu machen scheinen und dass klare Handlungsanweisungen folgen, dass also in einem zumindest beschränkten Maße Sicherheit und Kontrolle zurückgewonnen werden (Götz-Votteler und Hespers, 2020, S. 297–302). Deshalb trifft der Aufweis, dass es sich bei den betreffenden Behauptungen um freie Erfindungen handelt, nicht den Kern der Wissenschaftsleugnung. Gleichwohl ist ein solcher Aufweis der empirischen und argumentativen Schwäche für die Bekämpfung der Wissenschaftsleugnung wesentlich.

Wie gesagt wird sich nämlich diese nicht auf die Auseinandersetzung mit den Wissenschaftsleugnern selbst beschränken, sondern bezieht auch deren Entlarvung vor einem stärker neutralen Publikum ein. In dieser öffentlichen Arena simulieren Wissenschaftsleugnerinnen und -leugner gern einen wissenschaftsförmigen Diskurs und versuchen den Anschein zu erwecken, es gebe hinreichende Gründe für die eigene Sichtweise. Und dieser Anspruch lässt sich als haltlos erweisen und Wissenschaftsleugnung dadurch in der Öffentlichkeit bloßstellen.

Wissenschaftskommunikation ist heute durch die Absage an das sog. Defizitmodell charakterisiert. Dieses führt Wissenschaftsskepsis auf fehlende Vertrautheit mit dem System des Wissens zurück und zielt entsprechend auf die verbesserte Kenntnis wissenschaftlicher Inhalte. Im Defizitmodell wird Wissenschaftskommunikation als einseitiger Fluss von Erkenntnisinhalten von der Wissenschaft zur Öffentlichkeit vorgestellt (Schmid-Petri und Bürger, 2019, S. 106–110). Ich hatte eingangs erwähnt, dass der dabei unterstellte Zusammenhang zwischen der Kenntnis und der Wertschätzung der Wissenschaft in dieser Allgemeinheit nicht besteht. Gerade in wissenschaftsnahen Kreisen sind Vorbehalte gegen die Kommerzialisierung und Politisierung der Wissenschaft spürbar, mit der Folge, dass größere Vertrautheit mit der tatsächlichen Wissenschaftspraxis die Distanz zu dieser Praxis tendenziell vergrößert. In der Absage an das Defizitmodell wird die Aufnahme von Fragen und Anregungen des breiten Publikums propagiert und der Dialog zwischen Wissenschaft und Öffentlichkeit über die Auswahl von Forschungsprojekten und die Annahme ihrer Ergebnisse gefordert (Schmid-Petri und Bürger, 2019, S. 108–111; Williams et al., 2017, S. 98–101).

Ich möchte demgegenüber den Akzent auf die Verbesserung der Vertrautheit mit der wissenschaftlichen Methode setzen. In meinen Augen ist es eher der Prozess der Wissensgewinnung als dessen Produkt, der eine Wertschätzung für die Wissenschaft erzeugen kann. Johannes Kepler hat diesem Gedanken in seiner *Astronomia Nova* von 1610 Ausdruck verliehen: „Mir kommen die Wege, auf denen die Menschen zur Erkenntnis der himmlischen Dinge gelangen, fast ebenso bewunderungswürdig vor, wie die Natur der Dinge selber."[4]

Tatsächlich erwecken wissenschaftliche Erkenntnisstrategien nicht selten Erstaunen und Bewunderung. Isaac Newton entdeckte, dass das Prisma weißes Licht in ein Spektrum von Farben aufspaltet, und schloss daran die Vermutung an, dass weißes Licht aus dem Licht der einzelnen Farben besteht. Diese Hypothese blieb für den Einwand offen, dass das Prisma diese Einzelfarben aus dem weißen Licht

---

4 „Quippe mihi non multo minus admirandae videntur occasiones, quibus homines in cognitionem rerum coelestium deveniunt; quam ipsa Natura rerum coelestium" (Kepler, 1609, S. 47).

erzeugt und nicht freilegt. Newton prüfte diese Gegenhypothese, indem er alle Farben bis auf eine aus dem Spektrum ausblendete und dieses einfarbige Licht auf ein weiteres Prisma fallen ließ. Beobachtet wurde, dass sich das Licht unter diesen Umständen nicht veränderte, dass also keine weitere Farbaufspaltung eintrat. Durch diese scharfsinnige Gegenprobe wurde die alternative Hypothese der Produktion der Farben untergraben und die Newton'sche Annahme der Zerlegung des Lichts bestätigt. Es ist der Einsatz von Gegenproben und von Experimenten, die eine Hypothese mit herausgehobener Glaubwürdigkeit auszustatten vermögen.

Hinzu treten Exzellenzmerkmale, die die Überzeugungskraft einer Theorie stark erhöhen. Dazu zählt die Vorhersage neuartiger Effekte, also nicht die Verallgemeinerung bekannter Phänomene, sondern die theoriegestützte Prognose zuvor unbeobachteter Erscheinungen. James C. Maxwell formulierte Mitte des 19. Jahrhunderts eine umfassende Theorie des Elektromagnetismus, die entsprechend elektrische und magnetische Wechselwirkungen erfassen sollte. Dabei fiel Maxwell auf, dass beim Einsetzen einer dieser heute so genannten Maxwell'schen Gleichungen in eine andere eine sog. Wellengleichung entsteht. Die Theorie sagte damit die Existenz eines neuen Phänomens voraus, nämlich elektromagnetischer Wellen. Heinrich Hertz gelang in den 1880er Jahren die experimentelle Bestätigung dieser Vorhersage (Carrier, 2023).

Ich denke, dass durch die anschauliche Teilhabe an und den konkreten Nachvollzug des Abenteuers der wissenschaftlichen Entdeckung die Faszination des Erkenntnisprozesses fühlbar gemacht werden kann und dass solche Einsichten die Glaubwürdigkeit der Wissenschaft in der Öffentlichkeit zu steigern vermögen. In der Diskussion zur Wissenschaftskommunikation wird das Defizitmodell einhellig zurückgewiesen und ein stärker dialogisches Modell favorisiert, das Impulse aus der Öffentlichkeit aufnimmt. Dieser Ansatz mag im Allgemeinen berechtigt sein, aber in Sachen wissenschaftliche Methode bestehen umfangreiche Wissenslücken in der Bevölkerung, deren Schließen erwartbar zu einer erhöhten Wertschätzung der Wissenschaft führt. Das Defizitmodell hat daher meines Erachtens Bestand mit Bezug auf die wissenschaftliche Methode. In dieser Hinsicht bleibt für die Wissenschaft noch viel Boden zu bestellen.

Eine weitere Herausforderung für die Wissenschaftskommunikation besteht darin, sich der Wissenschaftsleugnung auf deren eigenem Territorium zu stellen. Wissenschaftsleugnung bekämpft man nicht mit Vorträgen in Universitäten oder Akademien, sondern indem sich Wissenschaftlerinnen und Wissenschaftler dort ins Getümmel stürzen, wo Wissenschaftsleugnung stattfindet. Dabei handelt es sich vor allem um soziale Netzwerke. Wissenschaftsleugnung muss dort entlarvt werden, wo sie ihr Unwesen treibt. Das ist eine besondere Herausforderung, da sich Wissenschaft damit auf feindlichem Territorium der Debatte stellt. Dabei sollten die genannten Strategien der Unterhöhlung wissenschaftsfeindlicher Positionen zur

Anwendung kommen sowie wissenschaftliche Zugangs- und Erklärungsweisen der anstehenden Phänomene erläutert werden.

Schlussfolgerung

Die Verteidigung der Wissenschaft gegen ihre Verächter sollte an einem realistischen Bild der Wissenschaft ansetzen und nicht die Schwächen des Wissenschaftsprozesses übertünchen. Wissenschaftsleugnung ist vor allem durch interne Kritik an der Kohärenz und Erfahrungsstützung gefälschter Behauptungen zu unterhöhlen sowie durch die Präsentation wissenschaftsgestützter Zugangs- und Erklärungsweisen weiter zu untergraben. Das Defizitmodell ist dabei von stärkerer Relevanz, als es in der gegenwärtigen Debatte oft erscheint (Lewandowsky, 2021, S. 9). Die Vermittlung von Wissen sollte nämlich den wissenschaftlichen Erkenntnisprozess oder die wissenschaftliche Methode betreffen und die Faszination von Verfahren zur Entschlüsselung der Natur fühlbar werden lassen.

Die Verteidigung der Wissenschaft stützt sich auf der einen Seite am besten auf die Verbesserung der Wissenschaft. Institutionelle Regelungen zur Begrenzung und Kanalisierung wirtschaftlicher und politischer Einflüsse auf die Wissenschaft können die Verlässlichkeit wissenschaftlicher Befunde verbessern sowie ihre thematische Breite erhöhen und auf diese Weise die Glaubwürdigkeit der Wissenschaft steigern. Bei der Bekämpfung der Wissenschaftsleugnung ist eine offensive Strategie zu empfehlen: Die fehlende Erkenntnisorientierung solcher Positionen sollten offengelegt werden. Das geschieht am besten durch interne Kritik und die Bloßstellung methodologischer Fehlgriffe.

Literatur

Baker, J. (2014). „Spurensuche im Urknallecho." *Spektrum.de*, http://www.spektrum.de/news/spurensuche-im-urknallecho/1295837, letzter Abruf am 18.06.2014.
Begley, C. G., und Ellis, L. M. (2012). „Raise Standards for Preclinical Cancer Research." *Nature* 483, S. 531–533. https://doi.org/10.1038/483531a.
Biddle, J. (2007). „Lessons from the Vioxx Debacle: What the Privatization of Science Can Teach Us About Social Epistemology." *Social Epistemology* 21, S. 21–39.
Bogner, A. (2021). *Die Epistemisierung des Politischen. Wie die Macht des Wissens die Demokratie gefährdet*. Reclam.
Carrier, M. (2011). „Knowledge, Politics, and Commerce: Science under the Pressure of Practice." In: M. Carrier und A. Nordmann (Hg.), *Science in the Context of Application. Methodological Change, Conceptual Transformation, Cultural Reorientation*. Springer, S. 11–30.

Carrier, M. (2013). „Values and Objectivity in Science: Value-Ladenness, Pluralism and the Epistemic Attitude." *Science & Education* 22, S. 2547–2568.

Carrier, M. (2014). „Wahrheitsfindung unter Zeitdruck. Auswirkungen der Beschleunigung in der Wissenschaft." *Forschung. Politik – Strategie – Management* 7 (1–2), S. 52–57.

Carrier, M. (2018). „Identifying Agnotological Ploys: How to Stay Clear of Unjustified Dissent." In: A. Christian et al. (Hg.), *Philosophy of Science – Between the Natural Science, the Social Sciences, and the Humanities*. Springer, S. 155–169.

Carrier, M. (2022a). „Aus dem Irrtum lernen: Über den Umgang mit Fehlschlägen in der Wissenschaft." In: M. Jungert und S. Schuol (Hg.), *Scheitern in den Wissenschaften*. Brill | mentis, S. 27–51.

Carrier, M. (2022b). „What does Good Science-Based Advice to Politics Look Like?" *Journal for General Philosophy of Science* 53, S. 5–21.

Carrier, M. (2023). „Wissenschaft im Zweifel. Zur Glaubwürdigkeit wissenschaftlicher Forschung." In: A. Bartels (Hg.), *Weshalb auf die Wissenschaft hören?* Springer, S. 29–61.

Christian, A. (2017). „On the Suppression of Medical Evidence." *Journal for General Philosophy of Science* 48, S. 395–418. https://doi.org/10.1007/s10838-017-9377-9.

Cochrane (2014). „Tamiflu & Relenza: How Effective are They?" *Cochrance Community News Release*, http://community.cochrane.org/features/tamiflu-relenza-how-effective-are-they?, letzter Abruf am 10.04.2014.

Collomb, J.-D. (2014). „The Ideology of Climate Change Denial in the United States." *European Journal of American Studies* 9 (1), S. 1–17. https://doi.org/10.4000/ejas.10305.

Cowen, R. (2014). „Gravitationswellen: Forscher räumen möglichen Irrtum ein." *Spektrum.de* 24.06.2014. http://www.spektrum.de/news/gravitationswellen-forscher-raeumen-moeglichen-irrtum-ein/1296448, letzter Abruf am 24.01.2024.

Dentith, M.R.X. (2022). „Suspicious Conspiracy Theories." *Synthese* 200 (243), S. 1–14. https://doi.org/10.1007/s11229-022-03602-4.

Derksen, A. A. (1993). „The Seven Sins of Pseudo-Science." *Journal for General Philosophy of Science* 24, S. 17–42. https://doi.org/10.1007/BF00769513.

Dönges, J. (2016). „93 Gesundheitseinrichtungen gesponsert von ‚Big Soda'." *Spektrum.de* 13.10.2016. http://www.spektrum.de/news/gesponsert-von-big-soda/1426167, letzter Abruf am 24.01.2024.

Eurobarometer (2017). *European Citizens' Knowledge and Attitudes towards Science and Technology. Data Annex*. https://europa.eu/eurobarometer/surveys/detail/2237, letzter Abruf am 24.01.2024.

Falzeder, F. (2022). „Wichtigste Studie zur Alzheimer-Forschung soll gefälscht sein." *BR 24* 31.07.2022. https://www.br.de/nachrichten/wissen/wichtigste-studie-zur-alzheimer-forschung-soll-gefaelscht-sein,TCzDuKP, letzter Abruf am 24.01.2024.

Götz-Votteler, K., und Hespers, S. (2020). „Wissenschaft und postfaktisches Denken." In: Jungert, M., Frewer, A., und Mayr, E. (Hg.), *Wissenschaftsreflexion. Interdisziplinäre Perspektiven zwischen Philosophie und Praxis*. Brill | mentis, S. 291–314.

Harris, R. F. (2017). *Rigor Mortis: How Sloppy Science Creates Worthless Cures, Crushes Hope, and Wastes Billions*. Basic Books.

Hotez, P. J. (2021). „The Antiscience Movement Is Escalating, Going Global and Killing Thousands." *Scientific American*. https://www.scientificamerican.com/article/the-antiscience-movement-is-escalating-going-global-and-killing-thousands, letzter Abruf am 24.01.2024.

Hudson, R. (2021). „Should We Strive to Make Science Bias-Free? A Philosophical Assessment of the Reproducibility Crisis." *Journal for General Philosophy of Science* 52, S. 389–405.

Huneman, P., und Vorms, M. (2018). „Is a Unified Account of Conspiracy Theories Possible?" *Argumenta* 3 (2), S. 247–271. https://doi.org/10.23811/54.arg2017.hun.vor.

Jefferson, T., Jones, M. A., Doshi, P., Del Mar, C. B., Hama, R., Thompson, M. J., Spencer, E. A., Onakpoya, I., Mahtani, K. R., Nunan, D., Howick, J., und Heneghan, C. J. (2014). „Neuraminidase Inhibitors for Preventing and Treating Influenza in Adults and Children." *Cochrane database of systematic reviews* 2014 (4). https://doi.org/10.1002/14651858.cd008965.pub4.

Kariko, K. (2022). „Interview von Nathaniel Herzberg mit Katalin Kariko." *Le Monde* 07.07.2022. https://www.lemonde.fr/sciences/article/2022/07/03/katalin-kariko-pionniere-du-vaccin-a-arn-messager-j-etais-l-archetype-de-la-scientifique-qui-lutte-et-qui-chute_6133114_1650684.html, letzter Abruf am 24.01.2024.

Kepler, J. (1609). „Astronomia Nova." In: M. Caspar (Hg.), *Johannes Kepler Gesammelte Werke* III. Beck, 1937, 1990.

Koskinen, I., und Rolin, K. (2022). „Distinguishing between legitimate and illegitimate roles for values in transdisciplinary research." *Studies in History and Philosophy of Science* 91, S. 191–198. https://doi.org/10.1016/j.shpsa.2021.12.001.

Kourany, J. A., und Carrier, M. (2020). „Introducing the Issues." In: J. A. Kourany und M. Carrier (Hg.), *Science and the Production of Ignorance. When the Quest for Knowledge is Thwarted.* MIT Press, S. 3–25.

Krimsky, S. (2003). *Science in the Public Interest. Has the Lure of Profits Corrupted Biomedical Research?* Rowman & Littlefield.

Leopoldina (2020). *Coronavirus-Pandemie: Die Feiertage und den Jahreswechsel für einen harten Lockdown nutzen, 7. Ad-hoc-Stellungnahme, 8. Dezember 2020.* Herausgegeben von der Nationalen Akademie der Wissenschaften Leopoldina. https://www.leopoldina.org/publikationen/detailansicht/publication/coronavirus-pandemie-die-feiertage-und-den-jahreswechsel-fuer-einen-harten-lockdown-nutzen-2020, letzter Abruf am 24.01.2024.

Levy, M. (2022). „Do your own research!" *Synthese* 200 (356), S. 1–19. https://doi.org/10.1007/s11229-022-03793-w.

Lewandowsky, S. (2021). „Climate Change Disinformation and How to Combat it." *Annual Review of Public Health* 42, S. 1–21.

Lewandowsky, S., Cook, J., und Lombardi, D. (2020). *Debunking Handbook 2020.* Boston University Open Access Articles. https://doi.org/10.17910/b7.1182.

Longino, H. (1990). *Science as Social Knowledge: Values and Objectivity in Scientific Inquiry.* Princeton University Press.

Lundh, A., Sismondo, S., Lexchin, J., Busuioc, O. A., und Bero, L. (2012). „Industry Sponsorship and Research Outcome." *The Cochrane database of systematic reviews* 12, MR000033. https://doi.org/10.1002/14651858.MR000033.pub2.

McIntyre, L. (2019). *The Scientific Attitude. Defending Science from Denial, Fraud, and Pseudoscience.* MIT Press.

McKee, M. (2009). „Denialism: What is it and How Should Scientists Respond?" *European Journal of Public Health* 19 (1), S. 2–4.

Merton, R. K. (1942). „The Normative Structure of Science." In: R. K. Merton, *The Sociology of Science. Theoretical and Empirical Investigations.* University of Chicago Press, 1973, S. 267–278.

Michaels, D. (2008). „Manufactured Uncertainty. Contested Science and the Protection of the Public's Health and Environment." In: N. Proctor und L. Schiebinger (Hg.), *Agnotology. The Making and Unmaking of Ignorance.* Stanford University Press, S. 90–107.

Open Science Collaboration (2015). „Estimating the Reproducibility of Psychological Science." *Science* 349 (6251), S. 1–8. https://doi.org/10.1126/science.aac4716.

Oreskes, N., und Conway, E. M. (2010). *Merchants of Doubt*. Bloomsbury.

Pennycook, G., und Rand, D. G. (2021). „The Psychology of Fake News." *Trends in Cognitive Sciences* 25 (5), S. 388–402. https://doi.org/10.1016/j.tics.2021.02.007.

Proctor, R. N. (2008). „Agnotology. A Missing Term to Describe the Cultural Production of Ignorance (an its Study)." In: R. N. Proctor und L. Schiebinger (Hg.), *Agnotology. The Making and Unmaking of Ignorance*. Stanford University Press, S. 1–33.

Proctor, R. N. (2011). *Golden Holocaust: Origins of the Cigarette Catastrophe and the Case for Abolition*. University of California Press.

Reichert, U. (2014). „Kosmische Inflation belegt?" *Spektrum.de* 17.03.2014. http://www.spektrum.de/alias/urknall/kosmische-inflation-belegt/1257033, letzter Abruf am 24.01.2024.

Reutlinger, A. (2022). „When do Non-Epistemic Values Play an Epistemically Illegitimate Role in Science? How to Solve one Half of the New Demarcation Problem." *Studies in History and Philosophy of Science* 92, S. 152–161. https://doi.org/10.1016/j.shpsa.2022.01.018.

Schleichert, H. (2007). *Wie man mit Fundamentalisten diskutiert, ohne den Verstand zu verlieren*. Beck.

Schmid-Petri, H., und Bürger, M. (2019). „5. Modeling Science Communication: From Linear to More Complex Models." In: A. Leßmöllmann, M. Dascal und T. Gloning (Hg.), *Science Communication*. De Gruyter, S. 105–122. https://doi.org/10.1515/9783110255522-005.

Scientific American (2010). „In Science we Trust." *Scientific American* 303, S. 56–59.

Sismondo, S. (2008a). „Pharmaceutical Company Funding and its Consequences: A Qualitative Systematic Review." *Contemporary Clinical Trials* 29 (2), S. 109–113. https://doi.org/10.1016/j.cct.2007.08.001.

Sismondo, S. (2008b). „How pharmaceutical industry funding affects trial outcomes: Causal structures and responses." *Social Science & Medicine* 66 (9), S. 1909–1914. https://doi.org/10.1016/j.socscimed.2008.01.010.

Williams, L., Macnaghten, P., Davies, R., und Curtis, S. (2017). „Framing 'Fracking': Exploring Public Perceptions of Hydraulic Fracturing in the United Kingdom." *Public Understanding of Science* 26, S. 89–104. https://doi.org/10.1177/0963662515595159.

Wissenschaft im Dialog / Kantar Emnid (Hg.) (2017). *Wissenschaftsbarometer 2017*. www.wissenschaftsbarometer.de, letzter Abruf am 24.01.2024.

Ziman, J. (2002). „The Continuing Need for Disinterested Research." *Science and Engineering Ethics* 8, S. 397–399. https://doi.org/10.1007/s11948-002-0060-z.

Ziman, J. (2003). „Non-Instrumental Roles of Science." *Science and Engineering Ethics* 9, 17–27. https://doi.org/10.1007/s11948-003-0016-y.

Tanja Rechnitzer
Verstehen statt Fakten vermitteln: Ein Erkenntnistheoretisches Argument für Dialogbasierte Wissenschaftskommunikation

Abstract: This article investigates Public Understanding of Science (PUS) as an epistemic goal of science communication. It proposes to conceptualize PUS as a form of understanding and discusses what implications this has for science communication from a social epistemological perspective. Specifically, it is argued that 1) PUS can be conceptualized as an epistemic goal of science communication in a way that does not already imply the so-called deficit model, and 2) that interactive and dialogue-based forms of communication are also justified for this goal from an epistemological perspective.

1 Ausgangslage

Mantra-artig wird regelmäßig wiederholt, dass man das sogenannte Defizit-Modell in der Wissenschaftskommunikation zugunsten von einem dialogbasierten Modell ersetzen sollte. Doch warum eigentlich sind mehr Dialog und mehr Aktivierung der Öffentlichkeit sinnvoll? Tatsächlich dreht sich die Diskussion in der Wissenschaftskommunikation häufig vor allem um die Frage nach innovativen Methoden, *wie* man mehr Dialog schaffen kann, während die Diskussion über das *warum* oft untergeht (Stilgoe et al., 2014). Dabei scheint Dialog manchmal fast als eigenständiges Kommunikationsziel angesehen zu werden anstatt als Methode oder Technik, die für verschiedene Ziele eingesetzt werden kann (Van der Sanden und Meijman, 2008, S. 96).

Dass Wissenschaftskommunikation notwendig ist und dass wissenschaftliche Erkenntnisse im öffentlichen Diskurs angemessen berücksichtigt werden sollten, steht heute nicht mehr zur Debatte (Dernbach et al., 2012, S. 2). Allgemein scheint eine gute wissenschaftliche Grundbildung und ein angemessenes Vertrauen in Wissenschaft nötig, damit Bürger:innen in modernen industrialisierten Gesell-

---

Anmerkung: Ich danke Alexander Christian, Michaela Egli, Ina Gawel und Jonas Wittwer für wertvolle Kommentare zum Text, Jonas Blatter für hilfreiche Diskussionen, sowie Levyn Bürki und Fabio Hasler für Hilfe bei der Konzeption des Artikels.

schaften private sowie soziale und politische Entscheidungen informiert treffen können (Feinstein, 2011, S. 169). Doch trotz großer Bemühungen, Public Understanding of Science (PUS) bzw. wissenschaftliche Grundbildung („science literacy") zu erhöhen, ließen sich Fortschritte oft nur schwer nachweisen (Sturgis und Allum, 2004, S. 56, sowie die dort genannten Quellen). Eine der Ursachen für dieses Scheitern wird im Defizitmodell gesehen, das diesen Kommunikationsstrategien zu Grunde liege. In diesem Modell setzt die Wissenschaft einseitig Fakten, während die Öffentlichkeit lediglich ein uninformiertes – defizitäres – Publikum darstellt. Es ist eng verbunden mit der Annahme, dass Wissenschaftsskepsis, Wissenschaftsleugnung oder anti-wissenschaftliche Haltungen primär auf einem Defizit in der Gesellschaft beruhen, dass durch (einseitige) Kommunikation ausgeglichen werden kann. Indem das defizitäre Wissen von Lai:innen verbessert wird, wird auch deren Einstellung gegenüber Wissenschaft positiver und das Vertrauen erhöht, so die Hoffnung – frei nach dem Motto „to know science is to love it" (vgl. Sturgis und Allum, 2004, S. 56).

Dieses Defizit-Modell ignoriert aber zum einen die oftmals vorhandene lokale Expertise von Lai:innen (Whyte und Crease, 2010) sowie die Rolle von Werten insbesondere für wissenschaftsbasierte *Politik*entscheidungen. Es übersieht dadurch die vielfältigen Gründe, aus denen Lai:innen wissenschaftlichen Ergebnissen nicht vertrauen: Zum Beispiel, weil sie den Eindruck haben, dass ihre Werte und Bedenken zu wenig oder nicht berücksichtigt werden (Goldenberg, 2016; Weitze und Heckl, 2016, S. 32) oder weil die Debatte so geführt wird, dass als einzig mögliche Kritik an politischen Entscheidungen eine Zurückweisung wissenschaftlicher Ergebnisse bleibt (Bogner, 2021). Diese Gründe lassen sich nicht einfach durch das Vermitteln von mehr Wissen entkräften. Das Ziel, Public Understanding of Science zu schaffen, wurde darum ergänzt – oder manchmal zumindest dem Anspruch nach auch ersetzt – durch weitere Ziele der Wissenschaftskommunikation, die als Public Awareness of Science (PAS), Public Engagement with Science (PES) sowie Public Participation in Science (PPS) beschrieben wurden (Van der Sanden und Meijman, 2008, S. 96–97).

In Bezug auf diese neuen Ziele scheinen Dialog und partizipative Formate als offensichtliche Werkzeuge, um Lai:innen an der Wissenschaft zu beteiligen und sie für Wissenschaft zu begeistern oder zumindest zu erwärmen, auch in der Hoffnung Vertrauen (wieder) aufzubauen (für den letzten Punkt siehe Bauer et al., 2007, S. 85). Indem Bedenken und Werte der betroffenen Gruppen und Stakeholder sowie vorhandenes lokales Wissen von Anfang an in den Prozess der Wissensgenerierung eingebunden werden, soll sich auch die Legitimation – und damit verbunden die Akzeptanz – wissenschaftlicher Politikempfehlungen erhöhen. Allerdings ruft die Umsetzung dieser Ansätze auch Kritik hervor: Oftmals ginge es unter dem Deckmantel der Partizipation primär um „Wissenschafts-Marketing" durch das Wissenschaft bestmöglich „verkauft" werden solle (Sturgis und Allum, 2004, S. 56). Partizipation werde oft primär genutzt, um Zustimmung für einen vorgegebenen Ansatz einzuwerben, und nicht etwa als Anlass, das eigene Vorgehen zu überdenken (Stilgoe et al., 2014, S. 6).

Zusätzlich zur Frage nach Umsetzung und dem Ziel der Diskursform stellt sich auch die Frage nach dem Inhalt des Dialogs. Wenn wissenschaftliche Erkenntnis nicht als grundsätzlich höherwertig und überlegen angesehen werden soll, folgt daraus, dass z. B. über Fakten „verhandelt" werden und die epistemische Autorität der Wissenschaft gänzlich aufgehoben werden soll? Dies scheint zu weit zu gehen: Wir brauchen eine „kognitive Arbeitsteilung" sowohl innerhalb der Wissenschaften als auch zwischen Wissenschaft und Gesellschaft: Niemand kann alleine alles überblicken, und wir nutzen routinemäßig Erkenntnisse und Wissenselemente, die wir selbst nicht überprüfen sondern uns darauf verlassen, dass andere (Expert: innen) für deren Gültigkeit garantieren. So gut die Idee vom „Dialog auf Augenhöhe" klingt, sie muss dennoch in der Lage sein, sowohl mit Asymmetrien in Bezug auf Wissen und Expertise umzugehen als auch mit der Existenz hochkomplexer Sachverhalte, die sich einfachen Erklärungen entziehen.

Es scheint, dass der schnelle Übergang von primär einseitigem „Mitteilen" hin zu Dialog und Partizipation eine noch offene Diskussion über die breitere Bedeutung dieser Kommunikationsform verdrängt hat (Stilgoe et al., 2014, S. 8). Auch sind durch diesen Übergang „klassische" Ziele der Wissenschaftskommunikation, wie Public Understanding of Science (PUS) bzw. „science literacy" oft aus dem Blick geraten, wie Van der Sanden und Meijman (2008, S. 90) beobachten:

> Dialogue is not playing a role in the "classical" goals of science communication process such as public understanding of science. With the development of public awareness and public engagement, dialogue seemed an obvious tool, and we have probably forgotten to look "back" to use dialogue for public understanding of science as well.

Tatsächlich wird das Ziel des PUS oft in enger Verbindung mit dem Defizitmodell gesehen (Weitze und Heckl, 2016, S. 10). Dennoch bleibt es ein wichtiges Ziel von Wissenschaftskommunikation, denn eine gewisse wissenschaftliche Grundbildung scheint in jedem Fall ein erstrebenswertes Ziel und auch eine Voraussetzung für eine mündige Beteiligung am Dialog über Wissenschaft. Das Hinarbeiten auf dieses Ziel muss darum nicht gleich „von oben herab" passieren oder die Öffentlichkeit als grundsätzlich defizitäres Gegenüber annehmen. Im Gegenteil möchte ich in diesem Beitrag zeigen, dass Dialog und Partizipation wichtige und manchmal sogar notwendige Mittel sind, wenn man PUS als Ziel verfolgt.

Konkret entwickle ich ein sozialerkenntnistheoretisches Argument, warum PUS als Erkenntnisziel nicht ausschließlich durch das unidirektionale Vermitteln von

Überzeugungen bzw. Wissen gefördert werden kann, sondern Interaktion und Dialog braucht. Ich schlage vor, dass PUS als Erkenntnisziel am besten als eine Form von *Verstehen* expliziert wird. Verstehen unterscheidet sich von Wissen, da es unter anderem graduell ist sowie einen Aspekt des Begreifens oder Erfassens („grasping") beinhaltet. In der Erkenntnistheorie wird Verstehen als ein eigenständiger, von Wissen verschiedener, epistemischer Erfolg diskutiert (siehe z. B. Grimm et al., 2017; Kvanvig, 2009). Ein wichtiger Unterschied betrifft die sozialerkenntnistheoretischen Dimensionen, da allgemein akzeptiert ist, dass Wissen aus zweiter Hand möglich ist, während bei Verstehen typischerweise davon ausgegangen wird, dass es wesentlich eine Eigenleistung der Akteurin beinhaltet.

Das bedeutet, dass ich mich der Frage, welche Kommunikationsmethoden zum Fördern des Ziels PUS angemessen sind, aus erkenntnistheoretischer Perspektive nähere – es geht hier nicht um empirische oder praktische Fragen, d. h., welche Methoden sich in der Praxis am besten einsetzen lassen oder empirisch klar messbare Erfolge haben, oder ähnliches. Mein Fokus liegt darum auf PUS als *epistemisches* Ziel von Wissenschaftskommunikation. Fragen wie ob ein besseres Wissenschaftsverständnis auch zu höherer Akzeptanz oder positiverer Einstellung gegenüber Wissenschaft und wissenschaftsbasierten Empfehlungen führt, werde ich ausklammern (vgl. Bauer et al., 2007, S. 83; Slater et al., 2019, S. 249).

Dieser Beitrag ist dabei vor allem programmatisch zu verstehen, d. h., das Ziel ist, aufzuzeigen, welche Gesichtspunkte relevant sind oder relevant sein könnten, sowie das Argument zu skizzieren. Viele Punkte, wie z. B. eine vollständige Explikation von PUS als epistemisches Ziel von Wissenschaftskommunikation, können in diesem Rahmen nur ansatzweise geleistet werden. Plausibel scheint, dass Lai:innen weder selbst zu Expert:innen werden müssen, noch dass sie Wissenschaft bzw. Wissenschaftler:innen blind vertrauen sollten. Stattdessen scheint ein „kritisches Wissenschaftsverstehen", das gerechtfertigtes Vertrauen ermöglicht, ein angemessenes Ziel; und dieses zu erreichen erfordert zumindest ein gewisses Maß an Dialog, der nicht den Ausgangspunkt hat, dass die nicht-wissenschaftliche Öffentlichkeit der Wissenschaft grundsätzlich defizitär gegenübersteht.

Im folgenden Abschnitt konzentriere ich mich zunächst darauf, warum PUS als epistemisches Ziel sinnvollerweise als eine Form von Verstehen aufgefasst werden sollte. Danach gehe ich auf die sozialerkenntnistheoretischen Dimensionen von Verstehen vs. Wissen ein und diskutiere, welche Implikationen das für die Wissenschaftskommunikation hat.

2 *Verstehen* von Wissenschaft bzw. Wissenschaftspraxis als Ziel

Für eine gute politische Entscheidungsfindung in modernen, industrialisierten Demokratien ist es von entscheidender Bedeutung, dass die Bürger:innen wissenschaftlich gebildet sind und fundierte Entscheidungen zu wissenschaftsbasierten Themen treffen können. Ein gewisses Maß an wissenschaftlicher Bildung ist aber auch für Lai:innen selbst von Vorteil, da es ihnen hilft, ihre eigenen Ziele effizienter zu verfolgen und besser informierte Entscheidungen zu treffen, z. B. bei gesundheitsrelevanten Themen wie Ernährung (Feinstein, 2011, S. 169). Diese Art der wissenschaftlichen Grundbildung wird im angloamerikanischen Raum typischerweise als „science literacy" oder „Public Understanding of Science (PUS)" bezeichnet (Laugksch, 2000). Da sich der Begriff des PUS (bzw. PUSH, Public Understanding of the Sciences and Humanities), auch im deutschsprachigen Raum etabliert hat (Weitze und Heckl, 2016, S. 19–20), werde ich im Folgenden ebenfalls den Begriff des PUS verwenden. Doch was bedeutet es, über PUS bzw. „science literacy" zu verfügen?[1] Was befähigt Lai:innen, wissenschaftliche Ergebnisse und Theorien auf sinnvolle Weise in Entscheidungen zu integrieren, die ihr tägliches Leben und die öffentliche Politik betreffen?

In jedem Fall scheint es plausibel, dass PUS als Ziel irgendeine Form von epistemischem Erfolg beinhaltet (Huxster et al., 2018, S. 758; Slater et al., 2019, S. 249), was nicht heißen soll, dass es nur auf diesen epistemischen Gehalt reduzierbar ist. Epistemische Erfolge sind verschiedene Arten von Erkenntnis, zum Beispiel informiert zu sein, wahre Überzeugungen zu haben, etwas zu wissen oder zu verstehen. Verschiedene epistemische Erfolgszustände haben unterschiedliche Erfolgsbedingungen, weshalb es wichtig ist, sich über die Ziele einer Kommunikationsmaßnahme klar zu sein. Im Fall von PUS liegt es nahe, dass der gewünschte Erfolgszustand eine Form von *Verstehen* ist – schließlich ist „understanding" bereits in der Bezeichnung enthalten. Verstehen ist jedoch selbst oft nicht klar definiert und wird in unterschiedlichen Disziplinen und Kontexten unterschiedlich verwendet – auch innerhalb der Wissenschaftskommunikation (Grote und Dierkes 2005, S. 241). So werden Begriffe wie „Wissen" und „Verstehen" oft relativ beliebig austauschbar verwendet und epistemische Ziele gar nicht erst klar definiert, wie die Studie von Huxster et al. (2018) feststellt.

---

[1] „Public" fasse ich hier primär im Gegensatz zum Experten-Verstehen auf, d.h., es geht um ein öffentlich zugängliches, allgemeines Verstehen. In einem zweiten Schritt kann man natürlich auch vom Verstehen sprechen, dass „die Öffentlichkeit" (oder eine „Teil-Öffentlichkeit") hat, wenn eine ausreichende Zahl deren Mitglieder ein solches Verstehen erreicht hat.

Klarer zu definieren, welches epistemische Ziel Wissenschaftskommunikation hat, bleibt also ein Desideratum: Wir wollen, dass die Gesellschaft eine „gute epistemische Beziehung" zu Wissenschaft hat – aber was ist diese epistemische Beziehung? (Huxster et al., 2018, S. 757) Ich schließe mich hier neueren Vorschlägen an, dass PUS aus erkenntnistheoretischer Perspektive am besten als eine Form von Verstehen expliziert wird (vgl. Slater et al., 2019), d. h. als eine holistische, graduelle Form von Erkenntnis, die auch gewisse Fähigkeiten beinhaltet oder zumindest die Grundlage für gewisse Fähigkeiten bietet.

Jüngere Entwicklungen in der Erkenntnistheorie und Wissenschaftsphilosophie betonen den Wert des epistemischen Zustands des Verstehens z. B. (Elgin, 2017; Grimm et al., 2017; de Regt, 2017). Im Gegensatz zu Verstehen wird Wissen üblicherweise als gerechtfertigter wahrer Glaube (plus ggf. weitere Bedingungen) analysiert. Objekte von Wissen sind also zunächst einzelne Tatsachen, in diesem Sinne ist es „atomistisch". Dagegen wird Verstehen typischerweise als eine holistische Form von Erkenntnis angesehen, die sich darauf bezieht, wie verschiedene Aspekte innerhalb eines Themas oder Phänomens zusammenhängen. Wer etwas versteht, „begreift" (engl. grasps), wie propositionale und vielleicht auch nicht-propositionale Inhalte (z. B. Werte, Gefühle oder graphische Visualisierungen) in einem Gegenstandsbereich zusammenhängen. Man kann viele verschiedene Fakten wissen und doch daran scheitern, zu verstehen, wie diese zusammenhängen und welche Implikationen sich daraus für neue Fälle ergeben. So hat eine Person vielleicht aus den Medien korrekt gelernt, dass Abstand halten und Maske tragen die Verbreitung von COVID-19 einschränken. Da sie aber nicht versteht, wie diese Dinge zusammenhängen und sich auch auf andere Viren- und Bakterien-Infektionen übertragen lassen, geht sie dann z. B. mit einer starken Mandelentzündung ganz normal zur Arbeit, da der PCR-Test für COVID-19 negativ war.

Dieser Aspekt, dass Verstehen die Fähigkeit einschließt, Informationen nicht nur korrekt wiederzugeben, sondern auch mit ihnen zu arbeiten (Elgin, 2007, S. 35) scheint Verstehen besonders als epistemische Komponente von PUS geeignet zu machen (Huxster et al., 2018, S. 767). Das Ziel sollte schließlich nicht nur sein, dass Bürger:innen verschiedene (wenn auch noch so wichtige) Fakten kennen, sondern dass sie in der Lage sind, Zusammenhänge zu erkennen und informierte Entscheidungen sowohl im privaten als auch im politischen Bereich treffen zu können. Dies wirft jedoch die Frage auf, was denn der Inhalt dieses Verstehens sein soll. Sollen Lai:innen möglichst die gleiche Art Verstehen erwerben, die auch Wissenschaftler:innen haben, die in dem jeweiligen Gegenstandsbereich forschen? Selbst wenn dies für einzelne Fragen möglich sein sollte, ist dies als grundsätzliches Ziel unplausibel und unrealistisch: Es kann nicht darum gehen, dass Lai:innen selbst genügend Expertise erwerben, um selbst wissenschaftliche Behauptungen von Grund auf zu überprüfen (Keren, 2018; Sinatra und Hofer, 2016).

Eine Wissenschaftsbildung und -kommunikation, die darauf abzielt, Lai:innen selbst zu „wissenschaftlichen Insidern" zu machen, läuft laut Feinstein Gefahr, *marginale Insider* zu produzieren: Marginale Insider wurden zwar mit vielen wissenschaftlichen Theorien und Begriffen konfrontiert und können vielleicht auch viele Fakten korrekt wiedergeben. Ihr Verstehen von Wissenschaft und ihre Fähigkeiten, aktiv nach verlässlichen Informationen zu suchen und Bezüge zu den eigenen Bedürfnissen herzustellen, sind jedoch rudimentär. Die wenigsten von ihnen werden diesen Weg weit genug verfolgen, um echte „wissenschaftliche Insider" zu werden (Feinstein, 2011, S. 181) – abgesehen davon, dass es aufgrund der Notwendigkeit einer kognitiven Arbeitsteilung gar nicht das Ziel sein kann, alle zu Expert:innen auszubilden.[2] Dazu kommt, dass auch innerhalb der wissenschaftlichen Disziplinen eine Arbeitsteilung stattfindet und sowohl Expertise als auch Laienstatus bereichsspezifisch und graduell sind. Nur weil jemand ein:e Expert:in in einem spezifischen Fachbereich ist, ist noch lange nicht gesagt, dass diese Person auch Bezüge davon zu anderen wissenschaftlichen oder auch nicht-wissenschaftlichen Bereichen sowie zu ihren persönlichen Zielen und den damit verbundenen Informationsbedürfnissen herstellen kann. Stattdessen solle man wissenschaftlich gebildete Personen („science literate people"), also Personen, die PUS besitzen, als *kompetente Outsider* konzeptualisieren. Kompetente Outsider können erkennen, wann Wissenschaft relevant für ihre Interessen und Bedürfnisse ist und können dann entsprechend mit wissenschaftlicher Expertise interagieren, um ihre eigenen Ziele zu fördern (Feinstein, 2011, S. 180). Entsprechend schlage ich vor, PUS als die Art von Verstehen zu explizieren, die kompetente Outsider haben.

So verstanden können wir drei Eckpunkte von PUS festhalten. Erstens kann es bei PUS als epistemisches Ziel nicht einfach nur darum gehen, dass man eine bestimmte Menge wissenschaftlicher Fakten, Theorien oder Begriffe kennt und wiedergeben kann. Wichtig ist, dass Zusammenhänge hergestellt und neue Informationen eingeordnet und bewertet werden können, man also einen gewissen Grad an Verstehen hat und den Gegenstandsbereich *begreift*.

Zweitens ist es aber auch nicht ausreichend, PUS mit wissenschaftlichem Verstehen gleichzusetzen: Zwar werden die Fähigkeiten benötigt, wissenschaftliche Behauptungen einzuordnen und zu bewerten, aber dies sind nicht notwendigerweise die gleichen Fähigkeiten, die Wissenschaftler:innen anwenden, um solche Behauptungen aufzustellen (Priest, 2013, S. 138–39). Und die erfolgreiche Anwendung dieser Fähigkeiten setzt zwar voraus, dass man bestimmte Dinge weiß und ein gewisses Wissenschaftsverstehen hat, aber diese Inhalte sind nicht einfach eine

---

[2] Das muss nicht heißen, dass diese Art der „marginalen Expertise" gänzlich nutzlos oder gar schädlich ist. Sie kann nur jedenfalls nicht genug sein, um das epistemische Ziel von PUS zu erfüllen.

kleinere Teilmenge des wissenschaftlichen Fachwissens. Häufig genannt werden z. B. die Rolle von Unsicherheit, Peer Review, wissenschaftlichen Kontroversen sowie der Status von wissenschaftlichem Konsens, ein Bewusstsein für das Wesen wissenschaftlicher Spezialisierung und Expertise, eine minimale Vertrautheit mit der Bandbreite verfügbarer methodischer Ansätze sowie die Einsicht, dass Wissenschaft keine Ansammlung von Fakten sondern ein Prozess ist, und zwar ein *sozialer* Prozess (siehe z. B. Bauer et al., 2007, S. 81; Priest, 2013, S. 139).

Drittens gelten für kompetente Outsider andere epistemische Normen als für Insider eines Forschungsgebiets (Keren, 2018). Dies betrifft etwa die Frage, wie Überzeugungen gebildet werden sollten: Teil davon, kompetenter Outsider zu sein, ist zu erkennen, wann man Insider-Expert:innen Glauben schenken sollte und Überzeugungen „aus zweiter Hand" akzeptieren sollte, d. h., eine Überzeugung akzeptieren sollte, *weil* sie von vertrauenswürdigen Expert:innen vertreten wird und es einen wissenschaftlichen Konsens dazu gibt. Umgekehrt sollten sich Expert:innen zumindest in Bezug auf ihren eigenen Untersuchungsgegenstand nicht auf die epistemische Autorität anderer verlassen. Ein wissenschaftlicher Konsens ist schwierig zu erreichen und auch darum ein Anzeichen für die Vertrauenswürdigkeit der ausgedrückten Informationen. Würden Expert:innen sich diesem Konsens anschließen, würden sie gerade seine Vertrauenswürdigkeit untergraben (Keren, 2018, S. 786; vgl. auch Dellsén, 2018).[3]

Ein Verstehen der kognitiven Arbeitsteilung zwischen Wissenschaft und Öffentlichkeit ist also ein wichtiger Bestandteil von PUS. Dies erfordert wiederum ein angemessenes Vertrauen in Wissenschaft als Quelle von Erkenntnis. Eine Betonung liegt hier darauf, dass dieses Vertrauen – um angemessen zu sein – nicht völlig unkritisch sein sollte: Blind „der Wissenschaft" zu vertrauen ist nicht genug. Es kann im Gegensatz Leute anfällig für Falschmeldungen und Pseudowissenschaften machen, wenn sich diese mit (scheinbaren) wissenschaftlichen Referenzen schmücken (O'Brien et al., 2021). Bürger:innen sollten also auch in der Lage sein, kritisch mit wissenschaftlichen Behauptungen umzugehen, um einschätzen zu können, welche Aussagen tatsächlich vertrauens*würdig* sind.

Wir sehen uns hier also einer gewissen Spannung gegenüber. Einerseits sollen Lai:innen selbst ein besseres und auch durchaus kritisches Wissenschaftsverstehen erlangen. Andererseits besteht die Hoffnung, dass dieses bessere Verstehen dazu führen wird, dass der Wissenschaft und ihren Ergebnissen mehr vertraut wird und wissenschaftliche Ergebnisse akzeptiert werden. In der neueren Literatur

---

3 Dies gilt allerdings wirklich nur, wenn Expert:innen selbst zu den entsprechenden Fragen forschen. Natürlich müssen auch Expert:innen oft auf die Aussagen ihrer Kolleg:innen oder den Konsens in anderen Forschungsfeldern vertrauen (vgl. Hardwig, 1985).

zeigen Autor:innen wie Goldman (2001), Anderson (2011), Irzik und Kurtulmus (2019) und Baghramian und Croce (2021) jedoch, dass dies keine Spannung darstellen muss: Informiertes Vertrauen ist möglich und mit der hier vorgestellten Konzeption kompetenter Outsider sehr gut vereinbar.

3 Epistemisches Vertrauen und PUS

Wenn es darum geht, dass die Öffentlichkeit der Wissenschaft (mehr) vertrauen soll, geht es bei der Art von Vertrauen typischerweise um epistemisches Vertrauen, d.h. um das Vertrauen in eine Person (oder ggf. eine Institution) als Lieferant:in von Informationen oder Erkenntnis. Typischerweise wird Vertrauen so definiert, dass es mehr involviert als nur sich auf jemanden zu verlassen (Baier, 1986; Wilholt, 2013) – Vertrauen involviert, dass man sich vom Wohlwollen der anderen Partei abhängig macht. Dabei ist es wichtig, zu unterscheiden zwischen der sozio-psychologischen Frage, wann bzw. wie stark Menschen tatsächlich in die Wissenschaft vertrauen und welche Maßnahmen geeignet sind, um dieses Vertrauen zu stärken, und der normativen Frage, wann Vertrauen gerechtfertigt ist. Hier werde ich mich auf die normative Seite konzentrieren, um das Argument zu entwickeln, dass es auch erkenntnistheoretische (und nicht nur z.B. psychologische) Gründe gibt, warum Wissenschaftskommunikation Dialog braucht.

Typischerweise wird davon ausgegangen, dass ein:e Akteur:in A dann gerechtfertigtes epistemisches Vertrauen in ein:e Akteur:in B in Bezug auf eine Aussage P hat, wenn A gute Gründe hat, (i) von B's Kompetenz in Bezug auf P und (ii) B's Aufrichtigkeit auszugehen. Ziel ist es, aus guten Gründen den Wissenschaftler:innen zu vertrauen, die die nötigen Eigenschaften haben, um vertrauenswürdig zu sein (Irzik und Kurtulmus, 2019, S. 1146). Dabei können sich kompetente Outsider auf indirekte Kriterien – z.B. akademische Abschlüsse und Auszeichnungen, Veröffentlichungsliste, Abwesenheit von Interessenskonflikten, etc. – berufen, ohne notwendigerweise selbst die Expertise zu haben, um die Richtigkeit der gemachten Aussagen direkt zu überprüfen (Anderson, 2011; Goldman, 2001).

Allerdings reicht es nicht immer, dass Wissenschaftler:innen kompetent sind und aufrichtig mitteilen, was sie herausgefunden haben, damit Lai:innen gerechtfertigt sind, ihren Aussagen voll zu vertrauen, d.h., P allein aufgrund der aufrichtigen Aussage einer kompetenten Wissenschaftlerin zu akzeptieren. Dies liegt am sogenannten „induktiven Risiko" (Hempel, 1965; Rudner, 1953). Wird eine Hypothese P aufgrund von Evidenz akzeptiert oder abgelehnt, so kann das nie mit völliger Sicherheit geschehen – man macht einen sogenannten induktiven Schluss von der vorhandenen, notwendigerweise unvollständigen Evidenz.[4] Die Akzeptanz (oder Ablehnung) von P beinhaltet also induktive Risiken in Bezug auf zwei verschiedene Arten von Fehlern: falsch-positive Ergebnisse, d.h. die Akzeptanz einer Hypothese obwohl diese falsch ist, und falsch-negative Ergebnisse, d.h. die Zurückweisung einer Hypothese obwohl diese wahr ist. Welche Art von Fehler man eher minimieren möchte, beeinflusst, wie viel Evidenz man für erforderlich hält, bevor man eine Hypothese akzeptiert. Damit ich als Hörerin die Zuverlässigkeit der Aussage, dass P, richtig einordnen kann, muss ich also eigentlich wissen, wie hoch die jeweilige Fehlerwahrscheinlichkeit ist. Grob gesagt sollten die Standards, die die Bereitsteller von Informationen akzeptieren, mit den Standards übereinstimmen, die bei der Akzeptanz von Aussagen durch epistemisches Vertrauen vorausgesetzt werden. Wilholt (2013, S. 242) beschreibt dies als ein Koordinationsproblem, das innerhalb der Wissenschaften durch allgemein akzeptierte methodologische Standards, z.B. über das Level statistischer Signifikanz, gelöst wird. Diese Herausforderung stellt sich jedoch genauso für die Arbeitsteilung zwischen Wissenschaft und Gesellschaft – und hier sind die Möglichkeiten, gemeinsam geteilte Standards zu erarbeiten, die einfach vorausgesetzt werden können, deutlich geringer. Irzik und Kurtulmus illustrieren den Unterschied zwischen grundlegendem („basic") und verstärkten („enhanced") epistemischem Vertrauen mit folgendem Beispiel: Angenommen, ich habe zwei Tutorinnen, denen ich in Bezug auf ihre Kompetenz und Aufrichtigkeit beiden vertraue. Beide Tutorinnen beaufsichtigen Klausuren in zwei verschiedenen Räumen für mich und berichten anschließend, einen Studenten beim Schummeln erwischt zu haben. Meine größte Sorge in solchen Situationen ist, jemanden fälschlicherweise des Betrugs zu bezichtigen. Ich weiß, dass die eine Tutorin diese Bedenken teilt, während die zweite Tutorin eher darauf aus, keine Studierenden mit Betrug davonkommen zu lassen. Während ich grundlegendes epistemisches Vertrauen in beide Tutorinnen habe, habe ich ein verstärktes epistemisches Vertrauen in die erste Tutorin, die meine Bedenken teilt. Entsprechend werde ich eher geneigt sein, auf Basis ihrer Aussage Maßnahmen zu ergreifen, um den beschuldigten Studenten zur Rechenschaft zu ziehen (Irzik und Kurtulmus, 2019, S. 1153–1154).

Damit Lai:innen also auf eine wissenschaftliche Aussage voll vertrauen können, muss sichergestellt sein, dass die entsprechenden methodologischen Entscheidungen in Einklang mit ihren Bewertungen der bestehenden induktiven Risiken getroffen wurden (Irzik und Kurtulmus, 2019, S. 1153–1156; Wilholt, 2013,

---

4 Selbst wenn man alle relevante Evidenz bis zum Zeitpunkt der Entscheidung erheben könnte, so könnte es immer noch sein, dass in der Zukunft neue, widersprüchliche Evidenz zum Vorschein kommt.

S. 250). Das bedeutet aber, dass auch Wissenschaftler:innen Input aus der Gesellschaft brauchen, um überhaupt wissen zu können, welche Werte relevant sind. Irzik und Kurtulmus schlagen dafür zum Beispiel „hybride Foren" vor, in denen Bürger:innen und Wissenschaftler:innen ins Gespräch kommen, sowie eine höhere Diversität innerhalb der Wissenschaft, um Werte und Interessen verschiedener Gruppen besser abzubilden (Irzik und Kurtulmus, 2019, S. 1155–1156).

Dieser Punkt zeigt, dass es ein Fehler ist, die Öffentlichkeit einseitig als defizitär und aufklärungsbedürftig anzusehen und ein einseitiges Kommunikationsmodell zu wählen. Wissenschaftler:innen bzw. Wissenschaftskommunikator:innen müssen, zumindest bei gesellschaftlich relevanten Fragen, unbedingt auch Input aus der Gesellschaft aufnehmen, um tatsächlich relevante und für Lai:innen epistemisch autoritative Ergebnisse liefern zu können. Bemühungen, die Zuverlässigkeit wissenschaftlicher Forschung zu kommunizieren, haben wenig Aussicht auf Erfolg, wenn diese Forschung gar nicht auf die Fragen und Bedenken eingeht, die die Betroffenen haben (Goldenberg, 2016).

Dies ist aber nicht der einzige Grund, warum Wissenschaftskommunikation auch aus erkenntnistheoretischer Sicht Dialog braucht. Im vorigen Abschnitt habe ich vorgeschlagen, PUS als epistemisches Ziel von Wissenschaftskommunikation als eine Form von Verstehen zu konzeptualisieren, die zwar eine gewisse Überlappung mit wissenschaftlichem Verstehen hat, sich aber auch wesentlich davon unterscheidet, indem zum Beispiel Verstehen von Wissenschaft als sozialem Prozess sowie ein Verstehen der kognitiven Arbeitsteilung ein zentraler Bestandteil davon sind. So verstanden enthält PUS gerade ein Verständnis dafür, dass manchmal Vertrauen die rationalere Strategie ist, als alles selbst herausfinden zu wollen (vgl. Zagzebski, 2012, 2013). Dieses Vertrauen muss aber selbst gerechtfertigt sein – was wiederum ein gewisses wissenschaftliches Grundverstehen voraussetzt, um herauszufinden, wann Vertrauen angebracht ist.

Im Folgenden werde ich mich nun gezielter der Frage zuwenden, warum die Verstehenskonzeption interaktive Formen der Kommunikation nötig machen – über die Rolle von Wertfragen im Zusammenhang des induktiven Risikos hinaus.

4 Sozialerkenntnistheoretische Dimensionen von Verstehen

Versteht man PUS als epistemisches Ziel primär als eine Form von Verstehen und geht davon aus, dass sich Verstehen von Wissen unterscheidet, so hat dies auch Konsequenzen für die sozialerkenntnistheoretischen Dimensionen von PUS – und damit auch für die Wissenschaftskommunikation: Wie kann PUS durch Kommunikation vermittelt bzw. erworben werden? In diesem Abschnitt argumentiere ich, dass Dialog und aktive Beteiligung beider Seiten aus erkenntnistheoretischer Perspektive ein notwendiges Mittel für eine gelingende kognitive Arbeitsteilung sind, wenn man PUS als epistemisches Ziel als das Verstehen kompetenter Outsider konzeptualisiert.

In der sozialen Erkenntnistheorie wird das Thema der kognitiven Arbeitsteilung typischerweise unter dem Gesichtspunkt von Wissen durch „Zeugnis" (testimony) behandelt. Grob gesagt: Wir können Wissen „aus zweiter Hand" erwerben, indem wir Zeugnis akzeptieren. Unsere Rechtfertigung bezieht sich dann darauf, ob es gerechtfertigt ist, das Zeugnis zu glauben; nicht direkt auf die Gründe für die akzeptierte Proposition (Hardwig, 1985) – d. h., wenn wir dem Zeugnis vertrauen, so muss dieses Vertrauen selbst angebracht sein. Tatsächlich scheint sehr viel unseres Wissens in dieser Art aus zweiter (oder dritter, vierter, ... über eine lange „Zeugnis-Kette" vermittelten) Hand zu sein (Hardwig, 1991, S. 701; Fricker, 2006, S. 604). Die Relevanz von epistemischem Vertrauen für diese Art von Erkenntnisgewinn wurde bereits im vorigen Abschnitt thematisiert.

Ob Verstehen in gleicher oder zumindest ähnlicher Weise wie Wissen über Zeugnis weitergegeben werden kann, ist in der sozialen Erkenntnistheorie umstritten bzw. wird aktuell in der philosophischen Debatte untersucht und genauer ausspezifiziert. Ein paar Eckpunkte lassen sich jedoch festhalten.

Zunächst einmal gibt es Zweifel daran, dass eine kognitive Arbeitsteilung in Bezug auf Verstehen in ähnlicher Weise wie für Wissen möglich ist: Verstehen wird häufig als eine Leistung angesehen, die zumindest in erheblichem Maße dem Einzelnen zuzuschreiben ist und nicht (oder zumindest nicht in gleicher Weise wie Wissen) aus zweiter Hand gewonnen werden kann. Das hat mehrere Gründe, von denen ich die drei wichtigsten im Folgenden skizziere, bevor ich mich den positiven Argumenten für eine Möglichkeit von kognitiver Arbeitsteilung in Bezug auf Verstehen zuwende.

Erstens ist Verstehen nicht rein propositional, sondern scheint gewisse Fähigkeiten oder Kompetenzen zu beinhalten, wie zum Beispiel kontrafaktische Fragen zu beantworten zu können, Schlüsse über neue Fälle ziehen zu können (Hills, 2016) oder graphische Repräsentationen interpretieren und ggf. auch erstellen zu können. Wie Elgin (Elgin, 2007, S. 35) betont, muss ein Verstehender nicht nur Zusammenhänge erkennen, sondern auch die Fähigkeit haben, die ihm zur Verfügung stehenden Informationen zu nutzen. Diese (kognitive) „Handlungsbefähigung" ist gerade einer der Aspekte von Verstehen, der es als epistemisches Ziel von Wissenschaftskommunikation attraktiv macht. Es stellt jedoch eine Herausforderung für die vorherrschende sozialerkenntnistheoretische Analyse der kognitiven Arbeitsteilung in Form von Akzeptanz von Zeugnis dar, denn zumindest bei anspruchsvolleren Fähigkeiten scheint es zweifelhaft, dass diese durch sprachliches

Zeugnis vermittelt werden können: Nur weil mir jemand (richtig, ausführlich und für mich verständlich) erklärt, wie man schwimmt, ist die Akzeptanz dieser Erklärungen noch lange keine hinreichende Basis dafür, dass ich tatsächlich schwimmen kann.

Zweitens scheint es darüber hinaus sogar plausibel, dass die Akzeptanz von Zeugnis Wissen vermittelt, jedoch Verstehen in manchen Fällen erschwert: Im Fall von Wissen durch Zeugnis ist es gerade so, dass ich selbst das Wissen nicht direkt überprüfen kann, sondern darauf vertraue, dass die sprechende Person die nötige epistemische Arbeit gemacht hat und mir aufrichtig davon berichtet. Dadurch ist die in Frage stehende Aussage für mich indirekt – aus zweiter Hand – gerechtfertigt. Da ich aber keinen direkten Zugang zu den Gründen für die Aussage habe, kann ich sie auch nicht zu den Gründen für oder gegen andere Aussagen zum Gegenstandsbereich in Bezug setzen. Dies bedeutet aber auch, dass die Akzeptanz der Aussage allein aufgrund von Zeugnis wenig zu meinem Verstehen des Gegenstandsbereichs beitragen kann (Jäger, 2016). Werden mir umgekehrt alle Gründe für die Aussage erklärt, so scheint dies die kognitive Arbeitsteilung obsolet zu machen – ich muss dann ja doch selbst die nötige Arbeit machen.

Und drittens scheint es auch fragwürdig, ob man sich bei Verstehen überhaupt darauf stützen kann, dass jemand anders die relevante epistemische Arbeit gemacht hat. Kann eine andere Person etwas „für mich begreifen"? Zagzebski argumentiert beispielsweise, dass ein verstehendes Subjekt selbst in direkter Relation zum Verstehen stehen muss und Verstehen bestenfalls indirekt gefördert werden, aber nicht direkt weitergegeben werden kann (vgl. Zagzebski, 2008, S. 145–146). Entsprechend scheint auch epistemisches Vertrauen in Zeugnis auf den ersten Blick keine, oder zumindest eine deutlich weniger wichtige, Rolle für den Erwerb von Verstehen zu spielen.

Wenn sich Wissenschaftskommunikation Verstehen als epistemisches Ziel setzt, so sind also einseitige, primär mitteilende Kommunikationsformen, bei der Informationen auf der Basis von Vertrauen akzeptiert werden sollen, auch erkenntnistheoretisch (und nicht nur, z.B., sozialpsychologisch) ungeeignet. Doch Verstehen ist nicht nur ein Erfolg einzelner isolierter Akteure. Auch wenn Verstehen in der Regel nicht direkt durch einzelne Instanzen von unidirektionalem Zeugnis vermittelt werden kann (aber vgl. Boyd [2017] für ein Argument für die Übertragbarkeit von „einfachem Verstehen" durch Zeugnis), so hat es doch klare sozialerkenntnistheoretische Dimensionen. Neuere Arbeiten in der sozialen Erkenntnistheorie nehmen das ernst (z.B. Boyd, 2017, 2020; Hills, 2020; Jäger und Malfatti, 2020; Malfatti, 2020, 2021a, 2021b) und können uns helfen, ein differenzierteres Bild geeigneter Kommunikationsstrategien mit dem Ziel des Verstehens zu zeichnen. Natürlich ist es nicht möglich, durch einen einzigen kommunikativen Austausch ein vollständiges Verstehen eines Gegenstandsbereichs zu erhalten. Allerdings ist Verstehen keine alles-oder-nichts Angelegenheit, sondern graduell; und Verstehen zu erwerben und zu vertiefen ein dynamischer Prozess, nicht eine einmalige Sache. Nimmt man diese Aspekte ernst, dann scheint es plausibel, dass Verstehens*grade* durch Kommunikation mit anderen erworben werden können. Dabei lassen sich verschiedene Dimensionen unterscheiden.

Zunächst einmal ist es relativ unkontrovers, dass Verstehen indirekt gefördert werden kann, in dem geeignete Bedingungen geschaffen werden, unter denen eine Person es sich selbst erarbeiten kann (Gordon, 2017; Zagzebski, 2008, S. 145–146). Auch wenn Verstehen hier nicht direkt „aus zweiter Hand" erworben wird allein aufgrund der epistemischen Arbeit, die ein:e Kommunikator:in geleistet hat, so ist ein didaktisch kluges Aufbereiten eines Themas, das zur eigenen Auseinandersetzung und Reflektion anregt, alles anderes als epistemisch irrelevant (Hills, 2020) und kann durchaus als Beitrag zu einer kognitiven Arbeitsteilung verstanden werden.

Weiterhin ist es hilfreich, zwischen der Fähigkeits-Komponente von Verstehen und der inhaltlichen bzw. informativen Komponente zu unterscheiden. Denn auch wenn wir akzeptieren, dass Verstehen Fähigkeiten miteinschließt und diese nicht durch Zeugnis weitergegeben werden können, so lässt sich Verstehen doch nicht darauf reduzieren: Um korrekte Beziehungen zwischen Informationen über einen Gegenstandsbereich herstellen zu können, benötigt man auch korrekte Informationen als Input. Wenn also die Fähigkeits-Komponente bereits vorhanden ist, so kann der Grad an Verstehen auch durch zusätzliche Informationen erhöht werden, sofern diese Informationen sich gut in ein bereits vorhandenes Netz von Informationen einfügen lässt (Boyd, 2017).

Ob sich eine erhaltene Information derart in vorhandenes Verstehen integrieren lässt, dass der Verstehensgrad erhöht wird, kann mehr oder weniger zufällig geschehen. Allerdings kann Verstehen, wie Jäger und Malfatti (2020) argumentieren, auch absichtsvoll und zuverlässig[5] vermittelt werden, wenn Sprecher: innen zusätzlich zu der nötigen Expertise auch bestimmte soziale epistemische Tugenden haben. Und wenn wir Verstehen als epistemisches Ziel von Wissenschaftskommunikation ansehen, dann sollte es ja gerade dieser Aspekt sein, der uns besonders interessiert. Insbesondere braucht ein:e Sprecher:in, um zuverlässig Verstehen vermitteln zu können, was Jäger und Malfatti (2020, S. 1196) „epistemische Empathie" nennen. Damit meinen sie die Fähigkeit, sich in die Erkenntnis-Position der Gesprächspartner hineinzuversetzen und zu erkennen, wie diese am wirksamsten verbessert werden kann: Welche Art von Verbindung kann viele weitere Verknüpfungen ermöglichen? Welches Missverständnis blockiert Zugang zu grö-

---

5 Zuverlässig heißt hier mit einer hohen Erfolgsrate, nicht mit absoluter Erfolgsgarantie.

ßerem Verstehen? Welche Art von Theorie oder Modell ist besonders geeignet, dem Gesprächspartner einen systematischen Zugriff auf den Gegenstandsbereich zu ermöglichen? Dazu kommen die Bereitschaft und die Fähigkeit, die eigenen Aussagen so anzupassen, dass sie von der Hörer-Seite auch zum eigenen Verstehen in Bezug gesetzt werden können. Dies schließt ein, in einer gemeinsamen Sprache zu kommunizieren, so dass Hörer:innen die Aussagen auch richtig interpretieren können (Malfatti, 2021b, S. 1358–1359).[6] Fach-Expertise ist also noch nicht ausreichend, um zuverlässig Verstehen vermitteln zu können – epistemische Autorität und Expertise gehen zumindest für Verstehen zu einem gewissen Grad auseinander.

Wichtig für unser Thema hier ist, dass auf Sprecherseite Informationen über den Verstehens-Stand der Hörerseite benötigt werden. Besonders für erfahrene Kommunikator:innen mit hoher epistemischer Empathie wird sich dies oft gut extrapolieren oder antizipieren lassen, z. B. weiß eine erfahrene Lehrperson, auf welchem Stand Schüler:innen einer bestimmten Klassenstufe typischerweise sind und welche Probleme sie typischerweise haben. Auch in der Wissenschaftskommunikation wird man sich typischerweise zunächst mit seiner Zielgruppe vertraut machen. Dennoch sind die Erfolgschancen sicher erhöht, wenn die Hörerseite auch Rückfragen stellen kann und Mitteilungen über den eigenen Verstehensgrad machen kann. Um Verstehen zu fördern, muss die kommunizierte Information im bestehenden Informationsnetz „andocken" können, um dort wirksam gemacht werden zu können. Dies bedeutet, dass man „die Leute dort abholen muss, wo sie sind" (Weitze und Heckl, 2016, S. 65), d. h. Informationen auch zur Nachfrage passen müssen.

Das klingt schnell wieder nach Defizit-Modell: Um Informationen effektiv zu vermitteln, muss man das entsprechende Defizit identifizieren und dann „auffüllen". Da es um Verstehen geht, ist der Prozess einfach komplizierter und man muss sein Publikum aktivieren, damit es etwas begreifen kann, aber am Ende geht es immer noch darum, ein defizitäres Publikum auf einen besseren Stand zu bringen, so dass es wissenschaftliche Erkenntnisse akzeptiert. Es scheint, dass wenn wissenschaftliche Ergebnisse nicht akzeptiert oder geleugnet werden, die Ursache nach wie vor in einem Defizit auf Seiten der Öffentlichkeit zu suchen ist, nur eben einem Defizit an Verstehen und nicht an Wissen. Diese Sicht ist jedoch zu verkürzt.

Zunächst einmal sollte man Wissenschaften und Öffentlichkeit nicht als zwei klar getrennte Sphären verstehen, bei der zudem alle Expertise immer auf der Seite der Wissenschaften liegt. Zum einen sind Expertise und Kompetenz bereichsspezifisch und graduell. Auch wissenschaftliche Expert:innen müssen sich notwendi-

---

6 In der Didaktik wird dies typischerweise unter dem Begriff der „didaktischen Reduktion" behandelt, siehe z. B. Lehner (2020).

gerweise auf die Expertise anderer Wissenschaftler:innen außerhalb ihres engen Forschungsbereichs berufen, Wissenschaften sind also keine uniforme Autorität. Und auch Lai:innen haben oft relevante, z. B. lokale, Expertise, die von Wissenschaftler:innen ernst genommen werden muss (Whyte und Crease, 2010) – oder können sich diese, wenn nötig, erarbeiten: Verstehen ist gerade kein statischer Zustand, sondern ein Prozess (Jasanoff, 2014, S. 23).

In Bezug auf die Vermittlung von PUS braucht es außerdem Anerkennung für die Tatsache, dass Lai:innen andere praktische und epistemische Ziele als Wissenschaftler:innen haben. Ihr Verstehens-Netz ist entsprechend anders aufgebaut und enthält andere Elemente und Verbindungen. Eine Information, die für eine Wissenschaftlerin hochrelevant ist, kann für eine Laiin irrelevant und für ihr Verstehen unwirksam sein. Das bedeutet nicht, dass ihr Verstehen im Vergleich mit der Wissenschaftlerin in irgendeinem absoluten Sinn defizitär wäre – im Gegenteil, da die Laiin andere Probleme zu lösen hat, muss auch ihr Verstehen darauf ausgerichtet sein.

Im Sinne einer kognitiven Arbeitsteilung anzuerkennen, dass es gewisse Asymmetrien gibt, die jeweils von anderen Akteur:innen abgedeckt werden, bedeutet noch nicht die Rückkehr zu dem, was typischerweise unter dem Defizit-Modell der Wissenschaftskommunikation verstanden wird. Man kann wechselseitige Defizite – oder vielleicht besser: Informationsbedürfnisse – anerkennen, und die einseitige Top-Down Kommunikation des Defizit-Modells trotzdem zugunsten eines dialogbasierten Modells ablehnen. Denn wie ich oben argumentiert habe, sind auch Wissenschaftler:innen auf Informationen aus der Gesellschaft angewiesen, zumindest wenn sie Forschung mit gesellschaftlich relevanten Auswirkungen betreiben und für ihre Aussagen eine epistemische Autorität beanspruchen wollen. Die „richtigen" Werte z. B. für den Umgang mit induktiven Risiken lassen sich nicht mit wissenschaftlichen Methoden bestimmen. Im besten Fall wird durch eine dialogbasierte Wissenschaftskommunikation also nicht nur ein besseres öffentliches Wissenschaftsverstehen im Sinne von PUS gefördert, sondern auch ein besseres Verstehen für die Interessen, Werte und vorhandene Kenntnisse von Lai:innen.

Ein in dieser Form aufgebautes öffentliches Wissenschaftsverstehen kann dann gerade die Grundlage für gerechtfertigtes Vertrauen in wissenschaftliche Aussagen bilden in den Situationen, in denen das eigene Verstehen eines Problems oder Gegenstandsbereichs zwangsläufig an seine Grenzen stößt.

5 Ausblick: Vertrauen durch Verstehen fördern

In diesem Beitrag habe ich argumentiert, dass sich für den epistemischen Aspekt von Public Understanding of Science (PUS) als Ziel von Wissenschaftskommunikation eine Interpretation als eine Form von Verstehen anbietet. Verstehen wird in der Erkenntnistheorie als eine holistische, graduelle Form von Erkenntnis angesehen, die handlungswirksam ist und sich auch in ihren Erfolgsbedingungen von Wissen unterscheidet. Verstehen scheint geeignet, da es Kompetenzen wie das Herstellen von Verbindungen oder Anwenden auf neue Fälle beinhaltet. Auch um vertrauenswürdige Expert:innen zu identifizieren, benötigen Lai:innen ein gewisses Grundverstehen von Wissenschaften und wissenschaftlicher Praxis.

Während Wissen relativ unproblematisch durch gerechtfertigtes Vertrauen „aus zweiter Hand" durch Zeugnis erworben werden kann, ist die Vermittlung von Verstehen anspruchsvoller. Unter bestimmten Bedingungen können Verstehensgrade auch durch Zeugnis weitergegeben werden, grundsätzlich ist jedoch ein interaktiver Austausch nötig. Dabei habe ich argumentiert, dass Wissenschaftler:innen gerade, wenn sie epistemische Autorität für bestimmte Fragen beanspruchen wollen, auf den Input von Lai:innen angewiesen sind, zum Beispiel in Bezug auf die Einschätzung von induktiven Risiken.

Wenn man PUS durch dialogbasierte Wissenschaftskommunikation fördern möchte, stellt sich die Frage, ob damit nicht doch wieder das Defizit-Modell zurückkehrt. Allerdings sollte man auch betonen, dass es durchaus echte Asymmetrien in Bezug auf vorhandene Expertise und Wissen gibt, und diese sollten auch ernst genommen werden im Sinne einer kognitiven Arbeitsteilung. Aber es geht gerade nicht darum, ein Defizit eines ignoranten Publikums anzunehmen, das einseitig durch die Wissenschaften zu beheben sei. Es bestehen im Gegenteil wechselseitige Informationsbedürfnisse, und diese gegenseitig zu erfüllen ist Teil einer gesunden Arbeitsteilung.

Als Ausblick sei hier außerdem darauf hingewiesen, dass die Werte, Interessen und Bedürfnisse der Öffentlichkeit dann auch wirklich im Sinne eines echten Dialogs aufgenommen werden sollten: Nur Verstehen zu fördern ohne gleichzeitig Machtstrukturen zu ändern, also z. B. weiterhin starr auf wissenschaftliche Autorität zu pochen, könnte sogar eher zu Ablehnung führen (Bauer et al., 2007, S. 82).

Weiterhin weist dieser Beitrag natürlich auf die wichtige Rolle und Funktion von Wissenschaftsjournalismus (Elliott, 2019) und natürlich des Bildungssystems hin: PUS durch Wissenschaftskommunikation zu stärken, setzt gewisse Grundlagen voraus, die nicht zuletzt als Teil der schulischen Grundbildung vermittelt werden sollten.

Literatur

Anderson, E. (2011). „Democracy, Public Policy, and Lay Assessments of Scientific Testimony." *Episteme* 8 (2), S. 144–164. https://doi.org/10.3366/epi.2011.0013.

Baghramian, M., und Croce, M. (2021). „Experts, Public Policy, and the Question of Trust." In: M. Hannon und J. De Ridder (Hg.), *The Routledge Handbook of Political Epistemology*. Routledge, S. 446–457.

Baier, A. (1986). „Trust and Antitrust." *Ethics* 96 (2), S. 231–260. https://doi.org/10.1086/292745.

Bauer, M. W., Allum, N., und Miller, S. (2007). „What Can We Learn from 25 Years of PUS Survey Research? Liberating and Expanding the Agenda." *Public Understanding of Science* 16, S. 79–95. https://doi.org/10.1177/0963662506070712Tuttle.

Bogner, A. (2021). *Die Epistemisierung des Politischen*. Reclam.

Boyd, K. (2017). „Testifying Understanding." *Episteme* 14 (1), S. 103–127. https://doi.org/10.1017/epi.2015.53.

Boyd, K. (2020). „Moral Understanding and Cooperative Testimony." *Canadian Journal of Philosophy* 50 (1), S. 18–33. https://doi.org/10.1017/can.2019.3.

Dellsén, F. (2018). „When Expert Disagreement Supports the Consensus." *Australasian Journal of Philosophy* 96 (1), S. 142–156. https://doi.org/10.1080/00048402.2017.1298636.

Dernbach, B., Kleinert, C. und Münder, H. (Hg.) (2012). *Handbuch Wissenschaftskommunikation*. VS Verlag für Sozialwissenschaften.

Elgin, C. Z. (2007). „Understanding and the Facts." *Philosophical Studies* 132 (1), S. 33–42. https://doi.org/10.1007/s11098-006-9054-z.

Elgin, C. Z. (2017). *True Enough*. Cambridge. MIT Press.

Elliott, K. C. (2019). „Science Journalism, Value Judgments, and the Open Science Movement." *Frontiers in Communication* 4. https://doi.org/10.3389/fcomm.2019.00071.

Feinstein, N. (2011). „Salvaging Science Literacy." *Science Education* 95 (Nr. 1), S. 168–185. https://doi.org/10.1002/sce.20414.

Fricker, E. (2006). „Second-Hand Knowledge." *Philosophy and Phenomenological Research* 73 (3), S. 592–618. https://doi.org/10.1111/j.1933-1592.2006.tb00550.x.

Goldenberg, M. J. (2016). „Public Misunderstanding of Science? Reframing the Problem of Vaccine Hesitancy." *Perspectives on Science* 24 (5), S. 552–581. https://doi.org/10.1162/POSC_a_00223.

Goldman, A. I. (2001). „Experts: Which Ones Should You Trust?" *Philosophy and Phenomenological Research* 63 (1), S. 85–110. https://doi.org/10.1111/j.1933-1592.2001.tb00093.x.

Gordon, E. C. (2017). „Social Epistemology and the Acquisition of Understanding." In: S. R. Grimm, C. Baumberger und S. Ammon (Hg.), *Explaining Understanding: New Perspectives from Epistemology and Philosophy of Science*. Routledge, S. 293–317.

Grote, C. von, und Dierkes, M. (2005). „Public Understanding of Science and Technology: State of the Art and Consequences for Future Research." In: M. Dierkes und C. von Grote (Hg.), *Between Understanding and Trust: The Public, Science and Technology*. Routledge, S. 234–248.

Hardwig, J. (1985). „Epistemic Dependence." *The Journal of Philosophy* 82 (7), S. 335–349.

Hardwig, J. (1991). „The Role of Trust in Knowledge." *The Journal of Philosophy* 88 (12), S. 693–708. https://doi.org/10/ftxxs8.

Hempel, C. G. (1965). „Science and Human Values." In: C. G. Hempel, *Aspects of Scientific Explanation and Other Essays in the Philosophy of Science*. The Free Press, S. 81–96.

Hills, A. (2016). „Understanding Why." *Noûs* 50 (4), S. 661–688. https://doi.org/10.1111/nous.12092.

Hills, A. (2020). „Moral Testimony: Transmission Versus Propagation." *Philosophy and Phenomenological Research* 101 (2), S. 399–414. https://doi.org/10.1111/phpr.12595.

Huxster, J. K., Slater, M. H., Leddington, J., LoPiccolo, V., Bergman, J., Jones, M., McGlynn, C., Diaz, N., Aspinall, N., Bresticker, J., und Hopkins, M. (2018). „Understanding „Understanding" in Public Understanding of Science." *Public Understanding of Science* 27 (7), S. 756–771. https://doi.org/10.1177/0963662517735429.

Irzik, G., und Kurtulmus, F. (2019). „What is Epistemic Public Trust in Science?" *British Journal for the Philosophy of Science* 70 (4), S. 1145–1166. https://doi.org/10.1093/bjps/axy007.

Jäger, C. (2016). „Epistemic Authority, Preemptive Reasons, and Understanding." *Episteme* 13 (2), S. 167–185. https://doi.org/10.1017/epi.2015.38.

Jäger, C., und Malfatti, F. I. (2021). „The Social Fabric of Understanding: Equilibrium, Authority, and Epistemic Empathy." Synthese 199 (1), S. 1185–1205. https://doi.org/10.1007/s11229-020-02776-z.

Jasanoff, S. (2014). „A Mirror for Science." *Public Understanding of Science* 23 (1), S. 21–26. https://doi.org/10.1177/0963662513505509.

Keren, A. (2018). „The Public Understanding of What? Laypersons' Epistemic Needs, the Division of Cognitive Labor, and the Demarcation of Science." *Philosophy of Science* 85 (5), S. 781–792. https://doi.org/10.1086/699690.

Kvanvig, J. (2009). „The Value of Understanding." In: A. Haddock, A. Millar und D. Pritchard (Hg.), *Epistemic Value*. Oxford University Press, S. 95–112.

Laugksch, R. C. (2000). „Scientific Literacy: A Conceptual Overview." *Science Education* 84 (1), S. 71–94. https://doi.org/10.1002/(SICI)1098-237X(200001)84:1%3C71::AID-SCE6%3E3.0.CO;2-C.

Lehner, M. (2020). *Didaktische Reduktion*. 2. Aufl. UTB.

Malfatti, F. I. (2020). „Can Testimony Transmit Understanding?" *Theoria* 86 (1), S. 54–72. https://doi.org/10.1111/theo.12220.

Malfatti, F. I. (2021a). „Do We Deserve Credit for Everything We Understand?" *Episteme*, S. 1–20. https://doi.org/10.1017/epi.2021.14.

Malfatti, F. I. (2021b). „On Understanding and Testimony." *Erkenntnis* 86 (6), S. 1345–1365. https://doi.org/10.1007/s10670-019-00157-8.

O'Brien, T. C., Palmer, R., und Albarracin, D. (2021). „Misplaced Trust: When Trust in Science Fosters Belief in Pseudoscience and the Benefits of Critical Evaluation." *Journal of Experimental Social Psychology* 96 (104184). https://doi.org/10.1016/j.jesp.2021.104184.

Priest, S. (2013). „Critical Science Literacy: What Citizens and Journalists Need to Know to Make Sense of Science." *Bulletin of Science, Technology & Society* 33 (5–6), S. 138–145. https://doi.org/10.1177/0270467614529707.

de Regt, H. W. (2017). *Understanding scientific understanding*. Oxford University Press.

Rudner, R. (1953). „The Scientist *Qua* Scientist Makes Value Judgments." *Philosophy of Science* 20 (1), S. 1–6. https://doi.org/10.1086/287231.

Sinatra, G. M., und Hofer, B. K. (2016). „Public Understanding of Science: Policy and Educational Implications." *Policy Insights from the Behavioral and Brain Sciences* 3 (2), S. 245–253. https://doi.org/10.1177/2372732216656870.

Slater, M. H., Huxster, J. K., und Bresticker, J. E. (2019). „Understanding and Trusting Science." *Journal for General Philosophy of Science* 50 (2), S. 247–261. https://doi.org/10.1007/s10838-019-09447-9.

Stilgoe, J., Lock, S. J., und Wilsdon, J. (2014). „Why Should We Promote Public Engagement with Science?" *Public Understanding of Science* 23 (1), S. 4–15. https://doi.org/10.1177/0963662513518154.

Sturgis, P., und Allum, N. (2004). „Science in Society: Re-Evaluating the Deficit Model of Public Attitudes." *Public Understanding of Science* 13 (1), S. 55–74. https://doi.org/10.1177/0963662504042690.

van der Sanden, M. C. A., und Meijman, F. J. (2008). „Dialogue Guides Awareness and Understanding of Science: An Essay on Different Goals of Dialogue Leading to Different Science Communication Approaches." *Public Understanding of Science* 17 (1), S. 89–103. https://doi.org/10.1177/0963662506067376.

Weitze, M.-D., und Heckl, W. M. (2016). *Wissenschaftskommunikation – Schlüsselideen, Akteure, Fallbeispiele.* Springer.

Whyte, K. P., und Crease, R. P. (2010). „Trust, Expertise, and the Philosophy of Science." *Synthese* 177 (3), S. 411–425. https://doi.org/10.1007/s11229-010-9786-3.

Wilholt, T. (2013). „Epistemic Trust in Science." *The British Journal for the Philosophy of Science* 64 (2), S. 233–253. https://doi.org/10.1093/bjps/axs007.

Zagzebski, L. (2008). *On Epistemology.* Wadsworth.

Zagzebski, L. (2012). *Epistemic authority: a theory of trust, authority, and autonomy in belief.* Oxford University Press.

Zagzebski, L. (2013). „A Defense of Epistemic Authority." *Res Philosophica* 90 (2), S. 293–306. https://doi.org/10.11612/resphil.2013.90.2.12.

Ina Gawel
Wissenschaftskommunikation in der akademischen Lehre. Anregung und Reflexion

Abstract: Science communication should be an integral part of academic education for a number of reasons. I present five of these reasons in this article to promote the implementation of such formats in academic education. In addition, I provide some insights into a course on science communication previously held: The course includes case studies of science denial, philosophical approaches to analysing those examples, as well as the basics of science communication to educate about such cases. My article also provides an exemplary syllabus.

Die vorigen Beiträge haben Einblicke in das breit gefächerte Feld der Wissenschaftsleugnung und der Wissenschaftskommunikation gegeben und Möglichkeiten wissenschaftskommunikativer Maßnahmen gegen Wissenschaftsleugnung aufgezeigt. Dieser Beitrag befasst sich mit Wissenschaftskommunikation in der akademischen Lehre. Er legt dar, wie die epistemischen Bezugssysteme Wissenschaftsleugnung, (Wissenschafts-)Philosophie und Wissenschaftskommunikation im Dreiklang zur Konzeption einer Lehrveranstaltung genutzt werden können. Das zeige ich anhand des Beispiels der Lehrveranstaltung „Praxisseminar Wissenschaftskommunikation: Was können Wissenschaftler*innen gegen Wissenschaftsleugnung tun?", einem von der *Bürgeruniversität in der Lehre* geförderten Projekt, das im Wintersemester 2020/21 an der Heinrich-Heine-Universität Düsseldorf stattgefunden hat.

Dieser Beitrag ist keine Seminarreflexion im herkömmlichen Sinne, d.h., ich habe zugunsten der Argumentation und der Leserfreundlichkeit darauf verzichtet, Sitzungen protokollarisch nachzuzeichnen. Stattdessen stelle ich relevante[1] Inhalte der Lehrveranstaltung dar, ohne sie im Fließtext grundsätzlich und unverzüglich als solche zu kennzeichnen. Besondere didaktische Überlegungen habe ich ausformuliert; sie heben die entsprechenden Inhalte hervor. Eine detaillierte Zuordnung der Seminarinhalte findet sich im angefügten Curriculum.

Anmerkung: Gefördert durch die Deutsche Forschungsgemeinschaft (DFG) – Projekt 254954344/GRK2073/2.

[1] Relevant in dem Sinne, dass sie die Verwendung und Verknüpfung der drei epistemischen Bezugssysteme zeigen.

Open Access. © 2024 bei den Autorinnen und Autoren, publiziert von De Gruyter. Dieses Werk ist lizenziert unter einer Creative Commons Namensnennung 4.0 International Lizenz.
https://doi.org/10.1515/9783110788341-013

Die Ziele dieses Beitrags finden sich bereits im Titel wieder. Unter dem Gesichtspunkt der *Anregung* ist der Beitrag erstens in Gänze zu verstehen; interessierte Lehrkräfte und Studierende (und natürlich alle anderen auch) können sich für eigene Veranstaltungen dieser Art inspirieren lassen. Zudem lege ich im ersten Teil dieses Beitrags dar, aus welchen Gründen eine solche Lehrveranstaltung im Rahmen fachwissenschaftlicher Ausbildung sinnvoll ist und weswegen ich den Standpunkt vertrete, dass Wissenschaftskommunikation flächendeckend in die wissenschaftliche Ausbildung (spätestens in die wissenschaftliche Qualifizierungsphase) aufgenommen werden sollte. Daran anschließend gebe ich Einblicke in ausgewählte Themen der epistemischen Bezugssysteme, um ihre Schnittmengen hervorzuheben.

Der zweite Teil des Beitrags steht unter dem Gesichtspunkt der Reflexion. In diesem Abschnitt stelle ich den konzeptionellen Rahmen des Seminars vor und bewerte ihn retrospektiv. Darunter fallen organisatorische Punkte (z. B. Erwerb der Leistungsnachweise, praktische Übungen und didaktische Methoden) wie auch Grundvoraussetzungen, die für ein fruchtbares Seminar gegeben sein müssen. Der exemplarische Syllabus gehört zu diesem Teil des Beitrags.

1 Anregung

Zur Zeit des Verfassens dieses Beitrags sind manche Inhalte, die im hier geschilderten Seminar besprochen wurden, kein esoterisches Wissen mehr. Insbesondere Social-Media-Kanäle wie bspw. die der *funk*-Gruppe (ein Zusammenschluss von ARD und ZDF), darunter der recht bekannte Kanal *maiLab*, haben im Laufe der letzten Jahre vermehrt Aufklärungsinhalte zu Fehlschlüssen, Taktiken von Wissenschaftsleugner*innen und dergleichen veröffentlicht oder betreiben Wissenschaftskommunikation. Bedarf es angesichts solcher populären Maßnahmen denn überhaupt noch gezielter Lehrveranstaltungen zu Wissenschaftsleugnung oder Wissenschaftskommunikation? Ist es sinnvoll, auch der (Wissenschafts-)Philosophie eine entsprechende Plattform zu bereiten? Meiner Einschätzung nach müssen diese Fragen mit einem klaren Ja beantwortet werden. Aus fünf Gründen sehe ich einen Mehrwert in Lehrveranstaltungen, die diese drei Komponenten vermitteln und im besten Fall miteinander verknüpfen.

1. Die Wissenschaft verkennt Relevanz und Potential von Wissenschaftskommunikation. Erfolgreiche Wissenschaftskommunikation wird zumeist von Nicht-Wissenschaftler*innen betrieben.

Wissenschaftsleugnung und Wissenschaftskommunikation haben in den letzten Jahren an öffentlicher Aufmerksamkeit gewonnen. Die kritische Betrachtung der

Leugnung wissenschaftlicher Erkenntnisse hat in die Populärkultur Einzug gehalten und wird u. a. vermehrt musikalisch verwertet[2]. In manchen Echokammern sozialer Netzwerke und Content-Plattformen hat sich Aufklärungsarbeit über Wissenschaftsleugnung zu einem Trend entwickelt, der sich – mittlerweile in Form von thematisch breiter als zuvor aufgestellter Wissenschaftskommunikation – unter Nutzer*innen großer Beliebtheit erfreut. Diese Entwicklung kann wohlwollend als Antithese zum oft beschworenen „War Against Science" gedeutet werden, also als Gegenbewegung zu zunehmender Wissenschaftsfeindlichkeit. Sie sollte aber zusätzlich zum Anlass genommen werden, innerwissenschaftlich über Chancen, Grenzen und Schwächen zu diskutieren: Die des in der Populärkultur stattfindenden Trends und die der eigenen Ansätze, Wissenschaft zu kommunizieren. Denn Wissenschaftskommunikation ist zwar gefragt, erfolgreich sind allerdings hauptsächlich Formate die zwei Merkmale aufweisen[3]: Sie richten sich an ein mindestens fachfremdes, oftmals wissenschaftsexternes Publikum und werden von Personen angeboten, die nicht oder nicht mehr aktiv in der Forschung arbeiten. Damit ist keineswegs gesagt, dass Wissenschaftskommunikation ausschließlich von aktiv in der Forschung tätigen Personen betrieben werden sollte. Vielmehr sollten sich aktive Wissenschaftler*innen *überhaupt* mit (zielführender) Wissenschaftskommunikation befassen. Einige Formate, die von Vertreter*innen der Wissenschaft angeboten werden, fristen ihr Dasein im Verborgenen der Algorithmen: Die *Gesellschaft für Analytische Philosophie (GAP)* beispielsweise erreicht mit den einzelnen Filmen ihrer Videoreihe *#Kurz* von 2017 auf YouTube zwischen dreieinhalbtausend und siebzehntausend Zuschauer*innen (gap: Die Gesellschaft für analytische Philosophie, 2017). Das mag auf den ersten Blick nach einer hohen Zahl klingen, ist aber gemessen an der Zeit, die vergangen ist, seit das Video auf YouTube zur Verfügung gestellt wurde und verglichen mit den Aufrufzahlen anderer Videos gering. Zum Vergleich: Die Filme aus der 2018 begonnenen Reihe „Philosophie" des Kanals *kurzgesagt* werden zwischen einer und zwei Millionen Mal aufgerufen – ganz unerheblich, ob es sich dabei überhaupt um (akademische) Philosophie handelt (Dinge Erklärt – Kurzgesagt, 2018). Ersichtlich wird in jedem Fall, dass die Produktionen der *GAP* wenig Menschen erreichen. Ohne die Motivation hinter ihren Produktionen zu kennen, lässt sich auch nicht beurteilen, ob die *GAP* ihren eigenen Erwartungen gerecht wird. Das soll hier auch nicht geschehen. Das Beispiel

---

[2] Insbesondere Künstler*innen des deutschsprachigen Hip-Hops greifen die Thematik in ihren Texten auf.
[3] Hierbei beziehe ich mich nicht auf die „klassischen" Formate der Wissenschaftskommunikation wie Zeitungsartikel, Fernsehsendungen oder Radiobeiträge, um ein paar Beispiele zu nennen. Der gemeinsame Fokus von Seminar und Beitrag liegt auf neuen Formaten die online auf Content-Plattformen (YouTube, TikTok) und in sozialen Netzwerken (Instagram) angeboten werden.

kann jedoch stellvertretend für den überwiegenden Status quo der Wissenschaftskommunikation betrachtet werden: Sie wird seitens aktiver Wissenschaftler*innen nicht zu Ende gedacht. Die Produkte, die von ihnen angeboten werden, entsprechen nicht unbedingt dem Ziel der nach außen gerichteten Wissenschaftskommunikation. Nämlich, komplexe Sachverhalte, Forschungsansätze und (vorläufige) Ergebnisse an ein Publikum zu vermitteln, das wenig bis keine Berührungspunkte mit der Materie hat – und es im besten Fall zu begeistern. Insbesondere die Zielgruppe scheint in vielen Formaten verfehlt. Angesprochen werden hauptsächlich Personen, die ohnehin wissenschaftsaffin sind. In diesem Punkt haben Formate, die von Wissenschaftler*innen angeboten werden, einen Nachteil gegenüber Angeboten, die von einem wissenschaftsexternen Standpunkt angeboten werden. Das stellt die wissenschaftliche Gemeinschaft vor ein Problem: Mehr noch als im Fall des Wissenschaftsjournalismus fehlt eine Kontrollinstanz, die die vermittelten Inhalte prüft. Besteht bei Interviews die Möglichkeit der „Abnahme" vor der Veröffentlichung, entscheiden Contentcreatoren eigenständig über das Was und das Wie ihrer Produktionen. Angesichts des Leitbildes des *BMBF*, durch Wissenschaftskommunikation das Vertrauen in die Wissenschaft u. a. durch Transparenz zu stärken (Bundesministerium für Bildung und Forschung (BMBF), 2019), dürften zwei Überlegungen wesentlich sein: Erstens, welche Wirkung eine nicht begutachtete Wissenschaftskommunikation erzielt, die zudem nicht von Wissenschaftler*innen durchgeführt wird. Und zweitens, welche Konsequenzen diese Situation hinsichtlich des Expert*innen-Begriffs nach sich zieht. Diese Überlegungen durchzuführen ist nicht Teil dieses Beitrags. Sie heben allerdings die Dringlichkeit für die wissenschaftliche Gemeinschaft hervor, Wissenschaftskommunikation als Teil des Berufsbildes „Wissenschaft" zu begreifen, auszubilden und zu fördern. Wissenschaftler*innen sollten aus ihrer beruflichen Rolle heraus ein Interesse mitbringen, Wissenschaftskommunikation nicht nur zu betreiben, sondern sich gezielt damit auseinanderzusetzen[4]. Zur Annäherung an das Leitbild des BMBF und zur Wahrung des Expert*innen-(Selbst-)Verständnisses sollte es geboten sein, Grundlagen für zielgerichtete und insbesondere eine breitere Zielgruppe ansprechende Wissenschaftskommunikation zu schaffen und innerhalb der akademischen Aus- und Weiterbildung wahrzunehmen.

2. Akademischer Anspruch und akademische Zielgruppe
Das führt mich zum zweiten Grund für den Nutzen solcher Lehrveranstaltungen. Anhand des mittlerweile groß aufgestellten Angebots an Wissenschaftskom-

---

[4] Zur Wissenschaftskommunikation als Teil guter akademischer Praxis siehe den Beitrag von Thomas Reydon in diesem Band.

munikation in sozialen Medien mag sich die Frage stellen, ob diese Formate nicht ausreichendes Anschauungsmaterial für Wissenschaftler*innen böten, die sich zur Wissenschaftskommunikation autodidaktisch fortbilden möchten. Die gleiche Überlegung kann hinsichtlich der Personen angestellt werden, die sich (um bei dem Kernthema zu bleiben) über Wissenschaftsleugnung informieren möchten[5]. Aber selbstverständlich ersetzen Inhalte bei Instagram oder YouTube keine Lehrveranstaltung. Postings und Videos können zwar auf Themen aufmerksam machen und beide Plattformen bieten auch (wenngleich begrenzt) Möglichkeiten zur Partizipation durch die Kommentarfunktion. Dennoch stellen (erfolgreiche) Kanäle auf beiden Medienformen Inhalte nur verkürzt dar; ist dies bei Instagram dem Format geschuldet (einzelne Bilder und begrenzte Zeichenanzahl für die Bildunterschrift), erklärt es sich bei YouTube durch die Ansprüche, die Nutzer*innen an Videoproduktionen stellen (Länge des Videos, viele Schnitte, Animationen, professionelle Audio/Video/Postproduktion).

Diese Inhalte sind auf fachfremde, wenn nicht sogar wissenschaftsexterne Nutzer*innen ausgerichtet. Sie entsprechen damit der externen Wissenschaftskommunikation, die aus der Fachrichtung oder der Wissenschaft heraus vermittelt (Illingworth und Allen, 2020). Eine Lehrveranstaltung indes kann, darf und sollte sich in mehreren Punkten an den Gepflogenheiten der wissenschaftsinternen Kommunikation orientieren. Dazu gehören neben dem elaborierten Sprachgebrauch auch und vor allem die Tiefe der zu vermittelnden Inhalte, ihr Kontext und eine moderierte Diskussion. Sie hat aber noch einen weiteren, unbestreitbaren Vorteil:

3. Anregung zu eigenen Gedanken
Im Gegensatz zu den besprochenen Inhalten wird eine Lehrveranstaltung in Seminarform idealerweise nicht lediglich konsumiert. Insbesondere in der Philosophie sind (moderierte) Diskussionen Bestandteil von Seminaren. Inhalte auf Instagram und YouTube können häppchenweise oder am Stück konsumiert werden, es besteht aber keine Verpflichtung für die Konsument*innen, sich im Anschluss daran weiterhin mit den neu erworbenen Informationen zu beschäftigen. Durch die regelmäßig wiederkehrende Lehrveranstaltung und die mit dem Erwerb eines Leistungsscheins einhergehenden Semesterwochenstunden bietet die Seminarteilnahme auch über wenige Augenblicke hinausreichende Möglichkeiten, eigenständig Gedanken zu den besprochenen Themen zu entwickeln. Selbstverständlich sollte dabei nicht außer Acht gelassen werden, dass die hier besprochenen Inhalte der sozialen Plattformen nicht den Anspruch haben, eine etwaige akademische Lehr-

---

5 Die (Wissenschafts-)Philosophie wird an dieser Stelle nicht genannt, da es keine vergleichbaren (deutschsprachigen) Angebote zu ihr gibt (s. Grund 5).

veranstaltung zu ersetzen. Vielmehr ist es mir ein Anliegen aufzuzeigen, worin die Existenzberechtigung und Vorteile einer solchen Veranstaltung trotz und gegenüber des hohen außer-akademischen Angebots liegen.

Die genannten Gründe sprechen bislang hauptsächlich für einen Teil der Lehrveranstaltung, nämlich den der Wissenschaftskommunikation. Die nachfolgenden Punkte fokussieren sich auf Vorteile und Nutzen eines solchen Seminars hinsichtlich des Themas Wissenschaftsleugnung. Die Punkte gehen Hand in Hand, sind teilweise identisch mit den anvisierten Lehrerfolgen nach erfolgreichem Abschluss einer solchen Veranstaltung.

4. Sensibilisierung, Kontextualisierung und Vermittlung
Offensichtliche Fälle von Wissenschaftsleugnung sind mittlerweile populär geworden und können – zunächst ohne viel Aufwand – auch von Lai*innen erkannt werden. Wissenschaftsleugnung kann aber auch subtil daherkommen. Sie erscheint nicht immer im Gewand des Offensichtlichen, als laute Demonstration, als schwarz-weiß-rote Überschrift. Wer Wissenschaft leugnet, weiß die Botschaft zu tarnen; als vermeintlichen Fachartikel, als ein auf den ersten Blick seriös anmutendes Video, manchmal als ganzes Buch. Umso wichtiger ist es, den Studierenden das Handwerkszeug mit auf den Weg zu geben, um auch versteckte Wissenschaftsleugnung zu erkennen und ihre Eigenheiten zu analysieren. Dabei sollen Beispiele nicht auf einzelne Aussagen beschränkt, sondern stets im Kontext vermittelt werden: Wer hat die Aussage getätigt? In welchem Rahmen wurde die Aussage getätigt? Welche Anhaltspunkte geben Aufschluss über potenzielle Intentionen der Person(engruppe)? Durch gezielte Übungen werden die Studierenden auf diese Weise sensibilisiert, auf Merkmale zu achten, die oft mit der Leugnung wissenschaftlicher Erkenntnisse oder historischer Ereignisse einhergehen.

5. (Fachfremde) Studierende mit Methoden der (Wissenschafts-) Philosophie vertraut machen und Anwendbarkeit akademischer Philosophie aufzeigen
Intuitiv würden wohl eher wenige Menschen eine Verbindung zwischen Philosophie, Wissenschaftskommunikation und Wissenschaftsleugnung sehen. Schließlich haftet insbesondere der Philosophie noch immer das Trockene, Staubige der griechischen Antike an, das schlecht zu modernen Informationskanälen zu passen scheint. Noch schlechter scheint es nur noch um die Wissenschaftsphilosophie zu stehen, die, möchte man dem Physiker Lawrence Krauss glauben, ohnehin nur für Wissenschaftsphilosoph*innen interessant sei:

> And the worst part of philosophy is the philosophy of science; the only people, as far as I can tell, that read work by philosophers of science are other philosophers of science. It has no

impact on physics what so ever, and I doubt that other philosophers read it because it's fairly technical. And so it's really hard to understand what justifies it. (Andersen, 2012)

Krauss verspottet die Wissenschaftsphilosophie zu Unrecht. Denn obwohl sie (insbesondere hinsichtlich populärer Wissenschaftskommunikationsformate) mitunter etwas „stiefmütterlich" behandelt wird, kann sie in vielen Lebensbereichen angewandt werden und nützlich sein. Sie mag keine optischen Knalleffekte bieten. Wenn es aber darum geht, über die Leugnung wissenschaftlicher Erkenntnisse nachhaltig aufzuklären (was spätestens seit 2020 als Teil der Wissenschaftskommunikation wahrgenommen wird), ist sie unverzichtbar: So gegensätzlich alle drei Phänomene – Philosophie, Wissenschaftskommunikation und Wissenschaftsleugnung – auch sind, lassen sie sich hier miteinander verknüpfen. Ihre Beziehungen untereinander finden bereits statt, ohne offensichtlich zu sein, und prägen die praktizierte Aufklärungs- und Bildungsarbeit insbesondere in sozialen Medien. Zur journalistischen Aufklärungsarbeit (als Teil der Wissenschaftskommunikation) werden auch – selbst wenn dies nicht bewusst geschieht – Werkzeuge der Philosophie verwendet. Das sind unter anderem Elemente der philosophischen Propädeutik sowie Aspekte der Wissenschaftstheorie. Mithilfe dieser Werkzeuge werden Aussagen der Wissenschaftsleugnung dekonstruiert und analysiert. Ein weiterer wichtiger Faktor ist die Fachwissenschaftskommunikation, die die Daten und Erkenntnisse aus der von der Leugnung oder Falschaussagen betroffenen Einzelwissenschaft korrektiv gegenüberstellt. Philosophie, Wissenschaftsleugnung und Wissenschaftskommunikation können also nicht nur theoretisch verbunden werden, sondern kommen im Verbund bereits zur praktischen Anwendung. Diese Beziehung findet nicht exklusiv im Journalismus statt. Sie kann auch als Konzeptionsgrundlage für Lehrveranstaltungen genutzt werden, in denen alle Komponenten sowohl einzeln als auch in ihrer Kooperation thematisiert werden; so geschehen bei dem hier beschriebenen Seminar. Wie es gelingen kann, diese Komponenten anschaulich miteinander zu verweben, möchte ich in den folgenden Abschnitten zeigen.

1.1 Informierender Einstieg

Dazu möchte ich folgende fiktive Situation vorstellen: Eine Bekannte besitzt neuerdings ein quietschgelbes Fahrrad. Ein Alleinstellungsmerkmal, denken wir anfangs, das aus der Masse an Rädern in dunklen Farben heraussticht, und halten unbewusst Ausschau nach gelben Fahrrädern – denn wir vermuten ja eben jene Bekannte darauf. Nach kurzer Zeit stellen wir aber fest, dass es mehr quietschgelbe Fahrräder in der Stadt gibt, als wir für möglich gehalten haben. In unserem Fall ist es nicht so, dass quietschgelbe Fahrräder plötzlich zum Verkaufsschlager geworden sind. Wir bemerken sie nicht aufgrund einer gestiegenen Anzahl, sondern aufgrund unserer auf sie gerichteten Aufmerksamkeit. Ähnlich verhält es sich mit Aussagen, die wissenschaftliche Erkenntnisse leugnen oder der Wissenschaft ablehnend gegenüberstehen. Es mag mitunter so wirken als wären diese Phänomene plötzlich, aber zahlreich in die Welt gekommen. Womöglich mag man denken, dass ihr Erscheinen mit der medialen Präsenz eines Axel Stolls, eines Donald Trumps oder eines Attila Hildmanns zusammenhängt. Tatsächlich aber hat es die Leugnung wissenschaftlicher Erkenntnisse, die in extremistischen Milieus sogenannte „Umdeutung" historischer Ereignisse und Verschwörungsnarrative schon immer gegeben. Dass sie eine breitere öffentliche Wahrnehmung erfahren und zu einem Beispiel für das Baader-Meinhof-Phänomen werden, hat unter anderem mit Auswahlprinzipien journalistischer Berichterstattung zu tun: „Nicht ein Ereignis an sich ist neu, faktisch und relevant, ‚vielmehr wird etwas in den Zustand der Aktualität erst dadurch erhoben, daß es vom Journalismus beobachtet' und thematisiert wird." (Blöbaum, 1994, in Malik und Weischenberg, 2016).

Mit diesem Einstieg in die Kernaspekte des Journalismus (Neuigkeitswert, Faktizität und Relevanz, vgl. ebd.) beginnt der erste Themenkomplex im Seminar und leitet über zu den Bereichen, in denen Wissenschaftsleugnung auftreten kann: Nämlich sowohl außerhalb als auch innerhalb der Wissenschaft. Anhand von Beispielen wird gezeigt, was zum Gegenstand von Wissenschaftsleugnung werden kann. Das reicht von wissenschaftlichen Erkenntnissen, über die Konsens besteht über Effizienz von Maßnahmen zur Qualitätssicherung (innerhalb der Wissenschaft) bis hin zur Existenz dieser Maßnahmen – um nur wenige zu nennen.

Damit stellt sich die Frage zum Einstieg in die Wissenschaftstheorie: Worüber sprechen wir, wenn wir über Wissenschaft sprechen? Wo fängt sie an, wo endet sie? Das Demarkationsproblem erfährt in diesem Zusammenhang also eine direkt praktische, nachvollziehbare Anwendung für die Studierenden und wird als Ausgangspunkt für wissenschaftstheoretische Überlegungen zum Phänomen „Wissenschaftsleugnung" genutzt. Der Seminareinstieg gibt also bereits durch die für ihn ausgewählten Themen einen Überblick über die Bandbreite der Aspekte, die im Semester besprochen werden. Die Verzahnung der einzelnen Komponenten zeigen gleichermaßen zu Beginn potenzielle Verbindungen der Themen auf und ermöglichen es den Studierenden, die Relevanz der im Trigon vorkommenden Themen zu erfassen.

Mit Hinblick auf die später angesprochenen Modelle von Wissenschaftskommunikation haben wir zunächst einen Ausflug in die Wissenschaftssoziologie Mertons (Merton, 1938) unternommen. Ziel war es, ein Bewusstsein dafür zu schaffen wie Defizitmodell und Konstruktion des sozialen Gefüges „Wissenschaft" einen misslungenen Wissenschaftskommunikationsansatz begünstigen, und zu Gedanken anzuregen, dem entgegenzuwirken. Natürlich lässt sich darüber diskutieren, wie aktuell die

Ansätze von Merton heute noch sind. Die hier zitierte Beobachtung aber spricht eine Kernproblematik an, auf die das Seminar ausgerichtet ist. Sie knüpft zudem ebenfalls an das Demarkationsproblem an. Denn ohne einschätzen zu können, welche Merkmale Wissenschaft innehat, ist es noch schwieriger zu erkennen, ob sich ein Medium wissenschaftlich präsentiert oder ob es tatsächlich Wissenschaft kommuniziert.

1.2 Wissenschaftskommunikation

Wenn Wissenschaftskommunikation thematisiert wird, ist damit zumeist jene Art gemeint, die sich nach außen, also an oftmals externe fachfremde Laien richtet. Im Sprachgebrauch mag es nützlich sein auf Eingrenzungen zu verzichten, dennoch gibt es Unterschiede zwischen der nach außen gerichteten (*outward-facing*) und der nach innen gerichteten (*inward-facing*) (Illingworth und Allen, 2020) Wissenschaftskommunikation.

Beide Arten verfolgen das Ziel (über) Wissenschaft zu berichten, ihnen stehen dafür aber unterschiedliche Kanäle zur Verfügung und Herausforderungen gegenüber. Die nach innen gerichtete Wissenschaftskommunikation darf und soll sich der in ihren Einzelbereichen jeweils üblichen Fachsprache bedienen, während die nach außen gerichtete Wissenschaftskommunikation esoterische in exoterische Sprache umwandeln soll, ohne dadurch Inhalte zu verfälschen. Letztere ist frei in der Wahl ihrer Kommunikationskanäle und -Formate und ermutigt den Einsatz kreativer bis ungewöhnlicher Präsentationsarten, beispielsweise Shoot'em up-Spiele (Wellcome Trust, 2012) oder Figurentheater (Union International de la Marionette Zentrum Deutschland e.V., 2022). Dem gegenüber steht die nach innen gerichtete Wissenschaftskommunikation mit größtenteils[6] fixen Rahmenbedingungen und limitierten Kanälen wie bspw. zuvor begutachteten Artikeln in Fachzeitschriften, Konferenzvorträgen und dergleichen[7].

Wie die Wissenschaft selbst ist auch Wissenschaftskommunikation im Wandel begriffen[8]. Dementsprechend verwundert es nicht, dass sich der Beginn der

---

[6] Diese Einschränkung nehme ich vor, da bspw. die Anerkennung und Nutzung von Repositorien abhängig vom jeweiligen Fachgebiet stark variiert.
[7] Weiterhin ließe sich nach formellen und informellen Kanälen unterscheiden; so können z.B. Tweets als informelle, nach innen gerichtete Wissenschaftskommunikation interpretiert werden.
[8] Damit meine ich nicht nur die Ausübung eines kommunikativen Akts (so gesehen sind die Korrespondenzen der Republic of Letters frühe Zeugnisse von Wissenschaftskommunikation), sondern auch die Anerkennung von Wissenschaftskommunikation als Forschungsgegenstand und Fachbereich.

(nach außen gerichteten) Wissenschaftskommunikation schwer datieren lässt[9]. Weitze und Heckl interpretieren den Duktus der öffentlichen Experimente[10] des 17. Jahrhunderts gleichermaßen als Wissenschaftsbedingung und Wissenschaftskommunikation (Weitze und Heckl, 2016). Bauer hingegen benennt den Wissenschaftsjournalismus ab den dreißiger Jahren des 20. Jahrhunderts als erste professionalisierte Form der Wissenschaftskommunikation (Bauer, 2017, S. 22). Wichtig ist es an dieser Stelle allerdings, den Studierenden keine tiefgehende historische Debatte aufzuzwingen. Der historische Überblick dient im Seminar dreierlei Zweck: die heutige Wissenschaftskommunikation in Relation zu vergangenen Praktiken zu setzen, ein Problembewusstsein für die Schwächen des *Public Understanding of Science* zu entwickeln und Lösungsansätze zu diskutieren, die in die praktische Arbeit der Studierenden einfließen. Aus diesen Gründen sollte der historische Überblick bewusst kurz gehalten werden.

1.3 Defizit- und Überschuss: Problematiken und Lösungsansatz

Das mancherorts genannte Panoptikum als eines der früheren Massenphänomene der Wissenschaftskommunikation eignet sich allerdings abseits der historiographischen Debatte gut, um Studierenden den Auftakt der Populärwissenschaft des 19. Jahrhunderts anschaulich nahezubringen. Mit dem Beispiel verknüpfte Überlegungen können im Seminar so moderiert werden, dass Grundzüge und Schwächen des Defizitmodells bereits umrissen werden. Am Beispiel des Panoptikums können die Studierenden u. a. folgende Überlegungen anstellen: Hatten alle Bevölkerungsschichten Zutritt? Wurden zu den Ausstellungsstücken Informationen angeboten, oder blieb es der Fantasie der Besucher*innen überlassen, Gesehenes einzuordnen? Welche Rollen bekleideten die Besucher*innen: Wurden sie wohl auf Augenhöhe wahrgenommen oder sollten die Exponate vornehmlich einschüchtern, imponieren, und das Nichtwissen der Besucher*innen betonen? Insbesondere die letzte Frage erlaubt eine konkrete Diskussion des Defizitmodells, das von einem (Wissens-)Gefälle zwischen Wissenschaftler*innen und Nicht-Wissenschaftler*innen ausgeht (Brossard und Lewenstein, 2010; Lugger, 2020; Nordmann, 2012). Von diesem Modell sieht sich die Wissenschaftskommunikation heute gerne als ge-

---

[9] Für eine übersichtliche Einordnung der Schwierigkeiten bei der Erstellung einer Historiographie der Wissenschaftskommunikation siehe Bauer (2017).
[10] Diese Experimente waren tatsächlich nicht wirklich öffentlich im Sinne von einer breiten Öffentlichkeit zugänglich, sondern wurden in Gegenwart anderer Wissenschaftler durchgeführt. Die Übersetzung von *public* zu *öffentlich* ist hier irreführend.

löst an[11]. Das mittlerweile breit gefächerte Angebot an Wissenschaftskommunikationsformaten, das sich an unterschiedliche Zielgruppen richtet, wird z. B. von Nordmann als Überschussmodell bezeichnet (2012, S. 45). Diese Bezeichnung mag das Gegenteil des Defizitmodells beschreiben, die zu Grunde liegende Annahme hat sich aber nie davon gelöst. Die Intention ist wohl aber oft noch die gleiche: Information der Öffentlichkeit zwecks Schadensbegrenzung. Unter diese Schadenbegrenzung fallen auch Aspekte wie das Vertrauen in die Wissenschaft zu stärken, etc. pp. Darüber hinaus krankt das Überschussmodell an einer mitgebrachten Falschannahme: Wenn es doch so viele Angebote zur Wissenschaftskommunikation gäbe, könne es ja gar keine Leute mehr geben, die diese Angebote nicht wahrnehmen. Das Überschussmodell ignoriert die Diskrepanz zwischen Möglichkeiten gesellschaftlicher Teilhabe (und auch Wissenschaftskommunikation zählt dazu) und setzt gleiches kulturelles Kapital in allen Gesellschaftsschichten voraus.

Die Probleme beider Modelle zu besprechen, heißt auch, im Seminar Raum für die Diskussion von Lösungsvorschlägen zu bieten. Angesichts des Ziels, mit praktischer Wissenschaftskommunikation eine breit zugängliche Wissensbasis zu schaffen, folgerten die Studierenden insbesondere zwei Punkte: Erstens, eine Berücksichtigung unterschiedlichen kulturellen Kapitals in Gestaltung und Sprache. Zweitens, daraus folgend die sorgfältige Wahl des Kommunikationskanals.

1.4 Medienformen und epistemische Bezugssysteme

Diese Überlegungen dürfen und sollen nicht nur intuitiv funktionieren, sondern auch theoretisch begriffen werden. Dazu gehört u. a. die Vermittlung von Lehrinhalten zu Medienformen, -Kombinationen, -Wechseln und intermedialen Bezugnahmen. Genauso wichtig ist in der wissenschaftskommunikativen Ausbildung aber auch ein Verständnis dafür, weswegen diese Theorie angeeignet werden soll. Aus diesem Grund war der Kurzfilm *Die Rache des Kameramannes* (Starewicz, 1912) Teil einer Sitzung. Die Handlung des Kurzfilms – ein Beziehungsdrama – ist dabei nebensächlich. Im Vordergrund der Besprechung stehen dessen Darsteller (Insektenkadaver) und die verwendete Puppenspieltechnik, genauer: ihre Bedeutung für eine eigensinnige Interpretation von Wissensvermittlung. Hintergrund ist die Überlegung, dass Menschen in ihrer Freizeit mit hoher Wahrscheinlichkeit ein einfach zu konsumierendes Unterhaltungsmedium wählen. Auch diese Medien können Wissen(schaft) vermitteln, beispielsweise gründlich recherchierte histori-

---

11 Eine nähere Betrachtung dieser Diskussion findet sich im Beitrag von Tanja Rechnitzer in diesem Sammelband.

sche Romane und Spielfilme. *Die Rache des Kameramanns* ist filmgeschichtlich ein frühes Zeugnis einer solchen subtilen Wissensvermittlung. Barbara Wurm schlägt beispielsweise vor, den Kurzfilm als Wissensvermittlung zweier epistemischer Bezugssysteme zu deuten (Wurm, 2009). Starewicz' hier genannte Arbeit beziehe sich nämlich zum einen auf das Wissen, das benötigt werde, um ein gewisses Medium zu erschaffen, bedienen oder bespielen (in diesem Fall das Medium Film). Zum anderen werde der „außermediale Sachverhalt" (also Insekten und Puppenspieltechnik) zum Filminhalt selbst gemacht und somit vermittelt (Wurm, 2009, S. 215). In gewisser Weise spiegelt sich Wurms Interpretation Starewicz' kinematografischer Arbeit in der Konzeption und dem kreativen Output des Seminars wider.

1.5 Lernziele

Im Anschluss möchte ich konkreter auf die soeben angesprochene Konzeption der Lehrveranstaltung eingehen. Denn bislang bleibt die Frage offen, auf welche Weise die in der Anregung angerissenen Inhalte ein Seminar ergeben können. Wie kann die Wissensvermittlung an die Studierenden aufgebaut werden? Wie können die Studierenden aus den Themen etwas produzieren, das zum einen zeigt, dass sie die epistemischen Bezugssysteme miteinander verknüpfen, und welches dadurch selbst Produkt der Bezugssysteme wird? Zunächst möchte ich dazu die Lernziele des Seminars vorstellen, bevor ich im Reflexionsteil auf die Struktur der Lehrveranstaltung eingehe. Nach erfolgreichem Abschluss der Lehrveranstaltung sind die Studierenden in der Lage,
- Merkmale/Taktiken von Wissenschaftsleugnung und Verschwörungsnarrativen zu nennen, Zusammenhänge zwischen ihnen aufzuzeigen, in Fallbeispielen zu identifizieren und kritisch einzuordnen.
- das Demarkationsproblem zu erklären und seine Rolle in Bezug zu Wissenschaftsleugnung zu setzen.
- die Relevanz von Wissenschaftskommunikation und (Wissenschafts-)Philosophie in Bezug zu Wissenschaftsleugnung zu setzen.
- gängige in der Wissenschaft genutzte Medienformen und Kommunikationsebenen aufzuzählen, zu identifizieren und ihren Formalitätsgrad einzuschätzen.
- Defizit- und Überschussmodell gegenüberzustellen, ihre Problematiken zu identifizieren, debattieren und Lösungsvorschläge zur Umgehung dieser Problematiken einzubringen.
- Medienformen aufzuzählen, für die Produktionen auszuwählen und diese Wahl zu begründen.

- das Erlernte in Bezug zu offenen Fragen zu setzen, diese auszuarbeiten, zu moderieren und ggf. (abhängig vom Gesprächsverlauf) zu improvisieren (Interview).
- aus dem Erlernten ein Narrativ zu konstruieren, die Inhalte miteinander zu kombinieren, relevante Punkte einzuschätzen, zu vereinfachen und zu prüfen (Storyboard, Sprecher*innen, wissenschaftliche Redaktion).
- damit einhergehend Inhalte zur Bespielung der zuvor ausgewählten Medien auszuwählen; herzustellen und die Entscheidungen zu begründen (Social Media, Design, Sound).

Weiterhin sollten im besten Fall zwei affektive Lernziele verfolgt werden, deren Überprüfung hingegen nicht gewährleistet werden kann. Dazu zählen
- gewecktes Interesse für die den Studierenden jeweils fremde Fachbereiche, sowie
- die Vermittlung eines Bestandteils des wissenschaftlichen Berufsselbstbilds (vgl. Reydon in diesem Band).

2 Reflexion

Im zweiten Teil dieses Beitrags möchte ich schließlich auf die Struktur des Seminars eingehen. Darunter fällt auch die zuvor angemerkte praktische Ausführung im Rahmen der Lehrveranstaltung. Dass diese nicht in den vorigen, inhaltlichen Teil des Beitrags fällt, hat einen Grund: Natürlich sind Inhalt und Struktur miteinander verwoben, und insbesondere die im Seminar geschehene Gruppenarbeit fußt ja auf gerade diesen Inhalten. In diesem Teil des Beitrags möchte ich aber die Struktur der Lehrveranstaltung kritisch bewerten. Ich setze vermittelte Inhalte, anvisierte Lernerfolge und studentische Eigenleistungen in Relation zu den Semesterwochenstunden. Welche Inhalte waren sinnvoll, als wie zielführend hat sich der Syllabus herausgestellt? Welche Punkte haben die Durchführung der Veranstaltung erschwert oder erleichtert?

Dazu gehe ich folgendermaßen vor: In einem ersten Schritt benenne ich die Bedingungen, unter denen das Seminar zu Stande gekommen ist. Da die Lehrveranstaltung als Förderprojekt bewilligt wurde, folgen aus der Förderlinie sowohl Lernziele als auch verwertbare Ergebnisse, die aus dem Seminar heraus entstehen mussten. Von diesen Ergebnissen leite ich über zu den Teilkomponenten, in die sich der Syllabus gliederte, und die letztlich auch die Struktur der studentischen Eigenleistung vorgegeben haben.

2.1 Rahmenbedingungen

Beantragt wurden Mittel für die Durchführung einer praxisorientierten Lehrveranstaltung (2 SWS) zum Thema Wissenschaftsleugnung und Wissenschaftskommunikation. Ziel der Veranstaltung war es, Studierenden Kenntnisse über Wissenschaftsleugnung, Wissenschaftskommunikation und Wissenschaftsphilosophie, sowie deren Schnittstellen zu vermitteln. Als Ergebnis war ein etwa zwanzigminütiges, populärwissenschaftliches Videoformat vorgesehen, das im Anschluss sowohl Universität als auch der *Bürgeruniversität* zu Verfügung gestellt werden sollte[12]. Die Lehrveranstaltung war für Studierende ab dem zweiten Studienjahr über das Studium Universale, den fächerübergreifenden Wahlpflichtbereich und Module der Philosophie sowie der Medien- und Kommunikationswissenschaft wählbar. Voraussetzung für den Erhalt eines Beteiligungsnachweises (2 CP) waren zunächst ein Beitrag zur Erstellung der Videos in der Vorproduktion oder Produktion[13], und dadurch bedingt die regelmäßige, aktive Teilnahme am Seminar. Durch die große Zahl an Teilnehmer*innen habe ich als zusätzliche Option angeboten, einen mit dem Seminar assoziierten Social Media Account zu erstellen und zu betreuen. Eine Abschlussprüfung (6 CP für die Philosophie, 7 CP für Medien- und Kulturwissenschaften) konnte aus mehreren Optionen gewählt werden. Zur Auswahl standen entweder eine mündliche Prüfung oder eine Studienarbeit (mündliche Präsentation und schriftliche Ausarbeitung einer Thematik aus dem Stoffgebiet der Lehrveranstaltung, min. 15 Minuten, 1500–4500 Wörter) oder eine Projektarbeit (selbstständige Anwendung fachspezifischer Methoden auf Untersuchungsgegenstände aus dem Stoffgebiet der Lehrveranstaltung sowie mündliche Präsentation und schriftliche Ausarbeitung der Ergebnisse, min. 15 Minuten, 1500–7500 Wörter).

Für die Produktionen sollten die Studierenden Expertinnen aus den drei genannten Fachrichtungen interviewen. Angedacht war die Nutzung des universitätseigenen Medienlabors für den praktischen Teil der Gruppenarbeiten, und die damit verknüpfte Einführung in Programme der Medienproduktion. In diesen Gruppen haben die Studierenden die Möglichkeit, eigenverantwortlich den Themenkomplex „Philosophie-Wissenschaftskommunikation-Wissenschaftsleugnung" in kreativen Output zu transferieren. Dementsprechend konnten die Studierenden ihren Interessen und Begabungen entsprechend eine von acht Arbeitsgruppen wählen. Im Folgenden umreiße ich die jeweiligen Gruppenaufgaben.

---

[12] Auf Wunsch der Studierenden wurden stattdessen vier Videos angefertigt; eine Einführung sowie jeweils ein fachspezifisches Video zum Thema Leugnung in den Klima-, Geschichtswissenschaften und in der Medizin.
[13] Die Postproduktion oblag der Dozentin.

2.2 Arbeitsgruppen

Storyboard/Skript: Die Studierenden dieser Arbeitsgruppe sollten den Aufbau der Videoproduktionen konzipieren. Dazu hatte ich ein exemplarisches Storyboard erstellt, auf dessen Grundlage die Videos zeitlich und inhaltlich geplant werden sollten. Die jeweils aktualisierte Fassung sollte zur Besprechung der Zwischenergebnisse auf die Lernplattform Moodle hochgeladen werden. Bei der Erstellung der Storyboards habe ich folgende Fragen als sinnvoll zu stellen betrachtet: Welche Frage(n) sollen die Videos beantworten können? Hierzu war ein Blick auf den Seminartitel hilfreich. Wie schaffen wir es als Produktionsteam, einen roten Faden als Blaupause für alle Videos zu spinnen – also ein Schema zu entwickeln, das die Videos inhaltlich und konzeptionell miteinander verbindet und einen Wiedererkennungswert schafft? Dieses Schema sollte sich in einer gleichbleibenden Struktur zeigen, die für alle Videos genutzt werden sollte. Gemeint ist damit u. a. die zeitliche Einteilung der einzelnen Gliederungspunkte innerhalb des Videos, also Einleitung/Methode, Problemstellung, Lösungsansätze/Fallbeispiele und Konklusion/Ausblick. In Austausch mit den Sprecher*innen sollte somit auch das Gerüst für den einzusprechenden Text gebildet werden.

Sprecher*innen: Die Aufgabe der Sprecher*innen war es, in Kooperation mit der Storyboard-Gruppe den Off-Text zu erstellen und einzusprechen. Das Storyboard sollte (nach detaillierter Ausarbeitung) somit die Anhaltspunkte liefern, auf deren Basis die Sprecher*innen durch die Videos führen. Als Zwischenergebnisse standen entweder Textentwürfe oder Probeaufnahmen zur Auswahl.

Wissenschaftliche Redaktion: Die Studierenden, die sich zur wissenschaftlichen Redaktion zusammengeschlossen hatten, sollten aus den Seminarinhalten und der korrespondierend bereitgestellten Literatur extrahieren, welche der Fachinhalte Eingang in die Videoproduktionen finden sollten. Ihre Aufgabe war es, die Gruppen Storyboard und Sprecher*innen zu unterstützen. Dazu gehörten die Auswahl von Fallbeispielen, die Bereitstellung von Definitionen und Quellen und das Überprüfen der Skripte auf ausreichende Quellenlage. Als Zwischenergebnisse waren fachlich gestützte Beantwortungen der W-Fragen der Skripte vorgesehen.

Design: Die Studierenden der Gruppe „Design" hatten die Verantwortung über den grafischen Anteil inne. Im Austausch stehend mit den Gruppen „Storyboard" und der wissenschaftlichen Redaktion sollten sie absprechen, welche erarbeiteten Inhalte z. B. Infografiken benötigten. Die Studierenden sollten ein Farbkonzept und Entwürfe für zu verwendende Grafiken erstellen.

Social Media: Die Studierenden der Gruppe „Social Media" sollten einen Account auf der Plattform Instagram konzipieren und bespielen. Dazu sollte zunächst ein knappes Konzept entworfen werden. Darin enthaltene Überlegungen sollten u. a. folgende Fragen abdecken: Was soll gepostet werden? Wie sollte das Verhältnis von sachlichen Inhalten und Beiträgen „hinter den Kulissen" aussehen? Zu welchen Zeiten und in welchen Abständen sollte der Account bespielt werden? Welches Netzwerk erachten die Studierenden als sinnvoll (welchen Accounts sollte der Kurs-Account folgen, und wie würde die eigene Zielgruppe erreicht werden)? Weiterhin waren die Planung des Feeds sowie grundlegende Basisangaben (Name des Profils, Account-Beschreibung, etc.) Teil der Überlegung.

Interview: Teilnehmer*innen der Interviewgruppe sollten einen Fragenkatalog für die Interviews vorbereiten und gemeinsam mit der Dozentin durchführen. Der Fragenkatalog sollte sowohl im Seminar besprochene Inhalte als auch die Arbeit der Interviewpartnerin berücksichtigen.

Sound: Die für den Ton verantwortliche Gruppe war mit der Komposition eines passenden Intros für die Videoproduktionen betraut.

Kamera/Bild: Diese Gruppe sollte Stand- und Bewegtbilder für die Produktionen erstellen.[14]

2.3 Konzeption/Syllabus

Zu Beginn des Seminars werden die Themen in ihrer Gesamtheit besprochen. Die Hinführung reißt jede der drei Komponenten an, leitet dann zwischen ihnen aufeinander über und macht so Verbindungen sichtbar. Im Hauptteil des Seminars werden zunächst Werkzeuge (der Philosophie) und Material (Fallbeispiele von Wissenschaftsleugnung) in Kategorien eingeteilt, vermittelt und erprobt. Der Hauptteil gliedert sich in drei solcher Schwerpunkte: Die Leugnung medizinischen Wissens, Leugnung historischer Ereignisse und Leugnung des anthropogenen Klimawandels. Zwischen den Themenblöcken gibt es Sitzungen zu Theorie und Praxis der Wissenschaftskommunikation. Zu jedem der Themenblöcke gehört eine Interviewsitzung. In diesen Sitzungen führen Lehrkraft und Interview-Gruppe Gespräche mit Fachwissenschaftler*innen aus den genannten drei Schwerpunktbereichen. Die Studierenden, die nicht an den Interviews teilnehmen, nutzen diese Sitzungen für ihre jeweiligen Gruppenarbeiten. An festgelegten Terminen während des Semesters reichen die Studierenden Zwischenergebnisse ihrer Gruppenarbeiten ein. Die Besprechung der Zwischenergebnisse der Gruppen hilft, bereits gelernte Theorie mit dem kreativen Output der Studierenden zu verknüpfen. Sie bietet auch der Lehrperson die Möglichkeit, positive Entwicklungen in den Gruppenproduktionen zu bestärken, Optimierungsbedarf zu bemerken und korrektive Anmerkungen zu machen.

---

14 Diese Gruppe kam nicht zu Stande. Für die Videoproduktionen habe ich dementsprechend lizenzfreie und eigene Komponenten verwendet.

Konkret folgt der Seminarverlauf – unter Rückgriff auf die bereits genannten Lernziele – folgenden didaktischen Überlegungen:

1. Die Studierenden lernen das Demarkationsproblem, wissenschaftliche Kommunikationskanäle und Usus kennen. Sie erhalten einen Überblick über Grenzen der wissenschaftlichen Methode und sind sensibilisiert für sozio-ökonomische Merkmale und Vulnerabilitäten innerhalb der wissenschaftlichen Gemeinschaft, die anfällig für wissenschaftsfeindlichen Missbrauch sein können.
2. Taktiken und rhetorische Mittel von Wissenschaftsleugner*innen werden (u. a. anhand von Fallbeispielen aus Einzelwissenschaften, die besonders häufig von Wissenschaftsleugnung betroffen sind) vermittelt. Besonderen Schwerpunkt stellt hierbei der Übersichtsbeitrag von Prothero (Prothero, 2013b) dar. Die Studierenden lernen, Wissenschaftsleugnung zu erkennen und, auf den ersten Punkt aufbauend, von (seriösen) wissenschaftlichen Aussagen zu unterscheiden.
3. Die Studierenden erlangen Wissen in ausgewählten Aspekten der Theorie von Wissenschaftskommunikation. In Gruppen setzen sie Gelerntes in die Praxis um.

Insgesamt erlernen die Studierenden also nicht lediglich die Praxis der Wissenschaftskommunikation, sondern darüber hinaus auch ein tiefes Verständnis der Inhalte, die sie vermitteln.

2.4 Zielgruppe

Für wen ist diese Lehrveranstaltung geeignet? Tatsächlich ist davon abzuraten, die hier vorgestellte Veranstaltung für Belegungen auf Bachelor-Niveau zu öffnen. Grundlegende Kenntnisse des und Freude am wissenschaftlichen Arbeiten sind unabdingbare Voraussetzungen für eine erfolgreiche Seminarteilnahme und können nicht zusätzlich zu den vorgesehenen Inhalten vermittelt werden. Vorkenntnisse in den thematischen Einzelbereichen sind hingegen nicht erforderlich.

2.5 Anpassungen an äußere Umstände

Die hier vorgestellte Veranstaltung hat im Wintersemester 2020/21 stattgefunden. Unter den dadurch entstandenen Lehrbedingungen mussten Besuche im Medienlabor entfallen, Seminar und Interviews über Zoom geführt und die Gruppenarbeiten in das Moodle-Forum verlagert werden. Insbesondere der Wegfall der geplanten Besuche des Medienlabors stellte den Kurs vor eine Herausforderung: So konnten die Studierenden nicht, wie ursprünglich geplant, mit der dort installierten Software an den Gruppenprojekten arbeiten. Der Rückgriff auf Free- und Shareware[15] ermöglichte zwar die gruppenspezifischen Arbeiten, diese Lösung kann in Hinblick auf IT-Sicherheit und das Erlebnis des gemeinsamen Erlernens von Grundlagen ausgewählter Software nur als Notlösung betrachtet werden. Gleichsam konnte das Medienlabor – und dessen Equipment – nicht für die Interviews genutzt werden.

2.6 Umfang und Output

Für ein einzelnes Semester ist die Kombination aus Lehrinhalten und Produktionen – insbesondere unter Bedingungen der Onlinelehre – zu umfangreich. Ein Lösungsvorschlag kann sein, die hier vorgestellte Veranstaltung auf zwei aufeinander folgende Semester zu strecken. So können alle theoretischen Inhalte beibehalten und darüber hinaus mehr Raum für die praktische Arbeit geschaffen werden. Auf diese Weise können auch die Leistungsnachweise entzerrt werden. Eine beispielhafte Lösung könnte beinhalten, im ersten Semester der Veranstaltung die theoretischen Grundlagen zu vermitteln und im darauffolgenden Semester die praktische Ausarbeitung der Produktionen anzustellen.

Fazit

Mit einer ursprünglichen Belegung von 55 Teilnehmenden war die hier beschriebene Lehrveranstaltung bereits vor Semesterbeginn auf großes Interesse seitens der Studierenden gestoßen. Das mag auch an der Aktualität der Themen, insbesondere der Fallbeispiele zur Covid-19-Pandemie, gelegen haben. Dadurch muss eine solche Veranstaltung aber nicht zu einem späteren Zeitpunkt an Relevanz verlieren; die Fallbeispiele lassen sich (bedauernswerterweise) stetig durch neue, aktuellere Fälle ersetzen – auch aus unterschiedlichen Einzelwissenschaften.

Dass die Drop-out-Rate der Teilnehmenden bei lediglich 27,27 Prozent lag, ist angesichts der Kombination aus innovativem Lehrformat und pandemiebedingter Begleiterscheinungen als Erfolg zu betrachten. Darüber hinaus konnten die Studierenden, welche die Lehrveranstaltung erfolgreich abgeschlossen haben, durch ein hohes Maß an Kreativität, Neugierde und Eigenleistungen nicht nur hervorra-

---

15 Eine Ausnahme bildete hierbei die für den Sound zuständige Gruppe, die bereits privat ein entsprechendes Programm nutzte.

gende Ergebnisse erzielen; die internalisierten Lehrinhalte dürften ihnen auch im weiteren (Berufs-)Leben – wissenschaftlich und außerwissenschaftlich – von Nutzen sein. Denn wie ich in diesem Beitrag versucht habe zu zeigen, umfasst das Trigon *Wissenschaftsleugnung-Philosophie-Wissenschaftskommunikation* nicht allein die wissenschaftliche Bubble, sondern berührt auch außerhalb davon die Lebensbereiche der Studierenden.

Syllabus

Woche	Thema	Inhalte	Quellen/Material
1	Einführung	– Aktualität von Wissenschaftsleugnung – 3 Aspekte von Journalismus – Demarkationsproblem – Übung: Welche Beispiele für die zwei Arten von Wissenschaftsleugnung nach Prothero kennen die Studierenden?	(Bunge, 2017; Malik und Weischenberg, 2016; Prothero, 2013b, 2013a)

2	Theorie und Praxis Wissenschaftskommunikation	– Wiederholung Wissenschaftsleugnung/Demarkationsproblem
		– Wissenschaftsfeindlichkeit unter soziologischen Gesichtspunkten
		  – Pure Science, Esoteric science as popular mysticism
		– Demarkation in der (Nicht-)Wissenschaftskommunikation
		  – Stufen der Formalität (z. B.: Predatory Journals, Blogs, Kurznachrichtendienste)
		– Wissenschaftskommunikation
		  – Allgemeines, inward/outward, Ebenen, historischer Überblick
		– Übung: Die Studierenden suchen sich einen Kanal aus, der Wissenschaftskommunikation betreibt (YouTube/Instagram). Sie setzen sich mit jeweils einem Beitrag des gewählten Kanals auseinander. D. h., die Studierenden halten für sich fest, was sie an den jeweiligen Beiträgen/Videos gelungen/nicht gelungen finden.
			(Dernbach et al., 2012; Illingworth und Allen, 2020; Merton, 1938)

3	Leugnung medizinischen Wissens	– AIDS-Leugnung:
		  – Peter Duesberg und Problematiken der Koch-Postulate
		– Leugnung der Schädlichkeit v. Tabak
		  – Tobacco Smokescreen Strategy
			(Grüning et al., 2006; Harden, 1992; Kalichman, 2009; Köhler, 2019; Mag-

Fortsetzung

Woche	Thema	Inhalte	Quellen/Material

		- Fallbeispiel aus DE
		- Wiederholung und praktische Anwendung Prothero auf Fallbeispiele
		- Leugnung der Schädlichkeit v. Luftverschmutzung
		  - Fallbeispiel Dieter Köhler
		  - Diskussionsfragen
		  - Was fällt Ihnen an den Beispielen auf?
		    - Weswegen ist es problematisch, wenn Mitglieder der wissenschaftlichen Gemeinschaft den wissenschaftlichen Konsens leugnen?
		    - Welche der besprochenen Taktiken halten Sie für besonders problematisch/schwerwiegend?
			nussen, 1990; Proctor, 2011)

4	Leugnung medizinischen Wissens	- Wiederholung und Erweiterung Taktiken/Fallacies
		  - Cherry Picking / Quote Mining
		  - Alternative Forschung
		  - Credential Mongering
		  - Korrelation-Kausalität
		  - Burden of Proof
		  - Appell an die Natürlichkeit
		  - Mitläufer
		  - Eminenzbasierung
		- Widerlegungsmatrix
		- Fallbeispiele Covid-19
		  - Fake Rundschreiben zur Covid-19-Pandemie
		  - Telegramkanäle einschlägiger Corona-Leugner
		- Sprachliche Besonderheiten
		- Übung: Welche Fragen sollten wir uns stellen, um zu unterscheiden ob
		  - Die Maßnahmen fundiert kritisiert oder ihre Wirksamkeit geleugnet werden,
		  - Unzufriedenheit angesichts einzelner Maßnahmen oder verschwörungstheoretische Narrative verlautet werden,
		  - Tatsächlich „nur Fragen" gestellt oder verschwörungstheoretische Narrative bespielt werden?
			(Schmid und Betsch, 2019)

Fortsetzung

Woche	Thema	Inhalte	Quellen/Material
5	Interview		
6	Theorie und Praxis Wissenschaftskommunikation	- Besprechung der Zwischenergebnisse - Weiteres: Wie man Wissenschaftsphilosophie verkauft - Übung: Die Studierenden scrollen durch den Feed eines sozialen Mediums ihrer Wahl und fertigen von den ersten zwei Beiträgen, die eine beliebige Emotion ansprechen, einen Screenshot an. Sie laden die Screenshots im Forum hoch. Ziel ist das Erstellen eines Moodboards zur Orientierung für die Seminarproduktionen.	(Damböck, 2010)

7	Leugnung historischer Ereignisse	- Eingrenzung des Phänomens
		- Begriffserklärung
		- Kontrafaktische Kunst und Kultur
		- Diskussion: Stehen die Leugnungen für sich alleine oder sind sie immer zwangsläufig mit einem verschwörungstheoretischen Narrativ verbunden? Falls letzteres der Fall ist, (wie) können wir Verschwörungstheorien erkennen? (Entlarvungsvokabular)
		  - Gibt es einen Schweregrad an Leugnungen? Wird die Leistung einer privilegierten Gruppe bestritten (Mondlandung) oder dient das Phänomen der
		  - Wiederbelebung/Stärkung einer oppressiven Struktur (z. B. Reichsbürger)?
		  - Welche Konsequenzen folgen aus dem Akt der Leugnung?
		- Moon Hoax (Bill Kaysing)
		- Verschwörungstheoretische Narrative und Vokabular
			(Ebling et al., 2013; Galuppini, n.d.; Luerweg, 2019; Stumpf und Römer, 2018)

8	Leugnung historischer Ereignisse	- Holocaust Leugnung in Deutschland
		  - Strafbarkeit
		  - Fallbeispiel Ursula Haverbeck
		- Holocaust Leugnung in Österreich
		  - Verbotsgesetz
		  - Fallbeispiel John Gudenus
		  - Fallbeispiel Desiderius Erasmus Stiftung
			(Bongen und Feldmann, 2015; Bundesverfassungsgericht, 2018)
			(*Art. 1 § 3 h VbtG*, n.d.; Desiderius-Erasmus-Stiftung e.V., 2021)
			(Engel und Wodak, 2013)

Fortsetzung

Woche	Thema	Inhalte	Quellen/Material
			(Der Standard, 2006a und 2006b)

9	Theorie und Praxis Wissenschaftskommunikation	– Medienformen
		  – Schriftsprachliche Texte
		  – hybride Medienformen
		– Medienwechsel
		– Medienkombination
		– intermediale Bezugnahmen
		  – Fallbeispiele Medienwechsel und Medienkombination (Produktionen des Seminars)
		  – Fallbeispiel intermediale Bezugnahmen (*Die Rache des Kameramanns*)
		– Besprechung der Zwischenergebnisse
			(Müller, 2009; Rajewsky, 2002)

10	Leugnung in den Klimawissenschaften	– Besonderheiten von Leugnung in den Klimawissenschaften – Leugnungsinteressen: Klimawandel – „Alice im Wunderland"-Mechanismus – Nicht-wissenschaftliche Kommunikation (Wiederholung) – Fallbeispiel EIKE – Übung: Ein*e Bekannt*e spricht uns verunsichert darauf an, dass soeben gezeigte Website (EIKE) „mal was anderes als die Mainstream-Wissenschaft" sagen würde. Weil die Person aber weiß, dass Sie sich mit Wissenschaftsleugnung beschäftigen, ist sie offen für ein Gespräch. Auf welche Faktoren müssen Sie achten, wenn Sie sich auf das Gespräch vorbereiten? Wonach recherchieren Sie, um die Seriosität der Institution feststellen zu können und sie weiter einzuordnen?)	(Europäisches Institut für Klima und Energie e.V., 2020; Hoyningen-Huene, 2013; Lewandowsky et al., 2018)

11	Leugnung in den Klimawissenschaften	– Institutionelle Leugnung
		  – The Global Warming Policy Forum
		  – Autoren-Check und Backdrop
		– Leugnung in den Medien
		  – The Conservative Woman
		– Institutionell trifft auf privat: Social Media
		  – Bloomfield/Tillery2019
		  – GWPF
		  – WUWT
			(Bloomfield und Tillery, 2019; The Conservative Woman, 2019; The Global Warming Policy Forum, n.d.)

Fortsetzung

Woche	Thema	Inhalte	Quellen/Material
12	Interview		
13	Interview		
14	Abschluss / Reflexion		

Literatur

Andersen, R. (2012). *Has Physics Made Philosophy and Religion Obsolete?* The Atlantic. https://www.theatlantic.com/technology/archive/2012/04/has-physics-made-philosophy-and-religion-obsolete/256203, letzter Abruf am 24.01.2014.

Art. 1 § 3 h VbtG. (n.d.). VbtG – Verbotsgesetz 1947. https://www.jusline.at/gesetz/vbtg/paragraf/artikel1zu3h, letzter Abruf am 24.01.2024.

Bauer, M. W. (2017). „Kritische Beobachtungen zur Geschichte der Wissenschaftskommunikation." In: H. Bonfadelli, B. Fähnrich, C. Lüthje, J. Milde, M. Rohmberg und M. S. Schäfer (Hg.), *Forschungsfeld Wissenschafts- kommunikation.* Springer VS, S. 17–40.

Blöbaum, B. (1994). *Journalismus als soziales System. Geschichte, Ausdifferenzierung und Verselbständigung.* Westdeutscher Verlag.

Bloomfield, E. F., und Tillery, D. (2019). „The Circulation of Climate Change Denial Online: Rhetorical and Networking Strategies on Facebook." *Environmental Communication* 13 (1), 23–34. https://doi.org/10.1080/17524032.2018.1527378.

Bongen, R., und Feldmann, J. (2015). „Wohltäter Hitler: Besuch bei Auschwitz-Leugnern." *Das Erste I Panorama.* https://daserste.ndr.de/panorama/archiv/2015/holocaustleugner102_page-1.html, letzter Abruf am 18.06.2014.

Brossard, D., und Lewenstein, B. V. (2010). „A critical appraisal of models of public understanding of science: Using practice to inform theory." In: L. Kahlor und P. A. Stout (Hg.), *Communicating Science. New Agendas in Communication.* Taylor and Francis, S. 11–39.

Bundesministerium für Bildung und Forschung (BMBF). (2019). *Grundsatzpapier des Bundesministeriums für Bildung und Forschung zur Wissenschaftskommunikation.*

Bundesverfassungsgericht. (2018, August 3). *Erfolglose Verfassungsbeschwerde gegen Verurteilung wegen Leugnung des nationalsozialistischen Völkermords Pressemitteilung Nr. 67/2018 vom 3. August 2018.* https://www.bundesverfassungsgericht.de/SharedDocs/Pressemitteilungen/DE/2018/bvg18-067.html, letzter Abruf am 24.01.2024.

Bunge, M. (2017). *Doing Science. In the Light of Philosophy.* World Scientific.

Damböck, C. (2010). „Wolfgang Stegmüller und die „kontinentale Tradition": zur Entstehung und Konzeption der ‚Hauptströmungen der Gegenwartsphilosophie'." In: F. Stadler (Hg.), *Vertreibung, Transformation und Rückkehr der Wissenschaftstheorie. Am Beispiel von Rudolf Carnap und Wolfgang Stegmüller.* Lit Verlag, S. 253–270.

Dernbach, B., Kleinert, C., und Münder, H. (Hg.) (2012). *Handbuch Wissenschaftskommunikation.* Springer VS.

der Standard (2006a). „Gudenus im STANDARD-Interview: „Es gab Gaskammern, aber nicht im Dritten Reich. Sondern in Polen."" *der Standard,* 24.07.2006. https://www.derstandard.at/story/2071354/

gudenus-im-standard-interview-es-gab-gaskammern-aber-nicht-im-dritten-reich-sondern-in-polen, letzter Abruf am 25.01.2024.

der Standard (2006b). „Porträt: Der Graf als Holocaust-Leugner auf der Anklagebank." *der Standard*, 15.11.2006. https://www.derstandard.at/story/2408556/portraet-der-graf-als-holocaust-leugner-auf-der-anklagebank, letzter Abruf am 25.01.2024.

Desiderius-Erasmus-Stiftung e.V. (2021). *Desiderius Erasmus Stiftung.* https://erasmus-stiftung.de, letzter Abruf am 25.01.2024.

Dinge Erklärt – Kurzgesagt. (2018). *Playlist: Philosophie.* https://www.youtube.com/playlist?list=PLmAe9FghqQqsJo8yJaeO-M511ZmhKUp8y, letzter Abruf am 25.01.2024.

Ebling, S., Scharloth, J., Dussa, T., und Bubenhofer, N. (2013). „Gibt es eine Sprache des politischen Extremismus?" In: F. Liedtke (Hg.), *Die da oben. Sprache, Politik, Partizipation.* Hempen, S. 43–67.

Engel, J., und Wodak, R. (2013). „'Calculated ambivalence' and Holocaust denial in Austria." In: R. Wodak und J. E. Richardson (Hg.), *Analysing Fascist Discourse: European Fascism in Talk and Text.* Routledge, S. 1–328. https://doi.org/10.4324/9780203071847.

Europäisches Institut für Klima und Energie e.V. (2020). *EIKE.* https://eike-klima-energie.eu, letzter Abruf am 25.01.2024.

Galuppini, A. (n.d.). *Bill Kaysing Tribute Website.* www.billkaysing.com, letzter Abruf am 25.01.2024.

gap: Die Gesellschaft für analytische Philosophie (2017). *#Kurz: Das Chinesische Zimmer und die Natur des Verstehens (Philosophie des Geistes).* https://youtu.be/BszEmV_OVrI?si=nR_UsqLveJINUrq7, letzter Abruf am 25.01.2024.

Grüning, T., Gilmore, A. B., und McKee, M. (2006). „Tobacco Industry Influence on Science and Scientists in Germany." *American Journal of Public Health* 96 (1), S. 20–32. https://doi.org/10.2105%2FAJPH.2004.061507.

Harden, V. A. (1992). „Koch's Postulates and the Etiology of AIDS: An Historical Perspective." *History and Philosophy of the Life Sciences* 14 (2), S. 249–269.

Hoyningen-Huene, P. (2013). *Systematicity. The Nature of Science.* Oxford University Press.

Illingworth, S., und Allen, G. (2020). *Effective Science Communication. A practical guide to surviving as a scientist* (2. Aufl.). IOP Publishing.

Kalichman, S. C. (2009). *Denying AIDS. Conspiracy Theories, Pseudoscience, and Human Tragedy.* Springer Science und Business Media.

Köhler, D. (2019). „Stellungnahme zur Gesundheitsgefährdung durch umweltbedingte Luftverschmutzung, insbesondere Feinstaub und Stickstoffverbindungen (NOx)." In *Lungenärzte im Netz.* https://www.lungenaerzte-im-netz.de/fileadmin/pdf/Stellungnahme__NOx_und__Feinstaub.pdf, letzter Abruf am 25.01.2024

Lewandowsky, S., Cook, J., und Lloyd, E. (2018). „The 'Alice in Wonderland' mechanics of the rejection of (climate) science: simulating coherence by conspiracism." *Synthese* 195 (1), 175–196. https://doi.org/10.1007/s11229-016-1198-6.

Luerweg, S. (2019). „Kontrafaktische Darstellung der NS-Zeit. „Wir machen uns Sorgen, dass Verbrechen verharmlost werden."" *Deutschlandfunk,* 22.11.2019. https://www.deutschlandfunk.de/kontrafaktische-darstellung-der-ns-zeit-wir-machen-uns-100.html, letzter Abruf am 24.01.2024.

Lugger, B. (2020). „Verständlichkeit ist nur der Anfang." In: J. Schnurr und A. Mäder (Hg.), *Wissenschaft und Gesellschaft: Ein vertrauensvoller Dialog. Positionen und Perspektiven der Wissenschaftskommunikation heute.* Springer, S. 139–150.

Magnussen, H. (1990). „Antrag auf Gewährung einer Sachbeihilfe bei dem Deutschen Verband der Zigarettenindustrie – Fortsetzungsantrag." In: *Philip Morris*. Bates no. 2028531643/1667. https://www.industrydocuments.ucsf.edu/tobacco/docs/#id=tfyy0108, letzter Abruf am 25.01.2024

Malik, M., und Weischenberg, S. (2016). „Journalismus und Wissenschaft: Gemeinsame Sinnhorizonte trotz funktionaler Autonomie?" *Soziale Systeme* 11 (1), S. 151–165. https://doi.org/10.1515/sosys-2005-0109.

Merton, R. K. (1938). Science and the Social Order. In N. W. Storer (Ed.), *The Sociology of Science. Theoretical and Empirical Investigations* (pp. 254–266). University of Chicago Press.

Müller, D. (2009). „Transformationen populären Wissens im Medienwandel am Beispiel der Polarforschung." In: P. Boden und D. Müller (Hg.), *Populäres Wissen im medialen Wandel seit 1850*. Kadmos, S. 37–39.

Nordmann, A. (2012). „Defizite im Überschuss. Zur Notwendigkeit verstärkter Nichtwissenskommunikation." In: B. Dernbach, C. Kleinert, und H. Münder (Hg.), *Handbuch Wissenschaftskommunikation*. Springer VS, S. 37–46.

Proctor, R. N. (2011). *Golden Holocaust. Origins of the Cigarette Catastrophe and the Case for Abolition*. University of California Press.

Prothero, D. (2013a). „Credential Mongering." *Skepticblog*. https://www.skepticblog.org/2013/12/18/credential-mongering, letzter Abruf am 25.01.2024

Prothero, D. (2013b). „The Holocaust Denier's Playbook and the Tobacco Smokescreen Common Threads in the Thinking and Tactics of Denialists and Pseudoscientists." In: M. Pigliucci und M. Boudry (Hg.), *Philosophy of Pseudoscience. Reconsidering the Demarcation Problem*. University of Chicago Press, S. 341–358.

Rajewsky, I. (2002). *Intermedialität*. A. Francke Verlag.

Schmid, P., und Betsch, C. (2019). „Effective strategies for rebutting science denialism in public discussions." *Nature Human Behaviour* 3 (9), S. 931–939. https://doi.org/10.1038/s41562-019-0632-4.

Starewicz, W. (1912). *Die Rache des Kameramanns – Mest' kinematografičeskogo operatora*. Kino Klassika Foundation/YouTube. https://www.youtube.com/watch?v=__5B3PGoBoI, letzter Abruf am 13.05.2024

Stumpf, S., und Römer, D. (2018). „Sprachliche Konstruktion von Verschwörungstheorien Eine Projektskizze." *Muttersprache. Vierteljahresschrift für deutsche Sprache* 128 (4), S. 394–402.

The Conservative Woman (2019). „The Big Climate Change Quiz (teachers welcome)." *The CONSERVATIVE WOMAN. Where Truth Matters*. https://www.conservativewoman.co.uk/the-big-climate-change-quiz-teachers-welcome, letzter Abruf am 24.01.2024.

The Global Warming Policy Forum (n.d.). *The Global Warming Policy Forum. Common Sense on Climate Change*. https://www.thegwpf.org, letzter Abruf am 17.01.2022.

Union International de la Marionette Zentrum Deutschland e.V. (2022). *Arbeitskreis Figurentheater und Wissenschaft*. UNIMA.De. https://unima.de/ak-wissenschaft, letzter Abruf am 28.03.2024.

Weitze, M.-D., und Heckl, W. M. (2016). *Wissenschaftskommunikation. Schlüsselideen, Akteure, Fallbeispiele*. Springer Spektrum.

Wellcome Trust. (2012). „Bacterial shoot 'em up wins out in Gamify Your PhD project." *Wellcome.org*. https://wellcome.org/press-release/bacterial-shoot-%E2%80%98em-wins-out-gamify-your-phd-project, letzter Abruf am 28.03.2024.

Wurm, B. (2009). „Heuschrecken & Buchstabentänze, Fieberkurven & Mikrobenwelten. Animiertes Wissen im frühen sowjetischen Kulturfilm." In: P. Boden und D. Müller (Hg.), *Populäres Wissen im medialen Wandel seit 1850*. Kadmos, S. 213–242.

Autorinnen und Autoren

Frauke Albersmeier ist wissenschaftliche Mitarbeiterin an der Heinrich-Heine-Universität Düsseldorf und Lehrbeauftragte an der Universität zu Köln. Ihre Forschungsschwerpunkte liegen, in der Theoretischen Philosophie, auf Begriffstheorien und philosophischer Methodologie, und, in der Praktischen Philosophie, auf Tierrechtstheorien und Diskriminierung.

Monika Betzler ist Inhaberin des Lehrstuhls für Praktische Philosophie und Ethik an der Ludwig-Maximilians-Universität in München. Sie ist dort u. a. auch Sprecherin des Zentrums für Ethik und Philosophie in der Praxis. Ihre Forschungsschwerpunkte liegen in der normativen Ethik, der Moralpsychologie sowie der Theorie der Normativität. Gegenwärtig gilt ihr besonderes Augenmerk der Ethik der Nahbeziehungen, der Empathie als normativem Phänomen sowie der Normativität persönlicher Projekte.

Bettina Bussmann ist Assoziierte Professorin für Philosophie an der Universität Salzburg. Ihr Fachgebiet umfasst Philosophiedidaktik, interdisziplinäre Philosophie und Philosophieren mit Kindern. Zu ihren jüngsten Publikationen gehören *Theoretisches Philosophieren und Lebensweltorientierung* (2023) und *Philosophieren mit Kindern und Jugendlichen. Grundlagen-Methoden-Praxis* (2024).

Martin Carrier ist Professor für Wissenschaftsphilosophie an der Universität Bielefeld. In den letzten Jahren hat er sich vor allem mit dem Themengebiet „Wissenschaft und Gesellschaft" (unter anderem Wissenschaft und Werte, Wissenschaft im Praxiskontext, Industrieforschung, wissenschaftliche Politikberatung) befasst. Er ist Autor von *Wissenschaftstheorie. Zur Einführung* (Junius, 5. Auflage 2021).

Alexander Christian ist wissenschaftlicher Mitarbeiter am Institut am Institut für Philosophie der Heinrich-Heine-Universität Düsseldorf und leitet dort ein fakultätsübergreifendes Lehrprojekt zur Wissenschafts- und Bioethik. Seit 2022 ist er der Geschäftsführer der Gesellschaft für Wissenschaftsphilosophie e.V. mit Sitz in Hannover. In seiner Forschung beschäftigt er sich mit Themen im Schnittbereich von Forschungs- und Bioethik, insbesondere der Sicherstellung guter wissenschaftlicher Praxis in der Biomedizin, der ethischen Bewertung und Regulierung von Eingriffen in die humane Keimbahn und der Leugnung virologischer und epidemiologischer Forschungsergebnisse. Weitere Informationen: https://alexanderchristian.de

Ina Gawel ist Doktorandin im DFG-Graduiertenkolleg 2073 *Integrating Ethics and Epistemology of Scientific Research* am Institut für Philosophie der Leibniz Universität Hannover und promoviert zu Funktionen des Peer Review Verfahrens. Sie hat Philosophie und Germanistik an der Heinrich-Heine-Universität Düsseldorf studiert, verbrachte ein Semester an der Paris-Lodron Universität Salzburg und war Gastwissenschaftlerin an der University of Maryland, College Park.

Axel Gelfert ist Professor für Philosophie am Institut für Philosophie, Literatur-, Wissenschafts- und Technikgeschichte der Technischen Universität Berlin. In seiner Forschung widmet er sich Fragen der Wissenschafts- und Technikphilosophie, der sozialen Erkenntnistheorie sowie deren historischen Grundlagen. Er ist der Autor von *A Critical Introduction to Testimony* (2014) und *How to Do Science with Models* (2016).

Julia Mirkin ist Dozentin und Doktorandin am Institut für Philosophie der Heinrich-Heine-Universität Düsseldorf. Ihr Forschungsinteresse gilt der Medizinphilosophie und der Wissenschaftsethik, insbesondere der Rolle des Vertrauens in der Wissenschaft, wobei sie sich auf die Epistemologie des Vertrauens und des Misstrauens konzentriert. Dabei geht es vor allem um das Vertrauen in die Empfehlungen von Epidemiologen im Bereich der öffentlichen Gesundheit sowie um das Vertrauen in bestimmte Bestrebungen und Anwendungen, z. B. in Wissenschaftler, die neuartige, potenziell gefährliche Forschungsarbeiten durchführen, wie das (vererbbare) Human Genome Editing mit CRISPR/Cas9.

Daniel Minkin ist Vertretungsprofessor für Wissenschaftsphilosophie an der Bergischen Universität Wuppertal. Zu seinen Forschungsgebieten gehören die Angewandte Erkenntnis- und Wissenschaftstheorie, Philosophie der Künstlichen Intelligenz und Metaphilosophie. 2018 promovierte er in Marburg mit der Arbeit Rationalität philosophischer Forschung, die 2021 im Mentis-Verlag erschienen ist. Seine weiteren Publikationen umfassen die Themen Verschwörungstheorien, KI und Kriminologie sowie Erkenntnistheoretische Rechtfertigung.

Tanja Rechnitzer ist wissenschaftliche Mitarbeiterin (Postdoc) an der Leibniz Universität Hannover. Zu ihren aktuellen Forschungsinteressen gehören das Verhältnis von Wissenschaft und Gesellschaft sowie Fragen zu Methoden der Philosophie. Sie verbindet akademische Forschung mit dem Engagement für ein besseres Verständnis zwischen Wissenschaft und Gesellschaft, zum Beispiel als Mitglied der Schweizer Ideenschmiede Reatch - Research. Think. Change! Ihre persönliche Website ist www.tanjarechnitzer.wordpress.com.

Thomas A.C. Reydon ist Professor für Wissenschafts- und Technikphilosophie am Institut für Philosophie und am Centre for Ethics and Law in the Life Sciences (CELLS) an der Leibniz Universität Hannover. Er ist Associate Faculty in der Gruppe Socially Engaged Philosophy of Science (SEPOS) an der Michigan State University, gewählter Fellow der Linnean Society of London, einer von drei Gründern und Herausgebern der Springer-Serie History, Philosophy and Theory of the Life Sciences, sowie einer der drei Herausgeber des Journal for General Philosophy of Science. Seine aktuelle Forschung fokussiert sich auf die Struktur von evolutionären Erklärungen, auf Anwendungen des evolutionären Denkens außerhalb der Biowissenschaften, auf philosophische Aspekte der biologischen Taxonomie und auf Fragen der Forschungsethik. Weitere Informationen über seine akademische Arbeit finden sich unter www.reydon.info.

Gerhard Schurz ist Senior Professor für Philosophie an der HHU (Heinrich-Heine-Universität) Düsseldorf, Mitglied der Nationale Akademie der Wissenschaften Leopoldina und der International Academy for Philosophy of Science (AIPS). Er war Lehrstuhlinhaber für Theoretische Philosophie an der HHU Düsseldorf, Assoziierter Professor an der Universität Salzburg und Gastprofessor an der University of California, Irvine, sowie in Yale. Er hat mehr als zehn Bücher und 250 Artikel in Wissenschaftsphilosophie, Epistemologie, Logik, Philosophie der Evolution, und Wissenschaftsethik veröffentlicht.

David Stöllger ist Doktorand an der Universität Bielefeld und assoziiertes Mitglied des DFG-geförderten Graduiertenkollegs 2073 *Integrating Ethics and Epistemology of Scientific Research.* Sein aktueller Forschungsschwerpunkt ist die Philosophie der Medizin. In seiner jüngsten Veröffentlichung untersucht er das Konzept der „Krankheit" aus infektionsepidemiologischer Sicht.

Sachregister

Agnotologie 85 f., 135, 235 f., 243
Alkoholkonsum 17, 21 f., 129
Alltagssprache 97 f., 100
Anfangsverdacht 27, 59
Angst 42, 45 f, 50 f., 55, 57, 63, 80, 100, 211, 220, 224, 228
Antikommunismus 60, 190
Autorität 4, 7, 19, 96, 98–101, 103 f., 107, 109 f., 112–114, 169, 173 f., 204, 214 f., 239, 259, 264, 267, 271–273

Begründungszusammenhang 38, 168
Bias 43, 56, 246
Bildungsphilosophie 209, 223
Bürgeruniversität 277, 290

Contentcreator 280
Cornucopianismus 191–196, 198, 204
COVID 1 f., 4, 6, 40, 67, 149 f., 157, 171, 182, 211, 262, 294, 296,

Defizit-Modell 8, 251–253, 258 f., 284
Demarkationsproblem 10, 125, 213, 229, 284 f., 288, 293, 295
Dialog 3, 8, 94, 214, 226, 236, 250–252, 257–260, 265, 267 f., 272 f.
Didaktik 220, 271
Digitale Medien 213
Diskreditierung 2, 4 18, 25, 29, 31, 68, 81 f., 84, 89 f., 110, 249
Diskriminierung 1, 22, 79 f., 160, 303
Dissens 6, 15, 18, 24, 31, 132, 141, 147, 149, 174, 182
Dissonanz 8, 183, 188–191, 193

epistemische Abhängigkeit 71, , 74, 161 f.
epistemische Arbeitsteilung 162, 173
epistemische Bezugssysteme 277 f., 287 f.
epistemische Gerechtigkeit 109 f., 231
epistemische Kompetenz 88, 218
epistemische Laster 3–5, 21, 102 f.
epistemische Standards 96, 104, 106
epistemische Ungerechtigkeit 79 f., 90, 109, 160

ethische Standards 93, 108, 112,
Evidenz 3, 6 f., 14, 16, 18, 21, 23 f., 26–31, 54, 61 f., 71, 74, 77, 80, 83 f., 87 f., 100, 102 f., 107, 172, 183, 198–201, 212 f., 216, 224, 246, 265 f.
Expertise 6, 25, 42, 67, 73, 158, 160 f., 169, 225, 235, 245, 258 f., 262–265, 270–273

Fallstudie 7, 170, 177
Fatalismus 182
Fehler 54 f., 58–61, 63, 76, 81, 95, 101–103, 105, 111, 134, 217 f., 225, 231, 238 f., 242, 245 f., 249, 266 f.
Fridays for Future 209

Geo-Engineering 8, 181, 184, 196–202, 204
Gesellschaft für Analytische Philosophie/GAP 279
Glaubwürdigkeit 8, 79, 108, 129, 133, 188, 193, 235–238, 241–243, 252 f.
gute akademische Praxis 7, 141 f., 151 f., 280

HIV-Leugnung 1, 3, 13 f., 16, 21, 68, 81,
Holocaustleugnung 1–5, 81, 118, 121, 134 f., 297
Hydroxychloroquin 150

Immunisierungsbedingung 99
Impfung (Impfpflicht, Impfrisiken) 41, 71, 94, 149, 171, 211, 237,
Instagram 279, 281, 291, 295
Integration 210, 215, 217
Integrität (moralisch) 4 f., 68, 73–76, 78, 80, 82, 85, 87–89, 183, 245
Intelligent Design 148
Interessenkonflikte 30, 74, 87, 239, 242

Journalismus 273, 283 f., 295

Klimawandel 3, 13, 16, 18 f., 68, 81, 83, 90, 118–120, 134, 182 f., 186, 189 f., 192, 195, 197, 199, 201–204, 209, 217 f., 235–237, 244 f., 248, 292, 298
Kommerzialisierung (der Wissenschaft) 235–237, 239 f., 243, 250 f.

Konsens   1–4, 13–21, 26, 29–31, 77, 84f., 88f., 117–121, 123, 133–135, 147–149, 158–159, 164, 182, 185f., 221, 236f., 244, 264, 284, 296

Konspirazistisches Denken   3, 7f., 17, 20, 22, 58, 60, 93–103, 112–114

Krise (Glaubwürdigkeitskrise, Vertrauenskrise)   1–4, 8, 11, 20f., 84f., 236

Kritik   2f., 5–7, 10, 18, 20–22, 25, 27, 29, 125, 127f., 193, 196, 211, 215, 219, 223, 225, 231f., 238, 242–244, 247, 250, 253, 258

Laie   19, 24, 28f., 72–75, 77, 79, 81, 221, 247, 285

Lebensweltorientierung   214, 217

Leopoldina   7, 20, 244f.

Lernziele   225, 288f., 293

Lockdown   1, 5–7, 9, 13–17, 19f., 28, 149f., 244

Meinungsbildung   1, 3f., 6f., 11–17, 19f., 22, 85, 204

Misstrauen   4, 7, 20–22, 68f., 76–79, 81f., 87f., 90, 126, 246

Neo-Malthusianismus   191–193

Nichtwissen   8, 14f., 24, 85f., 286

NSU   131, 133

Objektivität   2–4, 7, 11, 17, 19, 22, 29, 77, 86, 152, 202, 212, 238

Pandemie   1–4, 6–19, 21, 28, 67, 117, 149–151, 182, 212, 294, 296

Paradigma   8–10, 19, 30, 146f., 217, 231

Peer review   264

Philosophiedidaktisches Dreieck   215

Philosophieunterricht   209f., 212f., 215f., 219, 221f., 224, 232

Politik   5, 7f., 24f., 71, 126, 131, 133, 136, 150, 235f., 244f., 261

Populismus   57f, 236f, 243–249

Privatwirtschaft   29, 31, 241

Pseudowissenschaft   3, 9, 20, 28, 68, 81f., 89f., 125, 148f., 210, 213, 231, 264

public understanding of science   8, 257–259, 261, 272, 286

QAnon   24f., 29, 58f

Querdenker   13, 18, 21, 23f., 27–29

Rechtsextremismus   55–58, 117

Reflexion   19, 153, 209f., 220, 229, 232, 277f., 289, 299

Reichsbürger   131, 133f., 297

Renitenz   4

Schwangerschaft   22

scientific literacy   13, 25, 213

Skepsis   14, 122, 203, 246–248

Solutionismus   184, 193, 197

Soziale Erkenntnistheorie   213, 238, 268f.

Soziale Medien   7, 18, 24, 281, 283

Tabakindustrie   26, 82f., 134–136, 182, 218, 246

Technofideismus   7, 182f.

Treuhänder / Treugeber   69, 72, 80

Triage   47f.

Unsicherheit   6, 13, 76, 84, 94, 127, 186, 264

Unterricht   8, 50, 209

Verlassen   68–71, 74–76, 78, 193, 203, 225, 259, 264f.

Verneinung   6, 14–17, 21, 23

Verschwörung   93, 96–102, 106f., 118, 123, 246f.

Verschwörungstheorie (Definition, Explikation)   76f., 60f., 63, 93–116, 117–139, 246, 297

Verstehen   216, 257–276

Vertrauen (epistemisch, Definition)   2–8, 16–18, 21, 29, 67–82, 85–90, 126, 150, 183f., 204, 235f., 243, 249, 257f., 260, 264–269, 272f., 280, 287

Verwertungszusammenhang   38

war on science (war against science)   31, 279

Weltbild   7, 15, 95, 113, 127f., 141, 198

Werteabwägung   6, 35

Werte (intern, extern)   36, 38f., 41f., 50f., 75f., 88, 146, 162f., 167–169, 210, 221, 229, 245, 248f., 258, 262, 267, 272f., 303.

Wertfreiheit   36, 169

Wertneutralitätsforderung   36, 167

Wertneutralitätsthese   37, 169,

Werturteil   37, 39, 57, 74–76, 78, 87
wissenschaftliches Fehlverhalten   29, 74 f., 81
Wissenschaftsbildung   263
Wissenschaftsethik   86, 152, 213, 217, 304
wissenschaftsfeindlich   15, 27, 182, 224, 232, 252, 279, 293
Wissenschaftskommunikation   30, 68, 142, 145, 147, 153, 237, 257, 277
Wissenschaftsleugnung (Definition)   3 f., 31, 54 f., 68, 121, 148, 163, 237

Wissenschaftsvermittlung   212
World Health Organization / WHO   22, 51, 157, 170–174, 176 f., 241

YouTube   279, 281, 295

Zweck-Mittel-Beziehung   36,
Zweck-Mittel-Schluss   38, 40

Personenregister

Albersmeier, Frauke   5 f., 13, 303

Baier, Anette   69–71, 75, 80, 265
Bardon, Adrian   3 f., 16 f., 21
Betzler, Monika   6 f., 93, 303
Bogner, Alexander   42, 244, 258
Bussmann, Bettina   8, 209, 213, 215, 218, 224, 228–230, 303

Carrier, Martin   8, 37, 135, 167, 235, 237, 240–242, 245, 252, 303
Cassam, Quassim   3, 102
Christian, Alexander   1, 9, 13, 25, 28 f., 81, 130, 135, 239, 257, 303
Conway, Erik   82–85, 135 f., 181 f., 190, 196, 236, 246

Darner, Rebekka   23
Dawkins, Richard   143
Douglas, Heather   76, 84, 146

Epstein, Jeffrey   58 f.,

Festinger, Leon   188
Fricker, Miranda   79 f., 109, 160, 268
Furman, Katherine   77–79

Gawel, Ina   1, 9, 13, 28, 257, 277, 303
Gelfert, Axel   7, 181, 183, 303
Goldenberg, Maya   78, 158, 161, 258, 267
Goldman, Alvin   161, 265
Grundmann, Thomas   62, 101, 107, 109, 112

Hansson, Sven Ove   3, 68, 81, 123,
Hardin, Russell   69, 71
Hardwig, John   71, 73–75, 161, 264, 268

Jamieson, Dale   14, 18
Jaster, Romy   9, 25
Jawed-Wessel, Sofia   22, 27

Keeley, Brian   126–128

Kitcher, Philip   78, 151, 162, 167
Kuhn, Thomas   6–8, 10, 17, 122, 146

Lakatos, Imre   10, 129
Lanius, David   9, 25
Laudan, Larry   125, 127 f.
Liu, Dennis   3, 23
Longino, Helen   146, 238

Martens, Eckart   210, 214, 223
Mason, Sharon   18
Merton, Robert   7, 238, 247, 284 f., 295
Michaels, David   26, 31, 242
Midgley, Marry   143–147, 151
Minkin, Daniel   7, 117, 121, 130, 304
Mirkin, Julia   6, 67, 304
Moore, George   3, 186

Oreskes, Naomi   77, 82–85, 135 f., 181 f., 190, 196, 236, 246

Popper, Karl   122, 124 f., 247
Proctor, Robert   26, 82, 84–86, 135, 236, 242, 296

Rechnitzer, Tanja   8, 257, 287, 304
Resnik, David   142
Reydon, Thomas   7, 141 f., 151–153, 280, 289, 304

Schiebinger, Londa   86, 135
Schneider, Birgit   195 f.
Schurz, Gerhard   6, 35, 37 f., 44–46, 60, 165–168, 304
Shamoo, Adil   142
Stöllger, David   7, 157, 304

Teller, Edward   184, 201–204

van der Linden, Harry   18

Weber, Max   36, 152
Wilholt, Torsten   71, 75, 265 f.

www.ingramcontent.com/pod-product-compliance
Lightning Source LLC
Chambersburg PA
CBHW070746020526
44116CB00032B/1991